湖北省城市设计探索与实践

湖北省住房和城乡建设厅　编

华中科技大学出版社
http://www.hustp.com

中国·武汉

图书在版编目(CIP)数据

湖北省城市设计探索与实践 / 湖北省住房和城乡建设厅编. -- 武汉 : 华中科技大学出版社, 2019.8
ISBN 978-7-5680-5244-3

Ⅰ.①湖… Ⅱ.①湖… Ⅲ.①城市规划 – 建筑设计 – 研究 – 湖北 Ⅳ.①TU984.263

中国版本图书馆CIP数据核字(2019)第140005号

湖北省城市设计探索与实践　　　　　　　　　　　　　　　　　　湖北省住房和城乡建设厅　编
Hubeisheng Chengshi Sheji Tansuo yu Shijian

出版发行：华中科技大学出版社（中国·武汉）　　　　　　　　电话：（027）81321913
地　　址：武汉市东湖新技术开发区华工科技园　　　　　　　邮编：430223
出 版 人：阮海洪

策划编辑：易彩萍　　　　　　　　　　　　　　　　　　　责任监印：朱　玢
责任编辑：陈　忠　　　　　　　　　　　　　　　　　　　责任校对：李　琴

印　　刷：武汉市金港彩印有限公司
开　　本：880 mm×1230 mm　1/16
印　　张：21
字　　数：550千字
版　　次：2019年8月第1版第1次印刷
定　　价：368.00元

投稿邮箱：yicp@hustp.com
本书若有印装质量问题，请向出版社营销中心调换
全国免费服务热线：400-6679-118 竭诚为您服务
版权所有　侵权必究

前　言

党的十八大以来，中央对城市设计工作十分重视。习近平总书记指出："让我们的城市建筑更好地体现地域特征、民族特色和时代风貌。"2015年中央城市工作会议提出要加强城市设计工作，提高城市设计水平。中共中央、国务院2016年发布的《关于进一步加强城市规划建设管理工作的若干意见》进一步明确"城市设计是落实城市规划、指导建筑设计、塑造城市特色风貌的有效手段"，要求抓紧制定城市设计管理法规，完善相关技术导则，大力推进城市设计工作，着力提高城市环境质量。

湖北省作为我国中部地区和长江经济带重要区域，近年来社会经济和城乡建设事业得到快速发展。在湖北省委、省政府的领导下，湖北省住房和城乡建设厅统筹全省各项城乡建设工作，注重在旧城改造和新区建设中传承城市历史风貌，塑造地域城市特色，组织开展了"荆楚派"风格研究，编制完成了《"荆楚派"建筑风格设计导则（试行）》和《"荆楚派"村镇风貌规划与民居建筑风格设计导则（试行）》，为全省城市设计工作的开展奠定了良好的基础。湖北省地域类型丰富，民族文化、历史人文底蕴深厚，世界自然和文化遗产以及历史文化名城众多。既有像武汉、襄阳、宜昌、荆州这样的滨江滨湖城市，也有像十堰、恩施这样的山区河谷城市，还有像潜江、仙桃这样的平原水网城市。改革开放以来，各地政府在快速推进城镇化的进程中，比较注重湖泊山体等城市自然山水要素和历史文化的保护，以及城市历史格局和传统建筑风貌的延续，形成了一批具有地域特色的历史文化街区和荆楚风格的建筑，为新时期城市设计工作和城市风貌保护创造了条件。

2014年12月全国城市规划建设工作会议在杭州召开。2015年年初湖北省住房和城乡建设厅立即组织召开了全省城市规划建设工作会议，提出从城市总体层面到重点区域、重点地段都要进行城市设计。同年4月湖北省住房和城乡建设厅成立全省城市设计工作领导小组，发布了《湖北省加强城市设计工作方案》，从全省城市设计编制与管理现状情况调研到城市设计规范性文件的制定，对新的发展条件下加强湖北省城市设计工作进行了全面部署。湖北省住房和城乡建设厅从省内各市、州、县的实际情况出发，在各地自愿申报的基础上遴选了武汉、襄阳、长阳等市（县）的15个城市设计项目作为全省城市设计编制与管理的试点示范项目，推动全省城市设计编制与管理工作的全面展开，并鼓励各市县结合地方实际情况，建立科学合理、具有可操作性的城市设计管理制度。

通过自上而下的城市设计规范性文件的制定和各地自下而上的城市设计实践探索，近年来湖北省城市设计工作取得了长足进展。全省各市、州、县结合当地城市发展的实际需要，普遍开展了总体城市设计、片区城市设计、地块城市设计和专项城市设计编制工作，并结合地方城市规划管理特点，初步探索形成了具有可操作性的城市设计管理制度。各种类型的城市设计项目获得全省和全国优秀城市规划设计奖励，涌现了一批规划水平高、实施效果好的城市设计案例。全省城市空间形态管控和特色风貌保护工作得到了大力加强，城市空间环境品质得到明显改善。2017年7月湖北省武汉、襄阳、荆州和远安四个市（县）被列为国家住房和城乡建设部第二批全国城市设计试点城市。

为及时总结经验，进一步深入推进全省城市设计工作，湖北省住房和城乡建设厅组织省内专家，以华中科技大学为主体编写了《湖北省城市设计探索与实践》一书。本书分为上、中、下三篇，上篇为城市设计相关理论，介绍了城市设计的概念和内涵、发展历程、层次与类型、政策与制度、编制与管理、创新与发展；中篇为湖北省城市设计探索，从全省城市设计概况、城市设计编制情况、城市设计实施与管理以及城市设计试点示范工作等方面出发，介绍了近年来湖北省推进城市设计工作的总体情况；下篇为湖北省城市设计实践案例，从全省近五年的优秀城市设计案例中选择部分作品进行介绍和展示。全书从理论探讨与实践探索的角度出发，较为系统地总结了湖北省城市设计工作的特点和经验，展示了新时期湖北省大力推进城市设计工作的历程和成果。

本书编委会衷心希望通过本书的出版，能为广大城乡规划工作者研究和实践城市设计理念提供参考，也为社会公众了解城市设计、关爱城市家园提供帮助。由于编者水平有限，书中尚有不尽完善之处，恳请广大读者批评指正。

目　　录

上 篇
城市设计相关理论
The Relevant Theory of Urban Design

1 城市设计的概念和内涵

1.1 城市设计概念综述

英国《大不列颠百科全书》将城市设计（Urban Design）定义为："城市设计是对城市环境形态所做的各种合理安排和艺术处理。其主要目的是改进人类的空间环境质量，从而改进人的生活质量。"[1]

凯文·林奇认为，应该将城市设计看成一个过程、准则、原型、动机和控制的综合，并试图用可改变的、广泛的步骤达到详细、具体的目标。城市设计被视为一种未开发的艺术，一种新的观念和看待问题的方式。城市设计的关键在于如何从空间安排上保证活动的交织，"从城市空间结构上体现人类形形色色的价值观之共存"[2]。

日本建筑大师丹下健三认为，城市设计是在人们的心理需求和生理需求基础上进行的环境设计。城市设计赋予城市更加丰富的空间概念，创造出新的、更加有人情味的空间秩序[3]。

作为近代"城市设计"论的倡导者，伊利尔·沙里宁认为"城市设计就是三维的空间组织艺术"，"基本上是一个建筑问题"[4]，这种观点体现了城市设计的传统渊源。

E.N. 培根认为，城市设计主要考虑建筑周围或建筑之间的空间，包括相应的要素，如风景或地形所形成的三维空间的规划布局和设计。城市设计与有限的室外空间有关，因而涉及城市规划、建筑、土木工程、风景设计和行为科学[3]。

《中国大百科全书》将城市设计解释为："城市设计是对城市体型环境所进行的设计，一般是指在城市总体规划指导下，为近期开发地段的建设项目而进行的详细规划设计和具体设计，也称综合环境设计。"[5]城市设计的任务是为人们的各种活动创造出具有一定空间形式的物质环境，内容包括各种建筑、市政公用设施、园林绿化等方面，必须体现社会、经济、城市功能、审美等各方面的要求。

2017 年住房和城乡建设部出台的《城市设计管理办法》指出："城市设计定义是落实城市规划、指导建筑设计、塑造城市特色风貌的有效手段，贯穿于城市规划建设管理全过程。通过城市设计，从整体平面和立体空间上统筹城市建筑布局、协调城市景观风貌，体现地域特征、民族特色和时代风貌。"

《湖北省城市设计管理办法》中将城市设计定义为"以城镇空间组织与优化为目的，对包括人、自然和社会经济因素在内的城市形态、空间环境和景观风貌所进行的构思与设计"。

吴良镛院士认为城市设计既是一门相对独立的学科，又与城市规划相互联系。他认为城市设计是"从土地利用和交通规划到建成城市环境这个规划全过程中的组成部分，城市规划上的许多决定最终都与城市设计相关"。城市设计是对城市环境形态所做的各种合理处理和艺术安排，它并不仅仅局限于详细规划的范围，而是在城市总体规划、分区规划和详细规划中都有体现[6]。而且城市设计广泛地涉及"城市社会因素、经济因素、生态因素、实施政策和经济决策等"，它的目的是"使城市能够建立良好的'体形秩序'或称'有机秩序'"[7]。

王建国院士认为城市设计是指人们为某个特定的城市建设目标所进行的，对城市外部空间和形体环境的设计和组织。正是城市设计塑造的这种空间和环境，形成了整个城市的艺术和生活格调，建立了城市的品质和特色[8]。

金广君教授指出，城市设计以城市形体环境为研究对象，并基于这样的假设：尽管城市规模庞大、内容繁杂，但可以是被设计的，其发展变化也能够被人们合理控制。只有经过良好设计的城市，才能满足人们各种各样的需求，才有适居的生活环境，甚至包括不同时间和季节下的环境[9]。

1.2　城市设计的内涵

"城市设计"一词是由"Urban Design"翻译而来的，一般认为其所对应的是美国城市设计理论家凯文·林奇曾经提倡过的但没有被普遍接受的"City Design"。不同历史时期、不同文化背景的专业学者对城市设计的理解不尽相同，众说纷纭，各持己见。"城市设计古而有之"，其概念和内涵伴随着城市的发展而不断深入。

相对于城市规划的抽象性和数据化，城市设计更具有具体性和图形化的特点。二十世纪中叶以后，一般实务上的城市设计多半是为景观设计或建筑设计提供指导和参考而架构的，但与具体的景观设计或建筑设计有所区别。城市设计侧重于城市中各种关系的组合，建筑、交通、开放空间、绿化体系、文物保护等城市子系统交叉综合、连接渗透，是一种整合状态的系统设计。

前文综述了国内外具有代表性的城市设计概念，虽然不够全面，但至少可以看出城市设计涉及多个领域，人们尚未对其形成普遍认同的概念。城市是一定历史阶段的产物，是一个开放复杂的系统，认识城市是一个循序渐进的过程，认识城市设计也是如此。

1.2.1　城市设计与其他相关概念的关系

（1）城市设计和城市规划相辅相成

传统的城市规划与城市设计是一体的，都涉及建筑学的范畴。从学术概念上讲，一直以来城市设计与城市规划都是相辅相成、密不可分的，只是在近代才与城市规划分离开来。城市三维空间景观的塑造与城市平面布局是一种互为条件、相互制约的关系[10]。

随着现代社会的发展，城市规划与建筑设计的分工越来越明确，大大削弱了城市空间设计，导致城市空间整体环境质量下降。为克服这一弊端，"城市设计"的概念被提出，这有利于提升城市空间环境品质。

城市设计与城市规划的本体都是城市，都以创造美好的城市空间环境为目的，都需要综合协调各项城

市功能，安排城市各项用地，组织交通和各类工程设施，研究城市的社会发展，考虑城市的历史文脉。

城市规划的工作重心往往集中在功能、经济等方面，对于城市空间形态的研究相对不足，而城市设计正好弥补了传统规划的不足。它在法定规划的指导下，侧重研究城市空间形态，体现城市特色和风貌，深化了城市规划的内容和深度。城市设计运用综合的设计手法，更为具体地处理城市空间的物质形态，使城市各物质要素的相互关系更为完善。图1-1所示为城市设计与城市规划的关系。

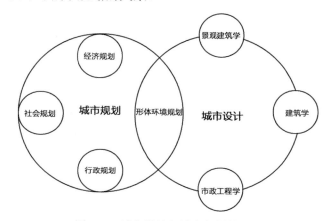

图1-1　城市设计与城市规划的关系
（资料来源：金广君，邱志勇.论城市设计师的知识结构[J].城市规划，2003(2)：59.）

城市规划是城市设计进行三维环境塑造的依据。城市设计对城市空间的安排可反馈于城市规划，使其更加合理，二者相辅相成，密不可分。在我国，"城市规划设计"一词反映了国内城市规划的发展历程。将规划和设计结合是我国城市规划工作的特点和实际需要，只有二者一体化发展，才能兼顾各个方面，使城市建设系统达到最优化[11]。

（2）城市设计指导景观建筑设计

城市是包括人工与自然诸多要素结合而成的景观空间系统。城市建设本身就是景观规划、建筑一体化的过程与结果。当代城市设计理论总结起来就是关注环境结构关系与体型秩序的设计，可归结为环境因素的"关系"设计。城市设计作为一种弹性控制，通过定性与定量结合的方式直接指导景观设计和建筑设

计。它探讨空间与空间、人与空间、人工场所与自然环境等诸关系的整合，同时强调时间、四维空间的作用。作为构成城市面貌的一部分，城市设计与景观建筑之间存在着密切相关的联系并相互影响[12]。

城市设计属于一种社会实践，能够使社会空间与物质空间得以共同健康发展。在城市设计发展的过程中，曾出现过多种类型和形态，其设计内容也向着综合化方向发展。从单纯注重形态的设计发展到综合设计，并重视建筑物体量、尺度、比例、色彩、造型、材料、空间等方面的设计[13]。建筑设计师应当考虑建筑所在的大环境，以及开发地块的红线内所存在的小环境问题，重视建筑自身所处环境的影响。正如城市规划大师伊利尔·沙里宁所说："通常做设计是要把它置于一栋房子中；将一栋房子置于周围环境中；将周围环境置于一个城市规划中。"[14]

城市建设是一个整体的系统化过程，特点在于设计城市而非设计建筑物。它弹性而非具象地引导建筑设计，从总体上引导土地的合理利用，保障生活环境的优良品质，促进城市空间的有序发展，同时为政府和规划管理部门提供一种长效的技术管理支持[9]。

在当代新的社会发展条件下，城市设计必将与规划、景观设计及相关领域密切结合，朝着人性化、多元化、复合化、互通化、生态化、长效化等更优化的设计方向发展[15]。

（3）城市设计是融贯的综合研究

从学科角度上讲，城市设计将景观建筑学、建筑学、市政工程学与城市规划融为一体，是一门多学科渗透交叉的综合性学科（图1-2）。而市政工程学、建筑学、景观建筑学、环境艺术的设计均应在城市设计的概念与目标基础上进行，共同实现城市环境质量的整体提高。

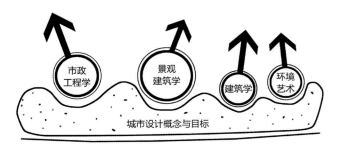

图1-2　城市设计及相关学科的关系
（资料来源：金广君．图解城市设计［M］．北京：中国建筑工业出版社，2010.）

城市设计是对城市不同层次形体环境的整体设计，这是一项综合性很强的工作，它把城市规划与建筑学、景观建筑学和市政工程学联系起来，形成实现城市总体规划目标的学科群和城市建设管理的控制机制，以便提高城市的环境质量和生活质量（图1-3）。在城市建设层面上，城市规划主要回答"在何处建"和"建什么"的问题；城市设计除了具体落实之外，还应回答"谁来建"和"何时建"；而对建筑设计和景观建筑设计来说则是回答"怎样建"的问题。由此

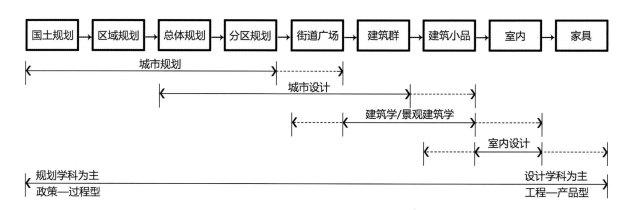

图1-3　城市建设的学科层次
（资料来源：金广君．图解城市设［M］．北京：中国建筑工业出版社，2010.）

可见，城市设计应是融会贯通的综合研究，只有依据长远性、全局性的研究，城市设计才能指导城市建设。

1.2.2 城市设计的三维内涵

金广君教授将城市设计的学科构成分为设计和管理两个方面，并以三维的形式展现出来，形成三维立体模型，如图1-4所示。

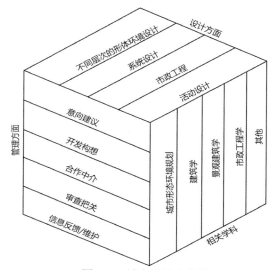

图1-4 城市设计立方体
（资料来源：金广君. 图解城市设计 [M]. 北京：中国建筑工业出版社, 2010.）

（1）设计方面

①不同层次的形体环境设计是城市设计的主体内容，包括整体城市设计、地块城市设计、大规模建筑设计以及一系列形体环境设计。

②系统设计又被称为公共艺术设计，包括城市总体格调，如建筑风格和色彩、城市标牌、雕塑、小品、街道家具等。

③市政工程设计是指城市基础设施的建设和布局，包括公共环境范围内的城市道路、广场、交通以及与环境质量相关的城市基础设施等。

④活动设计主要是指城市人文景观的组织、整理与提炼，包括与环境使用、城市特色、民俗风情和经济贸易相关的事件、活动的设计。

城市设计从以上方面对城市环境进行艺术化的创造，综合提高城市环境的质量和艺术品位，增加城市环境的吸引力。

（2）管理方面

从政府对城市建设管理的角度上讲，城市设计管理是政府职能的一部分，主要任务是把握设计成果中的弹性原则，吸引投资，促成开发，有计划地建造城市，发展城市经济。这项工作可以增强政府对城市建设管理的主动性和计划性。

从图1-4所示的三维模型可以看出，城市设计是由设计和管理两个方面构成的融贯学科。在设计方面，城市设计是在空间上对城市环境进行艺术化的创造；在管理方面，城市设计要求城市规划师具有参与社会活动和管理城市建设的能力，了解国家政策、法律和开发经营内容[16]。

1.2.3 城市设计的特点

城市设计有以下三个特点。

①城市设计应蕴含科学发展观和社会公平性的价值取向。

吕斌教授认为，城市设计的最高目标就是要从民生的角度来改善和提升城市空间的品质，这其中蕴含科学发展观和社会公平性的价值取向。随着我国经济持续高速增长和城镇化进程的加快，城市设计多侧重于新城的形象设计，而忽略老城的存量规划。当前我国经济社会发展要实现包容性增长，要从单纯关注量的增长转向关注质的提升，要关注民生。城市设计的工作中心也应该从增量规划转向老城区的有机更新和可持续再生。以可持续为导向的城市设计应是由政府主导、多元主体共同参与、多元主体不同价值取向通过磨合形成共识的平台。其落脚点在于提升城市空间品质、增加城市活力、营造城市和谐社区。

②城市设计应该关注城市的多样性，形成本土化的城市设计。

金广君教授认为，我国城市空间普遍存在缺少活力、缺少文化品位和人情味等问题，主要原因是城市设计被过多的法规条文限制，缺少空间多样性与地域性的引导。

针对当前城市设计的发展趋势，城市设计应该关注两个方面的问题：一是目前缺少具有本土特色的理论及研究方法，因而需要加强对城市设计实用性与多样性的研究，研究城市受众的需求、城市文化、城市空间特色；二是城市设计的基础是一系列空间技术规范，但我们不能局限于此，城市设计创作与实施要有"包容性"，在现有的控制性详细规划体制下，要关注城市的多样性、城市文化品位和城市特色，注重营造充满人情味和活力的城市空间。

③城市设计的受众是城市和公众。

规划管理专家刘奇志认为，当今很多城市设计过多注重形式和美学，对市民的使用和感受关注较少。城市设计应该真正为城市而设计、为公众而设计，绝对不能为局部而设计，更不能为局部利益而设计。

首先，应该在充分认识城市的个性与特色的基础上进行城市设计，否则就会造成山城不见山、江城不见江、南北不分、千城一面的情况；其次，城市设计要与城市规划相衔接，脱离了规划的城市设计将是无根之木。

城市设计最关键的是要为市民而设计。城市设计的最终目的是为广大市民创建一个宜居的空间环境，需要从市民角度去考虑建造一个什么样的城市。城市设计直接涉及成千上万市民的日常生活，只有真正以人为本，才能得到人们的认同，这也是衡量城市设计是否成功的重要标准。

2 城市设计的发展历程

2.1 西方城市设计的发展历程①

2.1.1 西方古典城市设计（工业革命之前）

古希腊时期的城市设计以圣地为重点，在空间上体现出次序美和整体感。公元前800—750年，古希腊人在希腊本土和海外纷纷建立以城市为中心，包括周围农村在内的奴隶制小国，成为城邦或城市国家。城邦规模小，人口较少，当时比较强大和重要的城邦是雅典和斯巴达。雅典的总面积为2550km²，相当于今天北京市面积的1/3；最大的斯巴达城邦面积高达8400km²。

古希腊时期，城邦的守护神和民间的自由神受到人们的普遍崇拜，纪念性的圣地和圣地建筑群也迅速发展起来，有一些圣地的重要性甚至超过了以防御为主的卫城（图2-1）。在空间设计上，遵循古希腊哲理，探求几何和数的和谐，以取得次序美。空间构图尽量体现出均衡和各视角良好的景观，达到和谐、有机、整体的设计效果。

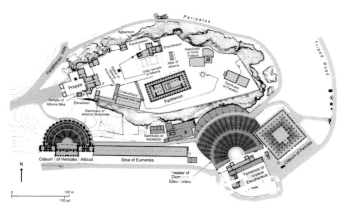

图 2-1 古希腊雅典卫城

古罗马时期的城市设计以公共建筑和纪念广场为重点，形成气势恢宏的公共建筑群，并注重建筑物之间的内在空间秩序（图2-2）。罗马城市文化的基石主要来自古伊特鲁里亚文化与古希腊文化。前者给罗马城市设计带来了宗教思想与规整平面；后者使希腊

化时期希波丹姆斯式的城市设计原则在罗马城市中得到了进一步的运用和发展，并同时吸收了非洲、亚洲等地区城市的先进做法。

罗马城市设计的最成功之处是不再强调和突出单体建筑的个体形象，而是使建筑实体从属于广场空间，并考虑了与四邻建筑的相互关系。因此，即使是在罗马城市中心最密集和巨大的建筑群中，也可以通过空间轴线的延伸、转合以及连续拱门与柱廊的连接，使相隔较长时间修建的具有独立功能的建筑物之间建立起某种内在的秩序，并使原本孤立的城市空间形成一连串空间的纵横、大小与开合上的变化。古罗马城市空间的设计方法与创造的建筑群体秩序成为后世城市设计的典范。

西欧中世纪时期的城市设计以教堂为中心，营造出精致而富有人情味的城市公共广场空间。西欧中世纪的城市统一而又有变化（图2-3），这种自然、整体的城市设计艺术表面上是自发形成而非是有意识规划的结果，其实不然，正如其他艺术的产生过程是通过一定的方法得来的一样，西欧中世纪城市设计中所包含的有机秩序同样是通过不断努力和深思熟虑的结果。

西欧中世纪城市设计的精彩之处，不是规模更大的综合性城市中心，而是那些引人入胜的社区中心。大教堂是城市标志性的场所，小教堂周围则是社区居民聚会的社区生活中心。城市公共广场常常与大小教堂连在一起，市场通常设在教堂附近，一个是精神活动的场所，一个是世俗生活的舞台。

文艺复兴时期的城市设计继承了古希腊和古罗马时期的设计手法，恢宏华丽而又具有秩序感和整体感，营造出具有极高艺术品位的城市。资产阶级的诞生意味着城市市民的阶级分化，资产阶级新文化一方面同封建文化对立斗争，另一方面也开始脱离市民大众。在城市设计的历程中，文艺复兴时期的建筑与城市设计对艺术法则的追求达到了顶峰，无论是在理论还是

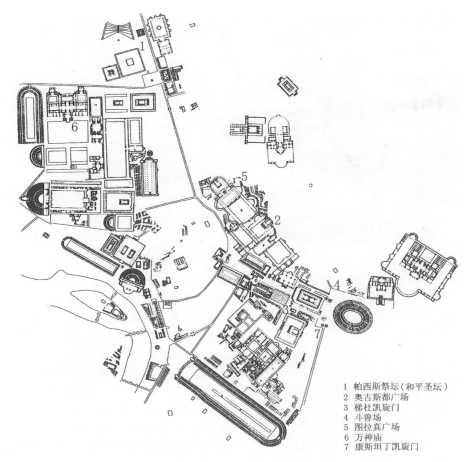

1 帕西斯祭坛（和平圣坛）
2 奥古斯都广场
3 梯杜凯旋门
4 斗兽场
5 图拉真广场
6 万神庙
7 康斯坦丁凯旋门

图 2-2　古罗马中心广场群平面图

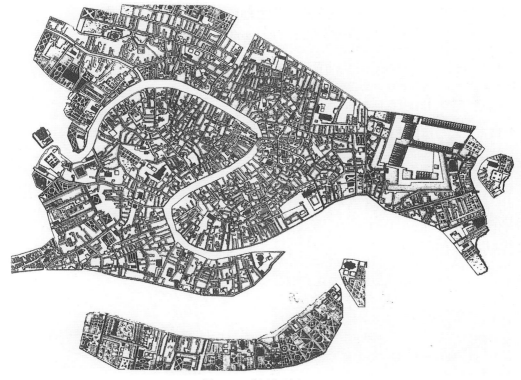

图 2-3　威尼斯城市平面图

实践方面，它所达到的高度是无与伦比的，并且得到了后世城市设计者的尊崇。

文艺复兴时期形成了城市空间的概念，即"后继者原则"。正是后继者决定先行者的创造是湮没还是流传下去。事实上，文艺复兴时期佛罗伦萨城市中心区的建设，从乌菲齐大街到西格诺利亚广场、兰兹广场、卡里扎奥利大街和主教堂广场等相互贯通的城市结构性设计（图2-4、图2-5），都是在几个世纪的时间内由几十位建筑师和艺术家精心设计的结果。期间，始终贯彻了和谐与整体美的艺术法则。

16世纪以后巴洛克时期的城市设计讲究对称、舒展、延伸，对西方城市设计产生了决定性的影响并改变其城市格局。巴洛克城市设计有着明确的设计目标和完整的规划体系。在指导思想上，它是为中央集权政治或寡头政治服务；在观念形态上，它是当时几何美学的集中反映。巴洛克城市设计的基本特征可以用"城市戏剧化"来表达和概括。

1 洗礼堂 2 佛罗伦萨大教堂 3 圣密欧尔教堂 4 市政厅 5 兰齐敞廊 6 乌菲齐大街 7 桥 8 西格诺利亚广场 9 教堂广场

卡里扎奥利大街

图2-4　佛罗伦萨中心区城市轴线与广场

图2-5　佛罗伦萨中心区鸟瞰图

在城市设计中，巴洛克的典型做法就是彻底打破西欧中世纪城市自然、随机的城市格局，代之以整齐的、具有强烈秩序感的城市轴线系统。宽阔笔直的大街串起若干个豪华壮阔的城市广场，几条放射性大道通向巨大的交通节点，形成城市景观的戏剧性高潮（图2-6、图2-7）。

西方古典时期不同阶段城市设计的特点如表2-1所示。

图2-6 封丹纳罗马改建规划

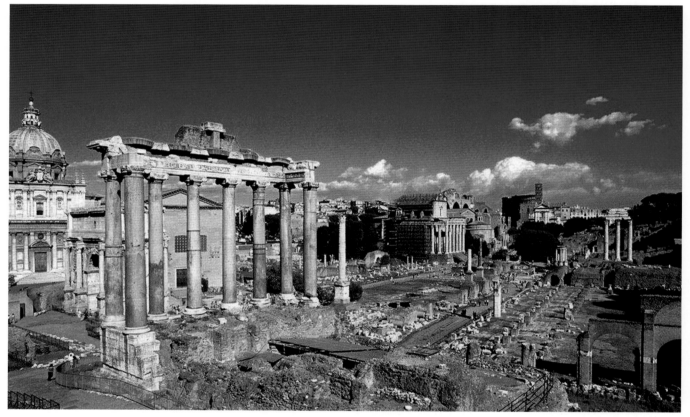

图2-7 罗马中心广场遗址

表2-1 西方古典时期不同阶段城市设计特点

西方古典时期	古希腊时期	古罗马时期	中世纪时期	文艺复兴时期	巴洛克时期
城市格局	棋盘式方格网道路系统	部分继承了希腊时期的特点	出于防御考虑，城市依自然布局，道路曲折不畅	从城防、便利和美观角度出发提出了放射型路网格局	强调中心放射
设计重点	圣地	公共建筑、纪念广场	教堂、广场	教堂、广场、宫殿	宫殿
空间设计	遵循古希腊哲理，探求几何和数的和谐，以取得次序美。空间构图尽量体现出均衡和各视角良好景观	强调视觉效果	讲究视觉变化效果	继承古希腊和古罗马的手法	讲究对称、舒展、延伸
设计效果	和谐、有机、整体	宏大、华丽	精致、富有人情味	有古希腊和古罗马之风	规整、气派

2.1.2 西方近代城市设计（工业革命至20世纪60年代）

工业革命促进了人口集聚，城市迅速膨胀。脱胎于以家庭经济为中心的封建城市格局遭到破坏，城市结构与形态发生根本变化，带来了工作和生活环境恶化等问题。为解决这些问题，一些城市设计者进行了具体的城市建设活动，如G. E. Haussmann的"巴黎改建"（图2-8）、D. H. Burnham的"master plan"。但他们没有跳出传统城市设计的圈子，仅仅满足了城市的虚荣心。面对工业化带来的城市问题，传统城市设计无计可施。

另外一批社会活动家在空想社会主义思想的影响下，也提出了如"协和新村""田园城市"（图2-9）等方案。还有一些学者从适应现代技术发展的角度出发，提出了"工业城市""光明城市"（图2-10）等方案。

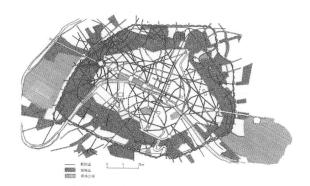

图2-8 奥斯曼巴黎改建示意图

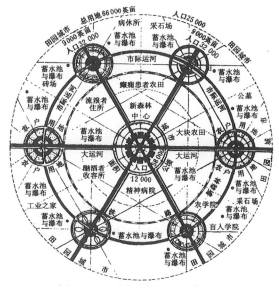

图2-9 霍华德构思的城市组群

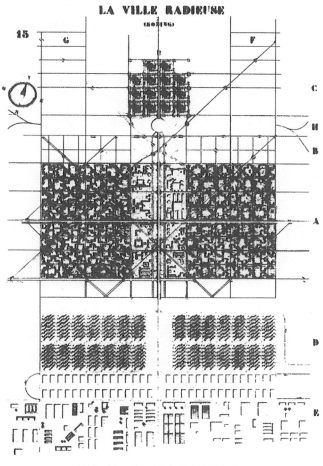

图2-10 光明城市规划平面图

1933年，《雅典宪章》问世，重构图、重景观、重美学的传统城市设计思想开始被重立法、重经济、重社会的现代城市规划思想代替（图2-11）。但是面对纷繁复杂的现代生活，现代城市规划又暴露了其不足。枯燥无味的设计让人反感，严格的功能分区、人口密集化等，将"拥挤""孤独""隔绝"等一系列现代社会心理问题带入了人们的生活。

于是，以人为主体的三维空间实体环境设计又逐渐被人们重视。最早注意到该问题的是奥地利建筑师卡米洛·西特（Camillo Sitte）。他认为："一座城市的建设，必须不仅给居民以保护，还要给居民以快乐。为了达到这后一个目的，城市建设除了技术问题之外，还需要考虑艺术问题。"

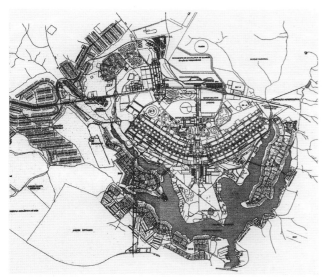

图 2-11　巴西利亚规划平面图

2.1.3　西方现代城市设计（20世纪60年代至今）

20世纪60年代，城市设计领域中对现代主义的反思更加深入。很多非本行业出身的学者也加入此行列中来。

1960年，凯文·林奇（Kevin Lynch）借助于认知心理学的理论，根据人们有关城市景观的记忆测试展开调查和分析，在城市意象领域取得了开拓性的研究进展，开创了城市意象理论，建立起城市空间结构和认知意象之间的关系（图2-12）。

1961年，刘易斯·芒福德出版了《城市发展史》（*The City in History*），以独特的视角将城市的宗教、政治、经济、社会等各种活动与城市的规模、结构、形式和设施等的演变和发展结合起来，揭示了两方面的联系和影响。

同年，简·雅各布斯（Jane Jacobs）撰写了《美国大城市的死与生》（*The Death and Life of American Cities*），对现代主义的城市设计理论进行了全面的抨击。正是这些人使得现代城市设计思想有了比较大的转变，并带来了理论和实践上的许多新成绩，一些人还开始了"人性化"设计方法探索。

1965年，克里斯托弗·亚历山大通过系统分析大量现代主义城市，指出城市中的"树形结构"缺陷，

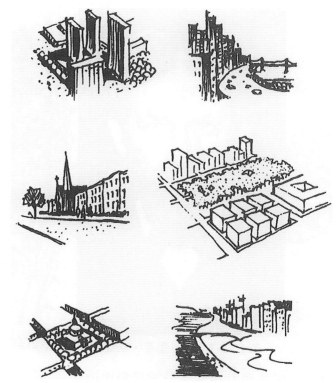

图 2-12　古罗马中心广场群

提出了"半网络结构"城市。为进一步发展自己的理论，他还在加州大学伯克利分校创立了环境结构中心，以寻找一种新模式。20世纪60年代是西方城市设计思想大转变的时代，同时也是西方现代城市设计产生的时代。此时期产生的许多思想很多都成了当代城市设计思想的根源。

思想转变之后，人们开始了新实践。其中最有影响的是 J. 巴奈特（J. Barnett）。他通过对纽约的具体研究和实践，提出"设计城市而不是设计建筑"的城市设计理论和方法。其方法更趋向于注重连续决策过程，不是构想一个成型的方案，而是制定出一些使城市成型的运行规范和重要原则，可以说他的城市设计理论在沙里宁的基础上又前进了一步。

20世纪80年代，西方各国，尤其是美国，社会主流思想趋向于保守，对经济的重视再次盖过了对社会的重视。城市设计发展也紧随着主流思想体现出经济策动的巨大作用。

1984年，美国规划师柯斯林（David Gosling）提

出"城市设计应是一种解决经济、政治、社会和物质形式问题的手段"。雪瓦尼（H. Shirvani）则在《都市设计程序》一书中提出城市设计不仅应强调设计过程中的政策，还应进一步指出城市设计政策对于传统规划的阐释，认为城市设计必须以新的方法，在更广泛的城市政策框架下发展起来的文脉中，融入传统物质规划和土地使用规划。这些理解无疑使城市规划的内容和作用在实质上得到巨大加强（如旧金山市城区规划率先将城市设计和城市规划统一起来）。

20世纪80年代，新城市主义（New Urbanism）作为一种设计思潮在基于对郊区化无序蔓延的反思时孕育而生。其主要模式为安德雷斯·杜安伊（Andres Duany）与伊丽莎白·拉特（Elizabeth Plater-Zyberk）夫妇（简称为DPZ）提出的"传统邻里发展模式"（Traditional Neighborhood Development, TND）和以彼得·卡尔索尔普（Peter Calthorpe）提出的"公交主导发展模式"（Transit-Oriented Development, TOD）（图2-13、图2-14）。

其中TND模式侧重于城镇内部街坊社区层面，TOD模式则侧重于整个大都市区域层面，其目的是建立一个有核心、紧凑的、可以步行的社区，使人们可以在不完全依赖汽车的情况下得到高质量的生活。它们之间有不同之处，也有相同之处，但总的来说，"新城市主义"的最终目的就是要消除郊区化无序蔓延所造成的不良后果，重建宜人的城市家园。为此新城市主义还提出了相应的规划主张，其核心思想有以下几点。

① 重视区域规划，强调从区域整体的高度看待和解决问题。

② 以人为中心，强调建成环境的宜人性以及对人类社会生活的支持性。

③ 尊重历史与自然，强调规划设计与自然、人文、历史环境的和谐性。

西方近现代城市设计发展变化如表2-2所示。

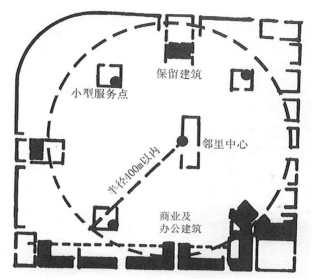

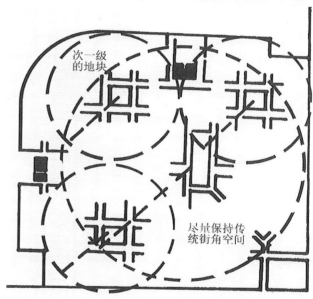

图2-13 DPZ的TND开发模式示意图

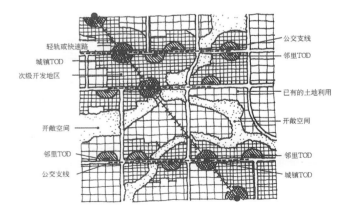

图2-14 由TOD组成的区域发展模式图

13

表 2-2　西方近现代城市设计发展变化

	工业革命至 20 世纪 30 年代	20 世纪 30—60 年代	20 世纪 60 年代	20 世纪 70 年代	20 世纪 80 年代	20 世纪 90 年代至今
城市设计思想	主流："City Beautiful"运动。 代表：D. 伯纳姆、F. L. 奥姆斯特德、奥斯曼。 其他思想：霍华德的"田园城市"，戛涅的"工业城市"，柯布西耶的集中主义，C. 米洛·西特的"艺术原则"	主流：将城市等同于机器的现代主义。 代表：柯布西耶。 其他思想：赖特的广亩城市，沙里宁的有机疏散	主流："人性化"城市，代表："Team 10"、凯文·林奇、C. 亚历山大。 其他思想：阿尔多·罗西的类型学，麦克哈格的生态规划	主流：政策过程论。 代表：J. 巴奈特。 其他思想：拉波波特的社会文化论	主流：融入传统物质规划和土地使用规划的政策过程论。 代表：雪瓦尼。	主流：将城市设计作为一种社会变革的手段，代表有新城市主义。 其他思想：动态的反馈过程，可持续发展观点中的资源利用与更新
城市设计目标	城市设计被用作美化城市的工具	城市设计成为追求功能上高效率的工具	恢复有机丰富的传统社区结构和社会网络，保护历史建筑	寻求制定一个政策性的框架，并在其中进行创造性的物质设计	首要目的在于经济的振兴和发展；而第二目的则是管理控制城市的发展，使新的发展与原有部分和谐融合，以维护城市环境的质量和特色	针对美国郊区化无序蔓延，社会生活质量下降，社会两极分化严重等多重社会问题，力图通过积极有效的城市设计来影响和改进城市决策、建设模式，以期获得社会的良性协调发展
城市设计原则	欧洲古典主义城市设计手法：古典式的林荫道构成城市主轴线，大型公共建筑分列广场边，设计注意构图的对称和对景	功能分区、简洁的高层建筑、有绿化的大尺度街区	"Team 10"：城市和建筑的设计必须以人的行动方式为基础，城市和建筑的形态必须从生活本身的结构发展而来。 简·雅各布斯：城市的最基本特征是人的活动。 凯文·林奇：美好的城市是一个市民共识的城市，城市设计应使市民有安全、舒适的感觉，这感觉是建立在市民对城市环境的可识别性上。 C. 亚历山大：城市应是包容生活的容器，并为其内在的复合交错的生活服务，各个局部之间是重合和交叉的关系	政策过程论：设计城市而不是设计建筑；不是构想一个成型的方案，而是制定出一些使城市成型的运行规范和重要原则。 社会文化论：城市形式的塑造应依据心理的、行为的、社会文化的及其他类似的准则，应强调有形的、经验的城市设计，而不是二度的理性规划	城市设计和城市物质开发管理有关，应关注城市发展对城市建成环境和自然环境的冲击	①重视区域规划，强调从区域整体的高度看待和解决问题；②以人为中心，强调建成环境的宜人性以及对人类社会生活的支持性；③尊重历史与自然，强调规划设计与自然、人文、历史环境的和谐性
城市设计实践	D. 伯纳姆：《旧金山规划》《克利夫兰市规划》 F. L. 奥姆斯特德：《中央公园规划》	柯布西耶：昌迪加尔规划设计。 柯斯塔：巴西利亚规划设计	"Team 10"：金巷设计、波士顿市中心区城市设计	旧金山市城区规划公布（将城市设计和城市规划统一起来的先例）	堪萨斯社区改造规划	克利夫兰城市门户设计、亚特兰大百年奥林匹克公园设计、印第安纳波利斯中心区河滨改造

2.2 中国现代城市设计发展历程

2.2.1 中国传统城市设计思想①

与西方将城市设计归类为科学和艺术活动不同，中国从西周开始便将城市设计作为一种严格的国家制度确定下来。这套制度和思想历经2000余年没有大的变化，在很大程度上阻碍了中国传统城市设计的发展。

（1）中国早期的城市制度

以春秋晚期《考工记》中的《匠人·营国》为代表，中国早期的城市制度涉及城市形制、规模、基本规划结构、路网乃至城市设计意匠和方法等各个方面（图2-15）。但这套完备的城市制度并不是源于新的城市生活的需要，而是由古代农村建邑经验及井田制度移植而来，甚至城市规划的用地单位也直接采用农村井田单位——"夫"。这一整套农村规划思路与礼制营建制度的完美结合被用于当时的城市建设，经证明相当成功。由此可见，与同时期发端于西方爱琴海诸岛的希腊城市文明相比，中国早期的城市制度基本上是一种农村观念，从城市生活、社区组织到城市建设管理与农村相比较，并没有实质性的区别。作为各级大小奴隶主统治的政治城堡，城市设计的基本思路重在体现国家宗法分封政体的基本秩序，而对有关城市居民、城市生活、城市文化等方面的问题尚未涉及。

与同时期希腊希波丹姆斯的方格网式城市设计相比较，中国早期的"营国制度"虽也采用棋盘式的路网系统，但其设计出发点与前者有本质区别。前者基本立足于城市生活的需要、城市功能的满足以及城市空间的创造，后者更多服从于礼制营建制度的需要和人伦秩序的体现。前者的格网是由内向外，相对灵活和开放；后者的格网由外而内，是控制性和封闭式的。当然，在追求统一与秩序这一点上二者是相通的。

（2）《管子》的城市设计思想

中国早期真正全面涉及城市问题的当推《管子》。其城市设计思想包括城市分布、城址选择、城市规模、城市形制、城市分区等各个方面。与古希腊时期柏拉图的《理想国》和亚里士多德的"理想城市"相比较，《管子》的城市设计更具体、更富有内涵。其城市思想顺应城市社会经济发展的历史潮流和当时城市生活的客观需要，勇于打破"先王之制"，为中国古代城市设计带来了新的思想与活力，并对后世城市规划产生积极影响（图2-16）。

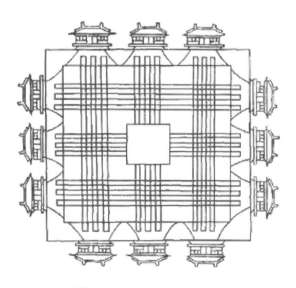

图2-15 周王城复原想象图

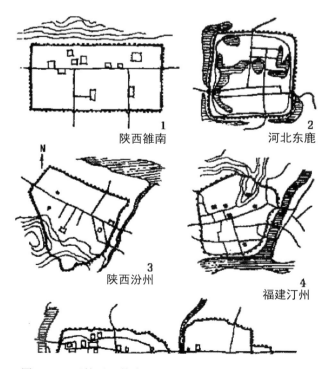

图2-16 《管子》催生了后世丰富多样的城市形制

15

《管子》的城市设计思想重点体现在其因地制宜地确立城市形制,提出城市建设"因天材,就地利","故城廓不必中规矩,道路不必中准绳"。在城市布局上提出按职业组织聚居,"凡仕者近公(宫),不仕与耕者近门,工商近市"。同时,其对城市生活的组织及工商经济的发展亦相当重视,主张"定民之居,成民之事"等,从整体上打破了当时"营国制度"僵化的礼制秩序,从社会生活的实际出发,带来了城市设计观念的彻底改变,有力地推动了当时城市设计实践的创新。

(3)从北魏洛阳到唐朝长安

北魏洛阳城是中国封建中期城市设计中的杰作。该城是在汉魏洛阳故城的基础上加以发展的。因其北依邙山、南临洛水,故采取了渡洛水向南发展的方案。通过延伸原城市南北主干道铜驼街直抵南廓的办法,加强了城市南北中轴线的主导作用,并创造出一个气势恢宏的城市大结构作为全城规划布局的基础。洛阳城成功地继承了中国前期封建城市宫、城、廓三者层层环套的配置形制以及城、廓分工的规划布局传统。

从总体上看,北魏洛阳城城市设计采取了系统整体的设计方法。从城市骨架、总体艺术布局到城市各功能区的分布和道路系统的组织均经过了深思熟虑和全盘考虑,并且很好地适应了当时社会、经济和文化发展的要求。尤其是其突出城市主体轴线的做法对后世城市设计影响极大。事实上,正是北魏洛阳城的设计建造为唐朝长安城的建设奠定了坚实的理论与实践基础,最终造就了中国封建鼎盛时期具有世界影响力的名城。

(4)明清北京城

明代北京城市布局具有封建社会后期城市布局的典型两重性。一方面,作为都城,北京城的上层建筑部分,如城制、宫殿、官方宗教文化设施等要求按照传统礼制思想进行布局,继承并发扬了历代都城的规划传统特点,成为我国城市传统规划建设的典型代表。另一方面,随着城市人口的增长和商业活动的繁荣,反映城市居民生活方面的建设布局注重因地制宜,具有自发形成的特点,表现出较大的灵活性。

城市分为京城、皇城、宫城三重,整个都城以宫城为中心。皇城前左(东)建太庙,右(西)建社稷坛,并在城外四方建天(南)、地(北)、日(东)、月(西)四坛。这完全符合"左祖右社、前朝后市"的传统城制。在城市布局艺术方面,重点突出,主次分明,运用了强调中轴线的手法,造成宏伟壮丽的景象。北京城内的街道,基本是元大都的基础。因为皇城居中,把城市分为东、西两个部分,给城市交通带来不便。街区内部均以胡同作为内部联系道路,有利于形成安静的生活环境。北京居住区在皇城四周,明代共划5城37坊。这些坊只是城市用地管理上的划分,不是有坊墙、坊门严格管理的坊里制。全区无集中绿地,但由于住房院子中树木较多,全城笼罩在一片绿荫之中。

明灭亡后,清朝仍建都北京,整个城市布局无变化,全盘沿用明朝基础,清初由于火灾及地震,宫殿大多被毁坏,在康熙时重修。清代北京城的城市范围、宫城及干道系统均未改动,唯居住地段有改变,如将内城一般居民迁至外城,内门驻守八旗兵设营房。内城里建有许多王亲贵族的府邸,并占据很大的面积,大都有庭园(图2-17)。

清雍正、乾隆以后,在西郊建大片园林宫殿,如著名的"三山五园"(香山、玉泉山和万寿山,圆明园、畅春园、静宜园、静明园和颐和园),是世界上最大的皇家园林组群。由于皇帝多住在园中,很少去宫城,皇亲贵族为便于上朝,府邸多建在西城。清代北京的商业进一步发展,正阳门外大街一带仍然是全城的商业中心,集中大量的老字号店铺,此外,清代商品运输主要靠大运河,仓库大多集中在接近大运河的城东,使东城经济得到发展,因此有"贵西城,富东城"之谚。

明清北京城完整地保存到现在,是我国劳动人民在城市规划和建筑方面的杰出创造,是我国古代城市规划优秀传统的集大成者。

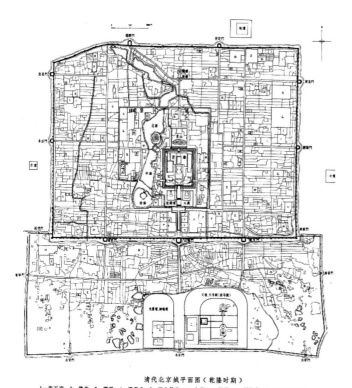

清代北京城平面图（乾隆时期）

1—亲王府；2—佛寺；3—道观；4—清真寺；5—天主教堂；6—仓库；7—衙署；8—历代帝王庙；9—满洲堂子；10—官手工业局及作坊；11—贡院；12—八旗营房；13—文庙、学校；14—皇史宬（档案库）；15—马圈；16—牛圈；17—刽象所；18—义地、养育堂

图 2-17　清代北京城平面图

2.2.2　新中国成立初期至改革开放前的城市设计与建设②

（1）城市建设的恢复及城市规划与设计的起步（1949—1952 年）

随着社会主义制度的建立，党中央提出了"必须用极大的努力去学会管理城市和建设城市"以及"城市建设为生产服务，为劳动人民生活服务"等论述，为制定新中国城市建设方针奠定了思想基础。

新中国成立初期的大多数城市，工业基础薄弱，布局极不合理；市政设施及福利事业不足，居住条件恶劣；城市化程度很低，发展也不平衡，许多城镇还停留在封建时代，根本没有现代工业与设施。这一时期较为重点的城市建设，主要是一些大城市内的棚户区改造与工人新村的规划建设，如上海的肇嘉浜、北京的龙须沟、天津的墙子河等。

随着城市建设的恢复与发展，城市规划工作也开

始起步。各地有计划、有步骤地进行城市建设，首先要制定城市远景发展的总体规划，在城市总体规划的指导下有条不紊地建设城市。总体规划的内容要求，参照苏联专家帮助草拟的《中华人民共和国编制城市规划设计与修建设计程序（初稿）》进行，领导规划和建设工作，并将全国城市按性质与工业建设比重划分为四类：重工业城市、工业比重较大的建设城市、工业比重不大的旧城市以及采取维持方针的一般城市。

（2）"苏联模式"城市设计的引入与发展（1953—1957 年）

这一时期是中国的第一个国民经济五年计划时期，为配合苏联援助的 156 个重点工程为中心的大规模工业建设，处理好与原有城市的关系，国家急需建立城市规划体系。为此，引入了"苏联模式"的规划方式。

由于全面学习苏联，包括与计划体制相适应的一整套城市规划理论与方法，中国现代的城市规划与建设具有严格的计划经济体制特征，也带有一些"古典形式主义"的色彩。在城市规划中强调平面构图、立体轮廓，讲究轴线、对称、放射路、对景等古典形式主义手法，城市建设也一度出现了"规模过大、占地过多、求新过急、标准过高"的所谓"四过"现象，忽视工程经济等问题。

"苏联模式"的规划方式，即城市规划是国民经济计划的具体化和延续，也就是所谓的三段式：国民经济计划—区域规划—城市规划。实际上，苏联当时的城市规划原理就是把社会主义城市特征归结为生产性，其职能是工业生产，城市从属于工业，认为社会主义的城市及其规划的最主要的优越性为生产的计划性和土地国有化。

由于全面学习苏联，城市规划编制过程分为总体规划和详细规划两个阶段；把生活居住区分为居住区、小区、住宅区三级；采用居住面积、建筑密度、人口密度、用地定额等一套指标。因此，这一时期城市规

划总的特点如下：重视城市各项基础资料的搜集和分析，重视原有城市基础的利用和改造；采用一整套的规划定额指标，对建设标准进行控制；讲求构图和城市建设艺术，城市总体规划图常常布置众多广场和强调对称式轴线的干道系统；城市规划的制定都是在苏联专家的指导下，由国家统一完成的（图2-18）。

总的看来，这一时期的城市规划工作成果是显著的，奠定了我国现代城市规划的基础。

（3）城市规划设计的动荡与中断（1958—1978年）

长达20年的这一时期，由于政治、经济起伏波动较大，也带来了城市规划及其建设的动荡与中断。这一时期可分为两个阶段：一是1958—1965年"大跃进"与调整时期的城市规划动荡；二是1966—1976年的城市规划中断。

在"大跃进"的高潮中，全国的许多大中小城市都对"一五"期间编制的城市规划按照工业"大跃进"的指标进行了修订，表现为城市规模大、建设标准高。例如：西安市将城市规模扩大到220万人，湖北的襄樊市（现更名为襄阳市）也做了120万人口规模的大规划。这种不切实际的规划思想，使"一五"期间刚刚形成的城市规划成绩受到挫折。

1959—1961年是中国的"三年困难时期"，许多规划机构撤并、人员下放，城市规划事业大为削弱，许多城市出现无规划的混乱自发建设状况。

1966年开始的"文化大革命"，导致城市规划及建设被迫处于停滞甚至中断状态。至1968年，全国许多城市的规划机构被撤销、人员下放，资料散失，

学科专业停办，致使城市规划基本停顿，城市建设和管理呈现无政府状态，名胜古迹和园林绿地被侵占、破坏，违章建筑泛滥，城市布局混乱，造成许多无法挽救的损失和后遗症。

1971年周恩来总理主持中央日常工作，城市规划与建设工作开始出现转机。这一时期有两个城市制定了较系统的总体规划。一个是由于"三线建设"而制定的攀枝花钢铁基地的总体规划；另一个是由于地震而进行的重建新唐山总体规划。通过实践检验，这两个城市的规划都是比较成功的。

2.2.3 中国现代城市设计的发展阶段[①]

（1）中国现代城市设计探索与实验期（20世纪80年代）

1980年，周干峙先生在中国建筑学会第5次大会上倡议"发展综合性的城市设计工作"，1982年白德懋先生著文《美国的城市设计》，1983年上海虹桥新区城市设计，1984年建设部设计局举办"城市建筑设计学术讲座"，吴良镛先生提出"城市设计是提高城市规划与建筑设计质量的重要途径"等一系列事件标志着中国现代城市设计的开始。

大体上中国现代城市设计经历了4个发展阶段。20世纪80年代，城市设计处于探索和实验阶段。其主要工作是大量翻译了国外城市设计理论著作，如1983年程里尧译的《市镇设计》，1984年项秉仁译的《城市的印象》。同时国内部分大城市进行了中心区的城市设计实践尝试，如1986年太原迎泽大街设计、南京夫子庙文化商业中心规划（图2-19）、1989年深

图2-18　兰州市"一五"时期城市总体规划图

图2-19　南京夫子庙文化商业中心规划

圳市福田中心区规划等。在城市设计研究与教育方面，1985年深圳市规划局发布了《深圳市城市设计研究报告》，清华大学与美国麻省理工学院联合举办了城市设计研究班。此后，清华大学、东南大学等高等院校陆续开设了城市设计课程。这一阶段城市设计主要被理解为是城市建筑群和城市中心形体环境的设计，如1988年陈占祥先生在《中国大百科全书》中提出城市设计定义："是对城市体型环境所进行的设计，也称综合环境设计。"这一时期的探索，老一辈规划学者为中国现代城市设计的开展奠定了良好的基础。

（2）中国现代城市设计发展期（20世纪90年代）

20世纪90年代是中国现代城市设计的发展期，城市设计理论研究与工程实践在国内普遍开展。城市设计"全过程论"以及强调城市设计与城市规划的结合逐步得到普遍认可。其背景是在1990年中国城市规划学会成立大会上周干峙先生提出："任何良好的城市规划最终都要通过城市设计来具体化。"同年4月1日《城市规划法》颁布，提出："在编制城市规划的各个阶段都应当运用城市设计的方法。"1991年第二次全国城市规划工作会议进一步强调"在城市规划的每个阶段都要体现城市设计观念"。在此背景下各种类型的城市设计如城市中心区设计、城市保护设计、城市滨水区设计和科技园区设计等在全国大中城市普遍开展。典型案例有上海浦东陆家嘴中心区国际咨询、深圳市中心区城市设计国际咨询（图2-20）、

西安钟楼广场改造规划、上海静安寺地区城市设计等。同时国内学界开始了对现代城市设计理论与方法的深入探讨，逐步形成完整的城市设计概念。如1999年2月1日国标《城市规划基本术语标准》定义城市设计为"对城市体型环境所作的整体构思和安排，贯穿于城市规划的全过程"。同时，深圳等城市开始尝试建立城市设计制度框架，如1998年7月1日颁布的《深圳市城市规划条例》第5章"城市设计"，对城市设计的阶段划分、编制要求以及审批办法等作了明确规定，是我国第一份把城市设计列入地方规划条例的法规文件。1999年建设部城乡规划司委托中国城市规划学会组织开展了"城市设计实施制度框架研究"课题。这一系列工作推动了城市设计在国内的全面开展。

图2-20　深圳市中心区城市设计平面图

（3）中国现代城市设计高潮与混沌期（2000—2010年）

21世纪头10年是中国经济发展和城市建设的高潮期，也是国内城市设计理论研究的停滞期和实践发展的混沌期。由于这一时期城市规划更加关注于区域层面的城市竞争和城市增长，对城市整体形态秩序和城市空间品质的管控在城市规划制度框架和规划管理

过程中没有得到应有的重视，导致城市设计在许多城市和地区成为炫耀 GDP 增长和城市建设成就的主要规划形式。从大中城市到小城、小镇，城市设计持续升温，各种类型的城市设计层出不穷。国内建筑界面对大规模城市建设高潮的来临同样没有做好准备，为抢占建筑市场，体现领导意志，各种"奇奇怪怪"的建筑大量涌现。一时间，建筑设计普遍放弃了城市设计的思维，于是，"形象工程泛滥""文化破坏严重""贵族化""庸俗化""炒作之风"盛行便成为 21 世纪初期中国城市设计发展停滞与迷茫的真实写照。

（4）中国现代城市设计反思期（2010 年以后）

2010—2012 年，中国现代城市设计的发展深深打上了国内经济、社会"双转型"的烙印。2012 年"十八大"召开后不久，中央领导对"建筑乱象"的批评便预示了国家对城市规划工作的重视以及城市建设思想方针的重大转变。尤其是习近平总书记把城市建筑提高到了"文化自觉""文化自信"和传承中华优秀传统文化的高度。中央对城市设计工作的重视促使我国城乡规划界和建筑学界加强城市设计制度建设，强化对城市空间形态秩序的管控，提高城市建筑整体水平。2015 年 12 月中央城市工作会议和 2016 年 2 月 6 日《中共中央国务院关于进一步加强城市规划建设管理工作的若干意见》进一步明确了"城市设计是落实城市规划、指导建筑设计、塑造城市特色风貌的有效手段"。2017 年，住房和城乡建设部出台的《城市设计管理办法》，是我国自上而下推动城市设计工作的重要标志，将对中国现代城市设计发展产生深远影响。

2.2.4　中国现代城市设计发展的历史分析[①]

城市设计自 20 世纪 40 年代由伊利尔·沙里宁提出，20 世纪 60—70 年代盛行于欧美，20 世纪 80 年代初传入我国，其发展历程与改革开放后我国经济社会发展和城镇化进程同步。回顾 20 世纪 80 年代国内城市设计的探索、实验，到 20 世纪 90 年代城市设计

方法研究、技术手段和运行机制不断完善，至 21 世纪初期，城市设计陷入迷茫与混乱，可以发现中国现代城市设计实践发展缺乏强有力的思想与理论支撑，表现为以下三个方面。

一是大规模的城市设计实践缺乏系统的理论指导。在中国 30 余年高速城镇化的推动下，我国大规模的城镇建设来得过于迅猛，国内规划建筑界几乎来不及做任何准备便直面了城市设计高潮的来临。于是面对量大面广的城市设计任务，我们抱着一种急功近利的态度对国外理论及方法生搬硬套。国内城市设计学界缺少对中国优秀城市设计遗产的挖掘和整理，缺乏对千百年来中国城市发展历史规律的研究与分析。对城市设计实用方法与设计技巧的简单追求使得我们的理论建构缺乏深度和广度，显得十分苍白。正因为我国城市设计实践缺乏必要的思想与理论"武装"，于是以长官意志为特点的"形象工程""千城一面""庸俗化"和"炒作之风"就不可避免。

二是社会工作者、文化工作者的"缺席"。与国内城市设计的发展不同，社会工作者和文化工作者的强势介入是欧美城市设计的一大特色。如简·雅各布斯的《美国大城市的死与生》发表后大大提高了社会公众的城市意识，促使了城市设计从物质层面转向城市社会、文化和社区层面，强调城市设计的公平性问题以及对弱势群体的关怀。刘易斯·芒福德的《城市文化》《城市发展史》从文化与人类发展的角度为欧美城市设计提供了强大的思想与文化武器。而长期以来，我国城市规划界和建筑学界缺乏与文化界和社会学界的深度联合，因而面对长官意志和市场力量的双重压力，城市设计常常显得"底气不足""力不从心"。

三是城市设计的价值取向出现偏差。从城市设计的全过程来看，城市设计应包括"设计怎样的城市—怎样设计城市—设计怎样实施"这样一个完整的思维过程。但从 30 余年我国城市设计的实践来看，我们

的城市设计大部分是直接从"怎样设计城市"开始的，甚至由"怎样设计城市"来决定"设计怎样的城市"。城市设计缺乏思想层面的指导，缺少城市研究和社会文化分析，导致城市设计目标及价值取向出现偏差，找不到方向，造成了与当代经济社会转型、城市文化发展和城市生活需求严重脱节的现象。当前国内"城市建筑乱象""千城一面""城市文化风貌缺失"就是这种现象的突出反映。

3 城市设计层次与类型^⑧

3.1 城市设计的层次及内容

3.1.1 城市设计层次框架

城市设计的范围和内容非常广泛，包含整个城市的空间形态到局部的城市地段，跨越了城市总体规划到修建性详细规划，甚至还涉及城市景观小品设计。城市空间形态因空间尺度的不同分为宏观、中观、微观，根据城市设计的对象范围，可以将城市设计分为宏观层面、中观层面、微观层面以及专项系统四个层次，即总体城市设计、区段城市设计、地块城市设计和专项城市设计（图3-1）。

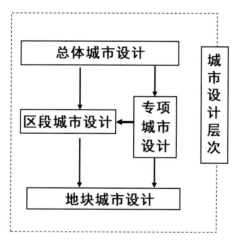

图3-1 城市设计层次

3.1.2 总体城市设计

城市的宏观层面主要是指城市空间形态格局，通过自然和人文两个方面构成人们感知城市的框架，城市自然格局中，自然要素是城市特色的本底，人工要素强化城市空间层次，丰富城市美感^[17]。总体城市设计对应于城市总体规划，从整体上研究城市空间形象的总体发展目标，确定城市空间形象的总体发展目标，确定城市空间形态的总体格局和人文环境景观的总体框架。在城市总体层面系统地保护自然山水格局，传承历史文脉，改善城市环境品质，加强城市空间秩序，提出城市总体形象定位，确定城市形态格局，明

确城市风貌特色，提升城市竞争力。其主要内容如下。

（1）制定城市设计的总体目标

分析城市整体的空间资源与环境现状、存在问题及发展潜力，制定城市设计的总体目标和框架。

（2）确定城市风貌与特色定位

通过对城市重要自然山水、历史文化等特色资源和城市空间形态特征的分析，对城市地域特色和基本风貌进行发掘和提炼，结合城市性质、发展定位、功能布局、制约条件、公众意愿等，明确城市风貌与特色定位。

（3）确定城市总体形态格局

统筹考虑城市现状及发展趋势，妥善处理城市与自然、历史与发展的协调关系，提出合理的城市形态格局，建立识别感强、富有特色的、逻辑性强的城市整体空间形态系统（图3-2）。

图3-2 长阳县城空间形态结构图

（4）塑造和引导城市景观风貌系统

结合城市自然环境、历史脉络、文化习俗和城市功能发展需要，提出城市整体景观风貌定位，依据景观特色分类，合理划定景观风貌分区，对各分区提出控制和引导要求，确定景观风貌要素，提出建筑景观方面的整体设计构思（图3-3）。

（5）构筑城市立体空间系统

利用相关技术手段进行视觉景观分析，从展示城市自然及人文景观特征的角度出发，研究观景路径及观景点，对城市天际线及特定视野的整体轮廓和景观

效果进行控制和引导，确定城市建筑高度控制原则及建筑高度分区（图3-4、图3-5）。

图3-3 长阳县城景观风貌结构图

图3-4 黄冈新城滨湖区域城市天际线设计

图3-5 武汉市汉口城市天际线

（6）构建城市开敞空间系统

分析研究城市山体、水域、绿地、湿地、广场空间、街道空间以及其他开敞空间的环境特征，构筑城市开敞空间系统，明确控制原则和引导要求（图3-6）。

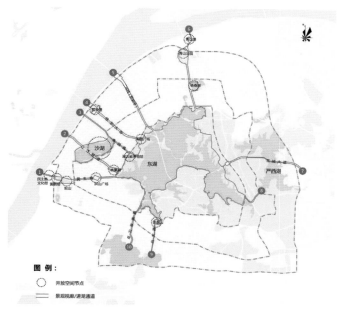

图3-6 东湖视线通廊及开敞空间规划图

（7）确定城市基本色调和色彩分区

从塑造城市个性、特色要求出发，结合城市自然地理条件与历史传统特征，对城市的色调、建筑风格、色彩分区、建筑风格等作出总体布局（图3-7）。

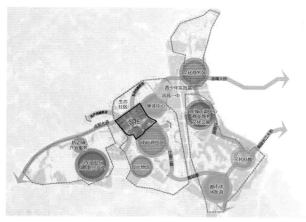

图3-7 襄阳市城市色彩规划

（8）划定城市设计重点地区

划定对于延续地方文脉、彰显城市特色、提升风貌品质有重大影响的区域，如中心区、历史城区、历史文化街区、门户地段、重要景观路段、滨水地区、沿山地区，以及其他城乡特色景观区等，明确其范围、框架性管控原则和引导要求。城市特色风貌区是各级城市设计工作的重点管控对象，其管控内容是区段城市设计编制的依据。

3.1.3　区段城市设计

城市的中观层次主要指城市空间形态的肌理，涉及城市中功能相对独立、环境相对整体的城市街区。

这一层面的区段城市设计的目标是基于城市总体规划和总体城市设计原则，落实其相关系统要求，进一步提炼城市空间景观要素，深化完善区段的空间景观、形态结构，组织公共空间系统等。根据区段特点，塑造具有良好空间秩序与尺度、符合公众审美、反映历史文化特征、体现城市特色的高品质区段空间环境，满足市民需求，提升城市活力。

区段城市设计的主要内容如下。

（1）确定区段特色定位与设计目标

综合分析规划地区区位条件、景观资源、各类行为活动特征等现状，发掘区段在历史演变过程中形成的山水特征、传统文化、地方习俗、空间形态、空间肌理、功能业态等，落实总体城市设计的系统要求，明确规划地区在城市中的功能定位和景观特色，制定区段城市设计目标、基本原则与思路（图3-8）。

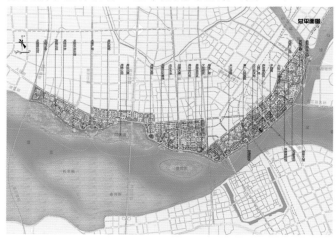

图3-8　襄阳市汉江北岸西段城市设计总平面图

（2）确定景观风貌，引导控制要求

落实上位规划对规划地区城市设计的控制与引导要求，结合规划地区自然山水、历史人文等景观风貌资源，对景观风貌分区进一步细分，对各景观风貌分区提出保护方法、开发利用方式、风貌特色等控制和引导要求。

以视觉景观分析为基础，划定主要轴线、节点、视线通廊、地标等，构建空间景观结构体系，提出相应的控制和引导要求。

（3）控制景观界面

根据界面的构成因子（建筑、绿化、山体、水体等）、人的活动特点等，对规划地区内城市界面景观特征、建筑界面控制线、贴线率以及绿化景观等提出控制和引导要求。具体要求如下。

广场界面——根据不同类型广场的空间围合特点，对周边建（构）筑、绿化的连续性及其与广场之间的高宽比提出控制和引导要求。

滨水界面——强调自然性和亲和性，研究水体与岸线、道路、建（构）筑、绿化之间的相互关系，重点对沿线建（构）筑的高度、体量、绿化形态、亲水要素等提出控制和引导要求。

街道界面——强调连续性和韵律感，根据街道尺度、功能特点，重点对沿建筑界面控制线的建筑高度、贴线率及退让提出控制和引导要求，有较大规模集散需求的建筑控制必要的退让空间，其他建筑尽量提高贴线率。

沿山界面——强调自然性和立体性，保护山体的自然形态，重点对沿山建筑濒山距离、高度、屋顶形式、绿化景观等提出控制和引导要求。

（4）组织公共空间系统

基于城市公共空间体系，结合自然山水、历史人文、公共设施等资源，布局区段公共空间系统，明确广场、街道、公园绿地、滨水空间等重要开敞空间的位置、范围和功能，提出详细的控制和引导要求。

落实总体城市设计要求，并依据区段公众行为需求和特征，对商业中心、文体设施、旅游景点、地下公共空间等公共活动场所提出控制原则和建设要求。

组织和优化慢行系统、游览线路等公共活动通道和慢行街区。具体要求如下。

街道——明确景观道路、特色街道的位置和长度，与交通方式相协调，对沿线建筑形式、绿化景观提出控制要求，对配套设施、环境小品、广告店招、夜景照明等提出引导要求。

公园绿地——明确各级绿地的位置、规模和用途，提出绿地率的控制要求，并兼顾经济性、生态性以及多样性，对植物配置、绿化景观等提出引导要求。

滨水空间——针对不同滨水空间类型，对水体沿岸功能、岸线形式、防洪设施、生态保护等提出控制要求，并对植物配置、绿化景观、滨水设施等提出引导要求。

沿山空间——根据山体在城市中所处的区位，综合分析山体高度、坡度、植被等自然景观资源和历史文化资源，结合使用者在山体周边和山上的活动方式，对安全防护、生态保护、历史文化保护、交通组织、配套功能等提出控制要求，并对建筑、绿化景观等提出引导要求。

（5）组织建筑群体，确定建筑风貌

根据城市文化传承、景观塑造、容量控制和低碳环保等方面的要求，确定区段建筑肌理、高度、体量、色彩、密度、风格等要素的形态分区，合理组织建筑群体，强化空间秩序与特征。

对街道、滨水地带、沿山地带等重要城市界面的建筑高度、风貌特色、建筑退界、第五立面、建筑底层功能与形式、界面连续性等提出详细的控制和引导要求。

（6）布置环境景观设施

根据城市空间结构和景观风貌体系，以满足公众日常使用为目的，结合当地气候条件和公共空间使用功能，对区段绿地公园、广场、街道及其他公众活动场所的铺装、绿化景观、市政设施和环境小品等提出控制和引导要求，营造方便、安全、舒适和美观的公共空间环境和宜人场所（图3-9）。

3.1.4　地块城市设计

城市的微观层次主要是指城市空间形态的质感，

图3-9　荆州市园林路城市中心开放空间规划图

对象是人们集中活动的场所，也是展示城市环境质量与城市品位的重要地段。该层次的地块城市设计需要依据总体城市设计、重点地段城市设计等上位规划，对建筑群体或者特定建设项目进行详细安排与设计，例如城市重点保护地段、主要街景、建筑群体、广场绿地、交通枢纽、环境小品及人文活动场所等。这是最普遍的城市设计，虽然是微观层面，却对城市整体面貌有很大影响（图3-10）。

图3-10　随州城南片区空间形态图

（1）明确地块设计目标定位

根据上位规划的要求、拟建项目的功能和业态需求以及周边交通、景观要素等现状条件，提出城市设计的目标定位（图3-11）。

（2）提出道路交通组织要求

根据人的活动特点、地形地貌、景观塑造等要求对道路系统、设施布局进行优化、修正或补充，兼顾功能使用和观赏要求。对规划地区周边和内部的动态交通、静态交通系统进行分析，制定交通组织方案，提出交通改进的措施和对策。

合理组织规划地区各类交通流线和停车设施，营

图 3-11　汉正街中央服务区实施性城市设计

造有序的交通环境。结合规划地区的行为需求、自然环境等要素，组织慢行活动系统，并与城市公共交通、停车设施相衔接。

对景观性道路、城市重要干道的道路空间、道路两侧景观、道路对景等提出控制和引导要求。

（3）引导建筑群体空间

确定建筑的高度、体量、形态及建筑群体的空间组合关系，并对建筑风格、立面材料及色彩等提出引导要求。

确定重要城市界面的建筑退线、建筑高度、底层建筑形式、功能和界面连续性，并对立面风格、色彩、材料等提出设计要求。具体要求如下。

建筑高度——综合分析规划地区的区位、功能定位、交通和市政设施配套条件、历史文化保护、空间景观、城市安全、经济性等因素，运用相应的技术手段，加强视廊、视野景观分析，提出建筑高度控制要求，划分建筑高度分区，合理引导高层建筑布局，优化整体天际轮廓。

建筑群体组合——结合建筑高度控制要求与重要景观视线分析，对建筑群体组合的形态、建筑面宽、进深、裙房、中段、顶部等体量要素提出控制和引导要求。

建筑风格——分析现状建筑风格特征，按照延续地方建筑优秀文化传统、强化城市特色的基本要求，结合不同使用功能，提出建筑风格控制和引导要求。

建筑色彩——遵循层次分明、统一中求变化、保持城市文脉、凸显地方特色、与自然环境相协调等原则，对规划地区内的建筑色彩提出主导色系和分片引导要求。

（4）城市公共空间设计

结合活动人群的行为规律，与城市公共交通和慢行系统紧密衔接，组织安排开放空间，包括广场、公园绿地和滨水空间等。

明确各级广场、绿地的位置、规模和功能，根据使用者活动特点提出内外部交通组织、设施配套、绿地率等控制要求。

考虑各空间的界面处理要求，处理好虚与实、间断与连续、开放与封闭的关系。

（5）进行城市环境景观设施配置

对规划地段的重要环境设施（公共管理与公共服务设施、市政公用设施、街道小品、标识系统等）、夜景照明、绿化景观（街道景观绿化、公园绿地等）进行整体设计构思，制定重要环境设施的意向性设计方案或选型方案。具体要求如下。

重要环境设施——提出公共管理与公共服务设施、市政公用设施、街道小品等各类环境设施的布局、风格、色彩、材料等控制和引导要求；提出广告招牌的设置区域、方式、尺度、风格、色彩、材质等控制和引导要求；兼顾地表透水等生态要求，提出整体铺装风格，对重点区域、节点、路径的铺装材料、色彩、图案等提出控制和引导要求；充分考虑残障人士需求，与整体环境相协调，合理布局无障碍设施。

夜景照明——以整体和谐、重点突出、以人为本、节能环保为原则，提出整体夜景照明构架，并对重要节点、路径的照明效果提出控制和引导要求；对易受环境干扰（交通噪音、空气污染等）的地段，应统筹考虑视觉景观，采取防护措施。

绿化景观——综合考虑观赏、利用、生态等要求，对街道景观绿化、公园绿地等进行整体设计构思，提出绿化整体风格和重要节点、路径的绿化配置要求（图3-12）。

图3-12 景观小品

3.1.5 专项城市设计

依据总体城市设计，对城市天际线、城市色彩、城市山水体系、城市建筑风貌等专项系统进行设计。

（1）整体风貌专项城市设计

通过对城市空间形态特征及重要特色资源的分析，对城市整体风貌特色进行发掘和提炼，制定城市风貌特色延续和发展的目标和策略；确定城市风貌，规划空间结构，划定风貌分区，明确景观视廊、景观风貌带、风貌节点等，并提出控制和引导要求；划定城市设计特定意图区，明确其景观特征，提出引导和控制要求。

（2）夜景照明专项城市设计

明确夜景观规划目标，结合城市功能分区，对城市夜景照明进行总体把握和设计，划定照度分区、光色分区、照明环境气氛分区等，并提出相应的引导和控制要求。划定重点控制区，依据功能不同，提出景观性照明和功能性照明的具体要求。

（3）城市天际线专项城市设计

分析城市环境特征，利用相关技术手段进行视觉景观分析，研究城市重要的观景点、观景路径、景观视廊，确定代表城市特征的特定视野的整体天际轮廓线；对各个重要城市天际线的前景层次、中景层次、背景层次、建筑高度、重要视线通廊、视觉中心、开敞度等要素进行引导和控制（图3-13）。

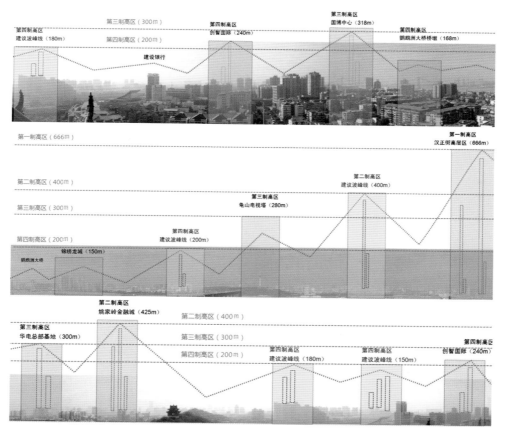

图3-13 黄鹤楼周边区域天际轮廓线引导

（4）城市开敞空间总体城市设计

对城市现有开敞空间的分布、类型和数量进行分析，准确评价城市总体层面上公共开敞空间现状总量水平与分布状态。针对总体水平评价，结合城市特色和发展趋势，提出开敞空间的定性与定量的建设目标以及相应的规划策略。结合人口规模和用地布局，并协调相关专项规划，确定城市开敞空间总体布局，包括等级结构划分、空间结构组织、功能布局引导等内容。基于整体

框架对重要的功能要素进行引导和控制，包括城市绿地、广场、慢行交通空间、临水空间等（图3-14）。

（5）城市色彩专项城市设计

根据地域特色和城市需求，确定城市色彩定位和规划目标；划定色彩控制分区，确定各分区的特征色、基本色、禁用色、辅助色和点缀色等，提出色彩搭配原则，提出控制和引导要求；确定重点控制区，对重点控制区的不同功能建筑群体、周边环境设施、夜景

图3-14　长阳县县城开敞空间系统

照明等提出色彩控制要求和设计指引（图3-15）。

（6）城市立体空间形态专项城市设计

对城市整体三维空间系统和城市形象的整体设计。结合城市空间形态特色，提炼城市空间的核心特

点，把握城市空间集聚趋势的特征。综合考虑城市立体空间形态的各项影响因素，结合城市空间集聚的趋势特征，提出城市空间形态控制结构，划定城市中心、重点控制区和景观界面；对景观节点、视线通廊、天际线的空间形态提出控制要求；明确城市建筑高度分区及控制要求。

（7）公共环境艺术专项城市设计

解读上位规划，分析现状问题，提出总体规划目标与规划层次，在形象体系格局、空间结构、布局密度与布局级别等方面提出总体的控制要求；对城市整体的环境设施（街道小品、市政环卫设施、标识系统、雕塑、广告等）等分区、分类进行控制与引导。

图3-15　潜江市园林城区墙面色概念分布

3.2 城市设计类型

3.2.1 工程设计型与政策过程型

王建国教授在《现代城市设计理论与方法》中，将城市设计分为理论形态的城市设计和应用形态的城市设计。美国规划师柯斯林从更广泛的角度来研究城市设计，将城市设计分为政策表现的城市设计、作为技术的城市设计、作为调节手段的城市设计、作为私人展示的城市设计、作为公众关心的城市设计、作为剧场的城市设计、作为维护功能的城市设计、作为拼贴的城市设计[18]。

以上城市设计类型可综合归纳为两种：一种是工程设计型，是技术与技艺层面的城市设计；另一种是政策过程型，是社会政治、经济层面的城市设计。

（1）工程设计型

工程设计型城市设计即偏重于城市空间环境的实体设计工程，主要以具体方案设计为成果，一般是规模相对较小、内容具体的空间地段设计。其主要特征是将城市设计实践成果视为结论性产品，主要关注开发的实际形态，忽略如何保障城市整体形态，因而大多数必须进行城市整体开发设计才能实现。

（2）政策过程型

政策过程型城市设计即偏重于政策、指引，与公共政策紧密结合的城市设计，主要针对城市形态和景观的公共价值领域所制定的控制规则。根据其实效和表达形式不同又可分为指引型城市设计和管理型城市设计。

① 指引型城市设计。

城市设计指引是关于城市公共空间环境和体型设计的一种指导性文件。指引型城市设计一般是以城市特色、城市公共空间系统、城市人行交通系统、城市绿地景观系统以及城市色彩等城市环境空间要素设计指引为研究对象所进行的城市设计工作。"指引"不是进行具体方案设计，而是应用城市设计的法则，采用示意图、文字及表格形式，对城市公共空间环境和

体型的设计、营造和管理提出指导性的规定和建议，是城市规划、园林规划、建筑设计及环境艺术设计等共同应用城市设计法则实现城市设计目标的指南[19]。如美国旧金山城市设计指引、香港城市设计指引、天门市城市设计指引等。

② 管理型城市设计。

管理型城市设计是从城市管理者和公众管理城市建设的角度出发，针对城市设计项目进行详细研究，探求各种不同设计条件、不同开发强度下城市空间形态效果和经济效益、社会效益，并分析城市土地开发利用对公众造成的影响，形成有效的管理语言，从而用以指导城市空间环境的具体设计和实施管理。在实践设计及实施过程中重视公众参与，且其编制成果具有一定法律效力，起到引导和控制的作用，如美国区划法规及细分图则等。

3.2.2 开发型设计和保护型设计

（1）开发型设计

开发型设计是对具体地块形成的建筑群体、空间环境及对一定范围城市空间的具体形象设计，包括新区开发设计和再开发设计。

① 新区开发设计。

新区开发设计主要是指为顺应城市发展需求，于城市未建设用地或荒废用地所进行的城市综合形体设计，如呼和浩特市东部新区城市设计、黄冈新城市中心城市设计等（图3-16）。

② 再开发设计。

再开发设计是指充分利用现有的城市发展用地，对废弃但不具有历史文脉和场所意义的城市建设用地所进行的再开发利用设计，又称改造设计，主要是围绕旧城的改造和整治开展的。

（2）保护型设计

保护型设计通常是指针对具有历史文脉和场所意义的城市地段所进行的相关更新改造规划设计的城市设计类型，其设计重点是保护历史文脉的完整性，并

使其与现代生活相互融合。

根据其保护性质不同，可将保护型设计分为历史街区保护设计、历史地段风貌设计和邻里保护设计。如随州草店子历史街区保护设计（图3-17）。

图3-17　随州草店子历史街区保护设计

图3-16　黄冈新城市中心城市设计

4 城市设计政策与制度

城市设计是落实城市规划、指导建筑设计、塑造城市特色风貌的有效手段[20]。现代城市设计起源于欧美，我国自 20 世纪 80 年代后期引入城市设计理论以来[21]，经过三十多年的实践和发展，积累了许多宝贵经验。城市设计作为城乡规划主干体系的重要支撑规划，贯穿于城乡规划的各个阶段，但由于缺乏正式的法定地位，城市设计往往与法定规划相结合发挥其改善城市风貌的作用，一些地区也在探索有地方特色的城市设计政策与制度方面，做出了积极的尝试。当前，随着国家对城市设计的重视上升到新的高度，城市设计管理法规与相关技术导则的编制也已逐步展开，城市设计的政策与制度将进一步完善，其法定地位将得以明确。

4.1 国外城市设计制度简介

4.1.1 美国城市设计制度④

美国至今已有一千多个城市实施了城市设计制度与审查许可制度。美国各城市并没有城市设计的专门法规，有关城市设计的法令大多包括在土地利用区划（Zoning Control）、"土地细分规则（Land Subdivision）"中。美国作为典型的联邦制国家，其城市设计实施体制属于由下而上的地方自治型，各城市也依据情况建立了不同的体制，例如旧金山的城市设计准则涵盖全市，波士顿则无设计准则，而是通过行政管理部门与民间开发商签订协议推行城市设计。同时，公众高度关心城市环境，积极参与城市设计也是美国城市设计制度的特点之一。城市设计审议委员会及主管官员权力虽大，却来自民间，因此其体制既具弹性，又有效力。

美国城市设计控制与实施的主要是以城市设计导则（Urban Design Guidelines）为依据，以区划法为依托，通过设计审查制度对城市的开发建设进行控制，其内容由控制范围内的管理内容决定。在操作形

式上，它既是法律法规的一部分，又是城市设计成果的一部分，在实施管理中具有法律效力（图 4-1）。通过城市设计导则控制，弥补了区划法对城市形象、环境质量等不可量化因素控制的不足，给城市建设以美学与观感上的控制，以创造更好的城市空间形态与宜人的生活环境。

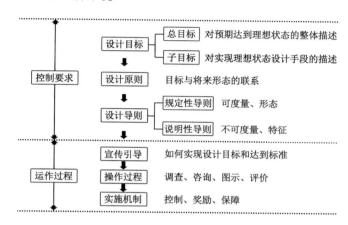

图 4-1 美国城市设计的控制要求和运作过程示意

在长期的实践过程中，美国成功地将城市设计导则的客观要求转变为一套有限理性、弹性控制的方法，具体体现在导则管制的广度与深度两个方面。

（1）导则管制的广度

导则管制的广度具体指对建筑设计进行引导控制的覆盖范围，也就是确立建筑设计的哪些元素需要从城市设计层面加以控制，哪些可以留给建筑师自由发挥。在这一问题上，美国城市设计导则采用了整体着眼、系统控制的方法，即不孤立地针对设计范围内的每个个体或元素逐一作出明细的要求，而是跳出个体层面，将研究对象看成是处于一定联系中的整体，从整体出发，找出影响设计的关键部分并加以限制。

立足这一观点，美国城市设计导则在管制内容的选择上并不强调涵盖的全面性，而侧重针对的有效性，做到张弛有度，对于影响设计整体效果的关键内容作出充分限定，其他非重点元素则由建筑师自行把握。如在纽约林肯中心特定管制区（Lincoln Center Special District）城市设计案中，设计人员以保持区内百老汇大街道路的界面连续性与使用舒适性为目

标，制定了全部内容不足 200 字的四条设计导则（表 4-1）。正是在这四条导则的作用下，意图在后退建筑红线内进行开发的行为得到有效抑制，底层连续的拱廊设置与零售业布局也吸引了大量的过往人流，百老汇大街的连续街廊与宜人的商业氛围逐步形成，至今仍是纽约具代表性和人气极高的街道之一。

表 4-1　纽约林肯中心特定管制区城市设计导则

序　号	内　容
1	百老汇大道东侧临街及哥伦比亚大道临街必须沿墙面线建设高度为 25.9 m 的建筑，约 6 层楼高，符合市民穿行时的尺度感受，造型设计要求与周边住宅建筑保持一致
2	在 25.9 m 及其以上高度部分，建筑塔楼必须从街面位置进行退缩
3	管制区内所有临街建筑前方必须提供宽 5.2 m，平均高度为 6.1 m 的拱廊
4	为保护周边地区的商业运营，建筑底层大部分用地功能必须设为面向街道的积极性零售业。类似于银行等用途的非积极性商业占地在临街面中长度不得超过 12.2 m

（资料来源：Halpern KS. Downtown USA: Urban Design in Nine American Cities[M]. New York：Billboard Publications, Inc, 1978.）

（2）导则管制的深度

导则管制的深度具体指对确立的管制内容施加约束的具体程度。美国设计导则主要通过规定性（prescriptive）导则与绩效性（performance）导则两种方式对管制深度加以调节。

规定性导则往往限定设计采用的具体手段，如建筑高度体量的尺寸、特定的立面色彩与材质等。绩效性导则则主要采用过程描述的形式，按照具体的设计手段刻画事物，提供产生具有期望特征的事物的方法。遵循这一思路，绩效性导则并不限定设计采用的手段，而只提供设计必须达到的特征与效果，并通过"为什么""怎样做"鼓励达到设计效果的多种可能途径（表 4-2）。绩效性导则限定了设计效果，却不制约具体途径，为项目开发提供了合理化的设计范围，这一范围内所暗示的一系列解决方法，不仅不会过多禁锢设计思路，相反还能为设计提供指示与引导。

规定性导则明细严苛的管制方式在一定程度上影响了建筑师的创造发挥，但这种制约的目的不在于抑制设计者的思维，而是要消除那些仅从自身角度出发，作出对整体环境品质最为不利的结果。美国建筑师协会纽约分会曾针对导则维护整体环境品质和制约设计思路的正反两方面影响进行过专门的讨论，讨论结果支持导则的制定与实施，并要求建筑师在设计中予以接受。设计人员主动约束自身潜能发挥的事实，从一个侧面反映出美国专业界对导则职能的廓清，即设计

表 4-2　规定性导则与绩效性导则比较

规定性导则		绩效性导则	
序　号	内　容	序　号	内　容
1	停车场地必须位于建设场地后部的 1/2 区域	1	停车场地应通过绿化、墙体或其他构筑物遮蔽的形式减少对过往行人的视觉影响
2	混合使用的建筑底层玻璃率必须为 40%～60% 注：玻璃率（glass-wall ratio）指一定范围内玻璃与外墙面的面积比值	2	混合性建筑应根据功能的变化在立面处理上采用不同的玻璃率，如较小的玻璃率适用于居住功能单元，较大的玻璃率则适用于商业功能单元

（资料来源：Cherry Creek East Guidelines 1999. Debver. http://www.denvergov.org/admin/template3/forms/CCEGuide.pdf.2004-4-30.）

导则是为建设城市环境提供的起码准则而不是最高期望，其目的"不在于保证最好的设计，而在于保障不使最坏的设计产生"。

综上所述，美国现代城市设计导则的实质在于提供一种有限理性的弹性控制——从对建筑设计管控的广度与深度两方面入手，在确保设计整体效果与操作可行的前提下，减少管制内容、增加管制弹性，关注建筑设计的创造发挥，弱化时段变迁过程中的环境干扰。

4.1.2　英国城市设计制度®

英国是最早进行城乡规划立法的国家。与美国相比，城市设计在英国城乡规划体系中也还没有一定的法定用语，但其在执行规划许可及进行地区更新规划的过程中，也拟定"环境规划设计准则""景观规划设计准则"等城市设计准则作为项目审查及社区规划设计的依据。

要想了解英国城市设计准则的编制过程和内容，首先应该对英国城市设计引导体系有大致的了解。英国城市设计指引的层次体系如图4-2所示。英国的城市设计指引是法定规划的辅助手段之一，是城市设计概念和不可度量标准的说明或规定，也是公众参与和设计评审的标准之一，其内容涵盖广泛，全面覆盖了

从国家政策指导至特定场所的初步设计。城市设计指引可以通过城市设计准则阐述设计原则和要求，对场所或地区的空间发展提出指导或建议。其目的是保障城市设计的实施质量，提供一定程度的开发明确性，以促进高质量的开发建设。

英国最早的城市设计准则使用可以追溯到1666年之后的伦敦重建。1667年的"重建伦敦法案"中就制定了街道和建筑形态类型，并在接下来几个世纪的城市大扩张中发挥了管控作用。这一法案如今被认为是实用、有力、与时俱进的，将伦敦高效、迅速地建设成为一个宏伟壮观的现代城市。在乔治亚时代，伦敦、巴斯、布莱顿和爱丁堡的发展建设也采用了城市设计准则。

（1）编制程序

英国城市设计准则的编制包括七个阶段，融入整个开发建设过程中（图4-3）：①启动：在深入考虑过开发规模和开发背景后，由项目合作者共同决定，为即将进行的开发建设筹备城市设计准则，确定城市设计准则的准备、运作程序，并建立领导体系；②整合：整合准则设计中的资源投入，包括技术资源、财力资源、负责编制和实施城市设计准则的参与者；③评估：评估城市设计准则编制的地方背景，包括现有的政策

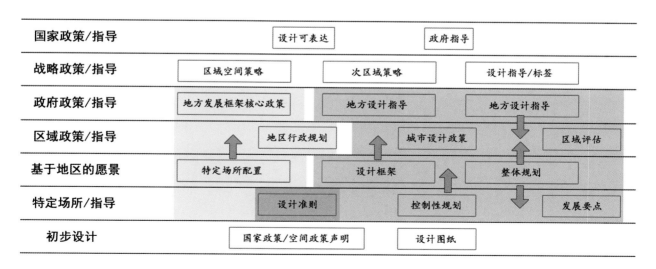

图4-2　英国城市设计指引的层次体系
（资料来源：CABE. Preparing Design Codes: A Practical Manual[M].RBA publishing, 2006.）

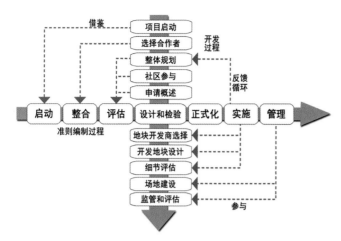

图4-3 英国城市设计编制过程与开发建设的关联
（资料来源：CABE. Preparing Design Codes: A Practical Manual[M].RBA publishing,2006.）

和指导框架、对场地或区域特征以及与其他文件中的设计目标、空间愿景的认识理解；④设计和检验：策划、组织、编写及设定准则的内容和表达方式，然后检验其稳定性和适用性，如市场可行性、可操作性等方面的潜力；⑤正式化：通过在规划、道路或其他体系中采用城市设计准则，或其他方式，如通过开发控制权或不动产权的控制，建立城市设计准则的地位，以确保开发建设项目的详细设计在遵守城市设计准则的情况下推进；⑥实施：依据城市设计准则为独立的地块选择设计和开发团队，指导地块设计过程，以及为接下来的评估和管理计划提供指导；⑦管理：监督和执行城市设计准则，评估城市设计准则的实施以做出改善，并利用准则进行项目维护。

（2）城市设计准则的内容

城市设计准则涵盖的范围很广、内容很多，不同准则之间有相当大的差异，但都包括以下基本内容：政策使用、交通框架/街道等级、停车、开放空间、建筑立面和建筑设计。此外，根据不同的区域或场所的特征，可以制定针对性的原则和处理方式。

英国城市设计准则的基本内容包括：①场地的特征，往往由平面布局质量、邻里内部的建筑和景观决定；②建筑和街道的塑造、规模、选址和定位；③街道的设计和布局，以及如何安排人、车、公共交通、

公共设施及植物等要素；④开放空间和公用领域，包括停车场、广场、街道和私人或公共花园的安排，如何能够设计和维护在较高水准，并被安全使用；⑤土地混合使用，尤其关注开发密度和社区公共设施的定位；⑥单体建筑或地块的设计质量和主要原则，包括建筑原则、建筑和公共空间中特定材料的使用、对独立部件（如窗户的尺寸和材料）更详细的设计要求；⑦有关可持续性的要求，包括遵守能量效率、材料的使用和建设方法的标准。

综上所述，英国城市设计准则为开发建设和规划许可的颁发制定规则和要求，是一组明确的指示，而不是概括性的引导或建议，采用文字和图解两种方式表达及阐述设计要求，并详细解释各条例与整体规划或项目发展原则之间的关系。这样使用者就会对城市设计准则做出积极的应对，而不是单纯将其视作刻板的技术标准。

4.1.3 日本城市设计制度®

日本的情况与英国相似，虽尚未有一定的法定城市设计用语，但其城市设计的实践已有三十余年的经验，而且在城市规划与建筑管理体制中渗透了城市设计的概念，如依据城市规划法的"地区规划制度"与依据建筑基准法的"综合设计制度"和"建筑协定制度"均包含了城市设计的概念与内容。20世纪80年代以后，在日本，城市设计以"城市景观形成规划"的形式得到了很大的发展，三十余年来日本城市设计的实施范畴可概括为以下几类：①大尺度的城市开发；②城市总体规划设计；③城市景观的改善与设计；④公共空间的经营与规划设计；⑤城市设计作为公共政策的立法；⑥城市未来发展的构想规划；⑦建筑与城市规划的评论。

在城市设计尚未取得法律地位的本国国情下，日本将美国引入的城市设计相关理论创造性地发展为"城市创造"理论，并得到有效实施。以城市设计对公共环境和基础建设的改善提升为着眼点，日本采取

由政府部门到市民阶层这种"自上而下"的方式，使城市设计在日本国内逐渐被认可。日本的城市设计实行了近40年，在制度方面制定了特有的"建筑协定制度"等，其中，横滨等城市在城市设计与管理中的实践起着不可或缺的作用。

（1）横滨市的经验

1971年，横滨市设置了日本第一个官方体制下的"城市设计小组"，1982年将该小组正式称为"城市设计室"（Urban Design Office），并纳入城市规划局规划指导部下属的正式单位，其主要工作职责是负责城市设计的规划、负责城市设计的调整、制定城市设计的准则、从城市设计的视点推行公共设施的设计、组织执行与城市设计有关的调查、研究及宣传。

20世纪70年代以后，横滨市城市空间快速扩张，为此市政府制定了城市开发骨干工程。同时，横滨也开展了以"创造具有横滨特色的城市空间"为目标的城市设计运动。其内容包括保障步行活动，创造安全、舒适的公共人行空间；维护地域的地形地貌与植物等自然特征；保存地域的历史资产与文化资产；创造丰富的开放空间与绿色空间；维护海河等水边空间资源；创造可供市民户外活动、相互交流的场所；追求形态与视觉的美。为实现上述目标，横滨市在日本率先制定了城市设计总体规划（图4-4）。

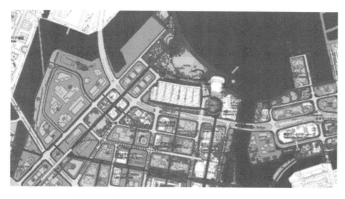

图4-4　横滨市城市设计平面图（局部）
（资料来源：许浩.横滨滨水区城市设计的特点与启示.）

规划通过城市中心周边地区与郊外地区的"景观特色创造"、水边空间的再生、历史资产与环境的保存与整治等城市设计，改善城市空间结构，提高居住环境质量。经过四十多年的努力，横滨市的城市设计已成为国际上城市设计实践的一个成功范例。

1992年在日本横滨市成功地召开了"城市设计国际研讨会"，会上针对日本城市设计制度未来的展望，提出了以下新的目标。

确认城市设计的目标在于提高城市公共环境品质、塑造适宜人居的城市空间，其中除了应维护地方风格特色外，还应为创造适应国际化与信息化社会的未来城市形态早做准备。城市设计应与城市发展策略结为一体，在地方政府中设置城市设计推进与管理机构，不断提高城市设计的技术手法与加强城市设计的行政立法机制。将城市设计与地方文化、社会内涵密切结合，将城市设计的纲要提升为城市发展的指导方针，通过城市设计策划城市未来发展构想，通过城市设计推进公众参与城市规划。

（2）城市设计的实施

日本的城市设计实施体制不同于美国，是由上而下以官方体系为主导。日本从20世纪70年代开始引进美国城市设计的观念与经验，先从公共环境、公共空间及公共基础设施的改善开始着手，有计划地在政府部门间推动城市设计，做出具体的城市设计工作业绩后，逐渐为市民所认同。目前在日本已有100多个城市设有城市设计主管部门，官方主导力非常强。另一方面，市民的参与意识虽高，但目前除特定地区外，尚无明文规定市民参与的程序，且多采用非正式的审议制度。

由于日本土地实行绝对私有制的基本国情以及城市设计在城市规划法中没有法律地位，所以城市设计是不具法律效力的。但是日本实行以"区划"为主、"开发许可"为辅的规划控制制度，并存着"城市总体规划制度"和"建筑许可制度"两种环境营造模式，因而，日本城市设计的实施是由"城市总体规划制度"中的"区划""开发许可"或"建筑许可制度"来落实对城市空间环境品质的管理的。

4.1.4 新加坡城市设计制度[7]

新加坡采用两级规划体系，由战略性的概念规划和实施性的总体规划组成，其中总体规划是法定性规划（图4-5）。

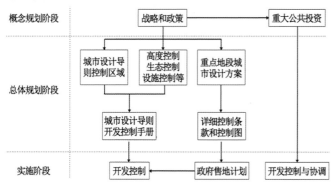

图4-5 新加坡规划体系
（资料来源：根据新加坡重建局资料整理）

新加坡的城市规划控制体系包括：概念规划——开发指导规划——地块图则。其中，概念规划每10年进行一次修编，是城市总体层面的规划；开发指导规划是局部层面的详细规划，深度类似我国的分区规划、控制性详细规划；地块图则是将整体的规划概念转换为详细的地块／地段开发指引，形成法定文件，向公众公开的建设指导文件；局部城市设计的内容和要求最终以地块图则开发指引的方式体现，通过这种方法实现其控制。

（1）新加坡城市设计控制体系

新加坡一直推行"亲商（Pro-business）"的城市规划，以使政府规划控制符合市场规律并与私人开发过程之间相互作用。一方面，其严格的城市设计控制贯穿了从宏观概念规划到微观地块建筑设计的全过程；另一方面，城市设计控制体系的建构表现出与开发程序良好的耦合性（图4-6）。

新加坡的概念规划在制定之初就融入了城市设计的思想。1971年，新加坡第一份概念规划对城市总体结构进行了构想，"综合考虑了物质规划及社会学、交通、土地经济及城市设计各范畴的问题"。根据这一总体结构建设的城市被称为"环形城市"（Ring City）（图4-7），其中渗透着城市设计关注公共空间和场所建构的思想方法。在1971年后的数次概念规划修编中，城市设计的内容都被整合到其中，其方式主要是从城市宏观目标角度为城市建成环境的发展指出政策性方向，并推荐有益的参考性城市设计解决方案。总的来说，概念规划层次的城市设计更多的是在理念和方法上融入规划文件，以对下一层次规划设计进行策略性指导。

与概念规划相比，总体规划阶段的城市设计内容更加具体。总体规划的成果内容分为两大部分：①传

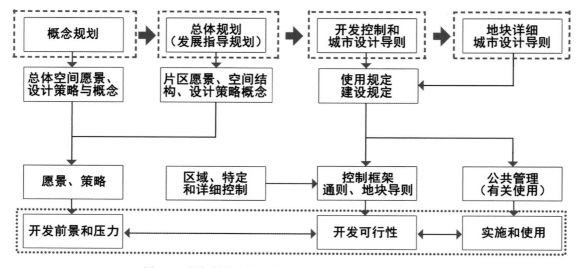

图4-6 新加坡城市设计控制体系与开发程序的关系
（资料来源：Edmund Waller.Landscape Planning in Singapore [M].Singapore University Press, 2005.）

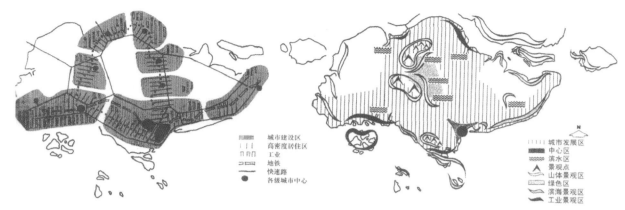

图 4-7　新加坡"环形城市"空间愿景和建成环境要素分区（概念规划 1971）
（资料来源：Edmund Waller.Landscape Planning in Singapore [M].Singapore University Press，2005.）

统区划的控制元素，包括用地和容积率等；②特殊及详细控制规划，一般由公园水体规划、住宅规划、建筑高度规划、激发活动使用规划、街区、城市设计区、保护区和保护建筑规划组成，有关城市设计的内容被融入这些规划中。新加坡总体规划形成了串联整个城市设计控制体系的总纲（图 4-8）。

由于总体规划是法定规划，直接决定土地开发控制，所以使整个体系与开发过程紧密相连，保证了城市设计控制的效力。

地块控制设计则对于近期以出让形式供开发商开发的重要地块，编制详细的城市设计方案。之后，方案将被转译为精细的控制条款与图则，并与其他传统规划要求一起纳入土地竞标时市区重建局出具的竞标技术指引中，作为未来设计审查与开发验收的重要依据。

（2）编制工作方法

在新加坡的规划体系中，城市设计与城市总体规划工作方式表现为统一体系内的同步协调。在概念规划阶段，城市设计作为思想方法融入总体的规划战略中。在总体规划阶段，其制定程序大致分为 8 个步骤，即调查与资料收集—资料分析—轮廓性规划方案—公开展示和对话—编制规划草案—法定公示—编制最终规划—批准发布。在第 5 个步骤中，根据各个政府部门

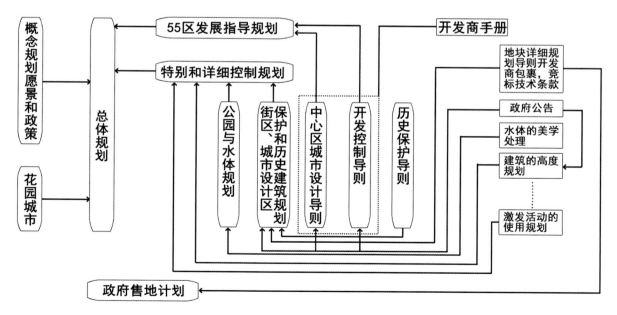

图 4-8　新加坡以总体规划为母版的插件式城市设计控制文件体系
（资料来源：Edmund Waller.Landscape Planning in Singapore [M].Singapore University Press，2005.）

及公开展示的意见和建议,市区重建局(或为私人机构)将进行综合性的规划调整,将轮廓性规划方案发展为规划草案。在这个阶段将开始三维规划方案的编制,加入城市设计的内容,如三维空间、高度控制、步行体系、开放空间等。其中不仅包括了城市设计区的划定,也包含了重点地块的详细城市设计。通过这一完整的规划编制程序,城市设计与规划内容得以同步协调。

(3)城市设计的效力

在新加坡,城市设计主要通过4种方式实现:①通过融入概念规划贯彻政府的城市空间方针政策;②通过市区重建局组织结构融入总体规划取得相应的法定地位,如城市设计区、高度控制、开放空间等;③通过政府文件成为行政管理依据,主要包括城市设计导则;④通过政府售地计划,将城市设计要求融入《竞标技术条款及相关主管部门和公共设施执照持有人条款与要求》。在这4种方式中,融入总体规划的城市设计内容是核心,它为后两种方式提供了法理基础和内容框架。

4.2 我国城市设计与法定规划体系的衔接

城市设计是法定规划体系的重要支撑规划,是对法定规划体系的深化和补充。城市设计对现有城市规划编制体系的衔接,包括对宏观层面的总体城市规划,中观层面的控制性详细规划,微观层面的修建性详细规划设计,以及具体地块的详细方案设计,贯穿从规划构思到建设落地的全过程(图4-9)。城市设计是延续上级规划精神、引导下级规划编制、连接不同层面规划之间的纽带[22]。我国的城市规划法定体系,已经形成较为成熟的与城市设计对接的通道。

(1)城市设计与法定规划体系在规划编制上的衔接

城市设计对城市总体规划发挥着补充与深化的作用,总体规划中将城市设计的内容纳入其中,运用城市设计的方法来统筹考虑用地布局与空间结构,从宏观层面构建城市三维形态控制框架。对大中城市而言,由于规模庞大、功能复杂,涉及各个方面的问题,往往会导致城市的总体规划在整体空间环境的构思与安排上不够深入与全面。为此,一般将城市设计的内容作为专题规划进行编制,在对城市体型和空间环境进行透彻的、系统的研究基础上,形成相对独立完整的系统内容。对小城市而言,由于其规模有限,功能相对简单,城乡总体规划针对整体空间环境作出的安排已能基本满足需求,城市设计往往结合城乡总体规划同步编制,遵循城市设计与城乡规划的一体化理念。

《中华人民共和国城乡规划法》赋予了控制性详细规划作为用地规划审批的法定依据,城市设计的设计要求以图则的形式与控制性详细规划结合,通过将城市设计的成果转化为控制性详细规划的指标,使城市设计成果直接作为规划或建筑设计方案审批和核发"一书两证"的依据,使之具备法律效力、成为法定规划文件。同时,二者作为规划实施过程中确定相关控制

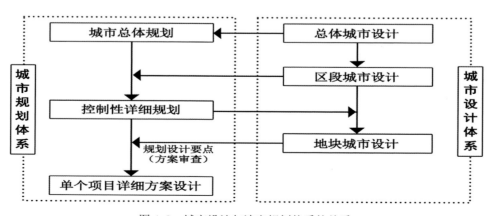

图4-9 城市设计与法定规划体系的关系

内容和标准的技术性依据，直接形成地块的设计条件与控制指标，有效保证了城市整体与局部空间的设计延续，也极大地增强了控制性详细规划指标的合理性，弥补了控制性详细规划在空间形态塑造上的不足。

对于具体的修建性详细规划，如建筑设计、市政设计、风景园林设计、景观环境设计，都应该符合区块城市设计的具体要求。

（2）城市设计与法定规划体系在规划管控上的衔接

城市设计成果的落实，需要加强与规划管控的衔接，保障城市设计的效果得到最大程度发挥。从项目规划到建设落实在规划管控的层面上，需要经过土地出让、建设许可、竣工验收三个阶段。《城市设计管理办法》对城市设计与规划管控体系的衔接作了系统的说明（图4-10）。

在土地出让阶段，控制性详细规划中关于城市设计的控制性要求应当纳入建设用地出让和划拨的规划条件。根据《中华人民共和国城镇国有土地使用权出让和转让暂行条例》："土地使用权出让的地块、用途、年限和其他条件，由市、县人民政府土地管理部门会同城市规划和建设管理部门、房产管理部门共同拟定方案，按照国务院规定的批准权限报经批准后，由土地管理部门实施。土地使用者应当按照土地使用权出让合同的规定和城市规划的要求，开发、利用、经营土地。""城市设计要求"应纳入国有土地出让条件。

在建设许可审批阶段，各类新建、改建、扩建建筑物、构筑物的建设工程规划许可证的审批，应当符合城市设计的控制要求。根据《中华人民共和国城乡规划法》："申请办理建设工程规划许可证，应当提交使用土地的有关证明文件、建设工程设计方案等材料。需要建设单位编制修建性详细规划的建设项目，还应当提交修建性详细规划。对符合控制性详细规划和规划条件的，由城市、县人民政府城乡规划主管部门或者省、自治区、直辖市人民政府确定的镇人民政府核发建设工程规划许可证。"城市、县人民政府城乡规划主管部门应当将城市设计要求的落实情况纳入建设工程规划核实。

在竣工验收阶段，将"城市设计管控"纳入竣工验收规划设计要求。《中华人民共和国城乡规划法》规定："县级以上地方人民政府城乡规划主管部门按照国务院规定对建设工程是否符合规划条件予以核实。未经核实或者经核实不符合规划条件的，建设单位不得组织竣工验收。"《房屋建筑工程和市政基础设施工程竣工验收暂行规定》规定："城乡规划行政主管部门对工程是否符合规划设计要求进行检查，并出具认可文件。"将城市设计作为竣工验收的规划设计要求，将保障城市设计的实施效果，确保城市空间环境的合理性。

4.3 城市设计政策与制度的地方探索

4.3.1 深圳——融入法定图则的城市设计政策[®]

"城市设计应贯穿于城市规划各阶段。"这是《深

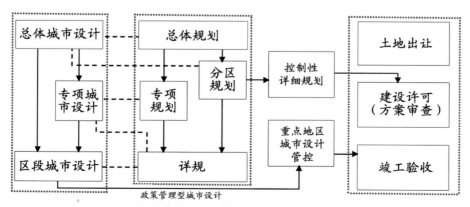

图4-10 城市设计与法定规划及管理体系的关系

圳市城市规划条例》中一段有关城市设计的文字，作为改革的"试验场"、对外开放"窗口"，深圳在高速发展过程中，几乎遇到了城市设计运作所有问题和困惑：城市设计没有法律效力、建设时序的不确定、投资主体多元化、追求经济效益最大化等的影响和干扰。在没有全国性的城市设计运作机制下，深圳结合地方特点，积极探索了城市设计以独立和融入两大类型相对独立、共存互补的"双轨制"运作机制，有较强创新性和前瞻性。

"城市设计运作分为编制与实施两大阶段。"在编制方面，1998年5月，深圳以经济特区特别立法权，通过《深圳市城市规划条例》确立了城市设计的法律地位，规定城市设计既可以针对城市重点地区单独编制，也可以结合规划各阶段编制。在实施方面，针对城市重点地区单独编制的局部城市设计可相对独立运作，但更主要的是将其再融入法定图则运作，而城市一般地区则将城市设计融入法定图则中运作，在政府主导或深度参与的城市重点地区取得了较好的运作实效（图4-11）。

深圳融入法定图则中的城市设计运作具有以下特点。

①加强法律效力、提高运作实效。

深圳市法定图则编制、审批引入公众参与的程序，并由市长担任主任、由相对独立的城市规划委员会批准，加强了法定图则审批后的法律效力，相应地也加强了融入法定图则的城市设计的法律效力，使城市设计运作走向法制化轨道。

②有效提高法定图则编制水平和研究深度。

法定图则主要确定土地使用功能和开发强度，以控制性详细规划的编制技术和方法为基础，规划控制指标（如容积率、建筑高度、密度）根据经验和现有案例主观确定，缺乏对整体空间形态深入研究，有可能造成城市空间环境的失控和不理想。城市设计以城市体型和空间环境为研究对象，统筹考虑和安排整体空间环境的形成和发展，可调整和修正法定图则规划控制指标，提高法定图则编制水平和研究深度。

③立足现实、可操作性强。

在没有全国性的城市设计运作机制的国情下，深圳立足现实、结合地方特点，以法定图则为核心，充分利用其具有法律效力并作为规划管理的技术依据等特点，将城市设计融入成为法定图则的法定文件——规划控制总图或控制条文的内容，在以"一书两证"为核心的规划管理中转译为建设用地规划许可证规划设计要求，控制和引导具体开发建设，路径明确，可操作性强。

深圳市中心区22、23-1街坊城市开发，是我国近年来一个较为难得的城市设计实施范例。1999年深圳规划部门委托设计公司完成该街坊局部城市设计，在开发总量不变的情况下提出了总体布局、地块划分、开发强度、路网结构、高层建筑布局等调整方案，

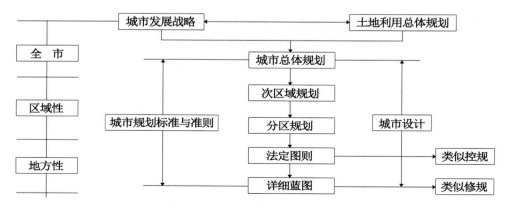

图4-11 深圳市城市规划编制体系
（资料来源：叶伟华，赵勇伟.深圳融入法定图则的城市设计运作探索及启示[J].城市规划，2009（2）.）

2002 年深圳中心区法定图则修编时完全将其采纳和融入了城市设计方案中，进行开发控制。

同时，它将前瞻性的城市设计分析转化为对街道形式和建筑形体的城市设计导则控制，纳入法定图则中，并在随后的建筑设计招标中得以贯彻。以其中对建筑材料的管制为例，对于建筑材料的引导一直是我国城市设计管控制定中的软肋，管制空洞无物、难以落到实处是非常普遍的现象。而在该项目中，设计单位通过实地调查与细心分析，对相关外立面元素提出了切实的引导，具体规定严格明确，绩效标准清晰有序（表 4-3）。

表 4-3　深圳市中心区 22、23-1 街坊城市开发
城市设计导则控制（关于玻璃）

序　号	内　　容
1	提倡采用多种形式的窗户，从视觉上造成一种新鲜感和立体感。窗户的设计还可以提供遮阳、节能的设计手段，不提倡全部是玻璃的幕墙或图案特别突出的建筑
2	提倡窗户形式多样化，并收进建筑立面。不同形式的窗户将有助于增添建筑的特色。不允许有连续排列的窗户或全部安装玻璃的幕墙
3	建筑的某些特殊楼层可设置阳台或绿化景物的平台，低层部分的窗户应大小适合，适合商店或大厅使用，建议上面的楼层也设置特殊的窗户
4	建筑各部分的玻璃使用量。拱廊：在地面至二层（一般离地面 12～15 m）的拱廊范围内，玻璃门窗至少应占立面面积的 60%；底层部分：在二层至 40 m 标高的范围内，玻璃门窗的面积不得超过墙面的 40%；塔楼外壳：玻璃门窗面积可达 40%～50%，在塔楼体积变化开始的部分至建筑最高位置，玻璃的使用面积可适当超过 50%，但屋面的所有设备必须在人们的视线以外；塔楼顶端：塔楼顶部可适量使用玻璃，设计必须表明塔楼顶部的形式与建筑的整体协调并尊重周围环境

（资料来源：深圳市规划与国土资源局. 深圳市中心区 22、23-1 街坊城市设计及建筑设计 [M]. 北京：中国建筑工业出版社，2002.）

深圳融入法定图则的城市设计运作是在没有全国性城市设计运作机制下的创新性、前瞻性探索，在政府主导或深度参与的城市重点地区的运作实效较好，具有加强城市设计法律效力、有效提高法定图则编制水平和研究深度、立足现实、可操作性强等特点。

4.3.2　上海——附加图则下的法定城市设计[⑥]

控制性详细规划与城市设计的衔接，既能使城市设计获得一定的法律地位，编制成果规范化、量化、可操作化，又可通过城市设计对空间形体环境全方位、深入系统的塑造来弥补控制性详细规划对于空间形体环境控制的不足。鉴于此，为了塑造重点地区良好的城市环境，上海在控制性详细规划体系中引入"附加图则"，将城市设计的内容纳入控制性详细规划，充分发挥二者的优势所长，使得城市设计最终成果能确实用于城市规划管理的实际操作中（图 4-12）。

（1）附加图则适用范围选取

随着《中华人民共和国城乡规划法》的颁布执行，上海市结合已有控制性详细规划的实施情况和在规划管理中所起的作用，加强了对新一轮控制性详细规划的编制方法和控制内容的研究，提出了"普适图则"和"附加图则"的概念。

根据总体规划，结合地区发展实际情况，规划集中城市化地区可分为一般地区、重点地区和发展预留区三种编制地区类型，分别适用不同的规划编制深度。

一般地区提出普适性的规划控制要求，形成普适图则。普适图则的编制范围是控制性详细规划编制单元，控制要素包含地块编号、用地面积、用地界线、用地性质、混合用地建筑量比例、容积率、建筑高度、住宅套数、配套设施、控制线、备注、建筑界面控制线等普适性控制要素。重点地区除提出普适性的规划控制要求，形成普适图则外，需要通过城市设计或专项研究提出附加的规划控制要求，形成附加图则。

上海市通过研究，将重点地区分为五类，分别是公共活动中心区、历史风貌地区、重要滨水区与风景

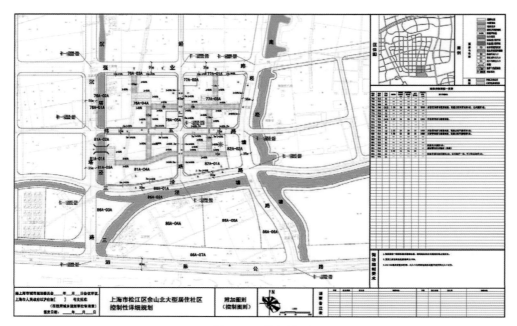

图 4-12 附加图则

（资料来源：周晓娟．构建控规阶段城市设计有效实施的新平台——上海的实践探索［J］// 转型与重构——2011 中国城市规划年会论文集，2011.）

区、交通枢纽地区、其他重点地区。根据地区的重要性及其空间形态对城市空间的影响程度，重点地区分为三级，分别适用不同的城市设计研究深度。重点地区的分类分级如表 4-4 所示。

重点地区的分级由上位规划确定：公共活动中心区的范围由上位规划确定；一、二级历史风貌地区的范围由上位规划或专项规划确定，三级历史风貌地区的范围在控制性详细规划中确定；一级重要滨水区与

风景区的范围由上位规划确定，三级重要滨水区与风景区的范围在控制性详细规划中确定；交通枢纽地区的范围在控制性详细规划中确定；其他重点地区的范围在控制性详细规划中确定。

（2）附加图则编制体系

附加图则的编制内容包括法定文件和技术文件。法定文件包括《附加图则》和《附加图则文本》两部分。技术文件包括《附加图则说明书》，即深化城市设计

表 4-4 重点地区分类分级

	一级城市设计区域	二级城市设计区域	三级城市设计区域
公共活动中心区	市级中心、副中心、世博会规划区、虹桥商务区主功能区等	市级专业中心、地区中心、新城中心等	社区中心、新市镇中心
历史风貌地区	上海市历史文化风貌区、全国重点文物保护单位建设控制地带	风貌区外市级文物保护单位建设控制地带、优秀历史建筑建设控制范围等	风貌区外历史建筑集中的历史街区
重要滨水区与风景区	黄浦江两岸地区、苏州河滨河地区、佘山国家旅游度假区等		重要景观河道两侧、大型公园周边地区等
交通枢纽地区	对外交通枢纽地区	轨道交通三线及以上换乘枢纽周边地区	轨道交通二线及以下站点周边地区
其他重点地区	大型文化、游乐、体育、会展等设施及其周边地区		

（资料来源：周晓娟．构建控规阶段城市设计有效实施的新平台——上海的实践探索［J］// 转型与重构——2011 中国城市规划年会论文集，2011.）

地区（编制附加图则地区）的城市设计说明。

法定文件是强制性的内容，经法定程序批准纳入附加图则法定文件的规划控制要素和指标，是重点地区建设项目许可的必要依据，需纳入土地出让的规划设计条件；技术文件是引导性内容，主要说明城市设计的意图和思路，体现出一定的弹性和适应性，是规划管理的参考性文件。

在编制时序上，附加图则可以与控制性详细规划同时编制，也可以分步编制。若对控制性详细规划的法定内容有优化调整时，应在附加图则的编制成果中，同步完成控制性详细规划的调整内容。

案例介绍

松江大型居住社区中心区为三级公共活动中心区，规划总面积约 111 hm²。该区域集中了商业、文化娱乐、科研办公等公共设施，是佘山北社区内居住组团与佘山风景旅游度假区之间的过渡地带，对整个区域的城市空间形象具有重要的作用。

附加图则法定文件包括《附加图则》和《附加图则文本》。附加图则的主要控制指标包括建筑界面、公共通道、开放空间、标志性建筑、公共停车位、出入口、地下空间等。《附加图则》包括控制图则和地下空间图则。

地块控制指标一览表必须包含的内容如下：地块编号、用地性质、容积率、地块建筑高度、标志性建筑高度、开放空间面积、其他控制要求。涉及地下空间控制的附加图则还必须包括地下空间层数、功能等。

在《附加图则文本》中，分别对建筑界面控制、公共通道控制、开放空间控制、标志性建筑控制、出入口控制、公共停车位控制、地下空间控制进行解释，并提出控制要求和适用程序。如建筑界面控制如下。

①解释：建筑界面控制内容由两部分组成，分别为建筑界面控制线和贴线率。建筑界面控制线是指沿街道或公共空间的建筑轮廓外包线位置划定的控制线，一般沿道路红线、绿化用地边界、广场用地边界、

地块内部公共通道边界、地块内部开放空间边界等设置。贴线率是指建筑物贴近建筑界面控制线的界面长度与建筑界面控制线总长度的比值，以百分比表示。

②控制要求：建筑界面控制线的线位、退界距离和贴线率指标均为强制性要求，按照《附加图则》严格执行。建筑界面控制线均须注明贴线率，如不控制贴线率时，标注为 0。当建筑界面控制线与公共通道边界或者开放空间边界重合时，无须绘制建筑界面控制线，但必须对相应的公共通道边界或者开放空间边界标注贴线率。

③附加图则说明：在附加图则中，建筑界面控制线为实线时，表示线位为刚性控制指标，是项目许可的必要依据；建筑界面控制线为虚线时，表示线位为可变性要求，在建设项目规划实施阶段，可根据具体方案变动；建筑界面控制线的退界距离为刚性控制指标，是项目许可的必要依据。

④适用程序：在建设项目规划管理阶段，沿地块内部公共通道边界、地块内部开放空间边界的建筑界面控制线的调整，按丙类适用程序执行；沿道路红线、绿化用地边界、广场用地边界的建筑贴线率的调整，按乙类适用程序执行；沿地块内部公共通道边界、地块内部开放空间边界的建筑贴线率的调整，按甲类适用程序执行。

4.3.3 天津——城市设计"法定化"探索⑩

由于城市设计在中国并不是法定规划，无论是整体的或局部的阶段都不具备独立的法定性和完整性，在以法制为核心的管理体制中更不能独立运作。如果要将城市设计方案付诸实践，常常需要通过将其转译成另外一种"语言"，融入现有的法定规划体系中，成为法定规划的补充或者参考。控制性详细规划是指导城市建设最直接的法定依据，适合作为城市设计落实与实施的基础和依托，从而保证城市设计的核心内容在法制管理中获得落实。为此，天津在城市设计"法定化"方面进行了一些探索。

（1）创新规划编制体系，将城市设计导则纳入规划管理

2008年以来，天津规划管理部门结合总体城市设计和重点地区城市设计编制工作，积极探索控制性详细规划的变革，按照"分层编制"的思想，将传统控制性详细规划按照控制对象和控制程度不同划分为"城市设计导则"和"土地细分导则"两个层级，同时突出城市设计的先导作用，将城市设计导则内容纳入规划管理的法定体系。由天津市规划局委托天津市城市规划设计研究院将天津市中心城区各层级的城市设计成果统一转化为城市设计导则，以建设宜居城区为目标，实现中心城区城市设计导则全覆盖，逐渐形成了"总量控制，分层编制，分级审批，动态维护"的总体思路，通过控制性详细规划、土地细分导则、城市设计导则的有机结合、协同运作，提高控制性详细规划的兼容性、弹性和适应性，有效化解控制性详细规划编制工作滞后和管理的僵化，逐渐形成"一控规两导则"的控制性详细规划编制和实施管理体系（图4-13）。

（2）制定城市设计导则编制规程，规范城市设计导则编制

天津市的城市设计导则是对城市形态的空间引导，它以控制性详细规划为基础，与土地细分导则相适应，对区域整体风格、空间意向、街道、开放空间及建筑等三维形态提出具体要求。城市设计导则与土地细分导则从不同角度对城市开发建设进行控制和引导，并形成相互匹配和验证的关系。

为进一步落实和实施天津市"一控规两导则"规划编制和管理体系，规范编制城市设计导则的内容和深度，制定了《天津市城市设计导则编制规程》，用于指导辖区内城镇建设用地的城市设计导则编制。

《天津市城市设计导则编制规程》中规定城市设计导则分"设计总则"和"设计分则"两个层面。"设计总则"的编制层面与控制性详细规划的单元层面相对应，从整体风格、空间意向、街道类型、开敞空间、建筑形态五个方面提出控制要求。"设计分则"的编制层面与土地细分导则的地块层面相对应，对建筑退线、建筑贴线率、建筑主立面及入口门厅位置等十五个要素提出控制要求（图4-14）。

（3）在控制性详细规划中植入城市设计元素，将城市设计内容融入法定规划

在日常的城市管理中，主要是以控制性详细规划作为核定规划设计条件、进行方案审查的主要依据。因此，在控制性详细规划中增加城市设计的控制要素，

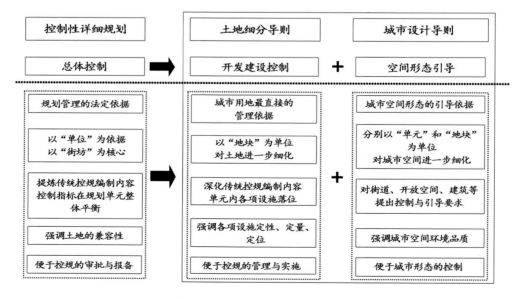

图4-13 "一控规两导则"的规划管理体系

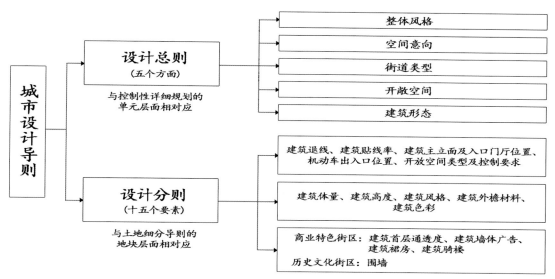

图 4-14 城市设计导则基本框架

是将城市设计引导落实到具体建设管理中的必要环节。根据管理需要，把城市设计导则中的"设计总则"部分直接作为控制性详细规划的控制要素，对单元层面的整体空间要素进行控制，指导"设计分则"地块层面的要素控制。"设计分则"控制要素主要分为整体风格、空间意向、街道类型、开放空间、建筑和其他等。城市设计"法定化"是发挥城市设计对城市建设的控制引导的关键。天津市在城市管理实践中对城市设计导则的"法定化"进行了积极的探索，通过创新"一控规两导则"的规划编制体系，富有创意性地将城市设计落实到规划管理之中（图 4-15）。

4.3.4 广州——城市设计的"精细化"管理①

自 2007 年开展重点地区城市设计实践以来，广州在实践中不断探索总结，逐渐形成了重点地区城市

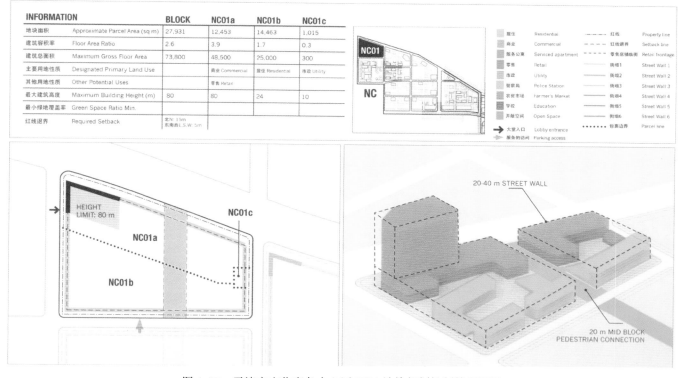

图 4-15 天津市文化商务中心区 NC01 地块规划控制管理图则

设计工作的思路与方法，并由此加强了对一般性地区城市设计控制的研究，主要包括以下内容。

（1）形成以"控规＋城市设计导则"共同引导地区发展的技术体系

在一系列城市设计实践中，广州市形成了"城市设计竞赛—概念设计综合深化—法定控规编制—地块图则（含城市设计导则）"的工作流程，并确立了在重点发展地区采取"控规＋城市设计导则"共同引导地区发展的精细化规划管理模式，如图4-16所示。

（2）形成"法规＋规划"的管理体系

广州通过对国内外新城规划建设技术标准的研究，在不同区域城市设计实践中尝试探索，建立出适于各个地区的规划控制标准，将生态、宜居、民生等关键要素融入城市设计控制思路。针对以国际商业中心定位的滨江重要区域，从公共开放空间塑造、休闲娱乐功能营造，形成清晰、有效的街道网格，打造独特多元的城市风貌。在规划技术标准方面，建筑密度、建筑退线、道路转弯半径、道路网密度、中心区停车位配置等要素均有所创新，更有利于管理体系的形成；而对重要滨水区域，针对区域中不同功能区，编制相应的建筑技术管理规定，增加了核心区的建筑退后道路和基地的距离，提高了绿化覆盖率等要求，创新了"宜居"建设标准，塑造与城市一般地区不同的滨水中心区形象。

（3）加强城市设计的科学性和可实施性

为保障城市设计的科学性，通过加强对现状的调研，深入剖析多方面的建设情况，在发展定位、发展策略等方面进行了专题研究，并在社会经济分析的基础上对用地布局、空间形态、开发强度、形态控制手段、建筑细节与色彩等方面进行了详细设计，以公共空间和公共设施设计的精细化为核心，以详尽的分期实施计划和经济分析作为实施保障，以地块控制图则为载体，将城市设计的技术成果转化为管理文件。

（4）建立以"一张图"为基础的城市设计导则信息管理系统

通过"一张图"的管理模式，广州形成了将城市设计成果应用于规划管理的基础，具体内容如下。

①"一张图"的分阶段验收，分阶段入库。重点地区城市设计采取分阶段验收的方式，将各阶段的验收成果整理入库，应用于日常工作平台，避免因深化工作周期较长而影响到行政审批的效率和准确性。

②"一张图"的多重属性。包括重点地区城市设计控制图层，将用地与建筑布局、交通组织、场地划分、公共设施（含公共通道）、街道界面、环境设计以及建筑体量、风格、立面、色彩等图形信息和属性信息纳入该控制图层。尤其是重点地区的城市设计，各项控制指标与地块对应，加强"一张图"的实用性。

③"一张图"与"数字详规"相衔接。按照"数

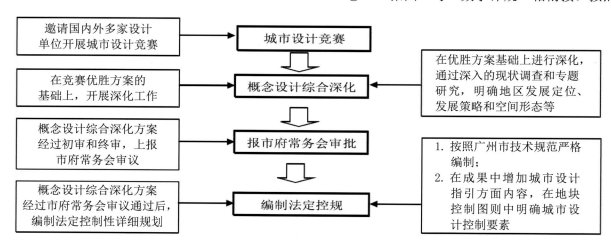

图4-16　广州市重点地区城市设计精细化规划管理模式

字详规"要求提供重点地区规划范围内的三维电子模型，并纳入数字详规系统，在重点地区规划案件的审批管理中实现三维报建审批。

案例介绍

琶洲—员村地区位于珠江两岸，城市设计以城市与珠江水系、河涌、生态绿地自然共生为基本思路，使绿脉延伸贯通、蓝脉连成网络，强化人的活动与自然资源的联系；寻找珠江城市发展轴的人文脉络，构筑两岸共生发展的标志性滨水地区，并以此为空间统领，塑造起伏有致、特色鲜明的珠江滨水中心区新形象。

广州重点地区的城市设计，根据地区的开发建设规模和人口规模确定各类公共服务设施和市政设施的规模与布局，并就此反复多次征求相关职能部门的意见，优先保证公共设施的落实；在空间形态设计上，除了明确整体空间形态外，尤其重视公共空间设计，对滨水空间、主要街道空间、环境艺术和街道家具等公共空间和设施提出详细的城市设计指引；局部地段的设计也强化了公共空间设计。

在琶洲—员村地区的城市设计中，重点强化了对政府投资建设的公共环境设施进行详细设计，如通道、休息场所、坡道、街桥、公共厕所、公用电话亭及其他服务设施等（图4-17）。

同时，根据广州市控制性规划导则"一张图"的表达形式，地块控制图则在传统控制性详细规划图则的基础上，增加了城市设计控制要素，将用地与建筑布局、公共空间（景观视廊、街道界面、节点、空间分割等）、地块内外交通组织、市政公用设施布局、三维空间效果等全部专项规划在一张图纸上表达出来，并通过条文描述对建筑色彩、材料、屋顶形式、立面细部等的控制要求及实施管理的相关政策等内容，将城市设计的技术成果转化成具体的规划设计条件，提高城市设计在规划管理中的可操作性。

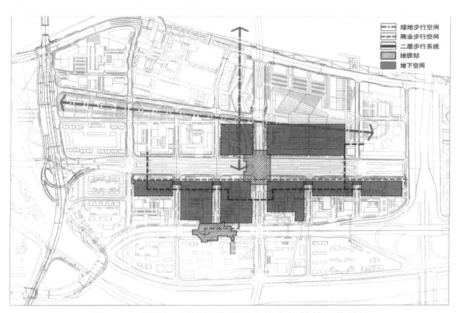

图4-17 琶洲A区详细蓝图对公共空间的精细化设计

5　城市设计编制与管理

城市设计的编制与管理是当今规划界乃至建筑界重点关注的热门课题，合理的城市设计编制体系或是其管理过程可以促使规划设计者、开发商、政府以及公众等积极高效地参与其中，使城市设计成为一种积极的社会行为。唐燕在《城市设计运作的制度与制度环境》一书中提出：城市设计的管理是把城市设计运作过程纳入其管理机制中，对城市设计的建设实施加以引导和控制，以保障最大限度和最高效地提升城市空间形态环境的品质以及发挥出城市功能的综合运营效率。它是融入于从城市设计的编制组织和评价，再到城市设计的实施操作的过程中的。因此，城市设计的编制与管理是城市设计的重要环节，也是城市建设与管理体系的重要组成部分。

5.1　城市设计编制

城市设计是把城市未来发展目标及其实现过程中的多种不确定因素集中于形态环境这一关注对象，并且它的实际作用并不是直接显现于最终的环境结果，而是体现在一个连续的环境形成过程中。一般而言，城市设计的编制过程可以分为方案和导则两个主要阶段，城市设计的编制是依据城市设计目标分析和综合城市发展现状及问题，确认城市形态环境发展的概念设计，并据此制定实施设计，研究相关的实施手段

的过程，这一过程要求把众多的因素如城市发展的目标、城市的现状和问题、城市发展及过程的预测、城市形态环境的各类组成要素及其相互关系加以分析综合，形成城市设计概念乃至实施工具。现代城市设计是以城市整体环境为研究基础，对城市开放空间、建筑（群）体量、景观绿化、步行和活动等涉及形态环境的内容做出综合安排和组织，因此，城市设计编制的最终成果即城市设计的文本和图册。

近年来随着城市风貌缺失等问题的日益严重，城市设计的实施问题愈发的凸显出来，究其原因是在城市设计的编制阶段没有很好地形成管控等相关管理措施。2017年6月1日施行的《城市设计管理办法》中第八条规定：总体城市设计应当确定城市风貌特色，保护自然山水格局，优化城市形态格局，明确公共空间体系，并可与城市（县人民政府所在地建制镇）总体规划一并报批；第十四条规定：重点地区城市设计的内容和要求应当纳入控制性详细规划，并落实到控制性详细规划的相关指标中[23]。从中可以看出城市设计编制要与城市规划紧密结合（如图5-1）。

城市设计既包括法定规划中的城市设计内容，也包括单独编制的城市设计。法定规划中的城市设计包括总体规划阶段城市设计与控制性详细规划阶段城市设计，是在城市总体规划、镇总体规划和控制性详细规划编制的过程中，将城市设计有关内容形成专门章

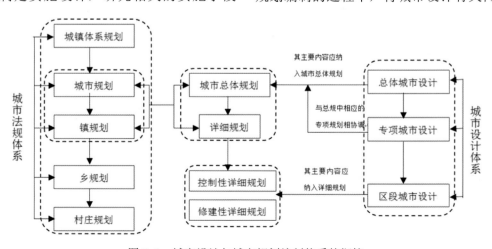

图5-1　城市设计与城市规划编制体系的衔接

节，作为相应规划成果的组成部分。单独编制的城市设计包括总体城市设计、区段城市设计以及专项城市设计。总体城市设计是针对城市、镇规划区编制的城市设计，与城市、镇总体规划相对应。区段城市设计是针对城市、镇规划区内局部地区与地段编制的城市设计，与控制性详细规划相对应。专项城市设计是针对城市整体风貌、夜景照明、天际线、开敞空间系统、城市色彩、立体空间形态、公共环境艺术等特定要素、空间和问题编制的城市设计（图5-2）。

5.1.1　方案阶段⑫

（1）设计目标的形成

城市设计的目标是城市发展目标在专业领域中的转译，也是综合设计地域中城市发展现状及问题，针

对形态环境作出的发展要求和行动纲领。一般而言，城市发展目标是由政府机构来制定，它的描述是较为宽泛的，不需要对专门领域作出指导。因而，城市设计的目标，是依据城市发展这一普遍性目标，针对城市设计的专业对象和范围，建立起可以直接指导城市设计工作的特定性目标。在调查、分析和预测的基础上，分析判断城市设计目标与现实衔接的可行程度，从而进行确认或修正，使设计目标的形成立足于城市发展总体要求与现实发展的可能基础之上，为城市设计工作的开展确定行动指南（图5-3、图5-4）。

① 功能与美学的平衡。

注重功能与美学的平衡是城市设计的最初目标。英国著名规划师吉伯德较早提出了城市设计的美学目

层次类型	编制对象	编制内容	编制主体	审批／查主体
总体城市设计	城市集中建设区	提出总体城市设计目标；明确城市风貌定位，划定城市风貌分区；塑造城市空间形态，明确城市高度分区、轮廓线等总体控制要求；建立城市公共空间系统与城市景观系统；建议需要编制的专项城市设计；划定城市设计重点控制区范围，提出城市设计控制基本要求	城市人民政府城乡规划主管部门组织，总体规划资质单位编制	城市人民政府城乡规划主管部门组织审查，报本级人民政府批准，并报上一级人民政府城乡规划主管部门备案
区域城市设计	重点控制区	明确区段城市设计目标；优化区段空间格局、控制区段空间形态；提出建筑型体控制、建筑群体组合、建筑风貌指引、公共空间组织和城市景观塑造的基本要求等	城市人民政府城乡规划主管部门组织编制，规划资质单位编制（非重点区段不限）	城市人民政府城乡规划主管部门组织审查，经本级人民政府同意后公布
专项城市设计	街道、地下、滨水岸线、绿道、色彩、雕塑、夜景照明、广告标示等特定系统	（根据需要编制）		城乡规划主管部门会同相关部门公共组织制定和发布实施

图5-2　《城市设计管理办法》核心思路（资料来源：《湖北省城市设计指引与管控》）

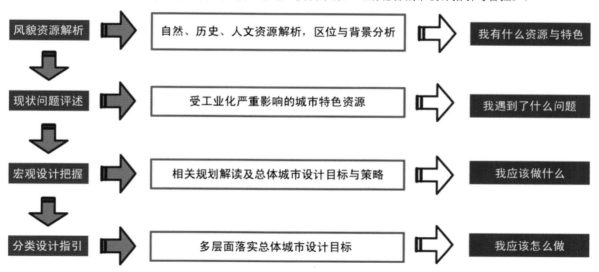

图5-3　东莞道滘镇总体城市设计目标形成思路

岭南古镇，河岛绿城

- 岭南古镇——道滘老城
- 河岛绿城——河网洲岛
　　　　　　生态城市
　　　　　　休旅居城

河——水道河流织碧网

　　道滘镇地处东江南支流下游的水网地带，结合其河网密布的东莞典型的水乡特征，打造独特的水乡景观。

岛——洲桥成趣满岸花

　　道滘镇由东莞水道等五大水道分割成众多洲岛，通过桥梁与岸线的规划控制引导各洲岛紧密联系，交相辉映。

绿——众园辉映撒绿意

　　秀丽的岭南园林粤晖园以及点缀于城市各处的广场、游园掩映于青翠欲滴的古树名木之间，意趣盎然。

城——人文休旅筑馨家

　　道滘镇文化底蕴如贯穿全镇的东江水，源远流长，利用文化助推其休闲、旅游、居住的发展，构建一个水乡新城。

图 5-4　东莞道滘镇城市设计总体定位

标，认为城市设计不仅要考虑构图有适当的功能，而且要考虑它有令人愉快的外貌。吉伯德在《市镇设计》中同样提到美国建筑师协会的观点，认为城市设计强调功能与美学并重，城市设计的目的之一就是既要使人感到美又要解决人的活动问题，使所有的巨大的新建筑物都处于一个令人愉快的关系之中。我国的城市设计思想也是从注重美学取向开始的，认为城市设计的目的在于改善城市的整体形象和环境景观，提高人们的生活质量。我国规划管理专家陈为邦也提到城市设计的目的是从城市总体局部到细部为人们创造功能健全又有高度文化水平的空间环境。

　　② 社会环境与物质空间的优化。

　　早期的城市设计更关注城市的物质空间，随着社会的发展，城市设计也开始关注社会环境。E. 培根认为城市设计的主要目标是创造使人类活动更有意义的人为环境和自然环境，以改善人的空间环境质量，从而改变人的生活质量。这已经在关注城市物质空间的

基础上开始关注人们的生活。刘易斯·芒福德指出"城市既是多种建筑形式的空间组合，又是填充在这一空间结构内，并不断与之相互作用的各种关系、各种社团企业机构等在时间上的有机组合，一个城市的规模和复杂程度与它所集中和流传的文化规模和复杂程度密切相关。人类社会的文化成就、文化积累越是广博丰厚，就越显出城市在组合开发这些文化成果中的重要作用"。简·雅各布斯认为应关注作为居民日常活动的容器和社会交往场所的街道、步行道和公园等的社会功能。由此可见，促进社会环境与物质空间的优化是城市设计的重要目标。

　　③ 场所感与社区性的营造。

　　在过去 20 年中，为人制造场所和营建社区性逐渐成为城市设计的主流观念。简·雅各布斯宣称"要把城市或社区当成一个更大的建筑学问题来考虑，就要用生活代替艺术"。伦佐·皮亚诺提出，城市设计"本质上是关于场所的制造，场所不仅是一处明确的空间，

还包括使其成为场所的所有活动和事件"。官方对于城市设计的认识也吸纳了"制造场所"和"社区性"的概念，英国的建筑及建成环境委员会认为城市设计涵盖了空间作用的方式和诸如社区使用安全及外观在内的诸多因素。我国学者也认为城市设计应更注重人的生活要求，强调社区参与。总的来说，场所感与社区性的营造已逐渐成为城市设计的重要目标。

（2）方案设计和内容

在城市设计的目标确定之后，通过创造性地整合城市的要素，从而对城市的空间形态进行设计，综合解决城市形态环境形成过程中的问题，协调各相关要素关系，赋予城市新的环境形象和良好的运营效益。城市设计的方案内容按其层次的不同，主要分为总体城市设计、区段城市设计、地块城市设计和专项城市设计四类。

① 总体城市设计方案阶段设计内容与深度要求如下：

a. 确定城市特色；

b. 塑造和引导城市景观风貌系统；

c. 构筑城市立体空间系统；

d. 构筑城市开敞空间系统；

e. 划定城市设计重点地区。

② 区段城市设计方案阶段设计内容与深度要求如下：

a. 景观风貌引导控制；

b. 界面控制；

c. 开放空间和公共活动空间组织；

d. 建筑群体控制引导；

e. 交通组织与道路空间设计；

f. 公共环境艺术设计；

g. 重要节点设计；

h. 实施策略。

③ 地块城市设计方案阶段设计内容与深度要求如下：

a. 景观风貌引导控制；

b. 界面控制；

c. 开放空间和公共活动空间组织；

d. 建筑群体控制引导。

④ 专项城市设计重点内容与深度要求如下：

a. 整体风貌专项城市设计；

b. 夜景照明专项城市设计；

c. 城市天际线专项城市设计；

d. 城市开敞空间总体城市设计；

e. 城市色彩专项城市设计；

f. 城市立体空间形态专项城市设计；

g. 公共环境艺术专项城市设计。

案例介绍

武汉市建构城市设计体系的工作过程

2006年以来，武汉市新一轮总体规划编制基本完成，五线基本划定，分区规划及控制性详细规划的编制工作也全面启动。2007年10月《中华人民共和国城乡规划法》的正式通过对我国城乡规划编制提出了新的要求。武汉市有关领导在视察了规划局的工作之后，强调了城市设计在城市建设中的重要性。为贯彻市政府指示精神，配合分区规划及控制性详细规划编制工作的顺利开展，指导城市设计编制工作的开展，优化武汉市城市空间景观品质，提高城市设计在规划管理中的实效性，武汉市从2007年开始着手编制城市设计编制技术规程。

2007年11月20日，咨询中心赴南京、深圳进行了调研，与业内专家进行交流讨论，并着手国内外城市设计相关理论及管理经验的收集整理工作；2008年3月，根据市局要求完成城市设计规程的初步成果，在中心内部审议、收集意见的基础上进行了深化完善；2008年4月15日，按市规划局要求报编制处审议并按意见修改完善；2008年8月6日至12日，征求市规划局编制处、建管处、规划处及规划院等处室及单位专家意见，并按照意见深化完善；2008年8月19日，召开专家咨询会，并按照会议意见进一步修改完善；2008 年底形成了《武汉市城市设计编制技术规程（试行）》，之后又进行了一系列修改和调整。

《武汉市城市设计编制技术规程》（以下简称《规程》）对武汉市城市设计的定位、意义、作用及编制层次、成果形式、审批、调整等内容进行了规定。编制该规程是为了实现武汉市规划管理由平面二维空间管理向立体三维空间管理拓展的目标，达到规划精细化管理的要求，也是为了提升强化武汉市的城市空间活力和空间特色，优化景观环境品质，加强城市设计编制工作的时效性。

城市设计是对城市体型和空间环境所作的整体构思和安排。其目的在于依照城市规划，对城市立体空间形态和外部空间环境进行建设指引，它贯穿于城市规划的全过程，是城市规划编制体系中的专项规划之一。经批准的城市设计成果是城市规划管理的重要依据。城市设计应当符合国家、省市的有关编制标准和技术规范，应当符合相关的法定规划。

（1）城市设计的编制层次

通过制定《规程》，武汉市明确了对应于总体规划阶段的总体城市设计、对应于分区规划阶段的分区城市设计和对应于控制性详细规划阶段的局部城市设计三个编制层次（图 5-5）。划定这三个编制层次的基本原则不脱离城乡规划体系，与城乡规划体系相辅相成。三个层次的城市设计共同构成了城市设计编制体系，可以看成是城乡规划体系的一个子系统，作为对城乡规划体系的补充。总体城市设计的范围与城市总体规划确定的都市发展区范围一致。

总体城市设计是从整体上研究提出城市空间形象的总体发展目标，确定城市空间形态的总体格局和人文环境景观的总体框架。

分区城市设计依据城市总体规划和总体城市设计及相关规划，针对特定区域，进一步提炼城市空间景观要素，深化、完善区片的空间景观、形态结构，组织公共环境艺术设计。

局部城市设计则依据城市总体规划、分区规划以及总体城市设计、分区城市设计与相关规划，对城市局部地段的空间组合、建筑群体、广场绿地、街道景观、环境小品及人文活动场所等进行详细安排与设计，并且提出具体实施建议。按照局部城市设计对象的表现形式，可分为面（重要地区）、线（重要城市干道等）、点（重要节点）三种类型，主要是对城市特色意图区，包括城市主副中心、城市风貌区、历史文化街区、主要城市道路及交叉口、口岸及客运枢纽、广场及步行

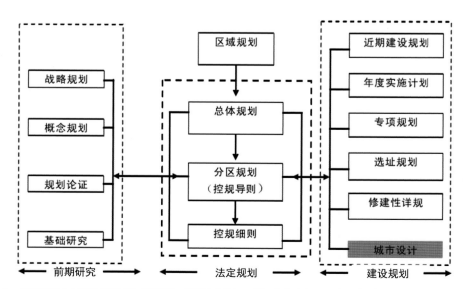

图 5-5　武汉市城市规划编制体系框架（资料来源：武汉市规划局《武汉市城乡规划编制研究》）

街、重要山体湖泊等地区（地段）展开城市设计。

（2）城市设计的组织编制

城市设计一般由市、区、镇（或乡）各级人民政府或市、区规划行政主管部门组织编制。如有需要，经市、区规划行政主管部门同意，可以由开发建设单位委托有城市规划设计资质的单位，依据控制性详细规划编制局部城市设计。城市设计可采取公开征集、邀请征集或者定向委托等方式，选择具备相应资质的规划设计机构开展编制工作。城市设计编制单位在设计方案编制前期，应通过问卷调查、走访、座谈等方式，征集相关部门、社会公众和专家的意见和建议，通过各方参与，提高城市设计的质量。

（3）城市设计的审批与调整

城市设计成果的审批采取分类、分级的方式开展。武汉市中心城区范围内一般城市设计成果由市规划行政主管部门审批；重要城市设计成果，由市规划行政主管部门审查意见，经市规划委员会审议后，报市政府审批。武汉市开发区、远城区范围内的一般城市设计成果由远城区（县）政府审批；重要城市设计成果，由开发区、远城区规划行政主管部门初审，经市规划行政主管部门审查后，报市政府审批。确需对已批准的城市设计成果进行调整的，应由城市设计组织单位对调整的必要性进行论证，并向原审批机关提出专题报告，经原审批机关同意后，方可组织城市设计方案调整。调整后的城市设计方案，应当按原审批程序报批。

5.1.2　导则阶段[⑬]

"导则"源自英文"Guidelines"（此词曾译为"导引"并被广泛引用），城市设计导则相应的释义如下：为保证城市物质环境质量，对特定地区和特定设计元素规定的指导性综合设计要求。"设计导则"是针对构成城市物质空间形态的各项要素的具体控制导引，内容包括了建筑、绿化、空间、基础设施等细类分项控制以及实施策略，是贯彻实施城市设计成果，指导

下一层面设计及项目建设的必要依据，可以说设计导则在城市设计成果是最重要、最具特点的一项内容。

（1）导则的类型

城市设计导则有规定性和引导性两种，前者特别规定了最终成果的基本特点，后者则说明对最终成果的要求。引导性设计导则的内容可以"设计原则"的名义出现，规定性设计导则的内容可以"设计准则"的名义出现。城市设计目标是对城市设计将要达到的某种目的或对象的描述，设计原则是描述和解释设计目标与具体环境模式或布局之间的联系。在许多情况下，设计目标与设计原则是比较接近的；设计准则是关于如何实现设计目标的具体做法的规定；设计原则是设计准则的基础，设计准则是设计原则的细化，设计目标、设计原则、设计准则的描述，构成设计导则最基本的部分。

（2）城市设计导则的内容

现代城市设计内容可归纳为土地利用、自然环境条件的保护与利用、建筑形体、道路交通、绿化、环境设施、主体人及其活动等方面内容。城市设计导则就是围绕着这些内容确定设计目标和子目标等一系列内容，组成设计导则的基本内容（表5-1）。

实际的城市设计项目，既要考虑设计内容的共性，同时也要考虑其特殊性，内容上的共性构成了城市设计的基本内容，而内容中的特殊性也应予以重视。在关于城市设计类型的分类中，项目的城市属性是一个重要依据，这些项目因其形态、构成、范围、结构等的不同，在设计中应把握内容和处理的矛盾各不相同，构成了城市设计的特定内容，设计导则中的特定内容与基本内容共同构成完整的引导与控制内容。这里所称的项目通常是城市的道路类、区域类、城市节点类等这些城市形象的重要构成要素，其中每一类型都有其自身应注意的要素。城市设计类型作为城市设计导则内容的主要影响因素之一，主要基于这个方面。表5-2表示出了城市设计导则的主要控制元素。

表 5-1　城市设计导则的基本内容

序号	基本内容	内容分项	设计导则控制元素建议
1	土地利用		功能、地块性质
2	自然环境条件的保护与利用	气候	光照环境、风环境、季相与时相
		地理	水面、绿化、地貌形态
3	建筑形体	平面	退红线、面宽、水平界面、水平面连接
		立面	线条、材质、分段
		剖面	高度、裙房与主体高度、骑楼要求
		空间	群体形态、轮廓、空间围合
4	道路交通	其他交通组织	色彩、尺度、质感、风格、照明、出入口、分隔
		设施及其他	停车场、标志、空间利用
5	绿化		种植、品种、选型、季相
6	环境设施	实用性设施	路栅、街灯、坐椅、电话亭、垃圾桶、站亭、天桥、构筑物
		具有视觉传达性能	交通标志、路标、报栏、广告牌
		环境艺术设施	行道树、花坛、雕塑、户外艺术品、地面铺装
		室外照明	灯柱、方式、照度、色彩
7	主体人及其活动	行为活动	休闲活动、节庆活动、交通活动、商业活动、观光活动
		文化氛围	民俗、社会意义、公众利用
		感受标准	识别性、可达性、舒适性、安全性、多样性、愉悦性等

（资料来源：吴松涛，郭恩章. 论详细规划阶段城市设计导则编制 [J]. 城市规划，2001（3）.）

表 5-2　城市设计导则的主要控制元素

序号	分类	设计导则主要控制元素
1	城市路段类	线性设计：分段、分区、路口、路段、转折点等
		控制范围与断面设计
		空间序列展开：沿街建筑群形态、界面墙设计、建筑间过渡与连接
2	城市边沿类	空间形态的展开、交接面的过渡、界面轮廓线、重要视觉中心
3	城市区域类	区域立意或理念、边界的划分与过渡、分区结构的感知、交通组织及入口、区域的核心与标志点
4	城市节点	性质与作用、组织核心、空间形态、建筑组合与联结、边界过渡
5	城市公园与广场	性质、等级、分区、行为活动的引导、边界围合与感知、标志点、与城市交通关系

（资料来源：吴松涛，郭恩章. 论详细规划阶段城市设计导则编制 [J]. 城市规划，2001（3）.）

以深圳市为例，其城市设计管控实行三级管控，城市设计纳入法定图则一并上报审批，作为规划设计条件的依据。其中，重点地区（二级）：须先编制城市设计，再转化编制法定图则；一般地区（一级）：按《深圳市城市规划标准与准则》"城市设计与建筑控制"章的通则要求，主要包括街区控制、地块与建筑控制两个方面（图 5-6、图 5-7）。

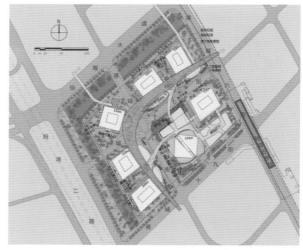

图 5-6　深圳市导控简图 1

（资料来源：深圳市前海深港现代服务业合作区管理局，筑博设计股份有限公司.
前海十九单元 03 街坊开发导控文件 [R]，2014.）

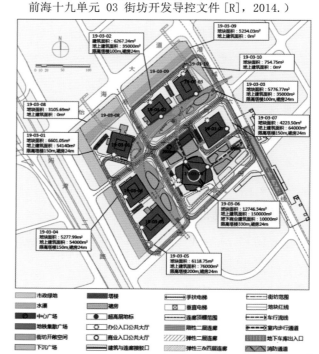

图 5-7　深圳市导控简图 2

（资料来源：深圳市前海深港现代服务业合作区管理局，筑博设计股份有限公司.
前海十九单元 03 街坊开发导控文件 [R]，2014.）

（3）城市设计导则编制的原则

结合城市设计导则构成与内容，可以认为城市设计导则的编制应遵循如下原则。

① 注意与城市规划的配合。

在现阶段，由于城市设计与城市规划尤其是控制性详细规划，许多内容交叉或相辅相成，城市设计导则应注意与规划文本及规划图则的配合，例如土地利用控制、容积率、绿地率、用地性质等方面一般是由规划文本明确的，城市设计工作应根据设计过程中的分析一同进行修正或补充直至融合，而不应出于城市设计的构想，完全建立一套新的控制指标，造成执行过程中城市规划与城市设计工作的脱节。

② 坚持弹性原则。

弹性原则表现在设计导则的各个有关方面，比如设计导则的构成要素方面，不同类型的城市设计，在特定内容上是不同的；不同的用地区位，也产生不同内容的设计导则；不同的时间和环境条件，设计导则编制的重点不同等。在设计导则的编制中，应坚持弹性原则，适应不同情况的要求。

③ 坚持过程性原则。

《达拉斯市政中心城市设计导则》中提到："将来，随着新问题的出现和开发脉络的变更，本报告可能以新的或修订的设计导则来修改充实。"代表了城市设计导则具有较强的阶段性。任何城市设计导则都是相对于某一时段和设计目标的，随着时间的推移、目标与层次目标的实现，又会激发出新的设计目标或新的矛盾，从而产生新的设计导则。同时，在设计导则编制中，导则的目标、内容等构成要素也存在着与城市设计过程同步充实与调整的问题，设计导则不是最终的成果，在编制中应坚持过程性原则。

（4）城市设计导则的编制方法

城市设计界在研究中发现，城市设计方法可大致概括为两种价值取向和方法，即"自上而下"的方法和"自下而上"的方法。城市设计导则的编制也遵循这种规律的影响，存在着"自上而下"和"自下而上"两种编制方法。

① "自上而下"的编制方法。

在前文的分析中，对设计导则的构成、内容、形式、特征、编制原则等问题进行了深入探讨和研究，这些研究成果构成了城市设计导则理论的"框架"。目前，多数城市设计工作在项目设计中完全遵循这个框架的界定，将城市设计工作内容由城市设计工作者提出后，经审批机构批准或委托方同意，"填入"框架中形成设计导则，并作为法定性文件执行。这种在城市设计导则理论框架指导下完成"填充"任务的方法称为"自上而下"的方法，这也是最普遍的城市设计导则编制方法。

② "自下而上"的编制方法。

这种方法的特点也是以城市设计导则理论"框架"为标准进行"填充"内容设计的方法，不同的是在"填充"内容设计中，城市设计工作者起到的是组织和桥梁的作用，在汇集各方意见后，按需要修正"框架"内容，所以也有人称这是一种"建设性、参与性或倡导性"的设计方法。比如，在《哈尔滨市大方里小区的建筑形象设计导则》的制定过程中，就首先提出了一套基本原则和设计要素要求，然后由9家设计院对小区内23栋建筑提出建筑设计构想，最后，由建设单位会同设计单位、主管部门优化选择、归纳出最终的设计导则。

（5）城市设计导则的主要意义

城市设计导则（以下简称设计导则）的主要意义如下。

①设计导则是城市设计的重要成果，是分析、综合设计、评价等过程的最终体现。

②设计导则是对设计目标的一种界定，是对下一层次的设计创作的控制和引导。

③设计导则是经过反复论证的说明性文件，是城市设计实现过程中最重要的管理依据。设计导则可独

立成为城市设计成果，也可编入各阶段的城市规划文本之中，成为文本内容之一，作为法律性文件，保证城市设计思想和目标实施的严肃性。

④设计导则还可以作为评价标准，表现城市设计工作自身优劣，又是下一层次各类设计项目评价、评审或任务书制定的依据。

5.2 城市设计管理

城市设计的管理是把城市设计的过程纳入管理机制，实施对建设活动的引导和控制，从而最大限度地提升城市形态环境的质量，发挥城市功能的综合运营效率。因此，城市设计的管理是城市建设综合管理体系中的重要组成部分。

（1）城市设计合法性的获得

目前，我国并没有明确的城市设计法，在历版的《城市规划编制办法》中也只是提出"在编制城市规划的各个阶段，都应当运用城市设计的方法，综合考虑自然环境、人文因素和居民生产、生活的需要，对城市空间环境作出统一规划，提高城市的环境质量、生活质量和城市景观的艺术水平"。近年来有关城市设计法定化的探讨越来越多，根据住房和城乡建设部2017年3月发布的《城市设计管理办法》，城市设计应融入各个规划阶段，与法规相协调，具体体现在以下三个方面。

①与城市总体规划的协调。

a. 总体城市设计应与城市总体规划同步编制，并作为城市总体规划纲要和规划成果的专门章节。编制成果的审批按城市总体规划的相关规定执行。

b. 城市总体规划已批准的，总体城市设计由市规划行政主管部门组织编制。编制成果由市人民政府审批。

②与专项规划的协调。

专项城市设计由市规划行政主管部门会同相关部门组织编制，并与城市交通、市政、公共服务设施、地下空间、生态、历史等专项规划相协调。专项城市

设计经市规划委员会审议通过后，报市人民政府审批。

城市更新规划、历史文化风貌街区保护规划、生态保护规划等编制中明确包含城市设计内容并达到区段城市设计深度的，可不再单独编制城市设计。

③与控制性详细规划的协调。

a. 重点控制区的局部城市设计应先于或同步于控制性详细规划的编制，并纳入控制性详细规划文本和图则。编制成果的审批按控制性详细规划的相关规定执行。

b. 控制性详细规划已批准的，由市规划行政主管部门组织编制局部城市设计，以控制性详细规划为依据开展深化和优化。编制成果由市规划行政主管部门审批。

（2）城市设计的实施途径

城市设计的实施控制是针对具体的城市建设行为而言，由于城市建设行为都是具备一定的利益驱动而产生的活动，因而要求城市设计实施控制既要保证城市整体环境目标的有效实施，同时也要兼顾具体建设活动的特殊要求和建设参与者自身利益的合理要求。城市发展的事实证明，城市设计中只有将上述二者结合起来，协调二者不同的利益追求，才能有效地发挥城市设计实施控制的作用。为保证城市建设活动与城市整体目标的同步实现，城市重点控制区实行城市设计要点制定和土地带方案出让两种途径并行。前者针对局部城市设计尚未覆盖的区域，市、区规划行政主管部门在核发规划条件前，应组织开展城市设计论证。针对项目所在的完整规划单元，依据总体城市设计、专项城市设计、控制性详细规划导则，研究形成"城市设计要点"。城市设计要点经市、区规划行政主管部门审查后，纳入地块规划条件。后者对于在城市设计管控要求较高、综合性协调性较强的重点区域，宜由市规划行政主管部门主导、一级开发单位配合，通过方案公开征集、加强规划设计与建筑设计单位合作，共同完成较为深入的、基于建筑设计方案汇总校验上

的局部城市设计，并将反映设计意图的方案作为土地出让合同的附件，以促进片区功能与建筑、景观、市政设计一体化实施。不同层次的城市设计实施途径如下。

①总体城市设计应通过指导专项城市设计、局部城市设计和控制性详细规划导则编制来实施。

②专项城市设计应转化为编制或管理通则，指导局部城市设计、一般地区控制性详细规划导则、实施型城市设计的编制。

③局部城市设计应转化为城市设计导则，以规范的图则和语言表达各项强制性、指导性管控要求，经控制性详细规划、规划论证纳入规划条件，作为核发建设用地规划许可证、建设工程规划许可证以及规划条件核实的依据。

(3) 城市设计的修改方式

城市设计实施到一定阶段，在部分（或全部）项目完成和投入使用以后，对城市设计目标和具体内容是否达到预期目标，城市设计实施的过程和手段是否维护了确定的目标和原则，实施的城市环境是否满足使用者的要求及确立的城市发展目标，对环境品质的改善和提升效果等多方面的信息需要及时反馈至城市设计运作的管理和设计机构。这样，既能为及时修正已在酝酿或实施的城市设计项目，从目的、原则、手段乃至政策上提供直接的参考依据，进一步完善城市设计的运作机制，又能积累和总结城市设计实践经验，为以后进行的各项城市设计活动提供有益的借鉴。反馈与城市设计修正是完善城市设计运作的重要一环。从城市形态环境建设的全过程看，城市设计是将通过依据发展目标并对形态环境进行综合安排的设计成果

转化为法规及实施管理的执行工具来塑造城市环境的过程。

①与控制性详细规划同步编制的局部城市设计，其修改按控制性详细规划的修改程序执行，具体的修改流程如图 5-8 所示。

以武汉市为例，属于控制性详细规划维护的，按以下基本程序执行。控制性详细规划维护方案由控制性详细规划编制机关组织制定，涉及周边重大利益的应征求利害关系人意见。新城区政府所在街道和都市发展区内的控制性详细规划维护方案由市城乡规划主管部门审查，其他区域的控制性详细规划维护方案由区政府审查。控制性详细规划维护方案经审查通过后，由市城乡规划主管部门备案并按程序纳入"一张图"。

属于控制性详细规划修改的，遵照《城市、镇控制性详细规划编制审批办法》第二十条规定的程序执行。市城乡规划主管部门应对新城区政府所在街道和都市发展区内新城区的控制性详细规划修改方案进行技术审查。修改控制性详细规划中的绿线、中小学、湖泊蓝线、医疗卫生设施、市政公用设施、山体保护线等涉及已批专项规划的，控制性详细规划修改方案应征求专项规划的行政主管部门的意见。控制性详细规划修改方案获批后，由市城乡规划行政主管部门备案并按程序纳入"一张图"。

新城区政府所在街道、都市发展区等以外区域的控制性详细规划变更方案如违反了乡镇总体规划的强制性内容，市乡规划主管部门不予备案及纳入"一张图"。

②单独审批的局部城市设计、城市设计要点，涉及控制性详细规划变更的，应先按法定程序对控制性

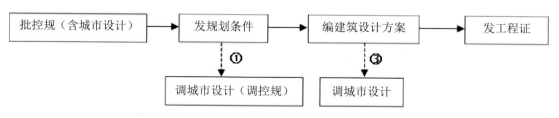

图 5-8 城市设计修改方式情景 1

详细规划进行维护或修改。市规划行政主管部门可根据实际需要，将修改后的局部城市设计纳入修改后的控制性详细规划，一并报市人民政府审批。

③对突破规划条件中城市设计指导性管控要求的建筑设计方案，市、区规划行政主管部门应要求项目建设单位提交城市设计调整方案，对突破原因、产生的影响等予以说明，并上报市规划行政主管部门审查，重大项目还应上报市规委会审议。审查通过的，由市、区规划行政主管部门核发规划方案批准意见书，同时应组织开展影响范围内的城市设计导则优化。审查未通过的，项目建设单位应修改方案后重新申请（图5-9）。

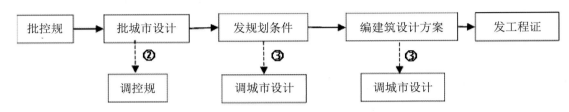

图 5-9　城市设计修改方式情景 2

6 城市设计创新与发展

国内学者卢济威指出当前影响我国城市设计发展的趋势主要包括两个方面：①城市发展阶段的要求；②人类环境可持续对城市发展的要求[24]。

第一，我国城市发展阶段的要求。从城市发展阶段的历史经验总结，城镇化率在50%以下为城市发展的初期阶段，该阶段城市发展速度缓慢，以新城建设和粗放式发展为主；城镇化率50%～70%为中期阶段，该阶段城市发展速度快，新城和老城同步建设；城镇化率在70%以上为后期，发展速度缓慢，以老城更新、集约化建设方式为主（表6-1）。根据最新国家统计数据，我国2015年平均城镇化率已达56%，东部、中部很多城市已达60%～70%，东部、东南沿海很多城市甚至达到80%。从城市建设方面来说，我国正向城市发展的后期阶段发展。

表6-1 我国的城市发展阶段及特征

城市发展阶段	城镇化率	发展速度	发展特征
初期阶段	＜50%	缓慢	新城建设和粗放式发展为主
中期阶段	50%～70%	较快	新城建设和老城改造同步开展
后期阶段	＞70%	缓慢	老城更新为主，集约化建设方式

城市发展后期阶段的特征是将城市发展从过去的外延式扩张向内涵的品质提升转变，从土地的增量利用向土地的存量盘活转变。城市建设方式也将从粗放型向集约化、精细化和人文化转变，城市空间管理要向从地权、物权和使用权合一模式向有限的分离转变。这些城市发展的特征将成为我国城市设计发展与研究的主要核心内容。

第二，推进城市生态化——人类环境可持续对城市发展的要求。自从1971年联合国教科文组织（UNESCO）在"人和生物圈"计划中提出"生态城市"概念以来，生态化一直是城市追求的目标，我

国已向世界承诺2020年碳排放将比2005年下降40%～45%，低碳生态化已是我国21世纪城市建设的长期目标。就城市设计层面而言，实现城市生态化目标的重点在于四个方面：①节约土地，提高土地利用率，推进城市紧凑化，探索确保良好生态和活动环境的高容量建设；②推进绿色交通，减少对汽车的依赖；③推进城市与自然和谐，建设绿色城市；④推进"TOD"理念。

国内学者王建国认为21世纪以来国内外城市设计实践主要包括如下四种类型[25]。

（1）基于设计师对未来城市发展形态构想的概念性城市设计

这种类型的城市设计通常作为设计咨询、设计竞赛、学术机构研究或设计师们通过各种出版物的形式出现。设计师们通过天马行空的思维，对未来人类生活的城市形态和空间模式进行概念性的设计探索，从而表达设计师个人对未来城市空间形态的发展设想（图6-1）。

图6-1 深圳湾超级城市国际竞赛方案

（2）为了应对城市未来发展，以对城市结构进行调整和完善而开展的城市设计

城市的发展过程中经常会面临新区开发、重点地区和地段改造，这些工作通常涉及对现有地区的用地布局、交通组织、建设规模进行调整，甚至会对原来的城市空间功能布局与结构等重要内容进行战略性调整，这时候往往需要通过城市设计来进行研究，并作

为不同层次规划调整的依据。

2004年西悉尼情人湾国际城市设计竞赛，规划要求通过对原客货运及集装箱码头区域的改造，给市民提供高质量的城市滨水区、不同的公共开放空间类型及体验，并通过合理的城市开发（合适的办公，商业，公寓比例）和合理的交通组织，可持续发展模式（生态建筑的应用及水环境的优化），把片区建设成为作为工作和娱乐混合发展的活力区域（图6-2）。

（3）基于广义历史文化遗产保护而开展的城市设计

当前的城市设计对历史文化遗产的保护，不仅仅是对历史建筑、历史街区等物质空间环境的保护，也包括对历史文化的传承和片区活力提升方面，即针对历史地区所蕴含的非物质遗产内容和人的行为活动组织等的广义历史文化遗产保护。

（4）以可持续发展和生态优先理念为目的开展的城市设计

城市的可持续发展中一个重要内容是城市生态环境的可持续性。城市设计基于生态优先理念，通过对城市形态的优化和改善来促进城市的可持续发展，其中包括对区域及城市的自然环境和生物多样性的保护、减少城市的能源消耗和碳排放，并减少城市活动对气候和自然环境的影响。

1990年多伦多市"拯救唐河特别工作组"（Task Force to Bring Back the Don）实施"一条河流的康复：多伦多唐河河谷"项目，目标为重建河流的健康和多样性，并将整个流域带回到城市中，保护自己城市的自然遗产，使其重新成为城市生活中有价值和必需的组成部分而被感受和珍视（图6-3）。

图6-2 西悉尼情人湾国际城市设计竞赛优秀方案

图6-3 一条河流的康复：多伦多唐河河谷项目方案

6.1 绿色城市设计理论与实践

6.1.1 低碳城市相关理论研究 ⑭

（1）低碳城市的内涵

①低碳经济。

低碳经济是通过更少的自然资源消耗和更少的环境污染，获得更多的经济产出，其实质是通过能源技术和制度创新提高能源效率和清洁能源结构，建立以低能耗、低污染为基础的经济[26]。

②低碳城市。

低碳城市（Low-carbon City），是指通过在城市发展低碳经济，创新低碳技术，改变生活方式，最大限度减少城市的温室气体排放，形成结构优化、循环利用、节能高效的经济体系，形成健康、节约、低碳的生活方式和消费模式，最终实现城市的清洁发展、高效发展、低碳发展和可持续发展。

国内学者陈飞通过对国内外低碳城市做文献检索及分析得出，当前的低碳城市理论主要包括三个方面：城市生活与能源消费结构；城市碳排放综合构成；城市密度和城市空间结构[26]。

a. 在城市生活与能源消费结构方面。

欧美学者主要通过研究城市居民生活中产生的各种物质和能源消耗以及计算其所产生的 CO_2 排放量情况，分析城市生活中的能源消费结构，并提出不同的节能减排建议，从而作为城市低碳发展的重要依据。

b. 在城市碳排放综合构成方面。

不同国家的学者通过对不同国家、不同城市的碳排放构成要素分析，从经济发展与能耗之间的关系分析出制约城市低碳发展的三大要素——城市生活、交通和家庭生活的碳排放趋势，提出城市未来发展过程的能源控制预期。

c. 在城市密度和城市空间结构方面。

城市发展的研究认为交通距离的减少及城市开发的高密度能有效减少能耗及 CO_2 排放，而土地开发的高密度及交通通勤距离的减少需要城市空间的紧凑发展。因此，在城市整体空间结构层面，学者们提倡城市土地的紧凑化和集中发展；在社区结构层面，许多学者提倡通过提高土地利用密度、混合使用，增加土地及交通的整合、推动职住平衡，强调公共交通引导的土地开发模式。

国内学者刘志林认为，低碳城市应当被理解为通过经济发展模式、消费理念和生活方式的转变，在保证生活质量不断提高的前提下，实现有助于减少碳排放的城市建设模式和社会发展方式。刘志林同时提出，低碳城市的发展模式应当包括以下内涵[27]。

a. 可持续发展的理念。

低碳城市的本质是可持续发展理念的具体实践。因此，我国低碳城市的发展应当立足于本国城市化的发展阶段和各个地方的实际情况，努力降低城市社会经济活动的"碳足迹"，在实现可持续城市化的同时也应满足地区发展和人民生活水平提高的需求。

b. 碳排放量增加与社会经济发展速度脱钩的目标。

由于国情不同，中国低碳城市不宜与西方城市一样以碳排放总量为目标，我国低碳城市发展的近期目标应以降低城市社会经济活动的碳排放强度为主，首先实现碳排放量与社会经济发展脱钩的目标，即碳排放量增速小于城市经济总量增速。长期目标应实现城市社会经济活动的碳排放总量的降低。

c. 对全球碳减排作出贡献。

从全球尺度来看，低碳发展的目标是实现全球碳排放总量的减少；从单个城市的尺度来看，低碳发展应当包含两个层次：从狭义上理解，是指城市内部社会经济系统的碳排放量降低并维持在较低的水平，并能被自然系统正常回收；从广义上理解，一个地区通过发展低碳技术或低碳产品的有关产业，尽管其产业有可能导致当地碳排放量增加，但是其技术或产品在其他地区或国家的应用也可以对全球的碳减排作出贡献。

d. 低碳城市发展的核心在于技术创新和制度创新。

一方面，城市发展的低碳化需要低碳技术的创新与应用。其中，提高能源使用效率的节能技术和新能源的生产和应用技术，是城市实现节能减排目标的技术基础。另一方面，低碳城市发展需要公共治理模式创新和制度创新。政府对低碳的认知程度决定了低碳城市发展的高度，而政府的机制设计和管理创新在低碳城市的发展中则发挥着主要的推动和激励作用。此外，低碳行动也需要政府、公司、组织、家庭和个人的广泛参与。如果没有公众的广泛参与，很多政策都可能无法实施。

（2）低碳城市的规划实践

①宏观战略规划。

英国政府已经明确要在 2050 年降低 60% 的 CO_2 排放量，英国大伦敦规划在能源、交通、建筑、市政等方面都做了相应的部署，尤其在能源规划发展引导方面，主要表现在倡导分散化能源体系以及可再生低碳能源的开发与利用[27]。

日本也针对"低碳城市"目标部署了雄心勃勃的计划。为了应对首都东京因大面积人工地表产生的热岛效应，日本学者近日在新一轮都市规划中，研究如何利用海风为都市"降温"（图 6-4）。

大巴黎规划被称为"后京都议定书时代全球最绿色和设计最大胆的城市"，为应对全球气温升高，不同专家学者提出了各自的方案。

法国设计师伊夫·利奥希望通过艺术级的森林和水资源管理来应对全球变暖，使巴黎的平均温度在 2100 年降低 2℃。

英国著名建筑师 R. 罗杰斯提出了 10 点规划主张，其中交通网络的完善、能源结构的调整以及减少巴黎生态足迹等主张均体现了低碳的规划思想。他还进一步提倡屋顶绿化、电瓶车的使用、街区道路人性化改造等措施（图 6-5）。

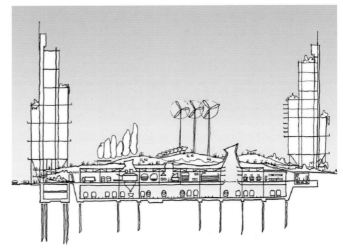

图 6-5　罗杰斯的低碳规划措施

②低碳社区规划。

英国 BedZED 节能社区的目标包括：规划设计方面采用一体化整合方式设计，混合化设计；能源利用方面加大对可再生资源的利用；交通规划方面鼓励自行车交通，提供良好的公交车信息服务；水资源利用方面，采取雨水收集以及中水回用的模式；社区可持续发展方面，实现建筑材料就地取材，循环利用材料（图 6-6）。

6.1.2　可持续城市设计的重点领域⑮

（1）城市紧凑发展

①紧凑城市（Compact City）理论形成背景。

国外：私家车的迅猛发展导致城市无休止的扩展，郊区化、反城市化运动加剧，城市中心区日益衰落，社区活力下降。贫民窟、环境污染等问题的加剧引发了社会安全及经济发展诸多问题。

图 6-4　日本东京都市规划中利用海风降温

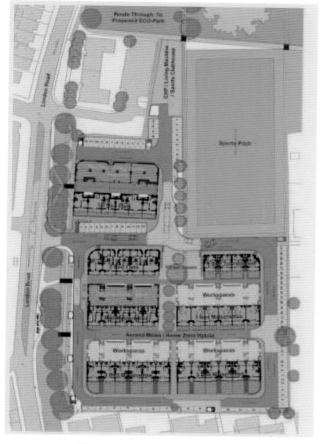

图 6-6　BedZED 社区规划平面图

国内：耕地总量的稀少、人口基数大决定了我国人均耕地面积远低于世界平均水平。粗放式的经济发展模式导致我国土地利用的低效性。此外，我国当前小汽车的拥有量正与日俱增。

②紧凑城市理论的基本内涵和主要特征。

1990 年欧洲社区委员会（CEC）于布鲁塞尔发布绿皮书，首次公开提出回归"紧凑城市"形态。1996年，英国学者迈克·詹克斯等人编著的《紧凑城市——一种可持续发展的城市形态》一书将"紧凑城市"这一概念推向了全世界。此后关于"紧凑城市"的研究蓬勃发展，成为了关于城市密度和形态领域的主流思想。紧凑城市的构想在很大程度上受到了许多欧洲名城的高密集度发展模式的启发。目前的理论在一定程度上是以遏制城市扩张为前提的，通过对集中设置的公共设施可持续性的综合利用，有效地减少交通距离、废气排放量，并促进城市发展。目前，紧凑城市已成为一种可持续发展的城市形态，对城市规划起到了直接的指导作用[28]。

紧凑城市并不是一种具体的、特定的城市形态，而是一种实现城市可持续发展的策略。通过高密度、高效率的土地利用模式来控制城市的无序蔓延，缓减资源和能源压力，实现城市的可持续发展。当前，紧凑城市的关注点主要包括三个方面：城市密度、功能组合和空间形态。

a. 城市密度：以人口密集为主导的各项经济社会活动的聚集是实现城市高效运作的必要条件，同时高密度的城市不仅能减少人均建设用地，同时能有效减少人均碳排放量。

通过对亚特兰大与巴塞罗那城市用地和人口规模比较，同样是五百万的城市人口，紧凑发展模式下巴塞罗那的城市建设用地仅 162 km²，人均碳排放量仅为 0.7 t；而城市蔓延发展模式下的亚特兰大的建设用地为 4280 km²，人均碳排放量达到 7.5 t（图 6-7、图 6-8）。

b. 功能组合：复合功能开发模式的选择是实现人口和建筑聚集的前提。

c. 空间形态：高密度和功能组合在城市空间形态上表现为相对高的容积率和建筑密度。

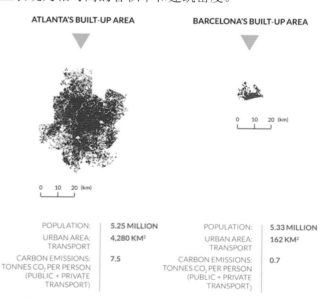

图 6-7　亚特兰大与巴塞罗那城市规模与碳排放量之比

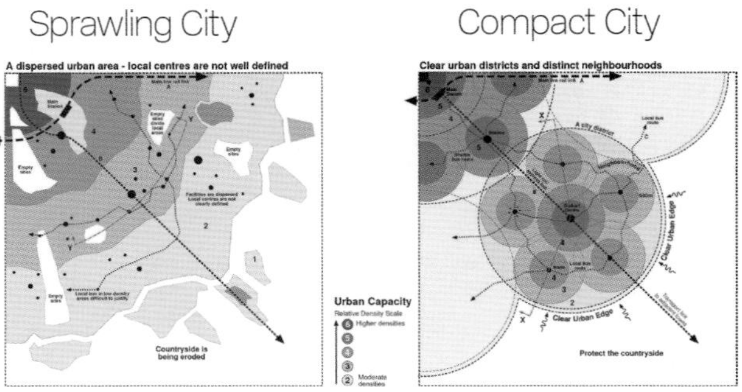

图 6-8　蔓延城市和紧凑城市的空间形态比较

③国内外紧凑城市的实践。

a. 区域层面——大巴黎规划。

为了实现区域的可持续发展，大巴黎规划主要围绕两大主题进行规划设计：产业发展规划及交通发展规划（图 6-9）。

b. 城市层面——伦敦规划。

伦敦空间发展规划从社会、经济、环境各个方面对伦敦城市发展现状进行了分析，提出了有关可持续发展、交通规划和空间布局的规划策略（图 6-10）。针对伦敦经济和人口日益增长所引发的诸如城市环境恶化、土地利用效率较低等问题，提出了紧凑发展作为伦敦未来发展的重要策略，阐述了紧凑发展的目标、原则和具体措施。

c. 街区层面——香港街区规划。

香港的街区优先考虑土地利用与交通布局的有机规划，在重视自然资源和环境保护的基础上，对规划区实施有效的密度分区控制，并提高土地和建筑的有效利用率。

（2）城市的混合功能开发

20 世纪 60 年代，简·雅各布斯在《美国大城市的死与生》一书中提到"Diversity is nature to big cities"，正式提出了"混合使用"的概念；1977 年在秘鲁利马签署的《马丘比丘宪章》强调要努力创造综合的、多功能的生活环境，提出不要过分追求严格的功能分区；1996 年在美国南卡罗莱纳州通过了《新都市主义宪章》，该宪章针对第二次世界大

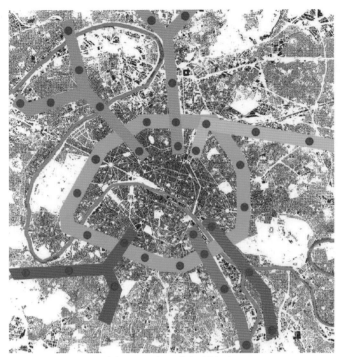

图 6-9　大巴黎规划方案

图 6-10　伦敦空间发展规划

战后美国城镇郊区蔓延所导致的一系列问题，主张塑造具有城镇生活氛围、紧凑的社区，取代郊区蔓延的发展模式，并强调城镇"功能混合"。时至今日，"功能混合"思想已经成为规划界的共识，成为塑造活力、紧凑和可持续发展的城市的重要保障[29]。

①相关概念界定。

a. 混合功能（Mixed-Use）。

混合功能是指两种或两种以上的城市功能在一定空间和时间范围内的混合状态，它体现在土地使用、功能布局和空间形态上的混合。

b. 混合功能开发（Mixed-Use Development）。

混合功能开发是指通过有目的、主动性的建设或改造，使一定范围内的土地使用、功能布局和空间形态达到混合功能状态的过程，以此为目标，对土地和建筑进行综合性开发。

c. 混合功能规划（Mixed-Use Planning）。

混合功能规划是指为促进混合功能的形成和发展，在一定空间范围内，以两种或两种以上功能为主体，综合相关联的多种使用功能，为混合功能开发而进行的规划控制和空间引导。

d. 混合功能区（Mixed-Use District）。

混合功能区是指在一定空间范围内，有两种或两种以上的主要功能所占比例较为接近、功能之间相互关联、混合程度较高的区域，如"混合街区""混合社区"等。

②城市功能布局的相关理论。

城市功能布局的相关理论如表6-2所示。

表6-2 城市功能布局的相关理论

相 关 理 论	研 究 内 容
城市复兴 （Urban Renaissance）	对已经失去经济活力地区的再生和振兴。提出在城市中心采取混合功能开发是有效手段
新城市主义 （New Urbanism）	适宜步行的邻里环境、功能混合、多样化住宅、高密度等基本特点
紧凑城市 （Compact City）	促进城市重新发展、中心区再次兴旺、限制农村开发、更高城市密度、功能混合布局、优先发展公共交通
精明增长 （Smart Growth）	用足城市存量土地、减少盲目扩张。城市建设相对集中。倡导城市土地混合使用

③城市混合功能开发类型。

从空间划分层面来看，混合功能开发在城市空间尺度上主要包括城市总体层面、城市街区层面、城市地块层面和建筑综合体层面四个类型。

a. 城市总体层面。

各种功能在土地上的布局关系，受自然地理条件、城市发展战略、城市建设现状以及城市历史文化的影响，表现为基本功能的分区布局和相应的用地比例关系（图6-11）。

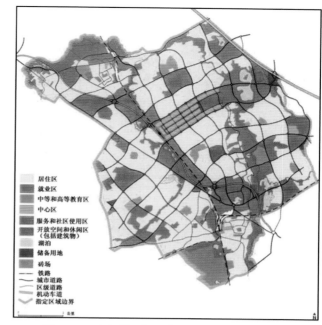

图6-11 密尔顿·凯恩斯土地利用规划（1989）

在城市总体层面，不应过分强调功能分区或功能混合，土地使用和功能布局必须从各个城市的基本影响因素出发，结合城市发展的需求和趋势，在功能分区和混合布局中取得平衡。

b. 城市街区层面。

此处的"街区层面"，不仅指单个街区，也包括由空间上相互邻近、功能上相互关联、具有某种空间形式和社会特征同质性的多个街区所组成的街区体系（Block System）。

街区体系应采用基于多种功能和活动混合得更为精细的城市结构形式。此外，在街区层面，各种功能需要形成相互关联的互补关系，尽可能使其中的居民可以在街区范围内完成日常活动，减少居民在城市中长距离的来往奔波，使街区充满活力（图6-12）。

c. 城市地块层面。

地块是在城市街区中由支路或连同街区周边干道所围合的街块。街区中小地块开发是实现街区混合功能形成的基础，每个小地块具有相互关联的不同功能，能够使街区实现混合功能并且富有多样性，而单个地块内部也可以混合两种或两种以上的功能（图6-13）。

街区中地块的数量和规模同道路网密度相关联。

65

图6-12 美国奥斯汀杰斐逊中心混合功能街区

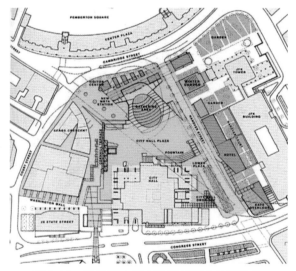

图6-13 美国波士顿市政广场混合功能地块

街区道路网密度越高，地块数量越多，地块规模越小。

d. 建筑综合体层面。

建筑综合体层面混合功能布局，具有很强的灵活性和适应性，适应不断变化的街区功能，对于街区的多样化和保持街区全天的活力有着很大的作用。

建筑综合体的空间布局形式可以多种多样，包括：垂直方向的混合功能布局，如下层商店、上层住宅的商住楼；水平方向的混合功能布局，如前店后居的形式；垂直、水平方向综合的混合功能布局，多见于一些大型建筑综合体。

从空间建设类型划分，综合建筑体主要包括垂直方向混合功能开发、水平方向混合功能开发和混合功能步行区。

从城市混合功能划分，综合建筑体主要包括居住和工作的混合，居住和商业、服务、文化等公共设施的混合，工业和商业、服务、办公的混合，公共空间的混合四种类型。

案例介绍

（1）国外案例——美国纽约巴特利公园城

规划面积：约37公顷，55万平方米的办公楼项目。可容纳14000名居民，是集商务商业、居住、休闲等多功能为一体的混合功能区（图6-14）。

规划特点如下：

①多种功能在不同层面的混合；

②高密度开发；

③高效交通组织；

④步行系统和公共开敞空间设置；

⑤混合居住开发。

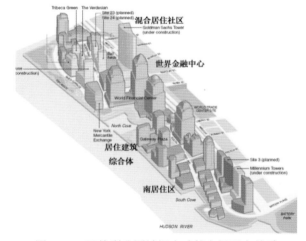

图6-14 巴特利公园城混合功能空间形态关系

（2）国内案例——深圳市上步街区。

规划总用地面积：约171公顷。功能定位为以区域性的电子专业市场为代表的国际物流中心，多元混合的市级商业中心，高新技术研发中心，兼有商务办公、居住等功能的混合街区（图6-15）。

规划特点如下：

①功能构成：核心功能、必要辅助功能、有益补

充功能、边缘功能、城市功能完善的必要功能；

②空间发展模式：引导商业街向商业街区转变；

③功能布局结构：小街区开发，确定主导功能，促进内部和外部混合。

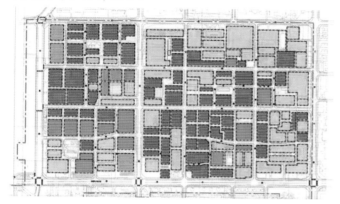

图 6-15 深圳上步街区混合功能布局和空间设计

（3）公交导向的城市设计

新城市主义起源于 20 世纪 20 年代的美国，它是针对美国广泛出现的由城市郊区低密度发展导致的种种问题而提出的新城市发展理论，它包括传统居住社区发展（TND）理论和交通导向发展（TOD）理论。其中，交通导向发展理论提倡城市商业综合服务用地沿着交通系统（公交或轻轨）作不连续的节点发展，通过一系列原则把用地和城市交通网络紧密联系在一起，从而创造一个以行人为导向、充分发挥公共交通作用的道路系统和城市用地空间布局。

①公交导向城市发展的意义。

公交导向开发的城市发展效益体现在增加出行便利性，降低碳排放，增加经济活力，提高空气质量，保护可耕农田，创建和谐、繁荣的社会。

②公交导向的城市设计案例。

案例介绍

（1）国外案例

库里蒂巴是巴西南部 Parana 省的省会，巴西的第五大城市，也是巴西发展速度较快的城市之一。距圣保罗 450 km，距里约热内卢 900 km。面积为 432 km²，人口 160 万。2002 年人均 GDP 达 7560 美元，在 1978—2002 年的 25 年中，该市 GDP 平均每年增长 6.5%。

规划特色：公交导向式的交通系统。

①交通规划与城市土地利用规划紧密结合。

规划最初就确立了城市未来发展的理想居住模式，即一个线型城市，然后采用一个集成的、由主干线和支线组合的公交网络来促成城市的发展形态。明确城市长远发展目标，然后取得社区民众的支持，之后按规划持续实施，最终建设一个创新、集成的公交网络体系。同时根据城市土地利用和社区发展的目标，保障公共建设投资合理高效，选择最合适的公共交通服务类型和规模。

②基于 BRT 引导下的城市空间发展结构与土地开发模式。

库里蒂巴的城市空间结构非常清晰，完全是建立在以 BRT 系统为支撑的、公交走廊引导形成的、单中心放射状轴向带形布局模式下。城市土地开发也以 BRT 走廊引导为显著特征，5 条 BRT 走廊沿线呈现高密度、高强度开发，高层公共建筑、多层和高层住宅集中布置在 BRT 走廊两侧，其余地区是低层低密度住宅或公园绿地。城市主要的商务、商业、公共活动等集中在这 5 条轴线上。轴线与轴线之间是严格控制的低容积的居住区，禁止高层建筑的开发。可以说，库里蒂巴非常完整而且成功地体现了公交引导（TOD）、有机疏散、田园城市等国际先进规划理念。

③公交一体化发展。

公交专用道、圆筒式车站、换乘枢纽及不同服务功能的公交线路构成了库里蒂巴一体化公共交通系统。BRT 是一体化公共交通系统的骨干，其他公交线路为其提供驳运或补充。

库里蒂巴的 BRT 于 1972 年开始规划建设，1973 年建成第一条总长 20 km 的南北轴线，1974 年该线路正式运营。目前，库里蒂巴正在建设第 6 条 BRT 线路。BRT 线路网络扩展的同时，枢纽站也在不断地增加，现有枢纽站 33 个。与枢纽站衔接的接驳公交线网不断扩大，一体化公共交通系统覆盖的区域也随之扩大（图 6-16）。

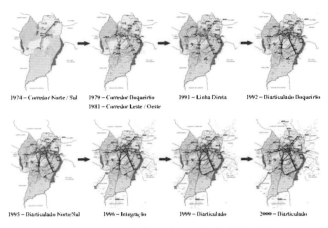

图6-16　库里蒂巴公交一体化发展历程

（2）国内案例：珠海北站TOD发展

卡尔索普在珠海北站TOD城市设计方案中提出围绕公共交通设施进行土地开发，在珠海唐家湾地区采用集群目的地、高密度的建筑和站点附近混合的开发模式。场地的公共交通运输方式包括城际轻轨、有轨电车（轻轨）和快速公交系统（BRT），并创建不同的站点类型，使该区域拥有高密度的商业、区域服务零售和高层住宅，并成为最城市化地段（图6-17）。

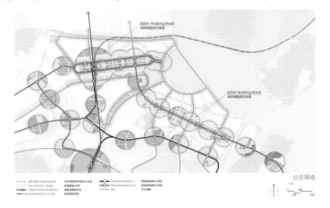

图6-17　珠海北站新开发项目围绕公共交通站点进行布局

（4）慢行系统与城市绿道

①慢行系统。

慢行交通是相对于快速和高速交通而言的，也可称为非机动化交通。一般情况下，慢行交通是指出行速度不大于15 km /h的交通方式。慢行交通概念在国内最早出现于《上海市城市交通白皮书》，其中指出慢行交通的发展目标："保障步行交通、引导自行车合理运行、促使助动车向公交转移。"其中包含了慢行交通的主要构成：步行、自行车及助动车。而随着城市的发展，助动车作为一种过渡形式的交通工具逐步将被取代[30]。

城市是人们聚会、交流思想、购物或者简单放松和享受自我的场所。城市发展的最终目标是构建一个适合人类生存和发展的空间环境。丹麦著名规划专家扬·盖尔在《交往与空间》中指出"慢速交通意味着生动的城市"。这也可以看作是慢行交通概念及作用的最早提出。当交通工具都放慢速度后，城市生活就会由于有更多人的参与而变得生动和富有活力。

城市交通发展的最终目标则是为人类提供有序的出行环境，而和谐有序的城市道路系统不仅仅要满足机动化出行的需要，还应该满足步行和自行车等慢行交通出行者的出行需求。

因此，慢行系统不仅是城市交通有序发展的主要组成部分，更是构建生动和富有活力的城市生活的重要实施手段。

②城市绿道。

a. 绿道的定义。

查理斯·莱托（Charles Little）在其经典著作《美国的绿道》（Greenway for American）中所下的定义：绿道就是沿着诸如河滨、溪谷、山脊线等自然走廊，或是沿着诸如用作游憩活动的废弃铁路线、沟渠、风景道路等人工走廊所建立的线型开敞空间，包括所有可供行人和骑车者进入的自然景观线路和人工景观线路。它是连接公园、自然保护地、名胜区、历史古迹，及其他与高密度聚居区之间进行连接的开敞空间纽带[31]。

埃亨（Ahern）在文献综述的基础上结合美国的实践经验，将绿道定义为由那些为了多种用途（包括与可持续土地利用相一致的生态、休闲、文化、美学和其他用途）而规划、设计和管理的由线性元素组成的土地网络。该定义强调了5个基本含义：绿道的空间结构是线性的；连接是绿道的最主要特征；绿道是多功能的包括生态、文化、社会和审美功能；绿道是可持续的，是自然保护和经济发展的平衡；绿道是一个完整线性系统的特定空间战略。

b. 绿道在国际上的发展历程。

第1阶段：早期的绿道规划（1867—1900年）。

大多数文献认为，绿道思想的源头可以追溯到Frederick Law Olmsted 和他于1867年所完成的著名的波士顿公园系统规划（Boston Park System）。该规划将富兰克林公园（Franklin Park）通过阿诺德公园（Arnold Park）、牙买加公园（Jamaica Park）和波士顿公园（Boston Garden）以及其他的绿地系统联系起来。该绿地系统长达25 km，连接了波士顿、布鲁克林和坎布里奇，并将其与查尔斯河相连。其后，Charles Eliot 扩展了他的思想，将绿色网络延伸到整个大波士顿都市区，服务范围扩大到了600 km²，连接了5条沿海河流。

第2阶段：景观设计师的绿道规划（1900—1945年）。

这一阶段主要有 Olmsted Brothers、Eliot Ⅱ和 Henry Wright，他们完成了一些绿道的规划。例如，Olmsted Brothers 所做的波特兰纪念 Lewis 和 Clark 的广场和64 km 的绿环规划，后来被规划师扩展到225 km；Eliot Ⅱ所完成的马萨诸塞（Massachusetts）的开放空间规划；Henry Wright 完成了新泽西州兰德堡镇（Radburn Town）的绿色空间和绿道规划。与此同时，国家公园管理署（NPs）进行了大量的公园道（Parkway）的规划实践，如蓝脊公园道（Blue Ridge Parkway）。

第3阶段：环保运动影响下的绿道规划（20世纪60—70年代）。

20世纪60—70年代美国的环保运动蓬勃开展，并出现了3个绿道的研究中心和代表性研究学者。Philip（University Of Wisconsin）在威斯康星州进行自然和文化资源制图的时候，发现大多数重要的资源都分布在河流廊道两侧，并且完成了威斯康星州遗产道规划（Wisconsin Heritage Trail Proposal）。Iran McHarg（University of Pennsylvania）所著的《设计结合自然》，其中一章重点讨论了河流廊道的规划。ErvinZube（University of Massachusetts）领导的大城市区域风景规划模型（METLAND）研究小组更加注重定量化的研究。

第4阶段：绿道运动的命名（20世纪80—90年代）。

20世纪80年代，美国户外游憩总统委员会的报告强调了绿道给居民带来的接近自然的机会。在1990年，Littl 首次定义了绿道。在北美，这一阶段有上千个绿道的规划和实践项目，但研究工作严重滞后，大多数仅限于项目总结。

第5阶段：绿道成为一个国际运动（20世纪90年代至今）。

这一阶段，绿道运动蓬勃发展，世界上有数千个国际、国家和区域层次的绿道项目。在理论研究方面，涌现出了大量的研究成果，出版了大量的研究专著，召集了不少关于绿道的学术会议，并出现了有关绿道方面的博士论文，有关绿道的互联网信息也铺天盖地。

c. 绿道在我国的发展历程（图6-18）。

我国对绿道规划思想和理论的研究始于20世纪80年代，最早介绍绿道的文章是1985年第2期《世界建筑》刊登的伊藤造园事务所设计的冈山市西川绿道公园。中国第一次较为系统地介绍美国绿道是在1992年《国外城市规划》刊登的《美国绿道简介》。

20世纪90年代，由于还没有独立编制的绿道规划，许多绿道规划的思想是结合在当时的城市规划尤其是城市绿地系统规划中得以体现的。例如，上海市在1994年就编制完成了《上海市城市环城绿带总体结构规划》，环城绿带的规划实际上是起着绿道的联系、游憩和保护功能。

在2000年，我国政府颁布了《国务院关于进一步推进全国绿色通道建设的通知》，该通知明确了国家绿道建设未来5～10年的基本目标以及绿道的建设宽度要求和实施要点。

2010年广东省编制完成的《珠江三角洲绿道网总体规划纲要》与同年颁布作为规划设计技术导则的《珠三角区域绿道（省立）规划设计技术指引》，标志着绿道规划正式在我国作为一个独立的专项规划的内容（图6-19）。随后，我国各个省份也相继开始实施绿道专项规划的编制，绿道建设在我国得到快速的发展[32]。

2016年9月，在总结了各地的实践基础上，国家住房和城乡建设部正式颁布了《绿道规划设计导则》。标志着绿道建设在我国城市建设中将进入蓬勃发展的新阶段[33]。

（5）城市绿色社区营造

①绿色社区的理念。

社区是一个城市中具有一定人口规模，有健全管理机构，并有一定范围的居住生活区。绿色社区则是在传统社区的基础上，将人性化、生态化作为社区建设的宗旨，即在社区的设计、消费、管理等方面始终贯彻绿色的理念，让社区达到既保护环境，又有益于人们的身心健康的目的；与此同时，又与城市经济、社会、环境的可持续发展相协调[34]（图6-20）。

②传统社区与绿色社区的区别。

传统社区主要是以人们居住的房屋空间大小为目的，而很少考虑以人为中心的居住环境。而绿色社区不仅要考虑人们居住的房屋空间大小，还要考虑房屋建材与环境的关系，以及社区的消费和综合管理等；传统社区是创建绿色社区的基础，而绿色社区是对传统社区的发展。传统社区与绿色社区的主要区别表现在设计、消费与管理等诸多方面[35]。

③绿色社区的创建。

郭永龙指出创建绿色社区必须满足三个条件与环节，即绿色设计、绿色消费与绿色管理[35]。

图6-18　我国绿道建设的发展历程

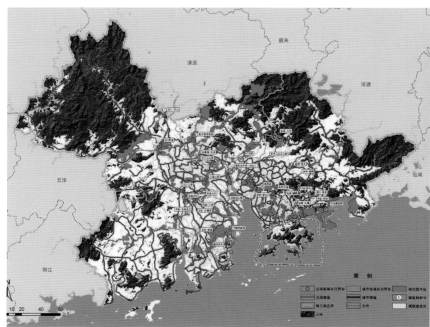

图6-19　珠三角区域绿道规划及实施效果

图 6-20 英国 BedZED 绿色生态社区

a. 绿色设计。

绿色社区与传统社区的设计根本区别就在于绿色设计在构思阶段就把绿色建材、降低能耗、易于拆卸、再生利用和生态环境保护与建筑的性能、质量和成本的要求，列入同等的指标，为创建绿色社区打下坚实的基础。

b. 绿色消费。

消费问题是环境问题的核心。要实现人类的可持续性消费，首先就需要倡导一种可持续的消费理念，从环境与发展相协调的角度来考虑建立一种崭新的消费模式——绿色消费。绿色消费是以可持续的和对社会负责任的方式进行的，它在满足现代人类的基本要求、提高生活质量的同时，使自然资源的消耗量降到最低，且消费过程中产生的废弃物和污染物最少，从而使消费的结果不至于危及人类后代的需求。

c. 绿色管理。

社区绿色设计与绿色消费是社区绿色管理的基础。所谓绿色管理，就是把环境保护的理念贯穿于整个社区的管理与活动之中，具体地说，就是把环境保护作为社区的决策要素之一，将社区的环境建设与环保措施作为具体管理目标，使社区按照绿色社区的标准运转。

6.1.3 应对气候变化的城市设计 ⑯

（1）气候变化危机与城市的关系

21 世纪以来，以气候变暖为主要特征的全球气候变化趋势日益明显。随着全球变暖、海平面上升，降水变化和极端气候事件频繁发生，全球气候变化及其不利影响正日益成为人类迫在眉睫的威胁和关注的问题。就其成因而言，维持城市生产与生活的能源消耗和土地利用变化造成了大量的温室气体排放，由此引发自然温室效应的快速增强，城市因此成为全球气候变化的主要源头。与此同时，伴随气候变化而来的种种极端气候灾害日益频繁，对城市造成的破坏也最为突出，城市又成为应对气候变化的"主战场"，提高城市应对气候变化的能力刻不容缓。

城市作为人类工作与生活的主要场所，其排放的温室气体（Green House Gas，GHG）是导致全球气候变暖的主要原因。大气中不断堆积的热能造成气候模式的变化，而后者又作用于气温、降水、海平面升高，以及暴风雨等极端气候事件的爆发，这些都将影响到城市及城市化地区，大大降低城市的适应能力和应对其他破坏性事件的能力。据估计，在东亚地区，每年有 4600 万城市居民面临从洪水泛滥到风暴潮等各种灾害的威胁[36]。

城市既是气候变化最主要的影响对象，也是应对气候变化的"主战场"。在应对气候变化的挑战中，城市的重要性主要体现在以下三点。

①城市的人口、资源和基础设施相对集中，对气候变化带来的不利影响最为敏感，迫切需要寻求应对气候变化的有效办法。2008 年以来，全球半数以上人口聚集在城市，而到 2050 年这一比例将增长到 2/3；同时，世界上人口超过 1000 万的前 20 座特大城市，其中 16 座位于沿海地区（图 6-21），它们更易受到气候变化导致的海平面上升、风暴潮等灾害的影响。

A 日本东京　　B 印度德里　　C 巴西圣保罗　　D 印度孟买　　E 美国纽约市
G 中国上海　　H 印度加尔各答　　J 巴基斯坦卡拉奇　　L 美国洛杉矶
M 中国北京　　　Q 坎昆　　　R 尼日利亚拉各斯
S 俄罗斯莫斯科　　T 土耳其伊斯坦布尔

图 6-21　2010 年城镇群人口过千万的
世界前 20 座特大城市分布

②城市化过程中消耗大量能源及产生大量温室气体，尽管城市只占地球表面面积的2%，但它的温室气体排放量却占总量的70%[26]，它是全球气候变暖的主要源头。因此，城市"减碳排、扩碳汇"的工作成效在很大程度上决定了应对气候变化工作的成败。

③城市是应对气候变化最重要的实施平台。例如混合动力汽车、垃圾回用、工业节能、新建筑节能等提高能耗效率和减排的技术大部分都在城市范围内运用，与城市的基础设施建设、建筑与交通直接有关。

鉴于城市在应对气候变化中的重要角色，城市规划作为引导城市发展与管理城市建设的手段，无论是其政策属性还是技术属性都决定了城市规划应当在加强城市应对气候变化能力的工作中发挥积极作用。

一方面，城市规划对城市化过程中资源的分配和使用具有协调的能力，合理的城市规划能够通过提高能源使用效率，减少温室气体排放，从而有效减缓气候变化的速度并提高城市适应气候变化的能力。另一方面，城市规划能够为协调各种应对气候变化的技术应用提供综合统筹平台，促进应对气候变化的整体效益最大化。

（2）应对气候变化的两大战略

应对气候变化的概念包括减缓气候变化与适应气候变化两个方面的含义（图6-22）。减缓气候变化是为了减少对气候系统的人为强迫，通过减少温室气体排放和增加碳汇，以减小气候变化的速率和规模；适应气候变化是自然生态系统和人类经济社会系统为应对实际的或预期的气候刺激因素或其影响而做出的趋利避害的调整，通过工程设施和非工程措施化解气候风险，以适应已经变化而且还将继续变化的气候环境。

（3）应对气候的国际行动

为减缓温室气体排放给全球带来的影响，很多国家和地区把节能减排、发展低碳经济已经上升到国家战略高度，部分地区和国家提出从立法、组织、学术研究和实施保障提出一系列应对气候变化的措施（表6-3）。同时，不同地区的城市也开始针对地区特点制定各自的应对气候变化策略（表6-4）。

图6-22 应对气候变化两大战略

表6-3 部分国家和地区应对气候的行动

类别/国家	欧盟	日本	美国
政策法规	从1996年至今已颁布20余条相关重要法令、政策	在1998年制定了世界首都应对气候变化的法律——《全球气候变暖对策推进法》，构建了较完善的应对气候变化法律体系和规划	可以分为三类：能源立法、环境立法以及气候立法。各州在应对气候变化方面所采取的行动更为积极和活跃
组织机构	三个层次：欧盟委员会（气候行动委员、气候行动总司）、气候政策咨询网络和非政府组织	第一层次为由首相领导国家节能领导小组；第二层次为环境省、经济产业省与其下属能源资源厅和各县经济产业局；第三层次是受政府委托的节能机构	不同于日本的举国体制，美国联邦政府注重运用市场化手段推动减排和新能源的开发。政府机构主要有新能源部及国家环境保护局，还有大量的非政府组织
研究支撑	高度重视科学技术研究在应对气候变化相关方面的作用，并且通过雄厚的财政预算保障研究的推进	①制定研发计划；②财政资金支持：在强调政府在基础研究中作用和责任同时，允许并鼓励私有资本进入低碳技术投资领域。通过经济刺激手段，对民用低碳设施进行普及和革新；③整合研发资源：以政府为主导、企业为主体，调动全社会的资源，全方位推动技术研发进程，实现技术开发、使用和普及三位一体	科技创新能力以及雄厚的经济实力是其低碳技术发展的关键：①首先加强传统优势技术在低碳领域的应用；②政府通过制定新能源开发战略，投入大量资金，引导企业进行先进技术研发；③鼓励企业选择最合理的技术方案，促进技术创新
实施保障	主要通过市场机制和财税体制两项手段来实现其应对气候变化的措施	主要有利用市场机制、推行低碳城市建设，以及倡导低碳生活方式	主要通过市场机制、财政税收体制和强制政策三项手段来实现其应对气候变化的措施

表6-4 不同地区城市应对气候的策略

城 市	主要灾害/脆弱性	适应和减缓措施
菲律宾 马卡迪	地震、火山喷发，台风频繁，内涝，洪灾以及山体滑坡及城市污染严重	适应措施：提高居民服务的水平，减少可能因气候变化而加剧的卫生软肋 减缓措施：确立了从2003—2010年将温室气体排量降低20%的目标；倡导城市绿化带计划，旨在减少大气污染
美国 西雅图	主要的危险是地震、山体滑坡和洪水，其中地震的破坏性最大	制定气候稳定性计划：到2050年，将温室气体排量降低到当前水平的80%；投资再生水项目，解决水资源短缺问题和改善道路、桥梁、海堤以应对海平面上升和洪灾
美国 罗克韦尔	主要灾害为洪水，但城市的暴雨排水系统的改善大大降低了这种风险	把可持续发展、理性增长及环境感受体现在新颁布的城市分区条例，通盘考虑城市整体规划及社区重建计划
美国 纽约	受海平面上升的影响，洪涝灾害越发严重	通过"规划纽约"将适应措施和减缓战略相结合。"规划纽约"主要目标是到2030年减少30%的温室气体排量，主要包括：①避免盲目发展；②开发清洁能源；③建造节能建筑物；④建造可持续交通体系
美国 阿尔伯克基	饮用水的供应和山野火灾问题	加入了美国能源部清洁城市项目，发起市长气候保护协议，实现支持气候保护和减少温室气体排放；全面减少能源消耗，鼓励替代能源，设立高性能绿色建筑标准等
日本东京	地震，城市火灾，洪涝灾害	适应措施：提出《抗灾城市宣传计划》，建设防火型城市，增强抗震安全措施，促进防灾生活区的社区发展，增加抗击洪水的安全设施等 减缓措施：将东京10年减碳项目定为一项基本国策
新加坡	没有主要灾害，主要为城市生活中面对各种自然的和人为的灾难	适应措施：加强应对气候变化影响的弹性，制定新加坡2012年绿色计划，致力于改善碳密度，加强水资源利用和保护 减缓措施：增强抵御气候变化的弹性，将能源效率和能源使用列为国家政策的一部分；制定了全国气候变化的战略，提出适应气候变化及减少二氧化碳排放量的发展措施和未来规划
意大利 米兰	大气排放污染	工作重点集中于减缓政策，以2000年的二氧化碳排放量作为参照点，米兰计划到2020年削减20%。米兰的气候计划主要从温室气体的排放、收集和吸收的所有环节入手，制定计划方案，重点削减住宅能耗和交通运输中的温室气体排放
意大利 威尼斯	洪涝灾害，抽取地下水导致城市下沉，环境污染	工作重点为适应措施：启动"MOSE"（大规模机动防潮闸）项目来作为威尼斯应对城市内涝问题的措施
印尼 雅加达	常发生极具破坏性的地震和火山爆发。同时还定期遭受几种水文气象灾害的影响	启动了名为"雅加达交通计划"（TransJakarta）的快速公交系统（BRT系统）工程，该系统的大多数公共汽车为低排放车辆，使用的燃料为压缩天然气，该项目大大削减了印尼温室气体排放总量
英国伦敦	气候变化影响主要表现为更频繁的洪水、干旱和高温天气	适应措施：发布了《伦敦气候变化适应战略草案》，提出将要采取的若干行动计划和措施 减缓战略：制定"伦敦气候变化行动计划"，提出减少二氧化碳排放量的目标——相对于1990年的水平，到2025年，二氧化碳排放量减少60%
越南河内	市内洪涝，台风	适应措施：增强应对气候变化影响的弹性，包括提高防洪标准、巩固堤防系统、加强水利建设、增强排涝能力、植树造林、保护上游森林，并对部分河段实施开通河道计划等
中国东滩	规划中崇明岛内的一个城市，现状为农业用地，濒临一块重要的国际湿地	东滩的目标是成为世界上第一个碳中性可持续发展的城市。二氧化碳的年均削减计划为8万人每年减少排放75万吨二氧化碳

（4）城市设计应对气候变化的重点领域

当前，城市设计在应对气候变化的重点领域主要包括地域性城市设计、紧凑城市、弹性城市和低影响城市设计。

①地域性城市设计。

地域性城市设计是应对全球化背景下的城市设计的本土化研究，强调基于地域差异性、多元性、民族化和本土化[28]的城市设计实践。其核心思想来源于西方的地域主义思潮，并经历不同时期对不同气候和文化特定地区的传统建筑实践：20世纪中期，在全球化的背景下，地域主义将现代建筑技术和理论与地域文化特色融合，进行本土化设计；进入21世纪，基于地域适应性的应对气候和生态可持续发展理念已成为当代地域性城市设计的核心理论基础。

②基于紧凑城市（Compact City）概念下的城市设计。

在应对我国城市土地资源集约发展的要求下，城市的"紧凑"发展已是大势所趋。紧凑城市作为一种可持续性的城市空间发展和组织的形式和策略，遵循紧凑城市的概念，通过城市设计来进行空间落实，可以将城市空间分为两个层次进行考虑。

a. 城市总体层面。

在城市总体层面上运用紧凑城市理念指导城市的建设，主要是通过城市形态、城市边界、城市内部功能的控制来实现的。从东京、巴黎和斯德哥尔摩这些紧凑城市的规划经验来看，区域性大都市的城市形态都非单一中心，而是多中心的城市结构。城市的发展也都是通过国家、区域性的政策划定城市边界，限制城市蔓延式的扩张。城市内部的交通联系都是以地铁、轻轨等轨道交通为主导，引导城市空间的合理拓展和用地布局的优化（表6-5）。

在城市总体层面上，紧凑城市建设的另一个方面是整个城市的立体发展设计。这里的立体发展包括了功能的立体发展、交通的立体发展以及生态的立体发展。

功能的立体发展——在高密度的城市空间范围内，传统的通过建筑功能的不同产生的功能混合并不适用，取而代之的是各种职能空间在同一建筑中垂直方向上的叠加。以香港为例，其建筑功能表现为：首层为商业设施，上层为住宅、办公或旅馆，甚至是学校和其他文化设施，并将这一现象扩大到整个城市。

交通的立体发展——在人口集中的大城市中，密集的高层建筑把人们限制在狭小的空间中，人际交流和流动受到极大阻碍。20世纪50年代，TEAM10设想的具有空中街道的多层城市，使狭小范围内的交通和人际交流成为可能。空中街道网是贯通建筑群的、分层的宽阔步行街，它既是线形的延伸，又联系着一系列场地。当然，立体交通并不只是空中街道，也包括城市地下轨道交通。

生态的立体发展——紧凑城市被认为是绿化率、生物多样性不高的城市，因为并没有足够多的土地作为生态绿地用地。但是，紧凑城市的绿地并不是传统的大面积的城市绿化，而是小范围、多层次、多密度的城市绿化。Karen Ikin提出了"口袋公园"的概念，主张小而密的"公园"设计，这里"公园"可以是城市绿道、绿色住宅小区、垂直绿化等，将整个城市的"公园"形成一个相互联系的网络构成城市开放空间的一部分。

b. 街区层面。

在街区层面上，紧凑城市的设计更应该是生活化、社会化的设计，这一类设计注重的是社区范围内居民之间的交流，国内研究者在借鉴国外案例的基础上，

表6-5　紧凑型城市的形态、土地利用及交通模式

城　市	城市形态	土地利用与城市形态	主导交通模式
东京	由单一中心向多中心发展，形成"一心七核"的城市结构	轨道线路引导城市开发，围绕轨道交通站点，塑造城市活动中心	地铁＋私铁＋日本国铁（JR）
新加坡	多中心大都会	土地开发和交通规划紧密结合	地铁＋轻轨
巴黎	多中心城市群、沿河带状发展	新城的综合开发，平衡就业与居住，建设区域快速铁路（RER），连接市区	区域快轨＋地铁
斯德哥尔摩	轨道交通沿线串珠状城市形态	依托城市轨道交通把中心向外扩散的人口和社会经济活动引导到轨道沿线的新卫星城市	区域轨道交通
哥本哈根	"手掌型"城市形态	放射性的轨道交通服务，引导大哥本哈根地区从单中心向多中心都市的转变	市郊轨道＋地铁

总结和提出了诸如"街区安宁化""居民街""生态街区"等设计理念。

无论是旧城更新还是新区开发，其街区的设计最重要的是其内部的交通组织。在交通组织上，"街区安宁化"通过构建多种出行方式平等共享的交通空间，发展多方式的城市交通体系，从而降低汽车过度增长对城市环境造成的不利影响。在欧洲"街区安宁化"实施成功的城市中，涌现了较多的步行、玩耍和户外活动的场所，儿童与居民拥有安全的空间，如加宽的人行道、路边长椅以及露天咖啡厅等。

"居民街"即生活在共享街道，是"街区安宁化"的强有力战略。在居民街中，道路设有许多的转弯处，种植了许多树木，在路面上铺设了许多石质砖块，这样汽车行驶的速度明显慢了下来。而整个街道可同时供步行、骑自行车以及儿童玩耍。

此外，生物多样性、节能、密度、生态建设、邻里交流，对于街区层面上紧凑城市的建设也十分重要。而"生态街区"满足这一要求，它主张设计应满足节能、社会混合、自然环境保护、公共交通等需求，并提出了一系列设计思路：兼顾外向性与内向性的街区空间结构；公共交通与街区一体化发展策略；功能复合的空间利用模式；促进社会融合与多元异质的居住模式；多样化的街区形象与建筑特色。

③基于弹性城市（Resilient City）概念下的城市设计[37]。

弹性城市概念是在当前城市面临的各种风险和不确定因素日益增多的背景下，包括自然灾害、气候变化、能源危机、食品安全、流行病疫情、恐怖袭击等情况下，提出城市要有能力吸收和化解这些变化，要具备能够保持其原有基本结构和功能的能力。与传统规划所关注的减少外界干扰不同，弹性城市理论认为城市的外界干扰因素不可避免，重要的是干扰发生后所采取的行动，因此，弹性城市理念强调城市系统的适应能力，并构建

一个预防—减缓—适应的弹性城市系统，这个系统同要求城市应不断提高其学习能力（吸取经验）、自组织能力（自我修复）和转化能力（创造新系统），从而提高这个适应系统的应对外界变化的弹性能力（图6-23）。

图6-23　英国的弹性城市实践：伦敦泰晤士河口百年防洪规划

当前，弹性城市理论在我国的城市规划与建设中，基本还停留在对西方弹性城市概念、相关框架引入和规划实践介绍的阶段。目前国内很多城市开展建设的"海绵城市"就属于弹性城市理念中针对雨水自然灾害而实施的城市规划内容。

弹性城市设计是通过城市物理空间设计的手段，在城市中构建一个能适应这些外界变化条件的城市空间结构形态和组织管理系统。在不同的城市发展阶段和外界环境不断变化的条件下，增加城市的自我调节和适应能力，进而延续城市的生命力[32]。

④基于雨洪管理下的低影响城市设计。

美国、英国等发达国家由于城镇化的迅猛发展使其城市内水文循环过程发生改变，导致各国不同程度地发生城市内涝、水质污染、水资源短缺等问题，各国自20世纪70年代起根据其水文环境面临的问题提出一系列解决措施，逐步形成各种较为完整的雨洪管理体系[34]。

从表6-6中可以看出，当前西方各国的雨洪管理中，低影响开发下的城市设计主要以澳大利亚的水敏性城市设计与新西兰的低影响城市设计比较具有代表性，它们都是基于美国低影响开发理念下的城市设计应用。

表6-6 国外雨洪管理体系建设简介

代表国家	雨洪管理体系内容	实践与应用
美国	针对早期城市发展过快导致城市水文环境失衡，雨水水量、水质等先后出现问题，美国逐步建立起多种针对性各异的雨洪管理体系，较为典型的是注重水质管理的最佳管理措施（BMPs）、注重可持续发展的低影响开发（LID）及绿色基础设施（GI）。 BMPs是综合使用多种措施以改善水质、水量和生态等的雨洪处理体系。 由BMPs措施发展而来的LID理念以源头控制为核心、分散式小规模措施。维持场地开发前的雨水径流量，以此来缓解不断增加的城市化和不透水表面的负面影响。 GI在LID的基础上进行改进，是希望用绿色基础设施来连接整个自然而产生的理念，GI代表了一系列使用植物/土壤的措施或工程化措施以减少雨水流入排水系统、提供一系列其他环境与社会效益的措施	最佳管理措施（BMPs） 低影响开发（LID） 绿色基础设施（GI）
澳大利亚	澳大利亚对于水问题的关注源自水对人们生活的影响，关注点同样在水体污染、水资源短缺、城市内涝等，其与LID不同的是澳大利亚政府将城市设计与雨水管理相结合，并称其为水敏性城市设计（WSUD），为城市解决水问题提供整合管理的整体性、综合性解决方案	水敏性城市设计（WSUD）
新西兰	新西兰建立雨洪管理体系一方面由于大规模砍伐而造成洪涝频发、水土流失，另一方面也由于保护土著居民毛利人的信仰（不容作为生命之源的水被污染）。 新西兰的雨洪管理体系是综合美国LID及澳大利亚的WUSD的经验后逐渐形成了低影响城市设计和开发（LIUDD）	低影响城市设计和开发（LIUDD）
英国	英国为解决洪涝多发、污染严重等问题，将长期的环境和社会因素纳入排水体制及系统中，建立了可持续城市排水系统，其目的是保留降雨所带来的地表水，用一种接近自然水循环的方式管理地表径流	可持续城市排水系统

（5）海绵城市设计（Sponge City Design）

2013年12月12日，针对全国城市内涝问题突出的情况，习近平总书记在中央城镇化工作会议上提出：建设自然积存、自然渗透、自然净化的"海绵城市"。海绵城市遵循"渗、滞、蓄、净、用、排"的六字方针，把雨水的渗透、滞留、集蓄、净化、循环使用和排水密切结合，统筹考虑内涝防治、径流污染控制、雨水资源化利用和水生态修复等多个目标。当前，全国16座城市正积极开展海绵城市试点工作，大力推广海绵城市的应用[38]。

①海绵城市的本质——解决城镇化与资源环境的协调和谐。

海绵城市的本质是改变传统城市建设理念，实现与资源环境的协调发展。在工业文明达到顶峰时，人们习惯于战胜自然、超越自然、改造自然的城市建设模式，结果造成严重的城市病和生态危机；而海绵城市遵循的是顺应自然、与自然和谐共处的低影响发展模式。

传统城市利用土地进行高强度开发，海绵城市则致力于实现人与自然、土地利用、水环境、水循环的和谐共处；传统城市开发方式改变了原有的水生态，海绵城市则保护原有的水生态；传统城市的建设模式是粗放式的，海绵城市对周边水生态环境则是低影响的；传统城市建成后，地表径流量大幅增加，海绵城市建成后，地表径流量能保持不变（图6-24）。因此，海绵城市建设又被称为低影响设计和低影响开发（Low impact design or development）。

图6-24 传统城市与海绵城市建设模式比较

②海绵城市的目标——让城市"弹性适应"环境变化与自然灾害。

第一，保护原有水生态系统。

通过科学合理划定城市的"蓝线""绿线"等来开发边界和保护区域，最大限度地保护原有河流、湖泊、湿地、坑塘、沟渠、树林、公园草地等生态体系，维持城市开发前的自然水文特征。

第二，恢复被破坏水生态。

对传统粗放城市建设模式下已经受到破坏的城市绿地、水体、湿地等，综合运用物理、生物和生态等的技术手段，使其水文循环特征和生态功能逐步得以修复和恢复，并维持一定比例的城市生态空间，促进城市生态多样性的提升。我国很多地方结合点源污水治理的同时推行"河长制"，在治理水污染、改善水生态方面起到了很好的效果。

第三，推行低影响开发。

在城市开发建设过程中，合理控制开发强度，减少对城市原有水生态环境的破坏。留足生态用地，适当开挖河湖沟渠，增加水域面积。此外，从建筑设计开始，全面采用屋顶绿化、可渗透的路面、人工湿地等，促进雨水积存净化。

第四，通过各种低影响措施及其系统组合有效减少地表水径流量，减轻暴雨对城市运行的影响。

③建设海绵城市的两种途径。

a. 区域水生态系统的保护和修复。

第一，识别生态斑块。

一般来说，城市周边的生态斑块按地貌特征可分为三类：第一类是森林草甸；第二类是河流湖泊和湿地或者水源的涵养区；第三类是农田和原野。各斑块内的结构类型并非单一，而是大多呈混合交融的状态。按功能来划分，可将其分为重要生物栖息地、珍稀动植物保护区、自然遗产及景观资源分布区、地质灾害风险识别区和水资源保护区等。凡是对地表径流量产生重大影响的自然斑块和自然水

系，均可纳入水资源生态斑块，对水文影响最大的斑块需要严加识别和保护。

第二，构建生态廊道。

生态廊道起到对各生态斑块进行联系或区别的功能。通过对各斑块与廊道进行综合评价与优化，使分散的、破碎的斑块有机地联系在一起，成为更具规模和多样性的生物栖息地和水资源涵养区，为生物迁移、水资源调节提供必要的通道与网络。

第三，划定全区域性的蓝线与绿线。

划定区域性的蓝线和绿线，通过法定规划管控的手段对重要的坑塘、湿地、园林等水生态敏感地区进行严格保护，维持其水资源的涵养性能。

第四，水生态环境的修复。

对区域内被污染的水环境进行生态修复，立足于净化原有的水体，采取控源、截污、引流、清淤、修复等多种手段，对水环境进行全面、系统、科学的治理与生态修复。

第五，建设人工湿地。

湿地是城市之肾，保护自然湿地，因地制宜建设人工湿地，对于维护城市生态环境具有重要意义。

b. 城市层面的海绵化应用与改造。

第一，海绵城市的建设必须要借助良好的城市规划进行分层设计来明确要求（图6-25）。

第一层次是城市总体规划。

要强调自然水文条件的保护、自然斑块的利用、紧凑式的开发等策略。还必须因地制宜确定城市年径

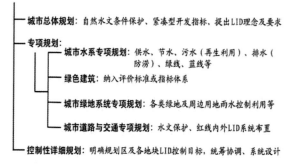

图6-25 海绵城市建设城市规划顶层设计

流总量控制率等控制目标，明确城市低影响开发的实施策略、原则和重点实施区域，并将有关要求和内容纳入城市水系、排水防涝、绿地系统、道路交通等相关专项或专业规划。

第二层次是专项规划。

包括城市水系统、绿地系统、道路交通等基础设施专项规划。其中，城市水系统规划涉及供水、节水、污水（再生利用）、排水（防涝）、蓝线等要素；城市绿地系统规划应在满足绿地生态、景观、游憩等基本功能的前提下，合理地预留空间，为丰富生物种类创造条件，对绿地自身及周边硬化区域的雨水径流进行渗透、调蓄、净化，并与城市雨水管渠系统、超标雨水径流排放系统相衔接；道路交通专项规划要协调道路红线内外用地空间布局，利用不同等级道路的绿化带、车行道、人行道和停车场建设雨水滞渗设施，实现道路低影响开发控制目标。

第三层次是控制性详细规划。

分解和细化城市总体规划及相关专项规划提出的低影响开发控制目标及要求，提出各地块的低影响开发控制指标，并纳入地块规划设计要点，并作为土地开发建设的规划设计条件，统筹协调、系统设计和建设各类低影响开发设施。通过详细规划可以实现指标控制、布局控制、实施要求、时间控制这几个环节的紧密协同，同时还可以把顶层设计和具体项目的建设运行管理结合在一起。

第二，基于城市全系统下的低影响开发的雨水系统构建。

低影响开发的雨水系统构建涉及整个城市系统，通过当地政府把规划、排水、道路、园林、交通、项目业主和其他一些单位协调起来，明确目标，落实政策和具体措施。具体来讲，要结合城市水系、道路、广场、居住区和商业区、园林绿地等空间载体，建设低影响开发的雨水控制与利用系统。

一是在扩建和新建城市水系的过程中，采取一些技术措施，如通过加深蓄水池深度、降低水温来增加蓄水量，并合理控制蒸发量，充分发挥自然水体的调节作用。

二是改造城市的广场、道路，通过建设模块式的雨水调蓄系统、地下水的调蓄池或者下沉式雨水调蓄广场等设施，最大限度地保留雨水。

6.2 文化传承与风貌保护的城市设计

十八大报告指出："文化是民族的血脉，是人民的精神家园，全面建成小康社会，实现中华民族伟大复兴，必须推动社会主义文化大发展大繁荣，兴起社会主义建设新高潮，提高国家文化软实力，发挥文化引领风尚，教育人民、服务社会推动发展的作用。"

习总书记提出"建筑是凝固的历史和文化，是城市文脉的体现和延续，要树立高度的文化自觉和文化自信，强化创新理念"，"处理好传统与现代、继承与发展的关系，让我们的城市建筑更好地体现地域特征、民族特色和时代风貌"。这些体现了国家层面高度重视文化价值，文化内涵代表着民族精神、是我国民族振兴、社会发展的重要推动力。

未来城市的竞争正逐渐从物质空间转向城市文化，其本质是城市个性与特色的竞争，城市的文化内涵将代表着该城市的核心竞争力和吸引力。因此，我国的城市设计发展应从多维度挖掘城市历史脉络、历史文化、地方民族风俗传统、景观印象、不同地域城市的不同空间组织类型特征，建筑风貌及建筑色彩等，并注重在城市实体空间和虚拟空间之间、不同的空间尺度中积极注入城市文化元素。

6.2.1 城市文化复兴[17]

（1）城市复兴的提出

20世纪90年代初，西欧国家尤其是英国，在经历了制造业持续不景气之后，由于城市环境质量下降，大城市居民多迁移至别处居住，导致城市中心房屋闲置、中心区失去活力、居民生活呈钟摆式而带来交通不便、城市失去竞争力等城市中心衰落现象。为了摆脱城市的衰落，使居民重新回到城市中来，在英伦三岛及欧洲大陆发生了一场城市革命，它不仅仅包括了物质空间的重塑与保护，比如重拾丢失的空间环境、恢复破碎的社区、提供城市居民学习和锻炼的场所，还是个相当巨大的任务，于不同层面影响城市建设，并且已取得了令人瞩目的成绩（图6-26）。为此，整个"革命"称为城市复兴。20世纪70年代中期的《英国大都市计划》首次提出了"城市复兴"的概念。在可持续发展思潮的影响下，西欧国家城市更新的理论与实践得到了进一步的发展，进而逐渐形成了城市复兴的理论思潮与实践。它一方面体现的是前所未有的多元化，城市复兴的目标更为广泛，内容更为丰富；另一方面是继续趋向于谋求更多的政府、社区、个人和开发商、专业技术人员、社会经济学者的多边合作。1996年6月，联合国在伊斯坦布尔召开第二次人类住区大会。会议确立了21世纪人类奋斗的两个主题，即"人人有适当的住房"和"城市化世界中的可持续的人类住区发展"，明确地指出了城市复兴的发展方向。

（2）城市设计与城市文化复兴

浙江大学王士兰教授提出城市文化复兴常常以大众文化艺术、社区和经济政策等形式表现，即通过各种渠道和方法，形成一种充分体现城市深刻的历史文化内涵，突出主题，提升城市品位，打造城市特色，

图6-26 伦敦金丝雀码头城市复兴

城市居民自身素质得以提高和发展，继续保持和发展城市创造力和创新性，与可持续发展相一致。实际操作过程中，许多用来实施文化复兴的手段并没有标准，其改善的过程也不是显而易见的。只有将城市设计实践与艺术和文化活动结合起来，才能成为一种更具有可操作性和易见性的手段。可以将城市景观认为是一个社会的代表，是由个人或团体图式化（mapped）构建的（constructed）空间，是营造一种共享的、注重实际的、彼此相关的对一个地方体验的框架。城市景观不仅仅传递了纯空间的信息，也包括了个人从不同角度获得各种感知和信息。作为社会代表的阶级团体共同创造环境特色，最终明确某一个场所的特征，而这个共同营造的结果往往随时间产生互动的关系，因此，不同团体间意志的综合又会到达一个新的平衡点，从而形成新的城市景观要求，这就是一个城市或地区发展的过程。如果建成环境是两种类型设计的产物（一种是主导社会团体强加的，一种是使用者要求的），那么所有人都必须遵守一定的准则，即必须有某种模式或样板，来指导在相同文化背景下的设计。这样所有的城市和建成环境才会井然有序，能使城市和文化一样，基于共同的图则和共同活动的守则得到发展。因此，社会团体在对城市文化营造的同时，也应该注意城市建成环境的一致性构筑。城市设计是连接两种主体的一个比较好的技术方法，由此，融入了文化因素的城市设计对城市建设的干涉更为有效。致力于地区文化复兴的城市设计首先要符合当地的情况，这是一切设计活动成功的关键所在。城市设计在文化复兴中的角色包括艺术政策与其他服务方面的合并，比如公共交通、犯罪防治、街道保护，以及硬件设施设计与用途的合并。此外，城市设计控制中包括一系列框架，强调城市建成环境的进程同样可以和文化战略相结合，但这种框架只是对实际操作上的一个比较宽松的限定。总之，通过城市设计营造良好的自然环境和社会环境，为地区文化复兴创造前提条件比

79

通过设计给地区强加文化概念要好。

（3）城市复兴策略与方法

北京大学教授陈可石提出的城市复兴策略与方法包括三个方面。

第一，保护城市传统文化。

对城市传统文化的保护可以分为硬文化和软文化两个范畴。硬文化主要体现在城市的历史建筑和传统城市空间。我国的城市在以往几十年对旧城和老城的破坏（拆迁中），使城市以旧貌变新颜、日月换新天的做法是轻视城市传统文化价值的做法。这使中国的城市失去特色，失去了城市文化的特征。城市复兴必须重视保护古城、古镇、旧城和老建筑，让城市复兴延续城市的历史而不是割断城市历史。在软文化的复兴方面，对传统节庆、纪念、庆典以及民间的各种文化活动、手工艺术等一系列非物遗产也对城市复兴具有重要的意义。

第二，创造新的城市文化。

对于城市的复兴，应以中国文化为基础，在学习世界上最优秀的城市复兴理念和方法的基础上，努力创新。创造新的城市文化是城市复兴的目标，文化的价值在于创造，所以城市复兴也必须强调原创性。一切抄袭其他城市的做法都是缺乏原创性的，注定是没有价值的。城市复兴中的新文化应包括"绿色城市""和谐社会""以人为本"等新文化的标志。我国基于本土文化的城市复兴更应当引领世界城市发展的新方向。

第三，复兴城市、创造未来。

未来30年中国的城市应当从当今中国文化复兴的基础上创造出来，并通过城市复兴，创造代表中国文化特征的城市和空间。城市复兴的结果，应当是恢复自然的河床、水系和森林。尊重自然是中国传统城市重要的规划理念。发展绿色产业和走绿色城市道路是更高的要求。

（4）城市设计中的文化复兴

案例介绍

佛山东平河一河两岸城市设计在对基地文脉的物质、精神要素进行梳理和分析的基础上，采用文脉撷取、移植和营造等方法，从文脉的视角出发，进行城市空间营造，这一设计思路有助于复兴城市文脉，可供参考和借鉴。

①城市设计特色空间的塑造原则。

a. 文脉延续。

从资源现状出发，探究基地历史特色，理清其文化脉络，由此提炼出在发展过程中的独特要素，并赋予其新的内涵，经过升华，使其形成一种有机的、富有活力的和可不断生长的状态。

b. 有机生长。

随着城市的不断更新，城市活动也变得频繁起来，通过现代设计手法，使城市在原先的零售、医疗、基础教育和居住等较为单一的功能得到延伸与扩展的基础上，派生出商业金融、商务商贸、文化娱乐和休闲度假等多种复合功能。

c. 岛链未来城。

结合当前城市化发展的定位，把握产业提升这一重要历史机遇，尊重生态自然现状，重塑地域城市形象，通过岛链格局凸显中央智慧岛作为未来城市发展核心的定位。

②城市空间结构塑造。

通过城市设计，梳理基地的空间要素，将原有的"王借岗—绿岛湖"空间廊道予以保留，与"绿岛湖—季华路"轴线并列为两大主轴；同时，通过梳理地形地貌与当地聚落肌理，提炼出"湖、岗、岛、涌"四个特色要素。"湖"作为开敞的公共活动空间，是重要的生态景观要素之一，各公共活动由此得以展开；"岗"是整个地区的视觉中心，同时也是提升区域品质的特色亮点；"岛"是公共活动的核心区域，是聚集人气的核心所在；"涌"是作为各个组团功能联系的重要纽带（图6-27、图6-28）。

③绿岛湖智慧组团文脉特色营造。

绿岛湖智慧组团既集中了禅西片区主要的生产服

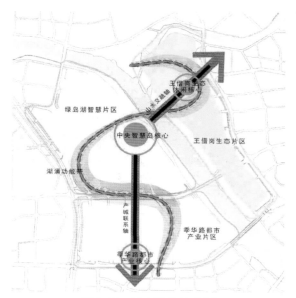

图6-27　城市设计结构图

图6-28　城市设计总平面图

务职能，又拥有绿岛湖这一重要的水系资源，因此城市设计将组团定位为综合展示岭南水乡文化特色和面向广佛地区提供综合服务的智慧高地，力图通过这一智慧组团，整合多元滨水活力，实现主体功能的有机互补，使之成为衔接东平河两岸、实现融河一体化发展的跳板，营造禅西标志性的核心空间。其中，岭南水乡城市空间特色的表达源于对基地西侧湖涌村空间结构的分解与重构，提取水、岛、城之间的关系内核，并以此为依据，营造叶状岛链的用地肌理，体现出岭南水乡的空间特色。

中央智慧岛是整个设计的核心区，也是王借岗、

绿岛湖轴线横穿而过的区域，在进行城市设计时应引入山水城市的空间发展模式，即效法自然山水空间，营造建筑空间，使其与文脉积淀的山水轴线相得益彰（图6-29）。

图6-29　中央智慧岛效果图

④季华路都市产业组团文脉特色营造。

营造该组团以都市产业为主题，重在凸显佛山的产业新形象，延续季华路发展轴线，集中发展都市产业中的第三产业，形成以金融物流、企业总部、产业孵化、研发测试、行政服务、商业配套及高端居住为主要功能的都市产业中心。该组团空间特色营造的要点在于凸显城市的产业新形象，最大化地发挥轨道交通的优势。通过三个不同的开敞空间在水平和垂直两个维度引导及疏散人流，通过跨街二层通道将三个院落进行有机串联，较好地引导了不同出行方向的人流，彰显了组团特色。

⑤王借岗生态组团文脉特色营造（图6-30、图6-31）。

以生态、文化展示为主题，重在表现佛山的历史人文风貌和滨水生态氛围。以王借岗火山遗址公园为核心，设置轻旅游、度假游和观光游等旅游功能，并利用公共资源发展成为面向青少年的户外拓展和自然教育基地。同时，结合都市产业，为企业提供定制会

图 6-30　王借岗生态组团文脉特色营造总平面图

图 6-31　王借岗生态组团文脉特色营造鸟瞰图

议服务，培育人才培训及交流功能。

6.2.2　城市历史文化遗产保护⑲

（1）城市历史文化遗产保护的内涵

城市历史文化遗产保护首先是基于城市保护的范畴。"城市保护"强调的是整体性保护，它不仅意味着历史文化名城中一个文物古迹或历史地段的保护，而且还包括对城市经济、社会和文化结构中各种积极因素的保护和利用。正如《世界遗产公约》所提到的，保护中需兼顾文化和自然两方面的遗产，从而有利于城市的长远发展。

一般而言，城市历史文化遗产保护的内容可划分为如下两大部分。

①历史环境的保护。

基于文物保护而拓展到保护与此有关的建筑、建筑群、街巷、广场和历史街区，控制有损空间环境和景观品质的建设项目，从而保护城市特色，提高城市吸引力，在保护历史环境的同时也强调对相关自然环境的保护。

②文化遗产的保护。

文化遗产指的是具有历史、美学、科学、文化人类学或人类学价值的古迹、建筑群和遗址。今天，文化遗产关联了更广泛的内涵，既有属于物质性遗产的实体，也包含有非物质性遗产。它不仅包括艺术品和文字，而且包括生活方式、人类的基本权利、价值体系、传统和信仰。

（2）城市历史文化遗产保护体系

在我国历史文化遗产保护实践中逐渐形成了三个层次的保护体系。

第一层次是保护文物古迹。包括古文化遗址、古墓葬、古建筑、石窟寺、石刻、壁画、近现代重要史迹和代表性建筑等《中华人民共和国文物保护法》（以下简称《文物保护法》）根据文物的历史、科学、艺术价值规定的各级文物保护单位。在文物的保护范围之外，划定"建设控制地带"，通过城市规划对这个地带的建设加以控制，包括控制新建筑的功能、建筑高度、体量、形式、色彩等。保护文物古迹的历史环境，不只是为突出文物建筑的观赏价值，还可以完整体现文物建筑历史上的功能作用，可以让人们认识文物建筑原来的设计匠心和艺术效果，全面、准确地理解当时的历史事件。

第二层次是保护历史街区。1986 年国务院规定，对文物古迹比较集中或能较完整地体现出某一历史时期的传统风貌和民族地方特色的街区、建筑群、小镇、村落等，应予以保护，划定为地方各级"历史文化保护区"。《文物保护法》规定："保存文物特别丰富，具有重大历史价值和革命意义的街区（村、镇）。"

第三层次是保护历史文化名城。《文物保护法》规定，对"保护文物十分丰富，具有重大历史价值和革命意义的城市，由国务院核定公布为国家历史文化名城"。历史古城是一般名称，历史文化名城是法定保护的名称。历史文化名城在市区范围内应拥有一个以上的历史文化街区。关于历史文化名城的保护原则，既要使城市的文化遗产得以保护，又要促进城市经济社会的发展，不断改善居民的工作生活环境。

在历史文化名城中，除有形的文物古迹之外，还都拥有丰富的传统文化内容，如传统工艺、民间艺术、民俗精华、名人轶事、传统产业等，它们和有形文物相互依存相互烘托，共同反映了城市的历史文化积淀，共同构成城市珍贵的历史文化遗产[39]。

案例介绍

磁器口古镇位于重庆市沙坪坝区嘉陵江畔，东临嘉陵江，南接沙坪坝，西接童家桥，北靠石井坡，距主城区 3 公里。磁器口古镇拥有"一江两溪三山四街"的独特地貌。马鞍山踞其中，左边为金碧山，右边是凤凰山，三山遥望。凤凰、清水双溪潆洄并出，嘉陵江由北而奔，形成天然良巷。

磁器口具有典型的巴渝沿江山地特色，自然环境非常优美，街区背靠歌乐山，面向嘉陵江，中部有马鞍山东西向横卧，南北两条溪沟（清水溪、凤凰溪）环绕街区交汇于嘉陵江。街区外围由凤凰山和金碧山环抱，形成了磁器口独特的自然山水环境。街区的结构布局与自然山水浑然一体，构成了磁器口独特的山地风貌特色（图 6-32）。磁器口街区以磁器口正街和横街为骨架，42 条巷道垂直于磁正街和横街向马鞍山

图 6-32 磁器口保护规划平面图

脊和溪沟边缘，呈枝状发展，形成特征明显的树枝状平面格局。磁正街和横街是对外交通的主要街道，巷道呈自然枝状展开。沿巷道两侧是住宅院落，街巷和住宅共同形成"干—枝"模式的街区社会组织结构。街道形态随地形变化蜿蜒伸展，磁器口的平面格局呈现自然树枝状。街道空间尺度宜人，功能复合多用，既是交通运输空间，也是商业活动空间，更是邻里交往生活空间。主要街道除承担街区的交通外，也是街区社会、经济、文化生活的中心，巷道是邻里交往的场所，并因此构成社区组织的基本结构单元。街巷走向引风疏导，有利于改善重庆地区炎热潮湿的气候和街区生态环境。

就此，提出如下保护策略。

①扩大保护范围，切实保护山水景观：沿各水系设置自然景观保护区约25公顷，禁止新建建筑防止破坏景观及水体环境（图6-33）。

②控制建筑高度：根据山体走势及重要古建高度，对不同区域进行不同限高（图6-34）。

③保护及更新历史建筑：对磁器口内建筑进行逐一调查，根据不同功能和建筑风貌，分类更新类型（图6-35）。

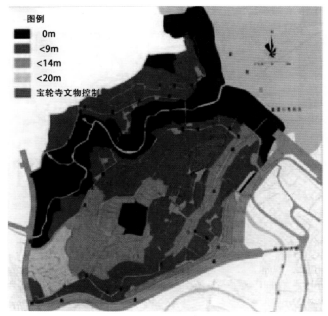

图6-34　建筑高度控制

图6-35　建筑保护类型

图6-33　保护范围划分

（3）城市建设与历史文化遗产保护的关系

城市作为一个不断发展、更新的有机整体，它的现代化是以城市历史发展为基础的。我国是历史悠久的文明古国，许多城市拥有大量极其宝贵的自然遗产和文化遗产，因此，在城市现代化建设过程中，我们必须高度重视和切实保护好这些自然遗产和文化遗产。

自然遗产和文化遗产来自自然馈赠和历史积淀，一旦受到破坏，就不可能复得。城市现代化建设与城市历史文化传统的继承和保护之间的关系，不是相互割裂的，更不是相互对立的，而是有机关联、相得益彰的。继承和保护城市的自然遗产和文化遗产，本身就是城市现代化建设的重要内容，也是城市现代文明进步的重要标志。

①历史文化遗产保护是城市建设的有机组成部分。

城市是一种历史文化现象，每个时代都在城市建设中留下了自己的痕迹。因而，城市是"一种文化形态"，是历史发展的结晶和文化的积淀。保护城市的历史文化遗产，就是维持城市发展的延续性，保留人类文明发展的脉络。城市的历史文化遗产既是人类现代文明发展的基础，也是城市自身内涵不断丰富的标志。而且，随着当今社会文化的日益趋同，通过保护历史文化遗产来凸显城市特色就显得尤为重要。

②历史文化遗产保护是建设特色城市的重要基础。

城市的魅力在于特色，而特色的基础又在于文化。对于一座城市来讲，历史文化遗产就是城市最大的特色，也是城市特色内涵最重要、最集中的表现。任何一个时代的城市文化都不是凭空创造的，城市文化的繁荣与发展，都是以前人创造的文化遗产作为出发点和依据进行再创造的过程。任何割断历史、抛弃历史文化遗产的城市，注定是没有生命力的。从这一角度来讲，历史文化遗产保护就是创造与建设现代特色城市的基础。

③城市建设为文化遗产保护提供了发展的条件与机遇。

当今城市间的竞争已从单纯的经济竞争转向包括城市文化在内的复合竞争，人们越来越注重从文化、景观、生态等角度来认识城市和评价城市。通过文化提升城市的知名度及综合竞争力，已成为城市发展的关键。近年来，国际上很多城市都十分重视城市文化发展战略，纷纷将其作为城市发展战略的核心。如英

国老牌工业城市曼彻斯特，为改变由于工业衰落而导致的城市衰落，提出了在新世纪将曼彻斯特建设成为"创意之都"或"文化之都"的发展战略；西班牙的巴塞罗那也提出了"城市即文化，文化即城市"的观点，并把"动态保护文化遗产"作为其文化战略的重要组成部分。事实证明，城市建设越是现代化，人们对作为城市文脉和城市文化起点的历史文化遗产的需求就越多。从这一意义上讲，城市建设为历史文化遗产的保护提供了良好的发展条件和机遇。

6.2.3 城市风貌保护设计 ⑲

（1）城市风貌的概念

黄琦在归纳多位国内外学者对城市风貌的理解后，总结得出：城市风貌是城市在发展过程中，由自然景观和人造环境的综合塑造而形成的物质空间形态表征，同时反映了地方环境、文化、风俗与经济条件等内涵特征，是一个城市区别于其他城市的重要属性。城市风貌能够被把握与感知，具有其形成的内在机制与规律，是可以在一定限度内被控制与设计引导的，这也正是城市风貌规划或者城市风貌设计得以成立的基本逻辑[40]。

张愈芳提出"城市风貌又被其他研究者概括为城市的风采容貌"。它是城市的自然因素、人文因素及城市特有的悠久历史文化和风土人情的总和。城市风貌中"风"指的是抽象的人文意向和文化，"貌"指的是有形的自然要素、城市物质等，是城市有形形体和构成空间的总和。"风"和"貌"无形和有形相结合，共同构成精神层面和物质层面的城市风貌（图6-36）。

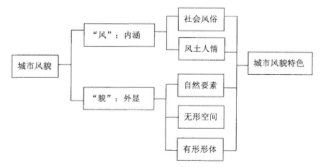

图 6-36 城市风貌概念架构图

俞孔坚指出"城市风貌被学者们理解为城市的风采容貌"。简单地说，城市风貌就是城市的自然景观和人文景观及其所承载的城市历史文化和社会生活内涵的总和。在中文语境下，风貌中的"风"是"内涵"，是对城市社会人文取向的非物质特征的概括，是社会风俗、风土人情、戏曲、传说等文化方面的表现，是城市居民对所处环境的情感寄托，是现象学者所描绘的那种充满于城市空气中的"氛围"；"貌"是"外显"，是城市物质环境特征的综合表现，是城市整体及构成元素的形态和空间的总和，是"风"的载体。无形的"风"与有形的"貌"两者相辅相成，有机结合形成特有的文化内涵和精神取向的城市风貌。

城市特色被理解为一座城市的内容和形式明显区别于其他城市的个性特征，它是城市社会所创造的物质和精神成果的外在表现。有人给予城市特色与城市风貌以不同的注解，认为它们的相同之处在于两者都有城市形象的内涵；不同之处在于城市特色侧重于城市可视形象特征区别于其他的表现，城市风貌则倾向于城市的文化、传统习俗与内在精神；城市风貌包含了城市特色，而城市特色则是城市风貌概括、提炼出的精华部分。美国学者加纳姆（Garnham）认为城市特色（Urban Character）是由形体物理特征和面貌、可观察的活动与功能、含义或象征三个部分组成，并认为鲜明的特色与强烈的地方感受取决于建筑风格、气候、独特的自然环境、记忆与隐喻、地方材料的使用、技艺、重要建筑和桥梁选址的敏感性、文化差异与历史、人的价值观、高质量的公共环境、日常性和季节性的全城活动等方面，涉及的对象十分广泛。城市风貌特色是人们认识一座城市的开始，是城市外部显现的物质形态给人的总体印象，是城市的社会、经济、历史、地理、文化、生态、环境等内涵综合显现出的外在形象的个性特征。可以看出，城市风貌特色定义的实质与城市风貌和城市特色是完全相同的。

（2）国内外相关研究

①国外相关理论研究。

对于城市形态的控制与设计，其理论思想最初产生于19世纪末的欧洲，其后受到形态学、类型学、社会学、环境科学等多重角度的影响，人们对城市风貌规划的认识呈现出多元化的面貌（表6-7）。

②国内相关理论研究。

我国古代的城市建设思想对城市形态风貌具有深刻的影响；在现代，我国不少学者也从不同的视角提出我国城市风貌营造的观点（表6-8）。

③国内城市风貌规划实践研究的发展阶段。

我国的城市风貌研究直到20世纪80年代初才兴起，并经历了风貌规划被提出—特色风貌研究的展开—风貌规划实践繁盛期三个阶段[41]。

a. 20世纪80年代初："城市风貌"在历史文化名城保护研究中被提出。

改革开放以后，我国城市发展进入提速期，传统文化受到快速消费文化的冲击，城市文化与城市建设也发生了重大变化，城市物质空间形态出现断层。即使部分传统民居、文物建筑得到了保留，但整体历史格局与传统风貌仍然受到蚕食与破坏，影响到城镇建设文脉的传承。随着历史保护思想的加强，国内的城市规划领域开始探索在历史街区甚至历史城区方面的保护措施，并积极学习国外历史城市古都风貌保护的经验，"城市风貌"一词被正式引入城市规划学界。

当时的风貌研究在北京、苏州、西安等历史文化名城盛行，受国外文化遗产保护思想的影响，从对单一历史文物的保护转变为对风貌保护区、风貌协调区等的划定，从而对相应区域内的建设进行形象控制。从空间设计层面，学者们主要从我国传统建筑手法中学习风貌设计要素，指导风貌建设。

b. 20世纪80年代末至90年代：传统文化特色的现代城市推广应用。

在保护历史风貌的同时，关于如何体现现代化城

表 6-7 国外城市形态相关理论研究

西 方 理 论	年 代	代表人物、出版物和内容	对城市风貌的思想认知
早期形态学思想	19 世纪末	卡米诺·西特在《根据艺术原则建设城市》一书中对现代城市受方格网道路约束而形成的千篇一律、区划分明的风貌进行批判	提出城市的建设应以艺术的原则设计,清晰地表达建筑与"人"的关系
空间形态学	1960 年	凯文·林奇在《城市意象》中提出总结了城市空间形态的五类要素	提出了"人"对城市空间认知的五个要素,并提出对五要素的视觉形态处理方法
社会学思想	1961 年	路易斯·芒福德在《城市发展史:起源、演变和前景》认为一个"好的城市"即一种可以全面表达不同阶层人群的各种诉求的城市。 同年,简·雅各布斯在《美国大城市的死与生》中指出,缺乏弹性、盲目统一的大规模改造必然会破坏城市的多样性	该思想提醒城市的设计者在追求艺术性的同时,不可丧失其作为人类社会生活载体的全部功能,对多元文化、多元空间形态的包容才能形成一个健康的城市风貌
历史风貌保护思想	1962—2005 年	1962 年联合国教科文组织《关于保护景观和遗址的风貌与特性的建议》正式提出历史风貌的保护问题。 《威尼斯宪章》(1964)、《内罗毕宣言》(1976)、《华盛顿宪章》(1987)、《西安宣言》(2005)等国际公约对文化古迹的保护概念、范围、原则和方法提出明确要求	该思想保障了城市风貌的历史延续性问题,而历史古迹、工业遗产的保留与维护则成为了城市的物质空间形态中最具特色的部分之一
城市文脉思想	20 世纪 60 年代	罗西(Rossi)、克里尔兄弟(R&L. Krier)等人从城市文脉的角度提出了城市设计的出发点,即从传统化、民间化、地方化的内容和形式中寻找形态设计的立足点	城市文脉的思想为形成具有地方特色的城市形态指明了方向
可持续发展原则	1987 年	世界环境与发展委员会(WCED)发布了《我们共同的未来》,该报告在环境保护、资源节约等方面强调"既满足当代人的需求又不损害后代人满足其需求的能力"	该思想影响下的城市风貌追求与自然的和谐共处,倡导绿色生态的建筑和规划设计
整体过程思想	1987 年	C. 亚历山大等人在《城市设计新理论》一书提出将城市作为一个复杂的自适应系统来看待,通过创建一个城市成型的适宜过程来重塑城市的整体感	"整体过程"思想不仅将城市看作一个整体来研究,更关注到风貌塑造的全过程

表 6-8 国内城市形态相关理论研究

中 国 理 论	年 代	代表人物和思想	对城市风貌的思想认知
天人合一	中国古代	伍子胥为吴国建国前"相土尝水、象天法地"的故事体现了古代城市建设观天象、看风水的"天地人合一"的思想	在城市的空间风貌上,常表现为我国城市独特的背山面水的选址特色以及"通天通神"的城市中轴线格局
依山就势、因地制宜	中国古代	管子强调"因天材,就地利,故城廓不必中规矩,道路不必中准绳"	该思想对我国依山就势、因地制宜的聚落形态产生了重要影响
山水城市	中国古代	我国古代文人常表达的"居城市须有山林之乐"的理想	"山水城市"的营建思想成为我国城市风貌理论形成的重要基础
人居环境科学	20 世纪 80 年代	吴良镛提出的人居环境科学将人类聚居作为一个整体,探讨人与环境之间的相互关系	"宜居"思想渗透在各项规划建设中,从城市文化思想的角度影响了我国现代城市风貌
现代城市山水环境	20 世纪 90 年代	钱学森提出要总览历史文化,不能随意套用外国城市理想,认为中国式理想城市模式为"山水城市"	将中国古代山水营建艺术应用在整个城市的建设上,把整个城市建成一个大型的园林
哲学及伦理学	20 世纪 90 年代	张继刚认为西方曾经的以人类中心学说为代表的生态伦理观开始偏向东方的"天人合一""人与天调"的思想	城市景观风貌研究的意义一方面在于与自然生态和谐,另一方面在于丰富于人类文化
宏观机制引导	20 世纪 90 年代	侯正华提出现代城市正是由于市场自组织缺乏完善的宏观机制引导导致微观建筑形象决策无秩序,特色缺失	完善的宏观机制引导即城市总体风貌规划的意义所在

市风貌特色的困惑随之而来。这一时期的研究对象以城市风貌特色的形成要素为主，强调对城市传统文化的发掘。通过进一步地向外国学习，在保护历史建筑、历史街区的同时，将传统文化特色推广至现代城市建设中，以塑造整个城市的风貌特色。

这种借古开今的风貌塑造思想对于我国文化特色的传承与演变具有重要意义，是风貌特色的基础。然而，当时的实践由于狭义理解了传统特色现代应用的价值观念，对传统建筑元素生搬硬套，比如20世纪90年代中期北京的"夺回古都风貌"运动变成了大贴古建筑符号，风貌设计一度被诟病，遭到业界冷遇。

另一方面，一些随着我国工业化进程而新兴的城市由于传统文化特色不突出，只能在某些局部地区做些象征性的风貌设计，对于城市宏观层面的风貌规划缺乏可依照的设计路径，城市形象的设计遇到瓶颈。此外，由于这一时期又是我国城镇化的加速期，市镇数量激增，产生了大量建筑形态单一、风貌平庸的城市。

c. 2000年后：风貌规划的繁荣发展期。

随着曾经的风貌实践暴露出当时研究的局限性，城市对风貌塑造的需求也日益多变，对城市风貌的研究范围变得更为广泛，研究领域逐步细分。有的从历史风貌保护、景观生态学角度、城市空间形态角度的研究，对风貌规划提出设计要点。也有的从城市风貌规划的系统构成角度，运用规划、建筑、社会、环境、哲学、经济等多领域的理论系统分析城市风貌的发展方向、风貌系统的评价指标、风貌规划的实施管控等，直接应对城市建设和管理工作的需要。对风貌规划的研究进入了繁荣发展期，城市总体风貌规划亦诞生于此阶段，各地的规划实践也迅速展开。与此同时，研究的对象从风貌整体开始向具体的风貌载体要素的控制方法深入，并涌现了诸如城市色彩风貌规划、城市屋顶形态规划、户外广告规划等专项规划的实践。

④城市风貌营造的实施途径。

段德罡提出城市风貌的实现途径主要从精神空间的营造及物质空间的营造两方面着手。精神空间的营造主要以城市文化的宣传和教育为主，提高城市的知名度，同时培养市民的荣誉感。物质空间的营造是城市风貌塑造的主要内容，从区域层面及城市层面共同塑造城市的风貌。

a. 区域层面的城市空间（城市风貌）营造。

区域层面的城市空间营造包括风貌意向及风貌格局两个方面。风貌意向的形成是基于对整个区域自然、文化资源的理解，提出一种风貌的价值取向，为下一步风貌格局的确定提供依据。区域的风貌格局包括风貌分区、风貌廊道、风貌节点，借鉴生态学的"基质、廊道、斑块"理论，力求全面涵盖研究区域。风貌分区的确定是以区域的自然、文化资源为基础划分，与其他因素无关。风貌廊道、风貌节点的塑造是重点，力求使其成为整个区域风貌的核心（图6-37）。

b. 城市层面的城市空间（城市风貌）营造。

城市层面的城市空间营造包括风貌定位及风貌结构两部分。风貌定位是对城市自然、文化资源的

图6-37　武汉市都市区景观风貌控制

凝练，力求最直接、最大限度地彰显城市个性特征。风貌结构包括风貌分区、风貌廊道、风貌节点，这一层面的风貌塑造更偏重于城市空间要素的设计，

针对不同的分区、不同的廊道、不同的节点，提出色彩、建筑风格、空间界面、标识系统等微观层面的设计（图6-38）。

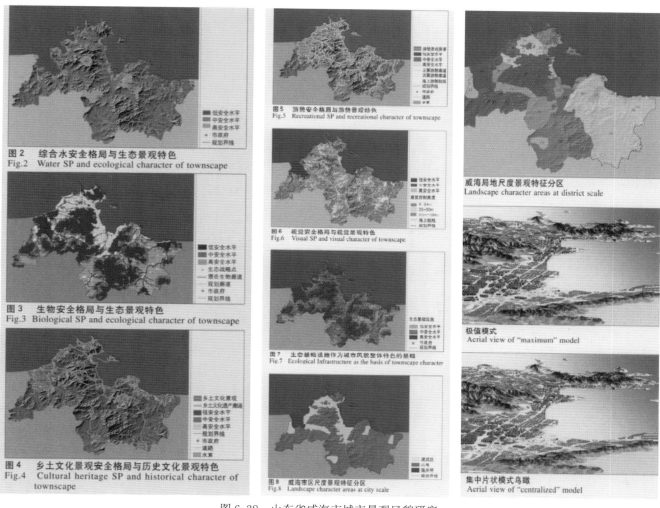

图6-38　山东省威海市城市景观风貌研究

6.3　城市更新与微空间城市设计

6.3.1　城市更新：存量规划下的城市设计[20]

（1）存量型城市设计的内涵

改革开放四十年，中国城镇化率已达到56.1%，迈入了城市时代。我国土地资源需求巨大而供给短缺，城市发展低效，使得我国城市发展必须由增量扩张转变为重视存量开发。2014年2月，上海市人民政府印发《关于编制上海新一轮城市总体规划指导意见》（沪府发〔2014〕12号）中，明确提出严守建设用地总量的"天花板"，实现全市规划建设用地总量"零增长"。

如果说2007年深圳总体规划是第一个从以增量为主转向以存量为主的规划，那么"上海2040"很可能意味着存量规划正式成为法定主流规划的一部分[42]。由此，基于空间扩张的增量型城市设计向立足于品质升级的存量型城市设计转型也将成为重要趋势[43]。

存量型城市设计是基于建成环境的城市设计，它不同于城市大规模空间扩张中（如新城、开发区、重大基础设施、特别功能区的建设等）的增量型城市设计，也不同于旧城改造中规模性大拆大建中的城市设计（旧城区大规模的拆除重建实际是增量规划的变种，是"伪存量规划"）[44]（图6-39）。学者王大为认为：

存量型城市设计是在尊重并延续原有建成环境空间机理的前提下对物质和非物质环境进行修正和微调，重塑与再生区域的文化活力与历史文脉，优化与升级区域的环境和人文品质，核心是以人为本，并最终实现区域的"精致、雅致、宜居、乐居"[45]（图6-40）。

图 6-39　增量规划

图 6-40　存量规划

（2）存量型城市设计的实践类型

陈沧杰的研究团队在规划实践的基础上提出：存量型城市设计的基本出发点在于推动城市建成区的环境改善、空间品质的提升及特色的重塑，把城市建成区的功能提升和旧区更新面临的空间尺度优化、公共设施升级、历史文脉延续、交通方式转变及景观风貌重构等方面作为重点研究的问题。当前，国内存量型城市设计的实践主要有以下几种类型：环境综合整治、旧城区更新与改造、历史街区／工业遗产和风貌保护、社区活力营造等类型的城市设计[43]。

从2015年6月10日国家住房和城乡建设部下发文件，将三亚列为"城市修补、生态修复（简称'双修'）"的首个试点城市起，"城市双修"已经开始在全国范围内蔓延，进入公众视野。生态修复是指问题导向与目标导向相结合，通过对山、河、海等生态要素的完善，修复"山海相连、绿廊贯穿"的整体生态格局和生境系统。城市修补是指通过运用总体设计方法，以按构建"山、河、城、海"相交融的城市空间体系为目标，针对突出问题、因地制宜进行"修补"，它以城市形态、城市色彩、广告牌匾、绿化景观、夜景亮化、违章建筑拆除这"六大战役"作为抓手，涵盖城市功能完善、交通设施完善、基础设施改造、城市文化延续、社会网络建构等多项综合性的内容。

"双修"的工作思路是运用城市设计的方法，总体把握、系统梳理、突出重点（图6-41、图6-42）。可以说，三亚的"双修"实践是近年来存量型城市设计方法的重要探索。存量型城市设计的本质就是要把粗放扩张性的规划转变为提高城市内涵质量的规划，不是外在的形象工程，而是走向内在的民生工程；不是量上的拓展，而是品质的营造提升；不是单一的就事论事，而是综合的系统梳理。

（3）存量型城市设计过程中的公众参与

对于存量型用地，由于建设用地使用权分散在各土地使用者手中，涉及的权利关系更加复杂。政府不

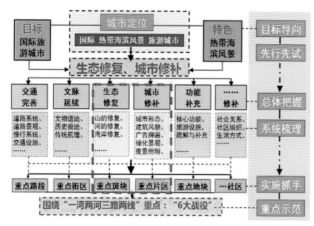

图 6-41　双修工作思路

图 6-42　三亚生态修复示意图

能随意处置土地，土地再开发的收益需要兼顾各方[46]。因此，存量型城市更新，要加强公众参与，重视协调现存环境更新改造过程中相关利益主体的利益共享和责任共担，充分了解建成环境下普通市民的多种需求及其与所在地区的互动特点，促进社区共识的达成，寻求社区合作[43]。存量型城市设计过程中的公众参与不能仅停留在设计结果公示的被动式参与上，而应该贯穿于立项、调查、方案设计、决策反馈、实施各个阶段中。

①立项阶段。

在项目正式展开之前，积极开展项目启动仪式，启动仪式更像是社区大型的广场活动，通过涂鸦彩绘、模型搭建等各种别出心裁的活动激发居民公众参与的积极性，营造全社区共建、共治、共享的社区治理氛围，以保障后期工作的顺利进行。

例如在上海市的"社区空间微更新计划"中，为进一步加强社区公众参与，设计师在社区中心广场进行了各种别出心裁的启动活动。在大学生指导下，居民学会如何用纸板箱搭建建筑模型；附近的艺术家组织积极组织社区小朋友们进行涂鸦彩绘。起初居民对于社区的相关事宜并不关心，但是随着活动的开展，居民慢慢有了参与的热情（图 6-43）。

图 6-43　上海社区空间微更新计划项目启动仪式

②调查阶段。

项目规划师们通过各种社区服务渠道征集公众意见、获取相关信息。例如在耶尔巴布埃纳生活街区景观规划中，项目规划师们通过反馈性社区讨论会、互动式网络调查、张贴于街区各食杂店内的调查问卷等各种社区服务渠道征集公众意见，以达成对街区规划方案的共识（图 6-44）。

③方案设计阶段。

方案设计过程中，主要是在协商和草案阶段积极咨询居民、社区组织和社会组织的相关意见，以讨论会、座谈会和听证会等公众会议形式探讨方案的合理性和可改进的空间，协调不同利益主体之间的意见。在取得阶段性的成果之后，通过批前公示收集反馈意见，进行方案修改。

近些年来，一些设计团队开始借助参与式工具来激活民众并获得反馈。例如一支名为"DSGN AGNC"（Design Agency）的城市设计队伍加入科罗娜广场

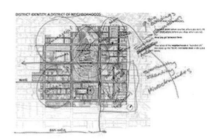
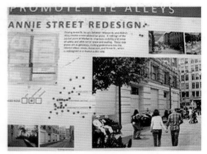

图 6-44　项目规划师反馈性社区讨论会

改造项目。他们将特定空间问题的问卷通过透明树脂板直接植入场地实景中。如此一来，社区居民便可以聚集在可能改造的基地场景中，透过树脂板上对应空间的分析，直接对改造更新的可能性进行讨论。我们可以看到，设计师在这个过程中所做的工作是创造性地搭建参与式设计的交互平台，从而促使场所的使用者参与到场所改造的设计中来。方案形成过程中，因为决策主体的多元化，能够反映不同利益群体的博弈，最终实现共赢（图 6-45）。

④决策反馈阶段。

与以往在决策阶段所采用设计结果公示这种被动式公众参与方式不同，每一个试点项目公开招标，并且在招标大会上，居民、街道居委、专家一起参与方案评选，共同投票选出心仪的更新方案，以达成对设计方案的共识。例如在上海浦东新区塘桥镇改造过程中，设计团队把设计图一张一张地贴出来，居民如果

图 6-45　科罗娜广场改造项目中参与式工具——树脂板

满意，可以贴上笑脸贴纸。每一张设计图下面，清晰地贴着一排排表情贴，居民们的喜好一目了然。也可以通过设计模型的展示以及搭建一些空间实景，让居民可以进行体验并自行投票选择（图 6-46）。

⑤实施阶段。

传统的城市更新往往由政府主导，耗费大量的人

力和物力，导致实施效果不佳，且后期的维护难以保障。对于存量型更新来说，它涉及的利益主体更加明确，具有针对性。这也为居民切身参与实施改造过程提供了基础。

a. 施工技术的培训：在施工过程中，开展小规模的相关施工技术培训，让居民相互学习相关的技术或者进行后勤服务，通过交流，吸引居民参与到社区事务之中（图6-47）。

b. 施工材料的采购：借鉴美国和我国台湾地区的实践经验，采用"雇居民购材料"的策略以促使居民积极参与到施工的过程中。其中"居民"是指社区组织、居民和志愿者，"材料"包括回收利用的本土材料以及社区购买的材料。

c. 施工过程的监督：以上两个环节的参与，也同

图6-46　空间设计模型展示及空间实体模型搭建

图6-47　居民参与社区项目施工

样可以起到居民对整个施工流程、施工材料使用以及施工进度的监督作用，在改造完成之后，他们又成为环境品质的维护者和监督者。

总的来说，存量地区的更新改造应摒弃照搬新区的开发模式或依靠巨额公共财政投入的规模化改造策略，避免"政绩驱动"和"面子化"式的大规模拆建的倾向。存量型城市设计路径的探索，应立足于促进建成区环境改善、空间品质提升及特色重塑，以政府引导、公众参与和社区合作为支撑，以公共空间和特色资源精细利用、民生设施改善为主导，实施"积小胜为大胜"的精明转型策略[43]。

6.3.2　城市设计从宏大叙事转向日常生活⑳

（1）大尺度城市设计存在的问题

近年来，随着我国城市化的快速推进、经济结构的转变、经济规模的加大和政府财政调控能力的增强，城市规划和建设出现了越来越多的大型城市设计项目。很多城市盲目扩大办公、商业等所谓热点项目的规模，大范围的功能区片化使城市逐渐丧失原有的活力。有的城市为了重塑城市形象，无视地理气候条件，在市中心开辟大尺度、人们不能或不便使用的草坪、硬地广场。有的城市长达数公里乃至几十公里的城市大道、轴线的设计缺乏实际空间、时间尺度的基本概念，形而上学地强调"联系"与"整体性"[47]。这种大尺度的城市问题的思考和实践却往往潜藏着一个危机——对城市"日常生活空间"的忽视，甚至否定。城市既有的历史、现状（包括物质的和非物质的）习惯地被视为次要的、下一层次的、从属性的，甚至是可以或缺的。

（2）日常生活相关理论

在传统哲学理论之中，日常生活一直被当作"非哲学的"和"非真理的"存在而被排斥在哲学的视野之外[6]，日常生活完全沦为周而复始、平庸无常的沉重的日常生计。从20世纪30年代开始，哲学界开始出现了向"生活世界"回归的理论。

①列斐伏尔的空间生产理论。

从 20 世纪 70 年代开始，西方社会科学界和城市学界掀起了城市空间生产问题的研究风潮。近年来，国内学界也开始关注和引入"空间的生产"理论，并以此解释国内的城市现象和问题。列斐伏尔认为空间是空间的表征（representation of space）、表征的空间（space of representation）、空间实践（spatial practice）（表 6-9）的三元辩证关系[48]（图 6-48）。

空间生产宏观上是回应危机过程产生的各种社会问题的一种手段，微观上却能够影响个体日常生活和生存的状态，进而给个体以生存的意义和价值。

②米歇尔·德赛图的日常生活实践理论。

20 世纪 80 年代列斐伏尔的得意门生米歇尔·德赛图另辟蹊径，从实践中来看待日常生活。

法国社会学家德赛图在其著作《日常生活实践》中系统性地描述了日常生活中不同的实践形式如何构成反规训体系，并致力于研究日常生活实践的逻辑。他认为，日常生活中存在着支配性的权力，在规训机制的重重压制下，人可以通过"抵制"的战略战术、"散步"的审美体验、"消费"的另类生产等"逃遁术"来求得审美生存和"诗意栖居"[49]。

日常生活从某种程度上来说就是一场围绕权力的实践运作。其中，"抵制"是德赛图有关日常生活实践的核心，指的是人在各种错综复杂的特定环境中，既要服从特定规则，又要在既定规则中寻求个人的生存空间。"抵制"则意味着存在两种相互制衡的力量，一个是压制性、支配性的权力及其所代表的秩序和势力集团，德赛图将其称为"战略"，这是一种自上而下的宰制力量与意识形态，是对权力关系的计算；另一个是被规训、压制的弱者针对强者主宰采取的反应，德赛图将其定义为"战术"，这是一种自下而上的机智实践，主要特点是依赖时机、伺机而动[48]（图 6-49）。

（3）日常生活空间的相关研究

简·雅各布斯在其出版的《美国大城市的死与生》一书中凸显了对日常生活空间的关注。

雅各布斯有意拒斥理论模式，更多地依据经验去观察和检视日常生活中空间是如何被实际使用的。她倡导的是一种非正式的公共生活，这种生活发生在门廊、街道面包店和洗衣店等场所中，提醒人们关注被忽视的主体因素，如公园中的母亲与儿童、食品杂货

表 6-9　空间类型的定义

空间的类型	内容详情
空间的表征	暗示空间背后的生产准则与行为准则，相当于马克思的生产关系、社会结构与上层建筑，是一种自上而下的空间生产方式
表征的空间	关注的是空间的具体使用与它的意义，反映了人们的真实生活体验，是一种自下而上的空间生产方式
空间实践	关注的是空间的表征与表征的空间之间的组织、相互转化、相互作用的方式与方法

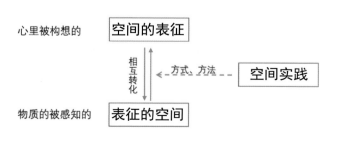

图 6-48　空间生产理论演绎框架

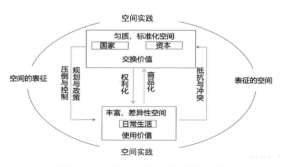

图 6-49　空间生产理论演绎框架

店主、书报摊摊主以及老人等易受攻击的弱势群体。她强调，城市本身并不会自动产生多样性，如果规划不当或者没有将城市的多样性作为基本的现象来正确对待，城市不但无法产生多样性，还可能导致多样性的自我毁灭[50]。

因此，简·雅各布斯对个体与空间场所关系的讨论与米歇尔·德赛图关于城市的阐述很接近，都不是鸟瞰式的抽象研究，而是从步行者和日常使用者的体验出发。她所描述的详细、鲜活的日常生活画面开启了对社会功能的重新划分和界定，这种划分和界定具体地表现在现代经济发展的物质形式上。

近年来，越来越多的中国学者开始关注正规和非正规力量的空间冲突，通过关注正式空间环境之间的一些不明确的和模糊的空间领域中弱势群体所发生的行为，检视权力阶层如何通过一系列制度、政策手段进行空间支配和规训，以及弱势群体针对空间支配、规训所进行的反抗斗争，重点关注空间生产过程中弱势群体如何发挥能动性，以不同的话语塑造空间。

张杰在《从大尺度城市设计到"日常生活空间"》一文中总结了营造"日常生活空间"的城市设计的七个方面：①紧凑的城市形态；②发展宁静交通，鼓励和改善自行车和步行交通环境；③适当密度的混合功能街区；④多层高密度城市建筑；⑤城市场所与环境特色的营造；⑥发展以市民日常休闲为主的多功能、多层次的城市开放空间体系类型与街道体系的建立；⑦以政府、社区为主导的城市建设模式[47]。

总的来说，城市设计应告别过去宏大叙事的模式，城市空间的思考应回归到城市日常生活中，关注重点将不再是大轴线、大空间、大广场，而是更多地关注普通老百姓的日常生活，以及与老百姓生活密切相关的城市街道空间、老旧社区改造等问题，宁要窄小的街道，不要宽大的马路（图6-50）；宁要真实的生活，不要虚假的表演（图6-51）；宁要温馨的凌乱，不要冷酷的规整（图6-52）。

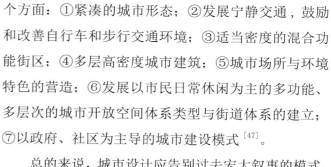

图6-50　狭小与宏大

图6-51　真实与虚假

图6-52　温馨与冰冷

6.3.3　民生视角下的微空间城市改造设计㉒

（1）民生视角下城市设计内涵

通过对发达国家和地区城镇化发展与公共政策转型的关联性分析可以发现，当城镇化率达到一定水平后，政府才开始关注社会民生问题和城市空间提质增效（表6-10）。从20世纪70年代开始，美国"社会建筑"、日本"造街运动"和中国台湾地区"社区总体营造"运动逐步兴起可以看出，旧城更新不再由政府主导，越来越多地运用规划方法，将社区纳入决策与实施主体，实现旧城更新由物质更新向社区发展的转变（图6-53、图6-54）。

2000年以来，中国城市的发展环境不断变迁，城市的发展阶段也在不断演进，2007年10月，中国共产党首次将"民生"写进十七大报告，并提出以"学有所致、劳有所得、病有所医、老有所养、住有所居"等指标为重点的民生社会理想，这标志着中国民生政

治时代的到来。在当前我国经济发展"新常态"——钢铁、煤炭、房地产等行业"去库存、去产能"的背景下，老旧社区改造、棚户区改造和城中村改造成为城市设计的重要工作内容。面对民生与发展的双重压力，城市设计的政策目标应从"求增长"转向"惠民生"。

民生导向下的城市设计是一个创新性的设计问题，它包括如下三个方面的内容。

表6-10　不同国家和地区的民生关注与城镇化发展阶段情况

议题	美国"社会建筑"	日本"造街运动"	中国台湾地区"社区总体营造"
时间	兴起于20世纪70年代	兴起于20世纪70年代	兴起于20世纪90年代
城镇化率	超过70%	超过70%	超过75%
民生保障	在老年医疗保险和社会保险等保障事业的支出占据GDP的10%以上	1975年在社会保障方面的支出占比从20世纪60年代的15%上升至20%	基于政治经济发展引起的民主和文化重建需求

图6-53　马歇尔高地社区发展公司的工作成果

图6-54　代官山住宅更新项目规划图

一是以民生问题为重点的设计目标。针对不同地区、不同研究范围、不同的民生问题进行专题性研究，体现城市设计解决民生问题的人性化、可持续性原则。开放式街区改造、社区适老化改造、海绵街区改造、微空间改造和社区众创空间设计等以民生问题为导向的专项微改造，可以大大改善居住环境，完善社区功能，使城市设计改善民生真正落到实处。

二是"在地设计"的设计思想。一方面，需要城市设计师放下精英身份，走进城市之中进行务实而接地气的设计；另一方面，通过建立有效的沟通平台，鼓励公众积极参与到设计过程中来，实现共建、共治、共享城市治理的创新思路。

三是小而灵活的城市设计方法。通过小规模的改造，以点带面，触发其周边环境的变化，最终起到激发城市活力、改变城市面貌、更新城市的目的。巴塞罗那早在1981—1991年就对城市进行了"碎片"式的更新。从微型公共空间入手，采用"针灸法"单点切入，设计了许多小公园、小广场，大大改善了居民的生活环境（图6-55）。

（2）城市微更新实践探索

近年来，上海、深圳、北京等地积极开展了社区微更新实践。

上海市规划和国土资源管理局组织开展了"行走上海2016——社区空间微更新计划"专项活动，以关注基层社区生活、改善百姓身边环境为出发点，筛选出与居民生活密切相关且有迫切更新需求的11个社区公共空间试点项目（表6-11）。通过宣传征集、试点选取、方案设计、方案选择、改造实践以及成果展示六个步骤，对社区室外活动空间、街道修补摊点、宅间通道停车以及社区主入口的空间环境提出解决方案并推进实施。涌现出"路亭"（图6-56）、"花桥""19.3"等优秀的社区微空间改造设计案例。上海的社区微更新项目的规模和内容正是将问题"缩放"到了社区居民直接关心的层面，进而引发居民有效地进行公众参与[51]。

深圳开展的"趣城——城市微更新计划"，结合社区规划师制度，将政府、建筑师、社区的力量结合起来，对社区中的小广场、老村屋、铺地、小公园、候车厅等微小地点高品质的更新实践，在全市范围内

表6-11 上海社区微更新试点

区县	序号	试点
长宁区	1	华阳街道大西别墅
	2	华阳街道金谷苑
	3	仙霞街道虹旭小区
	4	仙霞街道水霞小区
浦东新区	5	塘桥街道南泉路—菜场小学前空间
青浦区	6	盈浦街道复兴社区航运新村活动室外部空间（该试点在地图范围以外）
静安区	7	大宁街道上工新村
	8	大宁街道宁和小区
	9	彭浦新村艺康苑（该试点在地图范围以外）
徐汇区	10	康健街道
普陀区	11	石泉街道

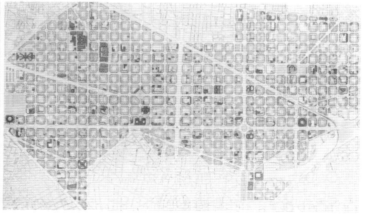

图6-55 巴塞罗那"碎片式"小型公共空间更新

形成微更新的大系统，提升城市整体形象[52]。

汪原和他的团队试图将武汉汉正街边缘的、被人遗忘或废弃的微空间，通过一种微观低技的设计策略，使其更好地承载日常生活或引发新的空间行为。由此可见，低强度的局部改造更贴近居民的生活需要。2007年华中科技大学建规学院与挪威柏根建筑学院联合研究武汉汉正街城市空间中的一个案例：由于汉正街高混杂和高密度的空间特点，儿童鲜有自己的游戏空间，大多在车水马龙且堆满货物的街道上玩耍。设计者将儿童经常玩耍的空间用红色进行了重新限定，通过这种简便易行的方法，提升了游戏空间的领域性

和品质（图6-57）[53]。

中央美术学院的侯晓蕾老师和她的团队在北京东城区做了大量的现场调研和研究分析，并选取了一些公共活动空间试点进行方案设计。例如灯草胡同（朝阳门街道），胡同内公共空间不足，且居民多利用门口空间晾晒衣服，建筑界面较杂乱。设计提出在胡同中因地制宜地安置多功能设施模块，该模块集晾衣、休息、健身、停放自行车以及景观等功能于一体，采用金属框架或木质构架，组装方便。通过这些模块来整合胡同内的多样需求，以形成有序整洁的整体氛围（图6-58）[54]。

图6-56　改造前后音乐谷入口"路亭"

图6-57　汉正街人行道上进行简单的空间界定和活动布置

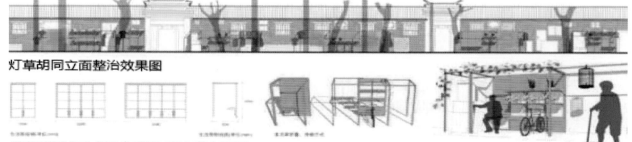

图6-58　灯草胡同多功能构架模型设计理念图

中 篇
湖北省城市设计探索
The Exploration of Urban Design in HuBei

7 湖北省城市设计概况

7.1 发展阶段划分

湖北省开展城市设计实践活动相对东南沿海地区稍晚，但总体来看，与国家的经济发展密切相关，和全国城市规划工作的阶段性特征相似。回顾湖北省城市设计实践活动的发展历程，大致可划分为三个阶段。

7.1.1 萌芽期

这一阶段的主要特征是，城市设计依托于城市规划，通过后者体现城市设计思想。这一时期可分为两个部分。

（1）民国时期的城市设计思想萌芽期

这一时期全省由政府主导的城市设计工作很少，其中年限较早、意义较重大的是民国时期编制的大武汉规划。该规划主要包含了两个重要的概念：首先，提出分工明确的系统是一座城市文明发展进步的标志，并据此确定了汉阳发展工业、武昌发展政府服务和文教事业、汉口作为生活区的功能分区思想；其次，通过长江、汉水、龟山、蛇山等自然山水要素，以及京汉铁路等人文元素，将城市的公园道路系统有机地衔接起来，形成一个多用途的公共开敞空间系统。规划还通过视线视点、街道视廊等城市设计手法的组织和运用，来创造对于城市特性的整体认知。这一规划很好地体现了城市设计中关于环境塑造的理念，部分规划思想在今天仍然得以延续和体现。

（2）改革开放初期的城市设计萌芽起步期

新中国成立后，在计划经济的指导下，我国由政府自上而下地统一控制和管理城市规划，城市建设主要是全面贯彻和实现中央的宏观建设意图以及落实国民经济社会的各项发展计划。

湖北省的城市规划设计工作深受苏联城市规划设计思想的影响，非常强调城市功能方面的设计安排，大量的轴线和格网处理手法被应用于寻求宏大、统一的城市布局形式中，宽马路划分大地块的方式一定程度上也强化了集权式管理的需求。然而，这些看似公平、标准的资源配给模式，是以漠视人性的基本尺度以及抛弃本国城市的民族传统特色作为代价的。

在经历"文化大革命"时期后，改革开放为湖北省城市设计发展带来了新的动力，随着我国经济体制的市场化转型，城市建设逐渐呈现出主体多元化和快速发展的趋势。周干峙先生于1980年发表了《发展综合性的城市设计工作》一文，第一次将"城市设计"介绍给国内的设计师；1984年吴良镛先生在北京"国际城市建筑设计学术讲座"上作了题为《城市设计是提高城市规划与建筑设计质量的重要途径》的报告，第一次将国内的城市设计问题、城市设计古已有之、近代城市设计领域的扩展、积极推动我国城市设计的实践与研究等作了系统的论述。随着这两位前辈对城市设计的研究与力荐，国内对于城市设计的了解日益增多，从学校到政府部门均开始关注城市设计工作。

随着建设厅、建委等职能部门恢复运转，湖北省的城市发展建设活动也顺应时代要求逐步发展起来，同时，随着湖北省城市规划设计研究院、中南建筑设计院等设计机构的形成，各地的城市规划活动有了强大的技术指导和支撑，湖北省的城市规划和城市设计实践逐步丰富起来。

受限于当时的历史背景和经济条件，湖北省整体的城市建设规模不大。城市设计基本隶属于其他城市规划编制内容，城市设计作为一项内容贯穿在城市规划中。这一时期，湖北省城市开始由自发式的环境塑造到有意识的城市设计的逐步尝试，主要在进行方法的探索，是湖北省城市设计发展的萌芽阶段。

7.1.2 起步探索期

20世纪90年代，随着市场经济体制的确立和湖北省城镇化发展加速，各县市经济发展迅猛，城市建设进入了繁荣阶段，城市设计工作也开始相应增多，为城市设计提供了良好的实践机会和研究平台。这一时期的城市设计开始紧密结合控制性详细规划，辅助城市开发建设。

1990年，国家颁布《城市规划法》，确定"一书两证"制度。紧接着，1991年10月出台的《城市规划编制办法》明确提出"在编制城市规划的各个阶段，都应当运用城市设计的方法，综合考虑自然环境、人文因素和居民生产、生活的需要，对城市空间环境做出统一规划，提高城市的环境质量、生活质量和城市景观的艺术水平"。该办法在客观上肯定了城市设计工作的重要性。

1998年由湖北省住房和城乡建设厅主持编制的《湖北省控制性详细规划编制技术规定》，进一步明确了城市规划中的刚性和弹性控制指标，并将刚性控制指标纳入规划条件，为城市土地开发利用和地块开发建设提供了依据。特别值得一提的是，在该规定的7.9.2"景观控制"章节中，提出控制性详细规划中城市特色设计要求、空间序列组织、景观视廊保护等内容，为城市设计相关内容融入控制性详细规划提供更明确指导。

这一阶段的规划设计实践主要是与法定规划结合的城市设计，作为规划编制的重要组成部分，如总体规划中增加景观规划章节、控制性详细规划层面结合城市设计研究并进行指标的制定等。为创造舒适的城市环境、保持城市特色，只有城市设计才能将控制性详细规划中相对抽象的目标转译到具体的物质空间中来，为城市开发建设提供三维形象化思考的作用。城市设计中的高度分区、建筑风貌控制、特色景观系统等内容被控制性详细规划纳入规划条件从而引导城市开发。

但是，这一阶段的城市设计更多的是作为一种观念和方法融入城市规划编制的多个层次，城市设计仅仅是城市规划中的配角。另外，这一时期的城市设计对行为和环境的互动关注较少，主要是强调功能组织和三维空间设计。

7.1.3 发展提高期

21世纪以来，伴随着快速城市化进程和城市建设社会需求的转型，湖北省在全国经济迅速增长的浪潮中不断发展，城乡建设也达到了一个新的高度，城市

设计项目实践呈现出"面大量广"的现象。随着设计市场多元化发展，湖北省开始大力引进国外先进城市规划设计技术，在改善城市建设环境的同时，也丰富了城市设计的层次和内涵。

这一时期湖北省的城市设计不再是单纯地结合法定规划形成规划文件的组成部分，随着各地对城市形象、面貌和城市品质的重视，单独编制的城市设计项目越来越多，形成了总体城市设计、片区城市设计、重点地段城市设计、城市色彩设计、城市风貌设计等多门类、多层次的城市设计规划成果。

从编制对象来看，湖北省这一时期的城市设计已从片面追求开发价值的形象展示功能逐步转化为提升城市生活品质的功能；从纯粹的景观视觉和形象塑造，到景观塑造与人和行为活动相结合的模式。从技术方法来看，湖北省这一时期的城市设计加强了对可持续发展、低碳社会、数字技术的关注。值得一提的是，湖北省这一时期的城市设计项目具有诉诸实施的可能性，一些概念性城市设计也包含了近期实施的要求。

2013年，湖北省住房和城乡建设厅为落实省委省政府关于城乡建设体现荆楚文化和湖北特色的要求，组织开展了"荆楚派"风格研究，对全省的"荆楚派"建筑风格进行引导，编制完成《"荆楚派"建筑风格设计导则（试行）》《"荆楚派"村镇风貌规划与民居建筑风格设计导则（试行）》。两个导则以"荆风楚韵"为主题，通过传承与创新，探索构建"追求地域特色、体现楚文化内涵、彰显时代精神"的现代"荆楚派"建筑风格，提升城镇建设文化品位。这也是对湖北省城市设计的独立风格特色的重要探索。

从湖北省内各地城市设计实践来看，多元化、系统化、法制化的路径已成为湖北省省城市设计发展的基本走向和重要特征。

7.2 2010年以来湖北省城市设计总体情况

在湖北省城市设计实践的过程中，一方面不断受到国际化的新思路、新理念、新技术的冲击与影响；

另一方面，由于城市化进程、市场经济模式和城市规划体系都具有一定的特殊性，城市设计又有着鲜明的本土化特征。

通过表 7-1 分析可知：截至 2015 年，在所有 32 个调研样本县市中，共编制 168 项城市设计，其中已完成审批的有 67 项，已完成编制尚未审批的有 75 项，尚未完成编制的有 24 项。从城市设计覆盖范围来看，恩施州为 100%，居于首位，十堰市为 72.4%，紧随其后；与之相对，汉川市的城市设计覆盖范围为 6.1%，荆门市钟祥市为 4.7%，覆盖范围在 32 个县市中居于末位。

在 32 个县市中，襄阳市、丹江口市、宜城市、十堰市、随州市已建立相关城市设计制度；襄阳市、宜昌市、荆门市钟祥市、十堰市、随州市已编制完成总体城市设计，仙桃市拟开展总体城市设计。

表 7-1　湖北省部分城市已开展城市设计项目工作情况统计表（截至 2015 年 6 月）

城　　市	已编制项目数/项	已审批项目数/项	编制完成未审批项目数/项	正在编制项目数/项	编制完成但尚未审批覆盖范围/（%）	是否开展总体城市设计	是否建立城市设计有关制度
黄冈市	5	3	0	2	10.0	否	否
恩施州	4	0	4	0	100.0	否	否
襄阳市	14	1	11	2	65.4	是	是
枣阳市	1	0	1	0	10.0	否	否
神农架林区	6	5	1	0	85.0	否	—
黄冈市英山县	3	2	0	1	43.3	否	否
孝感市孝昌县	10	3	1	6	26	否	否
广水市	3	2	0	1	18	否	否
赤壁市	8	0	5	3	55	—	否
荆州市	4	1	1	2	9.9	否	否
松滋市	2	1	0	1	14	否	否
丹江口市	5	2	3	—	11.7	否	是
宜城市	2	1	0	1	10.2	否	是
宜昌市	11	0	11	0	—	是	否
天门市	9	6	3	0	13	是	否
孝感市	2	2	—	—	—	否	—
荆门市钟祥市	3	—	3		4.7	是	否
仙桃市	4	4	0	0	12.4	拟开展	否
宜昌市枝江市	3	1	2	—	15.7	—	—
汉川市	6	5	1	—	6.1	否	否
麻城市	2	1	0	1	18.2	否	否
宜都市	—	—	—	—		否	否
洪湖市	5	2	3	—	28.5	—	—
石首市	1	1	—	—	5.2	否	否
十堰市	4	3	1	—	72.4	是	是
随州市	4	2	0	0	31.7	是	是
利川市	9	9	—	—	24.0	否	否
安陆市	2	1	1	—	45.9	否	否
潜江市	4	3	0	1	33.8	否	否
荆门市	4	1	3	0	25.0	否	否
大冶市	1	0	1	0	40.0	否	否
咸宁市	27	5	19	3	21.2	否	否
总计	168	67	75	24	—	—	—

8 湖北省城市设计编制情况

截至 2015 年 6 月，根据《各县市已开展城市设计项目编制统计表》的统计，35 个县市 2006—2014 年城市设计编制项目共 168 个。其中，已审批城市设计项目为 67 个，编制完成尚未审批为 75 个，正在编制为 24 个。

8.1 城市设计类型统计与分析

通过对 35 个县市 2006—2014 年城市设计项目的统计与梳理，可按规划层次类型、地段类型和新老类型三种方式进行划分。

8.1.1 按城市设计规划层次类型划分

湖北省城市设计项目按照规划层次类型可划分为总体层次城市设计、详细层次城市设计、专项城市设计和其他城市设计（表 8-1）。

表 8-1 2006—2014 年城市设计项目规划层次类型分类一览表

	总体层次城市设计	详细层次城市设计	专项城市设计	其他城市设计
项目数量 / 个	3	123	12	17
项目比例 /(%)	1.9	79.4	7.7	11.0

（资料来源：《2006—2014 年各县市城市设计项目统计一览表》）

（1）总体层次城市设计

湖北省各县市总体层次城市设计项目达到 3 个，仅占总项目数量的 1.9%。这表明各县市编制总体层次城市设计项目数量少，重视程度最低，这也导致各县市存在着城市特色不突出、千城一面以及对城市自然山水、历史人文等特色资源缺乏保护与利用等问题。目前仅有少数县市尝试过该类型的城市设计。

（2）详细层次城市设计

详细层次城市设计达到 123 个，占总项目的79.4%。各县市编制详细层次城市设计项目数量非常多，重视程度最高，也反映了各县市有意识地通过详细层次城市设计来引导城市重点地段的城市形象，通过将详细层次城市设计转化为控制性详细规划，指导

城市建设的实施。但是由于缺乏总体城市设计的引导，详细层次城市设计仅关注局部，而忽视了对城市特色的总体把握，容易造成城市缺乏地域特色、风貌雷同。

（3）专项城市设计

专项城市设计达到 12 个，占总项目的 7.7%。各县市编制专项城市设计项目数量不多，重视程度偏低，也反映各县市虽然对彰显城市特色进行了一些探索，但是由于缺乏编制经费等原因，未能积极开展专项城市设计工作。

（4）其他城市设计

除了不同类型的常规城市设计项目外，湖北省也采取了不同方式来开展城市设计项目，用以指导城市建设和管理。例如湖北省出现了与控制性详细规划结合的城市设计、概念性城市设计、景观设计等其他类型的城市设计。根据统计，其他城市设计项目达到 17 个，占总项目的 11%，其中与控制性详细规划结合的城市设计项目有 7 个，概念性城市设计项目有 5 个，景观设计项目有 5 个。该类型的城市设计反映了各县市也在积极探索，力求将城市设计要素融入城市建设和管理中，以达到美化城市、优化环境的目的，但是也可以看出，这些城市设计由于缺乏统一的编制指引，导致设计成果的内容、形式都不相同，这为指导城市建设和管理造成一定难度。

（5）小结

从规划层次类型来看，湖北省的城市设计实践包含总体层次城市设计、详细层次城市设计、专项城市设计以及其他城市设计等类型。其中，以详细层次城市设计项目数量最多、最全，这表明各县市对详细层次城市设计项目编制力度最大，这与该类型城市设计与控制性详细规划衔接较好，并能落实到规划条件等方面有关；总体层次城市设计项目数量最少，表明各县市对总体层次城市设计项目重视程度不够，这可能与各县市编制费用有限、总体城市设计项目实施效果不明显等有关；此外，各县市也结合实际需要开展了

一定数量的其他城市设计，但由于缺乏统一的城市设计技术指引规范，导致成果深度不一、类型多样等问题。

8.1.2 按城市设计地段类型划分

详细层面城市设计项目按照地段类型可划分为城市中心地段、历史文化地段、道路沿线地段、交通枢纽地段、城市节点地段、城市重要山水地段六种类型，主要位于城市形象塑造的核心地段。除去各县市编制的总体层次城市设计和专项城市设计，共 140 个项目（表 8-2）。

表 8-2 2006—2014 年湖北省各县市城市
设计项目地段类型分类一览表

	城市中心地段	历史文化地段	道路沿线地段	交通枢纽地段	城市节点地段	城市重要山水地段
项目数量／个	64	4	30	10	8	24
项目比例／(%)	45.7	2.9	21.4	7.1	5.7	17.1

（资料来源：《2006—2014 年各县市城市设计项目统计一览表》）

（1）城市中心地段

城市中心功能区地段指的是城市承担一定功能的地区或者某个片区，例如城市新区、老城区等不同类型的地段。根据表 8-2，城市中心地段的城市设计项目共有 64 个，占总项目的 45.7%。其中片区类的城市设计项目达到 52 个，公园区域类的城市设计项目达到 7 个，中央商务区的城市设计项目达到 3 个，说明各县市对城市中心或者核心地段景观环境塑造的重视程度较高。

（2）历史文化地段

历史文化地段的城市设计项目为 4 个，占总项目的 2.9%。该类型的城市设计项目偏少，说明各县市对历史文化地段的城市设计重视程度不够。

（3）道路沿线地段

道路沿线地段的城市设计为 30 个，占总项目的 21.4%；该类型的城市设计项目数量较多，因为道路沿线建设能较快提升城市形象，在资金有限的情况下，各地较为重视道路沿线地段的城市设计。

（4）交通枢纽地段

交通枢纽地段的城市设计为 10 个，占总项目的 7.1%；该类型的城市设计项目数量不少，表明交通枢纽地段是各县市重点开展城市设计的地段，其中大部分项目为高铁站地区的城市设计，这也说明高铁站这类城市重要门户地段的城市景观是各县市较为重视的。

（5）城市节点地段

城市节点地段的城市设计为 8 个，占总项目的 5.7%；该类型的城市设计项目数量不多，可划分为广场节点、城市出入口节点和道路交叉口节点三种类型，其中广场节点的城市设计达到 3 个，城市出入口节点的城市设计达到 3 个，道路交叉口节点的城市设计达到 2 个，三种类型的城市节点类型较为平均，城市节点地段是各县市城市设计的热点地段，能够集中展示城市形象。

（6）城市重要山水地段

城市重要山水地段指的是城市重要滨水和临山区域。根据表 8-2，城市重要山水地段的城市设计一共有 24 个，占总项目的 17.1%；该类型的城市设计项目也占到了一定比重；其中针对滨水地区的城市设计达到 23 个，针对临山地区的城市设计 1 个，这表明各县市对城市重要滨水地段较为重视，通过编制城市设计来指导滨水地区建设的意识较强，而临山区域城市设计数量相对偏少。

（7）小结

通过对 140 个详细层次城市设计项目的数据分析与统计，可以看出湖北省编制的城市设计项目非常多，涉及城市中心区、道路沿线、城市节点、重要山水地区等不同地段，编制项目覆盖面广；从六个类型地段的比例和数量来看，存在着对不同地段的编制力度不一的问题，例如各县市普遍对城市中心区、道路沿线的重视程度较高，对城市重要山水地段也较为重视，但是对历史文化等地段类型重视程度不足，这表明各县市对城市中心区、道路沿线、重要山水这些能够重点展示城市形象的地段重视程度最高，这种地段类型多为城市景观重点控制区域。

8.1.3 按新城和老城类型划分

详细层面城市设计项目按照新旧类型可划分为新城和老城两种类型。除去各县市编制的总体层次城市设计和专项城市设计，共140个项目（表8-3）。

表8-3 2006—2014年湖北省各县市城市设计项目新、老城类型分类一览表

	新城	老城
项目数量／个	101	39
项目比例／（％）	72.1	27.9

根据统计，针对老城的城市设计一共有39个，占总项目的27.9%；针对新城的城市设计一共有101个，占总项目的72.1%；由此可见，新城普遍是各县市关注的重点地区，编制力度较强，项目数量最多，这表明各县市更重视城市新区的城市设计，能够更好地塑造城市新区形象；而各县市对老城城市设计重视程度较低，项目数量偏少，表明各县市受到编制经费、政策导向等因素制约，还不能全面兼顾老城的城市设计编制，这实际上与各县市的经济实力和发展阶段有关。

8.2 2006—2014年各地城市设计编制情况与特征分析

湖北省现有17个地市州，分别为：省域中心城市武汉市；省域副中心城市2个，襄阳市、宜昌市；其他地级市9个，黄冈市、孝感市、咸宁市、黄石市、荆门市、随州市、十堰市、荆州市、鄂州市；自治州1个，恩施土家族苗族自治州；省直管市3个，潜江市、仙桃市、天门市；省直管林区1个，神农架林区。

99个县市区（含市辖区），其中，市辖区38个，县级市21个，县38个，自治县2个。

从城市规模来看，仅武汉市为特大城市，没有大城市，5个中等城市分别为襄阳、宜昌、黄石、荆州、十堰，其余均为小城市（表8-4）。

表8-4 湖北省各规模等级城市统计表

规模级别	城市个数／个	城市名称
＞500万	1	武汉
100万～500万	0	—
50万～100万	5	襄阳、宜昌、黄石、荆州、十堰
20万～50万	20	黄冈、孝感、咸宁、恩施、荆门、随州、潜江、仙桃、天门、鄂州、神农架林区、老河口、枣阳、广水、孝感、汉川、赤壁、大冶、麻城、武穴
10万～20万	52	其他县市

8.2.1 省会城市武汉

省会城市武汉城市设计编制层次完整、类型丰富。

自2008年以来，武汉市分类型、分步骤地开展了一系列城市设计编制工作，颁布了《武汉市局部城市设计导则成果编制规定》，以明确局部城市设计技术要素控制要求，规范编制工作。

如表8-5所示，武汉市已经编制的整体城市设计项目有《武汉市二环线地区城市设计》，二环线地区作为武汉市都市发展区的中心区域，以总体宏观层面的都市发展区城市设计为依据，确定二环线地区总体空间结构和建立完善的城市空间系统，并指导下一层次地段城市设计和具体项目的城市设计编制、管理和实施。

武汉市局部城市设计项目可分为片区类和道路沿线两类，编制项目范围主城区覆盖率达到了52%。从

表8-5 武汉市城市设计成果概览（2006—2014）

城 市	城市设计成果名称
武汉市	武汉市二环线地区城市设计 武汉市立体空间形态规划 武汉市高层建筑布局研究 城市空间特色研究 武汉市滨江滨湖及山体规划 汉江南岸城市设计 仙山村城市设计 杨春湖城市设计 汉正街城市设计 光谷中心区城市设计

完成的编制成果看，不同类型的项目在控制要素上有很多共性要素，也存在体现项目特色的个性要素，这些个性要素主要是基于对滨水区、临山区、历史及文化风貌、功能区等在城市设计控制中的特殊性而提出的。街坊城市设计主要依据控制性详细规划细则编制，将平面指标"立体化"，将项目地块置于街坊整体环境中，从人的角度出发，重视人的行为和空间的互动关系，提出建筑体量、建筑面和开敞空间等控制性详细规划未涉及的要素，为修建性详细规划的编制提供有力的技术支撑，将城市有序空间的塑造落实到项目建设中，营造宜人的空间环境。

《武汉市立体空间形态规划》《武汉市高层建筑布局研究》《城市空间特色研究》《武汉市滨江滨湖及山体规划》等规划设计研究的开展，改变了以前武汉市城市设计仅作为局部地段和具体项目分散开展的状况，弥补了武汉市在总体层面城市设计的缺失，为进一步开展武汉市重点地区的城市设计工作奠定了良好的基础。

8.2.2 省域副中心城市

省域副中心城市襄阳和宜昌城市设计编制层次基本完整，数量众多（表8-6）。这两个城市的城市设计编制按照空间层次可划分为总体层次城市设计、详细层次城市设计、专项城市设计。

其中，以《宜昌新区概念规划及总体城市设计》为代表的总体城市设计，与中心城区或城市功能分区层次对应，重点解决空间发展的战略性问题。

襄阳市所编制的城市设计类型多样，地段丰富，以《襄阳市东津高铁站周边地区用地规划研究暨核心区城市设计》为代表的详细城市设计，与城市重点功能板块或潜在重点地区对应，重点解决局部地区的发展定位和城市形象问题，兼有咨询和设计的双重特征。

以《襄阳古城护城河周边城市设计》为代表的专项城市设计，与城市公共服务中心区或风貌核心区对应，重点解决重点地区的空间资源优化配置、交通组织与空间风貌问题，能够与控制性详细规划衔接。

表8-6 省域副中心城市城市设计成果概览（2006—2014）

序　号	城　市	城市设计成果
1	襄阳市	襄阳市东津高铁站周边地区用地规划研究暨核心区城市设计 襄阳古城护城河周边城市设计 襄阳市东津新城起步区概念性城市设计 襄樊人民广场及周边地区城市设计 襄州区中心商务区城市设计 庞公新区概念性城市设计 襄阳尹集区域发展战略规划和核心区城市设计 襄州片区规划及核心区城市设计 襄阳市樊城区西内环线周边地区城市设计与控制性详细规划 襄阳市东津新城起步区概念性城市设计 襄阳汉江—唐白河北岸城市设计 襄阳市古城护城河周边城市设计 襄阳市古城中轴线两侧城市及景观设计 襄阳高新技术产业开发区车城湖片区城市设计 江汉北岸城市设计
2	宜昌市	宜昌新区概念规划及总体城市设计 宜昌市中心城区景观体系综合规划 宜昌市城东生态新区城市设计 宜昌市沿江大道城市景观设计 宜昌市三峡游轮母港区域概念性城市设计 三峡宜昌平湖半岛旅游新区总体概念设计及核心区城市设计 宜昌市柏临河湿地公园城市设计 宜昌市火车东站及周边区域城市设计 宜昌市点军生态主城区城市设计 汉宜高速公路（三峡机场—发展大道路段）沿线景观设计 宜昌市张家湾片区城市设计

从表格分析结果可以看到，省域副中心城市的城市设计实践从宏观到微观基本形成了比较完整的编制体系，将宏观的整体风貌和结构的把握、中观的功能布局和空间优化、微观的地段都考虑到了。

8.2.3 地市州城市

地市州城市普遍缺乏整体城市设计，编制水平参差不齐。

提供城市设计相关资料的地级市包括黄冈、咸宁、荆州、十堰、荆门、随州及恩施州；省直管市包括仙桃、潜江（表8-7）。

地市州所编制的城市设计绝大部分是详细层次阶段的，其关注点基本上落在城市中心及城市重要地段（如滨水两岸、道路沿线等）。也有少量专项城市设计，如《黄冈市遗爱湖周边地区天际线管控规划》《荆州市太湖港（引江济汉—海子湖）生态景观带规划》。

以咸宁市为例，大量的城市设计项目集中在重要道路沿线及重点地块。且近年来做控制性详细规划之前基本上都先做了城市设计，因此咸宁市很多道路及路口的景观风貌较好。

十堰市仅做了一个整体城市设计项目——《湖北省十堰市城市风貌特色规划》，虽然名称为"城市风貌特色规划"，但因为覆盖面极大，设计范围约688 km²，且较为全面细致，实际上对城市整体风貌起到了较好的指导作用，因此归类为整体层次的城市设计。十堰市目前没有中观及微观层面的城市设计，2013年之后编制控制性详细规划均要求增加城市设计内容。

仙桃作为省直管的城市，编制了四个城市设计，而省直管市潜江将城市将控制性详细规划和城市设计一同编制，并明确把城市设计作为控制性详细规划成果的主要内容之一。

综上所述，可以看出地市州的城市设计编制与城市发展的实际需求高度吻合，针对性较强，城市设计项目已经成为研究、谋划、指导城市重点空间板块发展的重要手段，但各地市州对整体城市设计阶段均有所缺失，而且就目前来看，十堰、荆门、潜江等城市单独、专门编制的城市设计项目较少，多数与控制性详细规划合编，与地市州的整体经济实力和城市建设要求不符合。

8.2.4 县级市、县城

县级市、县城处于城市设计的起步探索期，城市设计层次单一，地段有限。

提供城市设计相关资料的县级市有洪湖、大冶、枣阳、钟祥、利川、孝昌、松滋、枝江、老河口、汉川、麻城、广水、英山、嘉鱼、赤壁、丹江口、安陆、宜城（表8-8）。

各县级市专门编制的城市设计项目在数量上差别较大，利川、赤壁等县级市编制的项目较多。麻城、枣阳、钟祥等县级市将控制性详细规划和城市设计一同编制。嘉鱼单独编制了一个城市设计项目，还有一个含城市设计内容的概念性规划，但因为嘉鱼的城市管理、测绘、园林、规划等单位均隶属一个部门，且嘉鱼城区的控制性详细规划覆盖面已经达到70%，便于管理和实施。

洪湖近年来开展了5个详细规划项目，基本上把详细规划等同于城市设计。

县级市和县城虽然做了城市设计和控制性详细规划，但是项目层次较为单一，规模较小，缺乏整体阶段的城市设计，均以详细阶段的城市设计为主。而且县级市及县城对城市设计的关注点集中在最能迅速提升和改善城市形象的区段，如道路沿线、滨水地区或新区。

8.2.5 小结

近五年来，湖北省不同市县或多或少都编制了城市设计项目，也取得了一定的成绩。但是城市设计工作开展极其不全面，具有影响力、示范性和创新性项目较少。

级别越低的城市编制的城市设计项目，局限性越

表 8-7　地市州城市城市设计成果概览（2006—2014）

序　号	城　市	城市设计成果
1	黄冈市	黄冈市新城市中心城市设计 三台河两岸及白潭湖西岸景观详细规划 遗爱湖生态修复工程及十二景点规划设计 黄冈市遗爱湖周边地区天际线管控规划 黄冈市生态基础设施暨老城改造与提升规划
2	咸宁市	金桂路沿线城市设计 站中大道两侧城市设计 咸宁市主城区路口节点城市设计 咸宁大道西段（淦河大道—兴龙桥） 南侧地块城市设计 一号桥至南外环区域城市设计 银桂路城市设计 工业大道沿线城市设计 咸安区商贸物流区域城市设计 咸宁市主城区东西南北入口区域用地空间策划 咸安区车站路城市设计 咸安区嫦娥广场区域城市设计 武咸城际铁路南站城市综合体城市设计 城际铁路东站及周边地区城市设计 武广高速铁路咸宁客运周边地块城市设计 白茶巷地块拆迁改造城市策划及城市设计 花坛周边地块城市策划及城市设计 咸宁市龟山周边城区城市设计 巨宁大道城市设计 银泉大道（咸宁大道—永安大道）城市设计 咸宁大道东延伸段（贺胜路—东外环路） 周边地块城市设计 金桂大道（长安大道—银桂路）、 （银桂路—银泉大道）城市设计 双龙山周边地块城市设计 咸潘公路城市入口区域城市设计 杨下片区城市设计 咸安区河堤东路周边地块城市设计 咸宁经济开发区三期产城一体化区域城市设计 武广高铁咸宁北站站前广场城市设计
3	荆州市	荆州市园林路城市中心 景观轴城市设计 荆州市城市中心景观轴风貌规划 荆州市章华台片区城市设计 荆州市塔桥路与江津路交叉口城市设计 荆州市太湖港（引江济汉—海子湖）生态景观带规划
4	十堰市	湖北省十堰市城市风貌特色规划
5	荆门市	荆门·漳河新区北片（西片）城市设计及控制性详细规划 荆门市杨家桥片区控制性详细规划及城市设计 中央商务区控制性详细规划及城市设计 兴隆大道沿线南段控制性详细规划及城市设计
6	随州市	随州城南片区城市设计
7	恩施州	恩施市金桂大道沿线区域城市设计 恩施市七里坪高速出入口周边概念设计 恩施州城建色彩专题研究暨建筑色彩规划 恩施市青树林新区城市设计
8	仙桃市	仙桃市黄金大道汉江路至何李路段沿街城市设计 汉宜铁路仙桃西站核心区城市设计 仙桃市南城新区核心区城市设计 四化同步试点镇彭场镇芦林湖城市设计
9	潜江市	华中家具产业园控制性详细规划 贡多拉奥特莱斯生态购物小镇湖北 128 旅游文化产业城概念性详细规划设计 潜江红梅路地区控制性详细规划及重要节点城市设计 潜江新城中心城区控制性详细规划

表 8-8 县级市城市设计成果概览（2006—2014）

序号	城市	城市设计成果
1	洪湖市	无单独的城市设计成果
2	大冶市	环大冶湖城市设计
3	枣阳市	枣阳市东城区控制性详细规划及城市设计
4	钟祥市	南湖片区重点地段控制性详细规划及城市设计
5	利川市	教育新区片区及重点区域城市设计 利川市滕尤大道沿线城市设计和旅游路整治规划 利川市江源街沿线城市设计 利川市清江半岛区域城市设计 利川市巴王酒业地块城市设计 利川市教育城概念性规划设计 利川市龙船天街城市设计 利川市旅游港城市设计 利川市吉美家建材城城市设计 利川市龙船调主题公园城市设计
6	孝昌县	孟宗公园片区城市设计 官塘湖公园片区城市设计 博士湾森林公园片区城市设计
7	松滋市	松滋市仁和路沿线景观规划 松滋市白云新城城市设计
8	枝江市	枝江市城西新区核心区城市设计 枝江市民主大道中心商务区城市设计 枝江市滨江地区城市设计
9	老河口市	湖北省老河口市鄂阳新区城市设计
10	汉川市	汉川市城北新区城市设计 汉川市两河一江景观体系及涵闸河景观规划
11	麻城	麻城市孝感乡街初步设计 金童大道沿线城市设计及控规
12	广水市	广水马都司生态新城城市设计
13	英山县	英山县工业新城城市设计 "一坝两岸"城市设计 英山县"温泉北街"城市设计
14	嘉鱼县	迎宾大道城市设计 蜀河湿地生态走廊概念性控规
15	赤壁市	赤壁北站地区城市设计 金鸡山片区旧城改造城市设计 陆水河一河两岸地区城市设计 银轮大道东侧地块城市设计 产城一体光谷产业园道路沿线城市设计 蒲圻古城城市设计
16	丹江口市	丹江口市"一江两岸"滨江景观带规划设计 丹江口市右岸新城中心区城市风貌规划 环库路城区十二公里及凉水河段的景观改造规划设计 丹江口人民广场景观方案设计
17	安陆市	河西新区城市设计 南部新城城市设计
18	宜城市	鲤鱼湖周边地区城市设计 滨江新区城市设计

大。要以道路沿线及重点区域的局部城市设计为主，对总体空间形态、特色风貌等整体城市设计开展不够。相当数量的城市把控制性详细规划等同于城市设计。因为缺乏规范性的编制导则，各城市的城市设计成果形式五花八门，难得精品。

宏观的整体性城市设计和微观的节点性城市设计较少，而中观尺度的片区和地段层次的城市设计占主要地位。整体性和节点性的城市设计项目不足，意味着一方面对城市整体把握不够，另一方面对重点空间的精细化设计还有待加强。中观尺度的片区和地段层次的城市设计数量虽然较多，但不足以改变和影响整体城市的整体风貌。每个城市城市设计规划层次理想的分布应该为金字塔形，先有总体层次的城市设计，之后再进行各种详细层次的城市设计，最后再根据城市的实际情况补充丰富的专项城市设计和其他城市设计，完善编制体系。

8.3 湖北省城市设计成果的形式、内容与深度特点（截至2014年）

8.3.1 城市设计成果的形式

在《城市设计管理办法》出台之前，由于缺乏国家层面的城市设计方面的相应技术规范，湖北省对城市设计的成果形式并无统一规定，目前仅江苏省、福建省出台了省域层面的城市设计导则。以各地方城乡规划局提供的30份成果为研究基础，湖北省现有城市设计成果大致上可以归为说明书、图纸和图则。

①城市设计方案部分一般采取说明书和图纸的形式表达，图文并茂，对背景和现状、城市设计方案以及管理实施程序等内容加以阐释说明。

②城市设计图则是对城市形态环境组成要素和体系的具体构想和描述，为城市设计的实施建立了技术性控制框架和模式，但湖北省现有大部分详细阶段的城市设计和专项城市设计成果缺乏图则内容。我们对搜集的成果进行抽样统计，15项成果中有8项包含图

则内容，对城市设计与法定规划的融合进行了探索和尝试，但是到具体落实和管控还有一定的距离（表8-9）。

在缺乏技术约束的情况下，湖北省城市设计编制水平参差不齐，成果形式五花八门，因此急需统一规范，以形成正式、规范的成果。

表8-9 城市设计图则成果统计（2006—2014）

		成 果 统 计
有图则的成果	1	荆门市杨家桥片区控制性详细规划及城市设计
	2	荆州市园林路城市中心景观轴城市设计
	3	孝感南城区修建性城市设计
	4	襄阳东津新城起步区概念性城市设计
	5	松滋市仁和路沿线街景设计
	6	湖北省老河口鄡阳新区城市设计
	7	解放大道：宝丰路—长江二桥段二环线内重点地段城市设计
	8	黄冈市新城市中心城市设计
缺乏图则的成果	1	广水马都司生态新城城市设计
	2	随州城南片区城市设计
	3	恩施青树林新区城市设计
	4	襄阳市东津高铁站周边地区用地规划研究暨核心区城市设计
	5	湖北省枣阳市东城区控制性详细规划及城市设计
	6	宜城市火车东站及周边区域城市设计
	7	汉江北岸东段城市设计

8.3.2 各层次与类型城市设计的内容与深度特点

（1）总体层次城市设计

据《2006—2014年湖北省各县市城市设计项目规划类型分类一览表》统计，省内编制的总体阶段的城市设计共计3项，而本次调研搜集的成果仅有《宜昌新区概念规划及总体城市设计》1项，相关编制工作开展较少（表8-10）。

表8-10 总体层次城市设计成果内容

项 目	主 要 内 容
《宜昌新区概念规划及总体城市设计》	空间发展规划（总体规划结构、规划用地布局、综合交通规划、绿化与景观体系、旅游专题策划、重点设施布局、新区空间整体设计） 重点片区城市设计（地区空间特色、轴线控制、山水景观视廊、开敞面及城市地标等重点要素控制）

　　《宜昌新区概念规划及总体城市设计》内容较为充实，深度较为到位，提出地区空间特色、轴线控制等重点要素的控制要求，较好地解决了城市风貌控制问题，对下一阶段详细层面的城市设计具有重要指导意义。但该总体城市设计也存在一定的内容缺失，如总体城市设计目标、特色风貌划分区、自然生态要素系统的保护、建筑高度分区与强度分区、开敞空间系统、城市天际线控制等方面的分析和结论，一定程度上影响了方案的实施效果。

　　（2）详细层次城市设计

　　通过选取城市新区、枢纽地段、道路沿线地段以及与控制性详细规划结合的城市设计4种类型的8个项目进行分析比较（表8-11）。在要素控制方面，大部分城市设计成果选取了地块空间类（包括开发强

表8-11　详细层次城市设计成果内容

类型	项目	主要内容
城市新区	《孝感南城新区修建性城市设计》	总体设计（功能结构、土地利用、总平面、开发时序与开发策略） 开发控制指引（土地使用控制、建筑高度控制、开发强度控制、绿地率、建筑密度控制、界面处理、建筑退缩线控制、水系控制、居住建筑布置策略） 交通组织与道路空间设计（道路系统、公交系统、步行系统、停车系统、地块出入口、地下空间综合利用） 景观风貌引导（街道景观、公共开放空间、水系景观、景观绿化、照明、街道铺装、城市家具与艺术小品、街道公用设施、广告设置） 建筑群体控制引导（体量、立面、材料、色彩） 市政设施（给排水管网布局、电力电信管网布局、燃气热力管网布局）
	《湖北省老河口市鄸阳新区城市设计》	规划策略（景观风貌区划、开敞空间、城市竖向形态、建筑风貌、户外设施、夜景照明、景观交通系统、历史文化保护与展示系统） 风貌控制规划 城市色彩控制规划 建筑群体控制引导（体量高度、风格、材质、色彩、屋顶、特色要素） 重要街道控制引导（特色定位、界面控制、建筑高度、景观环境设计） 夜景照明系统规划
枢纽地段	《襄阳市东津高铁站周边地区用地规划研究暨核心区城市设计》	片区城市设计（现状分析、GIS分析、规划策略、空间结构、总体城市设计、用地布局、道路系统规划、绿地系统规划、生态技术应用） 核心区城市设计（空间结构、用地布局、核心区城市设计、开发强度、开敞空间设计、城市特色界面设计、建筑形式／风格／色彩、城市家具与街道设施、地下空间规划、用地经济型测算、开发建议） 交通规划与站区设计（枢纽站定位研究、交通规模预测、站区发展策略、站区交通设施布局、站区交通组织、停车系统设计）
	《宜昌火车站东站及周边区域城市设计》	总体规划（功能空间规划、道路交通系统规划、景观系统规划） 重点地区设计 专项规划研究（城市公共界面规划、绿色开敞空间体系规划、快速公交系统研究） 城市设计导则 建筑群体控制导则（体量、材料、色彩、场地做法、风格） 天际线控制导则 城市色彩控制导则 户外大牌广告控制导则 城市公共艺术规划指引
道路沿线地段	《解放大道：宝丰路—长江二桥段二环线内重点地段城市设计》	设计分析指引（天际轮廓线、标志景点与视线通廊、公共开敞空间、公共行人空间、建筑形态与体量） 节点设计
	《松滋市仁和路沿线街景规划》	项目定位 规划方案（用地总平面、总平面设计、总体布局和结构、景观结构、绿地生态结构、道路交通、步行系统、静态交通、空间结构、公共服务设施、整体空间形态分析、建筑高度控制、整体天际线引导、街道界面设计、建筑形式与风格、建筑色彩与材质） 分区详细规划（城市设计指引、魅力生态居住区详细设计、综合功能区详细设计、时尚生活居住区详细设计） 专题研究（公共系统规划、色彩分区规划、绿化与植物选择、街道家具与设施规划） 城市设计导则（地块编号、地块编码、地块控制指标、设计导则） 规划实施
与控规结合的城市设计	《荆门市杨家桥片区控制性详细规划及城市设计》	城市设计构思 城市设计意向（景观面、景观轴线、景观节点） 建筑群体控制引导（建筑风格指引、建筑色彩指引、建筑高度指引）
	《湖北省枣阳市东城区控制性详细规划及城市设计》	开发强度控制 建设高度控制 空间六要素（节点、标志、视线通廊、界面、开放空间、风貌分区）

度、建筑高度、界面处理、建筑退界、地下空间等）、开放空间和公共活动空间组织类（包括绿色开敞空间等）、建筑群体控制引导类（包括高度、体量、材质、色彩等）、交通组织与道路空间设计类（包括道路系统、公交系统、停车系统、地块出入口）、公共环境艺术设计类（包括景观绿化、夜景照明、街道铺装、城市家具、街道公用设施、广告标牌等）的相关要素；大部分成果缺乏景观风貌引导控制（包括轴线、节点、视线通廊、地标等）的相关要素。结合上述要素在管控过程中发挥效用的状况，可为《湖北省城市设计技术要素库（试行）》的编制提供一定的思路和参考。

整体而言，现有详细层次城市设计的内容混乱，深度不一，未形成相对规范和统一的模式。

（3）专项城市设计

本次调研搜集的专项城市设计成果较少（表8-12），我们将同样作为风貌专项城市设计的《湖北省十堰市城市风貌特色规划》和《襄阳市城市景观风貌总体规划》进行对比。前者主要对重要山体、重要地段、重要道路、重要水系、重要节点进行设计引导，并提出色彩系统、城市雕塑系统规划、广告与招牌系统规划、夜景灯光系统导则；后者主要对城市景观风貌区划、开敞空间、城市竖向形态、建筑风貌、户外设施、夜景照明、景观交通系统、历史文化保护与展示系统提出控制引导。二者控制引导的内容相差较远，未能形成统一的范式。

8.3.3 小结

综上分析，2015年之前，湖北省城市设计缺乏相关的编制技术标准，现有城市设计成果形式不统一，内容和深度良莠不齐，更多的是以自由发挥为主。湖北省亟待出台相应管理办法或技术指引，以形成规范性成果，保证成果形式统一、内容完整、深度到位，促进城市设计工作的顺利开展。

表8-12 专项城市设计成果内容

项　　目	主　要　内　容
《湖北省十堰市城市风貌特色规划》	重点布局指引（重要山体设计引导、重要地段设计引导、重要道路设计引导、重要水系设计引导、重要节点设计引导） 近期建设指导 系统导则（色彩系统导则、城市雕塑系统规划、广告与招牌系统规划、夜景灯光系统导则）
《襄阳市城市景观风貌总体规划》	总体控制（城市形象定位、城市景观风貌建设的重点） 系统控制（城市景观风貌区划、开敞空间、城市竖向形态、建筑风貌、户外设施、夜景照明、景观交通系统、历史文化保护与展示系统）

9 湖北省城市设计实施与管理

9.1 湖北省城市设计编制审批现状

9.1.1 组织编制主体统计分析

城市设计是地方政府为了更好地打造城市形象和环境而组织编制的,具有很强的公共属性。根据各地规划局上报的《已开展城市设计基本情况统计表》统计分析得出:城市设计的组织编制主体以地方政府主管部门为主,经费主要来源于财政拨款和政府专项资金;部分县市的局部区域存在由开发业主组织编制的情况。据统计,截至2015年底,以地方政府主管部门为主体组织编制的城市设计占90%以上。

9.1.2 编制单位情况统计分析

在2015年之前,因为缺乏管理办法的统一规定,对城市设计编制单位的资质等级尚无硬性要求,城市设计的编制单位较多。城市设计的编制单位是以城市规划设计院为主,但也存在以园林、景观、建筑为主导方向的设计院。

在经济较发达地区,城市设计的编制单位多有国内外知名城市规划设计院参与;在经济欠发达地区,政府指令性项目较多由地方规划院承担编制任务。

2017年出台的《湖北省城市设计管理办法(试行)》中明确规定:城市、县人民政府城乡规划主管部门组织编制城市设计,应按照公平、公正、公开的原则,择优确定具有相应资质等级的单位承担编制工作。总体城市设计的编制单位应具备与该地总体规划相同的城乡规划编制资质。重点地区区段城市设计的编制单位应具备乙级以上(含乙级)城乡规划编制资质。

9.1.3 审批情况统计分析

根据实地调研和各地上报审批情况统计,截至2015年,已审批的城市设计的占编制完成项目的47%。由于尚无法律条文相应规定,审批主体和审批流程也没有完整的体系,审查的主体主要为地方人民政府、规划委员会、规划局等。

9.2 湖北省城市设计与城市规划管理的关系

9.2.1 城市设计制度建立情况

根据调研收集的材料和各地方规划管理部门上报的关于城市设计制度建立情况的文件统计,仅有少量城市建立了相应的城市设计制度。

武汉市2008年试行的《武汉市城市设计编制技术规程》提出“城市设计是城市规划法定体系的深化和补充,是城市规划管理的重要依据”,认为城市设计与规划管理的衔接其关键在于加强局部城市设计控制要素与控制性详细规划要素与指标的对接,在相互结合、互为补充的基础上,将城市设计控制纳入地块规划设计条件(设计要点)之中。此外,对于重点地段建设项目的方案审批,应审查其是否符合该地段已编制城市设计的控制要求。

有些城市通过相关技术规定对城市设计提出了控制要求。如丹江口市发布了《关于进一步加强丹江口市城区建设工程规划管理工作的通知》;宜城市制定了《宜城市建筑规划设计导则》;十堰市制定了《十堰市规划管理技术规定》,根据专项规划编制了《十堰市风貌特色规划实施意见》。

2017年3月出台的《湖北省城市设计管理办法(试行)》和随后编制的《湖北省城市设计技术指引(试行)》《湖北省城市设计重点地区管控工作指引(试行)》,对全省城市设计的组织方式、审查方式、规划内容及深度、设计成果等作出明确的规定。

9.2.2 城市设计管控情况分析

通过对各地方规划管理部门上报材料及《城市设计编制与实施情况问卷调查表》的统计分析,各层面的城市设计实施管控情况都不太理想。大多数城市规划管理部门认为城市设计作为非法定规划,在设计流程、内容、深度和成果以及实施管理方面缺乏规范性,即便纳入了规划设计条件，也属于引导性内容，导致城市设计在城市建设、管理工作中的指导作用有限。其中，利川市城乡规划管理局反馈的意见具有一定的代表性，他们认为规划设计条件的核定、规划的实施都必须依据控制性详细规划，然而城市设计无论是在整体的或者局部的阶段都不具备法定性，在以法制为核心的管理体制中更不能独立运作。

2017年《湖北省城市设计管理办法（试行）》中提出"法定规划中的城市设计包括总体规划阶段城市设计与控制性详细规划阶段城市设计，是在城市总体规划、镇总体规划和控制性详细规划编制的过程中，将城市设计有关内容形成专门章节，作为相应规划成果的组成部分"，对城市设计与各阶段法规的融合提出了对接要求。在此之前，湖北省大部分城市在城市设计与控制性详细规划的编制过程中，很少进行相互对接，多数为两套体系，这也是城市设计不能落地的原因之一。但也有与控制性详细规划编制结合较好的案例，一般通过以下三种方式实现。

（1）城市设计与控制性详细规划同步编制

在城市规划的各个层面增加城市设计内容，并将城市设计的要求在成果中体现出来。如《荆门市杨家桥片区控制性详细规划及城市设计》在组织编制的阶段就将控制性详细规划和城市设计组合成一个项目，这样更有利于城市设计与控制性详细规划的衔接，在操作层面上便于控制性详细规划的各项指标和城市设计的空间思路在实施过程中的落实。

（2）城市设计控制要求纳入控制性详细规划

将城市设计的有关要求在控制性详细规划的规划控制指标中反映出来，借助城市规划的法定性实现城市设计对城市空间环境的控制。如《黄冈新城市中心城市设计》在编制设计的成果中进行了与控制性详细规划的衔接，并提出相应的引导意见。该城市设计在传统的城市设计的成果的基础上加入了专门的控制与实施的章节，对容积率、高度控制、建筑密度等指标都进行了控制，在街道界面设置、建筑首层平面控制、地下空间分布、建筑设计引导和夜间照明等方面都作出了说明，能够很好地指导控制性详细规划编制或者作为对控制性详细规划的有力补充。

（3）城市设计控制要求纳入用地规划条件

将城市设计内容加入用地规划条件中，更加直接地指导城市土地的开发利用。如十堰市将对历史文化名城保护要求、建筑风格、建筑色彩等控制要素加入建设项目规划（土地使用）条件中。

9.2.3　城市规划管理中城市设计要素的运用

根据对《城市设计要素调查表》的统计分析，不同区域、特色的城市对城市设计的控制要素有着不同需求。

大部分规划管理部门认为在宏观层面的城市设计中，地区空间特色、城市天际线、视线廊道、滨水景观视廊及开敞面、可达性、建筑形态与风格等要素必须进行控制引导；中观层面的建筑色彩、夜景照明、广告标牌、交通设施等是必须控制的要素。其中，武汉市规划管理部门认为建筑高度及天际线、建筑色彩和材质、建筑退线、建筑开敞度、建筑贴线、建筑风格、视线通廊、景观设计和公共开敞空间是相对容易进行控制引导的。

10　湖北省全面推进城市设计试点示范工作

2017 年 7 月，经专家评审，国家住房和城乡建设部决定将上海市等 37 个城市列为第二批城市设计试点城市，湖北省的武汉市、襄阳市、荆州市和远安县四个城市位列其中。

10.1　武汉市城市设计试点示范工作

10.1.1　武汉市城市设计工作基本情况

（1）武汉市城市设计工作发展历程（图 10-1）

第一阶段：从新中国建立后到 20 世纪 90 年代的历届武汉市总体城市规划中，不同程度地体现出对空间轴线、山水资源特色、开放空间系统等城市设计思想的关注。

第二阶段：2008 年以后，建立"总体—局部—专项"三级城市设计编制体系，启动了不同层面的城市设计编制工作，逐步在全社会达成了城市设计管控必要性和重要性的共识，城市设计技术标准开始建立，城市设计三维平台启动搭建。

第三阶段：2012 年以后，以二七商务区为代表的实施性城市设计，在编制方法和实施机制上探索两规合一、规划统筹、成片开发、多规集成。

（2）以城市设计为指导，开展"双修"工作

环境治理示范工程于 2012 年申报成功，一、二期共治理江夏区、蔡甸区十余个矿区的破损山体面积达 17 km²，起到良好的示范和推动作用。经生态修复改建的武汉园博园，获得 2015 低碳中国行低碳案例奖、C40 第三届卓越城市领袖奖之"最佳固体废物治理奖"。东湖生态旅游风景区总面积为 62 km²，其中

图 10-1　武汉市近年城市设计工作案例

水域面积 33 km²，是中国最大的城中湖、国家 5A 级旅游景区。2014 年，以东湖湖底隧道建设为契机，全面启动东湖绿道实施建设及景观整治工程。东湖绿道一期项目作为武汉东湖生态旅游风景区生态保护和系统修复核心工程，也正式获准为联合国人居署"改善中国城市公共空间示范项目"，向全球推广。2016 年底，一期四道 28.7 km 完成改造，机动车道还路于民（图 10-2）。

城市修补方面，通过实施"三旧"改造，打造了王家墩、武汉天地、楚河汉街等一批城市新坐标，提升了城市功能，初步塑造出现代都市风貌（图 10-3）。王家墩商务区规划、核心区地下空间及地铁站点综合规划分获 2005 年、2013 年全国优秀规划设计奖。武汉中央商务区选址于汉口原王家墩机场，规划面积 7.4 km²，总建筑规模 1400 万平方米，规划人口 20 万，就业岗位 30 万个，总投资约 1500 亿元，布局中心商务区、全生活城服务区、综合商业区、生活居住区四大功能区，形成华中现代服务业中心。自 2008 年规划获批，经近十年建设实施，目前，商务区核心区的山 - 湖公共空间轴线初具雏形，核心区轨道站点、地下环路已建设完成，并与各规划地块预留了接口，武汉中心、城市广场等建筑大体上落实了城市设计对各地块的功能定位和规划构想。综合管沟干线建设正在全力推进。

依托城市历史遗迹的保护与利用规划，实施了中山大道、龟北创意园、界立方、403 国际艺术中心等一批历史廊道和生态斑块的更新工程，激发旧城产业活力，彰显城市文化特色。中山大道获 2016 年 ISOCARP 颁发的"规划卓越奖"。中山大道原址为汉

图 10-2　武汉市园博园和东湖绿道

图 10-3　武汉市"三旧"改造实施效果

口堡城墙，是汉口重要的东西向脉络。2014年，以地铁6号线中山大道段全封闭施工为契机，对中山大道进行街道公共空间的设计与改造，规划范围为一元路至武胜路，全长4.7 km。目前，已完成中山大道一期一元路至前进一路2.8 km的改造，包括道路断面改造、历史建筑修复、绿化及环境设施升级等，街道空间获得重塑，变车行优先为步行友好，变交通干道为生活街道，提升了水塔、美术馆、三德里等节点公共空间品质，带动社区氛围和活力。

（3）城市设计技术标准与法规的出台

2009年武汉市出台试行了《武汉市城市设计导则成果编制规定》，从技术上指导和规范城市设计成果的编制。2015年，武汉市进一步开展城市设计核心管控要素体系研究，建立起了公共空间、景观环境、建

筑等6类、近80项城市设计控制性和引导性管控要素体系，基本实现城市设计从"编制要素"向"管理要点"的无缝衔接。近年来，武汉市相继出台了《武汉市主城重点地区建筑高度导则》《武汉市主城区建筑色彩和材质管理规定》等管理文件，实现了专项城市设计成果的及时转化。

（4）城市设计三维平台的开发和应用

2008年武汉市启动城市设计的三维数字技术应用工作。目前，已初步探索完成中心城区三维数字地图建设，以及城市设计三维平台软件功能开发（包括地上地下的数据统筹、规划指标与图件查询、规划交互分析、特效模拟四大功能模块），并制定《重点功能区三维模型制作技术规范》，为进一步提升规划管理水平提供了技术保障（图10-4）。

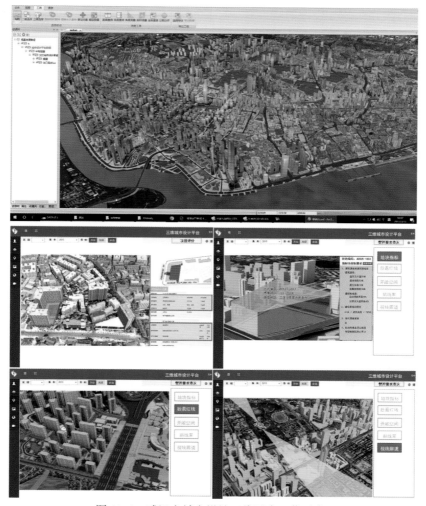

图10-4 武汉市城市设计三维平台工作示意

10.1.2 武汉市城市设计、生态修复和城市修补工作五年工作计划

武汉市城市设计、生态修复和城市修补工作五年工作计划如表10-1所示。

表10-1 武汉市城市设计和"双修"工作五年计划

类型	序号	项目名称	完成时间
空间体系	1	武汉市总体城市设计战略	2017年
	2	武汉市分区城市设计	2018年
	3	武汉市重点地区城市设计	2020年，每年2～3片
	4	武汉市建筑高度管控研究	2017年
	5	武汉市公共空间系统规划设计	2018年
	6	武汉市控制性详细规划导则升级	2020年
法规技术体系	1	武汉市城市设计管理办法实施细则	2016年
	2	武汉市重点地区城市设计编制技术要求	2016年
	3	武汉市控制性详细规划升级版编制技术要求	2017年
	4	武汉市城市设计要点制度研究	2017年
	5	武汉市城市设计审议制度研究	2018年
信息化体系	1	武汉市城市设计"一张图"（控制性详细规划"一张图"升级版）	2020年，每年更新
	2	武汉市三维数字平台框架升级	2020年，每年更新
城市"双修"重点工程	1	矿山地质环境治理示范	2018年
	2	东湖绿道二期三期建设	2018年
	3	中山大道二期景观整治	2018年
	4	长江主轴综合整治提升	2019年
	5	长江新城建设	2019年
	6	中法生态示范城建设	2019年
	7	各区郊野公园设计建设	2020年
	8	各区重点滨湖临河水岸空间修复	2020年
	9	各区创新小镇特色小镇建设	2020年

10.2 襄阳市城市设计试点示范工作

10.2.1 襄阳市城市设计工作基本情况

2014年以来，襄阳市完成各类城市设计项目9项，正在编制的城市设计项目有3项，中心城区城市设计的覆盖面积约123.7 km²（不含各条道路沿线的景观规划及城市设计），达到城市总体规划确定的城市建设用地的65.4%。在组织方式、规划内容、规划实施、队伍建设等方面做了一些有益的尝试。

2015年底，襄阳市制定出台了《关于实施点题作业、差异化管理全面推进2016年城市建设工作的意见》，加强组织领导，明确任务目标，要求结合"山边、水边、城市重要节点"开展城市设计工作。2016年，襄阳市起草了《关于全面开展襄阳市城市设计工作的指导意见》，积极探索城市设计管理制度、工作机制和城市设计管理办法、技术规定。为加强城市设计与城市规划的融合，将总体城市设计纳入城市总体规划，将重要片区的城市设计纳入相应的控制性详细规划，并作为其重要章节或图则，确保城市设计内容与其他规划内容衔接一致，增强规划的可实施性。

2015年编制的《襄阳市中心城区FC0201片区控制性详细规划及城市设计》，作为城市设计试点，在完成常规城市设计内容的前提下，以问题为导向，在加强与控制性详细规划的衔接、加强分图则的控制指引等方面进行了探索，并将海绵城市的理念融入城市设计之中（图10-5）。依据城市总体规划和城市景观风貌总体规划，先编制城市设计，然后依据城市设计再编制控制性详细规划，科学确定控制性详细规划的各项控制指标。对城市重要节点和景观沿线，按照先进行城市设计，再编制控制性详细规划，后审批项目的方法进行项目审批。

襄阳市开展了数字城市模型的建立工作，已完成城市主要干道沿线和重点区域53.98 km²的三维建模。随着该项工作的深入开展，将为城市设计和项目三维审批提供更好的平台。在积极推进城市设计工作的同时，让文化内涵融入规划设计之中，以精品意识打造精品项目，用精品项目建设品质城市。

2014年，襄阳市编制了《襄樊大道景观综合整治规划》。坚持以文化意识指导规划设计，通过挖掘襄

图 10-5　襄阳市海绵城市实施导则

樊大道沿线历史文化内涵，以雕塑、绿化、广场、建筑等形式作为载体，体现对城市历史文脉的传承、延续和创新，同时对襄樊大道沿线的城市体形和空间环境进行整体构思和安排。规划方案在全线特色分段、彰显文化亮点，改建景观短板、营造文化气息，显露历史建筑、复活文化符号三个方面做了大量的工作。

2016 年制定出台了《襄阳市海绵城市规划设计导则（试行）》。在近年来的城市设计中均融入了海绵城市的设计理念。在城市建设中坚持以人为中心的思想，贯彻"生态优先、绿色发展"的理念，以棚户区改造、拆除违法建筑、新区建设、城市整理为抓手，推进城市功能修补、城市生态修复，提高城市规划建设管理的精细化水平，促进城市转型发展，提高城市的人居环境质量。

10.2.2　襄阳市城市设计和生态修复城市修补初步工作计划

（1）近期城市设计初步工作计划

①正式下发《关于全面开展襄阳市城市设计工作的指导意见》文件。

②继续做好城市中"三边"（即山边、水边和古城边）的城市设计。

③继续推进城市重点地段和城市节点的城市设计。

④加大将城市设计和控制性详细规划相结合的研究力度。

⑤改革建设用地规划管理模式，将城市重点地段的土地带城市设计方案进行招拍挂，加强城市重点地段的景观控制。

⑥加强对城市整体和片区层面的城市设计研究工作，力求从城市的宏观、中观和微观三个层次做好城市设计工作，把握、控制好城市的整体风貌，突出城市的地方特色。

（2）生态修复城市修补初步工作计划

①以城市棚户区改造为载体，修补城市功能。2017 年市区棚户区改造项目有 16 个，年度计划投资 236.15 亿元。

②以城市内水系的滩涂、山体为重点，以拆除违规建筑、搬迁企业和居民为手段，建设广场公园，消

除黑臭水体，显山露水，修复生态。

③以景观道路为重点，开展城市整理工程。城市整理的主要内容包括：对道路沿线进行拆墙透绿、厚植树木、拆除违章建筑，统一广告标识，完善市政配套设施，对重要节点的建筑进行美化和亮化。

④以新区建设为重点，坚持生态优先、海绵城市的理念，实行绿地与新区同步规划、同步建设，公园、绿地成片、成线、成网，小区绿化与公共绿化统筹考虑，大力发展绿色产业，把东津新区、庞公新区建设成为绿色发展的示范区。

10.3 荆州市城市设计试点示范工作

10.3.1 荆州市城市设计工作基本情况

荆州市在编制城市新区、城市重点区域控制性详细规划之前，组织编制城市设计，将城市设计转化为

控制性详细规划的成果内容，并将城市设计导则纳入规划设计条件，保证了城市设计理念与控制性详细规划的有效融合，保护了城市景观资源，彰显了城市特色，改善了城市风貌（图10-6）。在城市设计的有效指导下顺利实施了汉宜高速铁路荆州站、荆州中学、沙市中学、荆州中心医院、市体育中心、市新图书馆等一批城市重大项目，这些项目的实施提升了城市品质，凸显了城市特色。《荆北新区控制性详细规划》《荆州市园林路城市中心景观轴城市设计》等项目获得了湖北省优秀城市规划二等奖，关于城市生态修复方面的《荆州市明月公园》获得省优三等奖。

10.3.2 荆州市城市设计和生态修复城市修补初步工作计划

（1）城市设计初步工作计划

①2017年启动总体城市设计，完善城市设计框架，

图10-6　荆州市近年部分城市设计案例

为新一轮总体规划修编奠定工作基础；完成城市设计技术标准的审批工作，为全面开展城市设计编制和管理做好技术支撑；上半年推动市区内 2016 年棚改项目城市设计、荆北片区、高速公路出入口片区城市设计的审批，9 月底完成 2017 年棚改项目的城市设计工作，围绕"环古城、滨长江、傍运河、临长湖"的城市特色，全面开展门户地区、滨水地区、主干路沿线、风景名胜区、历史文化街区等地段的城市设计，完成荆北片区、纪南文旅区核心区、荆江风情带、环古城片区等区域的城市设计工作。着力推进市"三规合一"，建立市规划局"一张图"系统，全面整合市规划局、市规划设计院的编制审批"一张图"系统，为建立城市设计管理辅助决策系统奠定坚实的基础。

② 2018 年完善重点地区城市设计的编制，在 2017 年工作基础上，以《荆州市总体城市设计》为指导，按照《荆州市城市设计技术标准》要求，补充完善重点地区城市设计，完成新机场片区、新火车站站前区、历史风貌地区、重要街道、遗址区周边等区域的城市设计。探索建立城市设计管理、评估、决策机制，在荆州市"三规合一"和市规划局规划管理"一张图"基础上，建立城市设计管理辅助决策系统。同时，加强城市设计管理的效力，实现城市外部空间管理的精细化、标准化和法定化，探索建立《荆州市城市设计编制与管理技术要素库》。梳理已批准实施的城市设计，以《城市设计管理办法》《城市设计技术管理基本规定》以及国家、省市的相关政策为基础，探索建立城市设计跟踪评估机制，强化城市设计的管理，保证城市设计的实施质量。

③ 2019 年和 2020 年在已有城市设计编制、管理和实施的基础上，全面总结经验和不足，对《荆州市城市设计技术标准》《荆州市城市设计编制与管理技术要素库》进行反馈，建立完善的、具有荆州特色的城市设计管理制度和工作机制，树立水网密布和历史文化资源丰富地区，开展城市设计的城市典型。

（2）生态修复城市修补初步工作计划

① 2017 年全面启动城市建设和生态环境综合评估。通过对中心城区及周边区域水系、湿地、绿地等自然资源和生态空间开展摸底调查，找出生态问题突出、亟需修复的区域。开展城市建设调查评估和规划实施评估，梳理城市基础设施、公共服务、历史文化保护以及城市风貌方面存在的问题和不足，明确城市修补的重点。根据评估情况，结合荆州市创建"国家生态园林城市"的目标要求，统筹制定"城市双修"四年实施计划，明确工作任务和目标，将城市双修工作细化成具体的工程项目。主要内容包括水环境的全面治理、废弃地的修复利用、绿地系统的完善、公共空间的建设管控、绿色交通及基础设施建设、城市特色风貌的塑造、城市棚户区及老旧小区的改造、历史文化的保护与利用等。目前，荆州市已经建立了未来四年部分"城市双修"规划及工程项目清单，按照项目化、工程化、具体化的要求，明确了项目的位置、类型、数量、规模、完成时间和阶段性目标，并对项目建设时序和资金以及建设实施主体进行了合理安排。

② 2018 年启动总体规划修编，在总体规划修编中增加生态保护和建设专章，确定城市总体生态格局。编制城市生态修复专项规划，统筹协调城市绿地系统、水系统、海绵城市等专项规划。编制城市修补专项规划，完善城市道路交通和基础设施、公共服务设施规划，明确城市环境整治、老建筑维修加固、旧厂房改造利用、历史文化遗产保护等要求。

10.4 远安县城市设计试点示范工作

10.4.1 远安县城市设计工作基本情况

远安历史文化积淀丰厚，城市自然基底良好，群山环绕一水穿城，"小尺度、低密度"的空间肌理、红瓦白墙的整体色彩颇具特色。在《远安县城市研究与城市设计》的指导下，相继启动了入城通道景观整治工程，绕城路、旅游公路建设工程，桃花岛公园、四馆一中心方案设计招标工程，棚户区改造等（图10-7）。"十三五"期间计划总投资58.2亿元确保重点项目建设推进。初步工作目标是通过两年的城市修补，一方面改善群众生活质量，停车、出行安全、休闲游憩等问题得到解决；另一方面提升城市形象，对风貌保护区的建筑进行提档升级，对市政基础设施进行查缺补漏，集中展示县城白墙红瓦的城市特色风貌和小尺度的城市空间肌理，打造"绿色远安，精致县城"。

图10-7　远安县近年城市设计工作示意

10.4.2　远安县城市设计和生态修复城市修补初步工作计划

（1）城市设计初步工作计划

以远安县青山绿水的生态基底和红瓦白墙低密度的城市特征为基础，以全国全域空间规划试点和三峡生态经济合作区宜昌试验远安试点为契机，以远安县总体规划和中心城区控制性详细规划修编为依托，投入15亿元，通过2年时间重点对老城区、城东片区和桃花岛片区等约5 km² 范围进行设计建设，进一步优化空间布局，提升城市品质，传承历史文化，塑造城市特色，创新管理制度，创新技术方法。2018年，实现总体规划层面的城市设计全覆盖、重点区域和重点地段城市设计全覆盖。

（2）生态修复初步工作计划

按照"显山露水、自然多彩"的理念，实施棕地修复、山体林相修复、水体湿地修复、农田景观修复等四大生态修复工程，构建"山、水、林、田、城"自然融合的风貌特色。重点对弃置地、荒地进行系统梳理，并通过复绿及生态系统再造等途径，使得棕地稳步修复；按照"留优去劣、去灌补乔、丰富色相"的思路，对城区周边山体实施林相修复；深入推进水系治理，促进湿地生态自然恢复；加强沮中平畈耕地保护，营造沮西山地和沮东丘陵梯田景观。2018年，境内水系、山地、农田得到有效保护，中心城区"山、水、林、田、城"一体的生态景观格局基本形成。2019年，生态系统得到有效修复，成为撬动全域旅游的重要推动力；到2020年，县城规划区内山体、水域、绿地、林地、湿地等生态空间占比不小于60%。

（3）城镇修补工程初步工作计划

按照"精致环境、精准微创"的理念实施实施绿地景观修补、建筑景观修补和城市夜景照明修补三大城镇修补工程，着力提升城市形象和品质。加快推进桃花岛等7个公园的改造建设，并结合拆违控违，建设街头绿地，不断推进绿地景观修补工程；按照功能完善、风格多样、色彩协调、细节艺术、地域特色的原则，乡镇以嫘祖、洋坪、栖镇、南襄城、真金、荷花店、长荣等8个特色小镇为重点，逐步推进建筑景观修补工程；城区以"三环"为重点，坚持功能性照明和景观性照明同步推进，形成风格协调、层次明显、规范统一、特色鲜明的城市夜景照明系统。2018年，"三环"区域在绿地景观修补、建筑景观修补及城市夜景照明修补等方面率先完成并形成示范；到2019年，城镇修补工程实现城区全覆盖；到2020年，建成区绿地率不低于39%，人均公园绿地面积达到14 ㎡，城区具备8万人的承载能力。

下 篇
湖北省城市设计实践案例

The Cases Practice of Urban Design in HuBei

第一部分

总体城市设计

The Comprehensive Urban Design

11 枣阳市中心城区总体城市设计

11.1 城市设计主要内容

11.1.1 项目区位、城镇规模和规划范围面积

（1）项目区位、城镇规模

枣阳市地处湖北省中北部，位于湖北、河南省域交界，是中原城市群、鄂西生态文化旅游圈和武汉城市圈的节点地区（图11-1），可谓是"鄂豫门户，三圈结点"。根据《湖北省城镇化与城镇发展战略规划（2012—2030）》，枣阳位于汉十走廊和襄荆宜高速公路发展复合轴上，是襄阳都市圈与武汉城市群间联系的重要节点。枣阳市域内汉丹铁路东西贯穿，

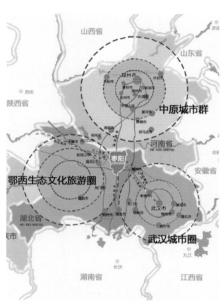

图11-1 枣阳市区位图

并在中心城区设枣阳火车站。市域内有汉十线和麻竹高速两条高速公路穿过，并有G316与武汉、襄阳联系，另有三条省道S216寺沙线、S355桐枣线、S306随南线与周边南阳、信阳、荆州、随州、钟祥等城市相连。总体而言，枣阳市区位条件优势突出，交通方面南北有国道贯通，东西有国道、高速公路和铁路相连，便捷的交通条件使得枣阳成为推进湖北省域空间开放的门户城市。

根据《枣阳市城市总体规划（2016—2030）》，枣阳市城镇规模划分为如下四个层次。

①市域。

枣阳市行政区管辖范围，总面积为3276 km²，包括12个乡镇、3个街道办事处、1个省级经济技术开发区和2个农场管理区。

②规划区。

北至罗桥水库——环城街道办行政界线；南临汉十高速公路——熊集镇界——吴店镇部分行政村村界线；东邻枣石高速公路——兴隆镇部分行政村村界线；西抵环城街道办行政界线。主要包括：现状主城区、兴隆镇镇区、吴店镇镇区、兴隆镇、吴店镇、刘升镇部分行政村区域，总面积为460 km²。

③中心城区空间增长边界。

东至东郊水库、优良河、鄂北地区水资源配置工程枣阳段，南临汉丹铁路，西抵316和寺沙国道绕城线，北临西外环、北郊水库，面积约为120 km²。

④中心城区建设用地范围。

北至北郊水库，东抵东外环路，南邻汉丹铁路，西抵西郊水库，总面积为71.5 km²。

（2）规划范围面积

本次总体城市设计规划范围与《枣阳市城市总体规划（2016—2030）》对中心城区建设用地范围界定保持一致，北至北郊水库，东抵东外环路，南邻汉丹铁路，西临西郊水库，总面积为71.5 km²（图11-2）。

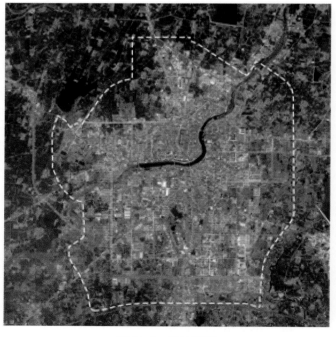

图11-2 设计范围

11.1.2　规划背景、历史文化、现状存在问题、规划拟解决主要问题

（1）规划背景

① 2015 年湖北省城市设计试点工作推进。

为贯彻党中央指示和全国、湖北省城市规划建设工作座谈会精神，落实湖北省住房和城乡建设工作会议有关要求，根据《2015 年全省城乡规划工作要点》，积极推进城市设计工作成为湖北省城乡规划工作重点之一。为探索具有湖北省特色的城市设计编制思路、发挥试点示范的带动效应，2015 年湖北省共开展 15 项城市设计试点实践工作。其中包括 2 个总体城市设计试点，8 个区段城市设计试点，2 个地块城市设计试点和 3 个专项城市设计试点，而枣阳市是 2 个总体城市设计试点之一。

②《枣阳市城市总体规划（2016—2030）》同步编制。

《枣阳市城市总体规划（2016—2030）》（以下简称《枣阳总规》）于 2014 年启动编制，已通过纲要专家评审、成果专家评审等规划审查阶段。总体城市设计与《枣阳总规》同步编制，一方面能及时反映《枣阳总规》对城市特色、空间等方面的规定；另一方面能从空间的角度制定城市发展的总体方向与思路并反馈至总规中，确保城市设计意图的法定化落实。

③枣阳城市空间风貌问题亟需解决。

枣阳市作为拥有千年历史的古城，中心城区内古城遗址、仿古建筑群、现代城市建设风貌区等多种类型风貌并存。城市既缺乏明确的城市空间形象定位，又缺乏和谐的城市空间风貌，亟需以总体城市设计为基础的城市设计体系予以指引。

（2）历史文化

①楚汉文化——先楚遗址、汉帝故里。

汉江流域、荆襄地区是湖北省最早的人类聚居地之一，位于该区域的枣阳市也是楚汉文化源起之一。据《后汉书·光武皇帝本纪》记载："世祖光武皇帝讳秀，字文叔，南阳蔡阳人。"而南阳蔡阳就是今日的湖北省枣阳市，枣阳可谓是光武帝刘秀的故里。汉代科学家张衡更是将枣阳誉为"龙飞白水，松子神陂"的宝地。

枣阳境内名胜古迹众多，拥有 6000 年史前文明（雕龙碑新石器时代原始氏族公社聚落遗址），3000 年楚汉文化（九连墩战国古墓群），2000 年帝乡传承（汉光武帝刘秀），是楚汉文化精髓荟萃之地。

②红色文化——鄂豫边红色革命根据地。

枣阳市是湖北、河南中部重要战场交界处的红色革命根据地，是第二次国内革命战争时期的红色根据地和中国工农红军第 26 师的发祥地。在抗日战争时期，枣阳人民同仇敌忾，奋力抗击日本侵略军，黄火青、程克绳、李先念、徐向前等老一辈无产阶级革命家曾在这里浴血奋战。

（3）现状存在问题

通过对枣阳市历史人文脉络的梳理，对城市自然环境、山水格局的分析，对建筑肌理、建筑高度、滨河界面、建筑风格、相关规划、公众意愿等方面的研究（图 11-3），可得出以下结论。

①枣阳市历史悠久、底蕴丰厚，是一座以汉文化为主导文化的古城。

②枣阳市中心城区整体自然环境良好、要素丰富，山水格局富有特色，但内部自然环境分布零散、未能形成有机联系的整体（图 11-4）。

③"一城两岸"的整体格局明显，中兴大道、光武路、新华路等城市道路骨架清晰。

④城市平面空间肌理分布不规整，立体空间高度较为平均、高低层次感不强，使城市整体空间形态中心不突出。

⑤公园、广场、滨河绿地等开敞空间未能形成有机联系的系统。

⑥以万象城、中国汉城为代表的建筑类型、色彩、风格多样，导致城市建筑风貌参差不齐（图 11-5）。

图 11-3　沙河沿岸建筑景观风貌

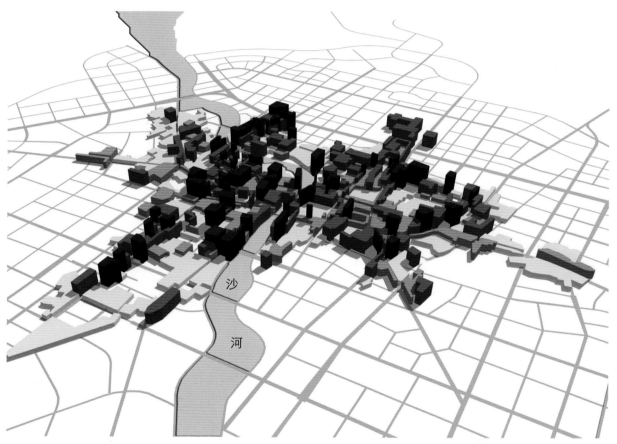

图 11-4　枣阳中心城区现状模型

图 11-5　中国汉城景观风貌

⑦公众认可现有的城市生活氛围，同时也期望传统与现代相结合的高品质、统一的城市风貌（图11-6）。

（4）规划拟解决主要问题

基于上述分析结论，本次规划针对现状枣阳市中心城区城市空间形态、风貌、环境，拟解决以下三个问题。

①如何确定明确统一的城市空间环境形象定位。

"中国汉城"项目规模宏大，气势恢弘，极大程度地复原了汉代皇城的空间结构和建筑性质，作为展示枣阳市楚汉文化的重要空间载体，成为了枣阳市独领风骚的标志性建筑；万象城等商业建筑地处中心城区核心地段，代表着现代都市商业建筑风貌；居住建筑的建设年代参差不齐，反映不同年代的居住建筑风貌。不同风格、不同类型的建筑风貌在中心城区内并存，使得中心城区未能形成明确统一的城市空间环境形象。

②如何形成特色鲜明又和谐统一的空间序列。

枣阳市中心城区平面空间、立体空间均存在一定分布零散、高度平均的问题，导致未能形成中心突出、和谐统一的整体空间序列。中国汉城、枣阳古城、万象城等具有一定特色的零散分布空间，与周边地区在建筑体量、风貌、形态、色彩等方面不够协调，加剧了整体空间序列的紊乱。

③如何打造满足公众需求的城市空间品质环境。

根据现场走访与问卷调查，枣阳市民期望传统与现代有机结合的整体城市风貌、高品质的城市公共空间、环境良好的开敞空间与游憩系统、步行与车行相结合的出行游览线路。枣阳城市空间尚不能达到这样的公众需求。

11.1.3 规划目标、愿景与技术路线

（1）规划目标、愿景

从城市整体角度研究城市总体空间特色定位，与城市用地布局及其他相关内容有机结合、相互反馈，传承历史文脉，引导、控制城市与自然山水和历史文化特色资源和谐共生，构建较为完善的城市空间形态和环境景观体系，彰显城市特色，引导城市健康有序发展。具体包括以下三个方面。

①提炼城市空间形象定位。

②针对城市整体空间形态与环境景观，构建控导体系。

③对接法定规划，确保核心控导要求规范化。

（2）技术路线

本次规划采用问题导向型编制方法，在针对枣阳市中心城区自然环境、历史人文、空间现状、公众意愿研究基础之上，总结出现状空间存在的问题，并以此为导向构建控导体系（图11-7）。控导体系包括宏观控导体系与分区控导体系两个层面，宏观控导体系基于城市整体空间环境八大要素控导要求构建，并将核心控导要求纳入总体规划以确保实施；分区控导体系基于城市设计分区控导要求构建，并将各分区核心控导要求纳入控制性详细规划以确保实施。

11.1.4 城市设计主要内容

（1）特色资源保护

根据"光武帝乡、滨水逸城"的城市空间形象定位，

图11-6 沙河景观风貌

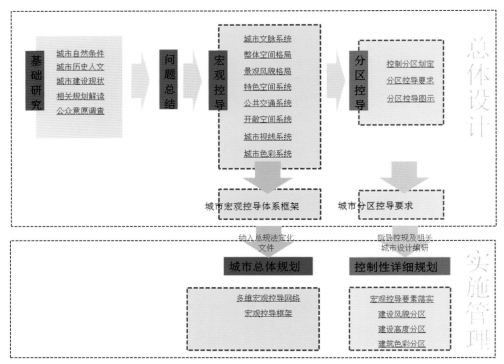

图 11-7　枣阳市中心城区总体城市设计技术路线

结合城市文化脉络及整体空间格局，综合考虑群众意愿，确定"7个点+4条线+2个片"的整体特色空间系统。

7个点——7个特色景点。根据城市文化脉络及群众意愿所确定的最能反映枣阳文化特色、城市特色的景点，分别为枣阳古城、中国汉城、枣阳火车站门户区、沭水公园、玫瑰文化园、人民公园及枣阳革命烈士陵园。

4条线——线性特色空间及串联特色景点的特色游线。沿沙河两岸规划沙河特色景观带，沿城市西外环构建花海外环景观带，共同作为线性特色空间；沿西外环构建城市2小时快速游览圈，沿中国汉城、枣阳古城构建楚汉帝乡文化游览圈，共同构成串联6个特色景点的游览线路。

2个片——具有统一风貌并囊括多个特色景点的片区。主要包括楚汉帝乡文化体验区和站前商贸体验区。

（2）风貌与特色定位

在枣阳城市空间形象风貌的现有基础上，根据总体规划的指引，结合公众意愿，本次规划确定枣阳城市空间形象定位为光武帝乡、滨水逸城。具体包括如下四个目标。

①构筑汉风核心——体现以光武帝刘秀故里为特色的楚汉文化，并以中国汉城、枣阳古城为核心，构筑一定的特色空间，并予以直观体现。

②演绎双城特色——体现以枣阳古城为基础、沙河为依托的城市空间拓展史，同时也寓意着传统与现代风貌在城市中的和谐共存。

③营造精致城市——从城市三维角度出发，重点考虑沙河两岸、中兴大道沿线、站前区等区域的空间立体关系。

④创造舒适空间——从建筑风貌、高度、体量、色彩、景观环境的分布和类型等方面构造令人舒适的微观物质环境。

（3）城市形态格局

结合城市空间演变历程，规划构建"一河两岸，三片三轴"的整体空间格局（图11-8）。

一河两岸——指沙河两岸。沙河是枣阳市城市空间形成与拓展的依托，促进了枣阳南北两城隔河相望

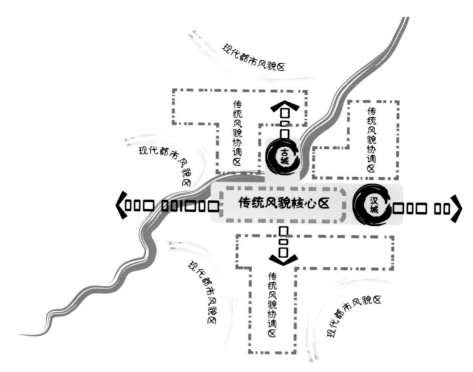

图 11-8　城市空间风貌规划示意图

的城市空间基本格局。

三片——指枣阳古城片区、中国汉城片区和火车站前片区（图 11-9）。中心城区最具特色的城市空间，集中反映城市风貌。

三轴——沿"南阳路—光武大道"形成南北向城市空间拓展轴、沿"襄阳路—书院街"形成东西向城市空间拓展轴，以及沿中兴大道形成的城市形象展示轴。以城市主要道路形成联系南北城的带状空间。

（4）景观风貌体系

根据城市空间风貌定位，结合城市整体空间布局，规划将形成"传统风貌核心区 + 传统风貌协调区 + 现代产业风貌区"的整体空间风貌格局，体现"以现代都市风貌为主导，以传统风貌为特色"的风貌定位（图 11-10）。

传统风貌核心区——包括枣阳古城、中国汉城以及古城南北轴线与汉城东西轴线交汇所覆盖的区域。

传统风貌协调区——主要包括枣阳古城西北部、中国汉城北部、传统风貌核心区南部等除三大产业园以外的区域。

现代产业风貌区——主要包括分布于枣阳中心城区外围的三大产业园。

（5）公共空间体系

根据"光武帝乡、滨水逸城"的城市空间形象定位，结合城市特色空间系统及公共交通体系，构建由线性游憩路线与面状开敞空间相结合的开敞空间系统（图 11-11）。

线性游憩路线——结合中国汉城、枣阳古城等特色空间，构建 3 条步行游憩线路：沙河两岸—古城步行线路、中国汉城步行线路、烈士陵园步行线路；结合花海外环，依托中兴大道、光武大道、西外环形成车行游览线路。

面状开敞空间——结合主要公园、广场、水系等构建面状开敞空间，与线性游憩路线相结合，并保证适当的服务半径。

（6）城市特色风貌区与重点控制区划定

将八个宏观控导要素叠加形成总体宏观控导体系之后，结合中心城区道路交通体系与土地利用，将各控导要素落实到各地块、道路中，形成综合控导结构，

131

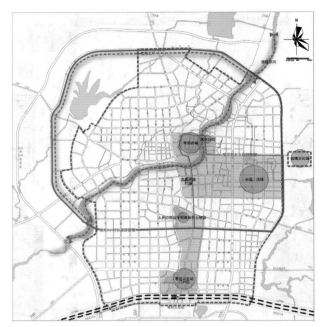

图 11-9　特色空间系统规划图

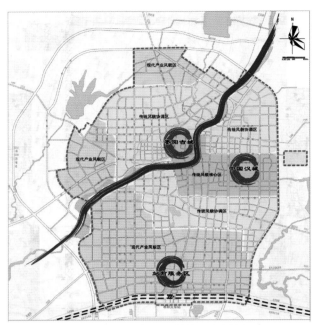

图 11-10　整体风貌格局规划图

作为总体城市设计分区划分的依据，并指导各单元控导要求的确定。

规划构建"2 条重点控导廊道、9 条重要路径、10 个地标节点"的综合控导结构。

2 条重点控导廊道——根据特色空间系统、整体视线系统确定的沙河两岸、中兴大道重点控导廊道。

9 条重要路径——根据开敞空间系统确定的 9 条步行、车行路径。

10 个地标节点——根据特色空间系统、整体视线系统确定的 10 个地标性节点（图 11-12）。

（7）重点控制区规划指引

①落实宏观控导要素。

城市文脉系统——枣阳古城核心控制区，以楚汉文化为特色。对楚汉文化集中展示载体——枣阳黉学大殿、古城墙遗址、香草亭（枣阳市博物馆）等历史遗存进行重点保护。

整体空间格局——"一河两岸，三片三轴"中"三片"之一，同时也是沙河景观廊道的组成部分。

空间风貌格局——以荆楚派建筑风格为主的传统风貌展示区，新建建筑以荆楚建筑风貌为主，并对原有建筑外立面进行改造，与荆楚建筑风格相协调。区块内景观、构筑物、小品等也应与荆楚风格相协调。

特色空间系统——7 个特色景点之一，着重展示枣阳古城风貌和荆楚建筑风貌，重点控制黉学大殿、古城墙遗址等文物保护单位，严格依据《中华人民共和国文物保护法》划定保护范围并制定保护措施，修复枣阳护城河等特色空间，并建设城市标志物；同时也是沙河特色景观带和楚汉帝乡文化游览圈的重要组成部分，重点控制河岸、道路两侧景观及建筑风貌。

公共交通系统——考虑到公交站点服务半径以及该区块的功能与风貌特色，建议在该区块设置古城北站、古城西站和万象城站等站点。

开敞空间系统——沙河滨水绿带的重要组成部分，应重点强化沙河沿岸绿色开敞空间，沙河两岸控制宽度不小于 10 m 的滨河绿地；修复护城河水质，构建护城河沿线绿色开敞空间。

整体视线系统——古城核心区和沙河沿岸为建设高度的高层中度控制区，属于高度敏感区，建设高度控制在 50 m 以下；古城西面居住片区为建设高度的高层一般控制区，属于中度敏感区，建设高度控制在 70 m 以下；强化沙河沿岸天际线，沙河两岸建筑与河岸高宽比控制在 1 至 1.5 之间；控制枣阳古城到光武

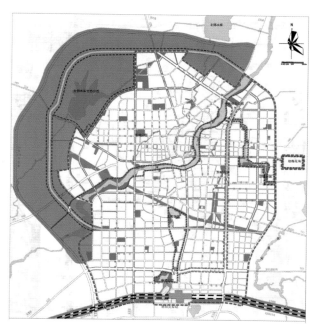

图 11-11　开敞空间系统规划图

图 11-12　城市视线系统规划图

大道眺望点的视线通廊。

建筑色彩系统——重点控制枣阳古城和沙河沿岸建筑色彩。突出枣阳古城典雅厚重的氛围，古城内建筑墙面以淡雅、偏暖的浅黄色、浅青色、灰白色为主色调，辅助色为体现荆楚建筑特色的红褐色、赭石色、青紫色。沙河沿岸商业建筑与枣阳古城色彩相协调。

②实施管理建议。

枣阳古城城市设计地区为重点控制单元，应严格按照总体城市设计相关要求进行开发和建设。建议在总体城市设计的指导下，编制下一层级的区段城市设计。

11.2　城市设计管理与实施

11.2.1　枣阳市城市设计管理现状

枣阳市城市设计编制与管理情况不甚理想，目前已编制的城市设计或相关规划只有两个：《湖北省枣阳空间战略规划》和《湖北省枣阳市城东文化新区控制规划及城市设计》。这两个文件均由上海同济规划设计研究院编制。《湖北省枣阳空间战略规划》是从城市市域、中心城区层面出发，对城市发展战略、方向、产业、规模以及中心城区的空间形态进行的统筹考虑；

《湖北省枣阳市城东文化新区控制规划及城市设计》是针对中心城区城东文化新区发展策略、空间形态进行的详细设计，属于区段城市设计。同时，在城市规划管理环节，城市设计尚未能有效融入。

11.2.2　城市设计成果运用

（1）编制阶段——与总体规划同步编制，确保核心内容法定化

总体规划和总体城市设计同步，保障了两项规划成果内容能良好地衔接互动；总体规划中心城区的方案通过编制总体城市设计，强化了对城市空间、风貌、人文等各方面的控导；而总体城市设计的核心成果，也通过纳入总体规划的法定化文件中得以保障实施。这就打破了以往总体城市设计在总体规划编制完成之后再展开，研究成果缺乏法定支持，难以实施落地的困境，也为枣阳市中心城区总体城市设计试点示范工作的顺利展开和有效落实打下了坚实的基础。

（2）实施管理——与各层级城市规划对接，"一张蓝图"指导规划实施

本次中心城区总体城市设计在实施管理上采取分级控导。宏观控导体系的核心研究成果已纳入总体规

划法定化文件，从总体层面指导城市建设。同时，将中心城区的宏观控导要求进一步细分落实到 10 个控导单元和 2 条控导廊道空间上，控导要求和措施与下一层级的控制性详细规划中的城市设计内容对接。

为方便规划管理及建设人员的工作需求，本次总体城市设计的成果采取了直观易读、适合动态修改的"控导图示 + 控导要求"的表达形式，形成了"一套中心城区宏观控导总则 +10 张控导分区图则"的成果体系。10 张控导分区图实现了对中心城区城市设计控导的全覆盖，以简明直观的管理语言对每一项宏观控导体系的要求进行了分解和说明，并落实到空间上，做到以"一张蓝图"的形式指导规划的实施和管控，极大地方便了其他设计人员和规划管理人员的日常编制研究和管理工作（图 11-13）。

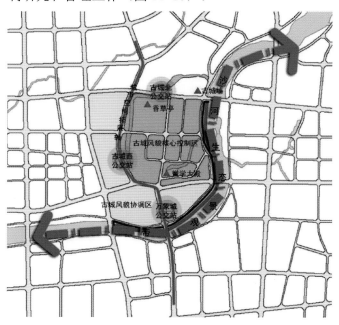

图 11-13　城市设计地区 01 控导图

11.3　城市设计编制特色

11.3.1　总体城市设计的内容

（1）城市整体空间形象

城市设计旨在处理在城市相对空间位置关系上的各种物质要素及其组合关系，重在从三维的角度出发，研究城市形体关系。城市设计以提高和改善城市空间环境质量为目标，同时在对象上远远超出了传统的空间艺术范畴，而以满足多数人的物质、精神、心理、行为规范诸方面的需求为设计目的，追求舒适且有人情味的空间。概括起来就是如下两个方面：空间与空间的关系——空间的组合与层次；人与空间的关系——人对空间的感知。城市空间形象即人对城市物质空间的感知，是人对由建筑、构筑物、场地环境、景观环境等组成的城市三维空间的直观感受。对城市空间形象进行合理定位，有利于城市形成整体统一的空间风貌形象，成为城市空间具体设计的目标，指引宏观控导体系的构建与各组成元素的确定。

（2）城市整体空间形态

根据城市空间形态演变规律，结合现状城市空间形态，统筹考虑城市山水环境以及自然环境与人文环境之间的关系，构建合理完整、可持续的城市整体空间形态。妥善处理城市建设与自然山水之间的关系。应重点保护海滨、河流、湖泊、山体等反映城市地貌特征的景观资源，严禁大规模改造地貌、损坏植被。应建立城市景观资源之间的生态与视线通廊，构建完善的城市生态与景观系统。

（3）城市空间景观风貌

结合城市自然环境、历史脉络、文化习俗和城市功能发展需要，提出城市整体景观风貌定位，依据景观特色分类，合理划定景观风貌分区，突出体现城市特色风貌区，强化特征性与标识性，对各分区提出控制和引导要求；确定景观轴线、景观廊道、景观节点和城市地标等景观风貌要素，提出规划控制原则和引导要求；对建筑景观现状进行综合评价，并提出城市建筑风格、色彩、夜景等建筑景观方面的整体设计构思。

（4）城市特色空间序列

结合城市历史沿革、文化脉络、历史遗存情况、城市建设现状，确定能反映城市历史文化、空间形象特色的特色空间。同时，通过公共交通系统、步行、车行游憩线路、开敞空间体系，将特色空间串联成有机联系的空间序列，成为展示城市风采、城市旅游的重要载体。

（5）城市开敞空间系统

分析研究城市山体、水域、绿地、湿地、广场空间、街道空间以及其他开敞空间的环境特征，从增强开敞空间的生态服务功能、塑造城市优美的环境和提升城市人居环境质量等方面，构筑城市开敞空间系统，明确控制原则和引导要求。

（6）城市高度视线系统

利用相关技术手段进行视觉景观分析，从展示城市自然及人文景观特征的角度出发，研究观景路径及观景点，对城市天际线及特定视野的整体轮廓和景观效果进行控制和引导，保持优化城市天际线及特定视野的观赏效果；依据城市景观风貌分区及天际线、视野控制要求，协调城市整体景观，结合用地功能、区位、交通、历史文化保护等因素，确定城市建筑高度控制原则及建筑高度分区。

（7）城市建筑风貌系统

分析现状建筑风格特征，按照延续地方建筑优秀文化传统、强化城市特色的基本要求，结合不同使用功能，提出建筑风格控制和引导要求。

11.3.2 创新与特色

（1）问题导向与控导体系高度关联

本次枣阳市中心城区总体城市设计采用问题导向型编制方法，在针对枣阳市中心城区自然环境、历史人文、空间现状、公众意愿研究基础之上，总结出现状空间存在的问题，并以此为导向构建控导体系。控导体系包括宏观控导体系与分区控导体系两个层面，宏观控导体系基于城市整体空间环境八大要素控导要求构建，分区控导体系基于宏观控导体系构建。

本次规划在对现状总结的基础之上总结出三个存在问题，作为规划需要重点解决的问题，并有针对性地提出三条规划策略。规划策略所提出的形象定位及

控制的八个要素：城市文脉、整体空间、风貌分区、特色空间、公共交通、开敞空间、城市视线、城市色彩。将这八个要素作为构建宏观控导体系的基本要素，并针对每个要素提出控制和引导要求。同时，将每个宏观控导基本要素的控制和引导要求落实到每个城市设计分区之中，确保从宏观层面、分区层面落实控制要求，保证现状存在问题能够得到妥善解决。

（2）控导体系与法定规划分层级高度衔接

为保证总体城市设计的核心内容法定化并确保实施，本次规划分别从宏观控导体系与分区控导体系两个层面与相应法定规划衔接。由于在本次规划中，总体城市设计与城市总体规划同步编制，因此宏观控导体系中的核心内容均已纳入城市总体规划，并作为强制性条文；分区控导体系中，在落实宏观控导体系要素的基础之上，规划针对各城市设计分区提出核心控制和引导要求，并要求纳入下层次对应地区、地块的控制性详细规划，作为控制性详细规划编制的依据和土地出让的条件之一。

项目委托单位： 枣阳市城乡规划局

项目编制单位： 湖北省城市规划设计研究院

项目负责人： 李瑞

项目审定人： 倪火明

项目审核人： 饶翔、徐玉红

项目主创人员： 李瑞、廖文秀、孙文龙

12 长阳县龙舟坪镇总体城市设计

12.1 城市设计主要内容

12.1.1 项目区位、城镇规模、规划范围面积

长阳县地处鄂西南山区清江中下游，东连宜都，西接巴东，南抵五峰，北邻秭归和宜昌，距省会武汉市346 km，距宜昌市城区60 km。规划区龙舟坪镇地处长阳县域东部，为县政府所在地，东至白氏溪与清江交汇处，南至清江南岸何家坪，西南至西寺坪，西北至津洋口，北至环城北路和白三公路。规划区东西向长约10.26 km，南北向宽约4.86 km，规划用地总面积约17.41 km²（图12-1）。

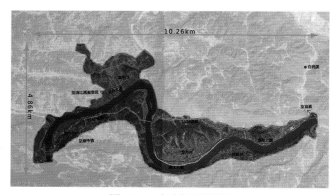

图12-1 规划区范围图

12.1.2 规划背景、城镇历史文化与风貌特色、现状存在问题、规划拟解决主要问题

（1）规划背景

国家住房和城乡建设部（以下简称住建部）积极贯彻中央指示精神，将加强城市设计工作作为2015年住建部的六项重点突破工作内容之一。

湖北省住房和城乡建设厅为贯彻落实住建部工作精神，先后组织编写《湖北省城市设计技术指引（试行）》等规范性文件；开展城市设计试点示范工作以及组织城市设计专家研讨、评优、培训等活动。其中，开展试点示范是当前湖北省城市设计工作重点。经过省内各地、市、州城乡规划行政主管部门自荐与湖北省住建厅专家组筛选，15个城市设计项目最终入围试

点。作为仅有的两个总体城市设计试点之一，长阳土家族自治县龙舟坪镇总体城市设计位列其中。

（2）城镇历史文化与风貌特色

①历史文化。

长阳是土家族的直系祖先巴人的发祥地，历史上是巴楚文化交融地带，也是土汉民族融合地带。从文化渊源来看，长阳在10万～20万年前有长阳人生息繁衍，逐水而居，衍生出发达的渔猎文明。另一方面，巴地自古以来就盛产食盐，与楚地、秦地交易活动密切，经济活动促进民族的交融，并经传承和创新，形成土家族文化与汉族文化交融的现状，这一兼容性的文化特色正是规划区需要积极展示的文化魅力。

②风貌特色。

规划区人文风貌特色相对较为缺乏，无特别突出的历史风貌遗存，在龙舟坪片区龙舟大道沿线及清江古城一带存在片段式的特色风貌区，风貌营造以现代仿古建筑物为主。规划区最为显著的风貌特色在于其"一江两岸"的自然景观特色，山、水、城交织辉映，奠定了城镇建设的基本形态格局，也是规划区最有特色的部分。

（3）现状规划及管理存在的主要问题

长阳县在当前规划管理中存在不足之处，制约着城镇建设水平的提升。第一，由于缺乏资金配套，城市规划编制工作开展困难，规划编制与管理体系的建设难以完善。第二，作为县政府所在地，龙舟坪镇区缺乏总体城市设计，城镇空间布局缺乏整体性控制引导，尤其是部分滨河高层建筑极大影响城市景观风貌的塑造。第三，由于法律法规不健全，规划管理权限不统一，相关审批部门难以及时完成审批工作，影响整体规划进程。

（4）规划拟解决主要问题

①从交通区位条件提升、产业发展引导与低碳生态建设等角度深入研究并调整规划区土地利用与功能布局。

②结合新的城镇用地布局展开城镇空间系统研究，从"一结构、五系统"角度展开总体城市设计。

③展开规划区各分区城市设计导则设计，深化总体设计相应管控内容。

④对城镇总体规划优化与城市设计实施提出具有可操作性的建议。

12.1.3　规划目标、愿景与技术路线

（1）规划目标与愿景

龙舟坪镇的规划目标与愿景主要包括以下各项。

①清江流域的旅游与生产服务中心。

②土汉民族文化融合展示基地。

③湖北省山地小城镇低碳发展示范区。

（2）技术路线

龙舟坪镇总体城市设计技术路线如图12-2所示。

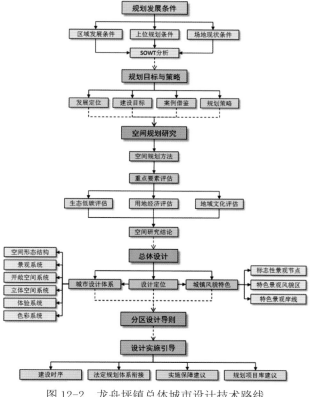

图 12-2　龙舟坪镇总体城市设计技术路线

12.1.4　现状调查与专题研究

（1）规划区现状调查

①现状自然条件。

规划区地处长阳县东部，属低丘河谷地形，清江

自西向东从规划区中部川流而过，丹水河自北向南进入规划区，在津洋口汇入清江。规划区外四周环山，北侧的大岭头、鸡公山、梁山等丘陵，与南侧的金子山、将军山、纱帽山等丘陵对规划区形成围合之势。规划区内的地势多为缓坡，从河边向周边山体逐步提升。规划区内外山体的自然植被情况良好。规划区由于地处低丘河谷区，属河谷温热丰光层，气候温暖湿润，呈北亚热带气候特征（图12-3）。

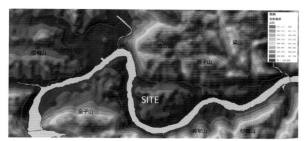

图 12-3　长阳县龙舟坪镇镇区高程图

②现状用地条件。

规划区内的各片区用地情况差异较大，地处龙舟坪的老城片区开发程度较高，西北部的津洋口片区处于初级开发阶段，西寺坪与何家坪片区处于尚未开发阶段。

③现状地块容积率。

中心城区整体容积率不高，现有建筑以多层建筑为主，建筑密度较高，且大量低矮建筑与新建高层建筑混合搭配，造成了地块容积率分布不规律。其中，高容积率地块主要分布在龙舟坪和津洋口片区的城市主干道两侧。

④现状公共服务设施条件。

规划区行政办公设施主要沿镇区主干道龙舟大道秋潭路以西分布，科教文卫设施集聚分布于清江古城一带，龙舟大道、四冲湾路、廪君路、久兰路两侧文化设施分布较多。从整体来看，规划区长阳县政府所在地和清江古城周边区域分别是城市的公共服务设施中心。

⑤现状道路交通条件。

规划区道路系统由城市主干道、城市次干道、城

市支路组成。其中城市主干道为清江大道、龙舟大道。清江大道为单向交通，是城市重要的景观大道。龙舟大道基本平行于清江大道，连通龙舟坪、何家坪和津洋口片区。此外，廪君大道和龙舟大道还承担过境交通职能。

（2）规划区专题研究

通过对规划区现状的深入了解，结合试点工作的要求，本次规划认为，总体城市设计不能局限于仅仅开展空间美学方面的研究，还需要从生态低碳、土地经济价值和地域文化等方面展开评估，进行多维度的协调统一。基于此，本次规划针对以下三个方面开展专项研究。

①生态低碳评估。

生态低碳与城市规划的各个方面都存在关联，城市规划需要着重在产业、交通和建筑三个方面降低碳排放。就总体城市设计的关注重点与管控平台而言，其城市物质空间形态的设计与管控更有助于通过缓解城市热岛效应实现城市建筑的节能减排。如何在城市空间形态设计的过程中更好地缓解热岛效应成为本次规划的重点之一。本专题利用城市风道模拟软件CFD，对规划区在山谷风和全年主导风向下的现状风环境进行模拟，发现规划区风环境存在的问题，提出规划措施，验证规划措施对风环境优化的有效性，为空间形态塑造提供指导（图12-4）。

通过在山谷风风向和主导风向下的现状风道模拟发现，龙舟坪和津洋口片区同时受山谷来向的山谷风与全年主导风向影响都比较大，而何家坪片区受全年主导风向影响较大，受到山谷风影响较小。在风道规划中，结合各个片区不同的现状建设状况，对各个片区提出了不同的风道设置建议。

根据模拟结果，提出结合道路和开放空间的规划，建设线性公园绿地，拓宽和疏通道路，设置若干条主要、次要通风廊道，并对设置通风廊道后整个规划区的通风状况进行预测模拟，结果表明，通过设置通风廊道，规划区内各个片区整体通风环境得到较好的优化。

②土地经济价值评估。

研究重点从土地价值的角度，通过建立适应于规划区的评价指标体系，利用ArcGIS软件对规划区土地的经济价值（土地开发潜力）进行评估，并将其作为总体城市设计考虑的一个因素，实现规划区土地的高效利用、合理开发。

第一阶段，基于建设现状的土地经济价值评估，结合规划区现状建设条件，识别规划区内现状土地开发利用的价值，指出现状土地开发利用的不合理之处，为土地功能调整提供指导（图12-5）。

第二阶段，基于用地经济价值的土地适宜功能评估，在识别现状土地价值分布基础上，通过叠加规划的路网结构，评估在确定的规划路网下区内土地作为居住和商业用地功能的经济价值，通过比较，选择某一地块的最适宜开发的功能，为总体用地规划的修正提供建议和指导，以便于结合其他因素获得最佳用地调整方案（图12-6）。

第三阶段，基于规划方案的土地经济价值评估，对优化调整后的用地方案进行土地价值分析，评估在规划严格实施后的用地（主要指居住用地和商业用地）价值的空间分布格局，按照高价值用地进行高强度开发的要求，为规划区用地开发强度的控制指引提供指导。

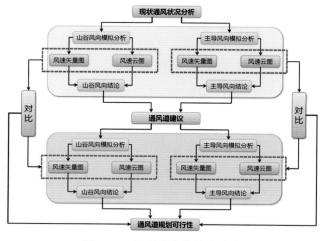

图12-4　风环境优化技术路线

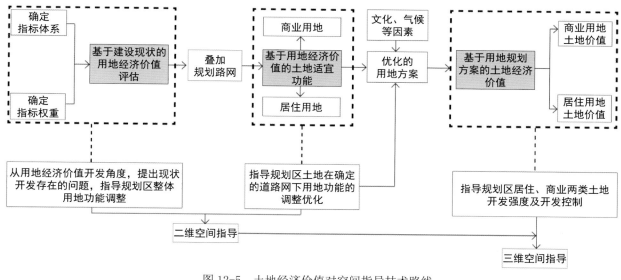

图 12-5　土地经济价值对空间指导技术路线

图 12-6　规划区地块商业、居住功能用地适宜性选择

通过以上专题评估研究，最终确定规划区内居住、商业用地的预期经济价值等级，按照在一定范围内，土地经济价值越高，开发强度越大的原则，赋予土地经济价值高的地块相对高的开发强度，并在总体城市设计中，通过容积率和建筑高度予以控制引导。

③地域文化评估。

通过对规划区所处的文化区位及文化脉络的梳理，评估规划区地域文化特征和文化脉络，从而为总体城市设计中融入文化要素、展现文化形态和传承文化脉络提供思路。

从文化渊源来看，长阳县在 10 万～ 20 万年前有长阳人生息繁衍，境内居民多为"巴蛮五姓"嫡裔，其次为外地入迁的汉族，长期交往，彼此融合，乃至形成今日的土家族。长阳土家族的图腾文化、神灵文化、鬼魂文化、巫术文化、宗教文化等成为地域民族文化的瑰宝（图 12-7）。

从对龙舟坪镇地域文化的分析，可将规划区文化特征概括为巴楚文化交汇地、土汉民族聚集区。通过专题研究，重点在总体城市设计中，将文化特征和文化要素展示融入空间设计特色和产业发展特色中去，

图 12-7　长阳特色资源现状图片

以"文化 +X"的复合型文化产业模式，将文化渗透到城市建设的各个方面。

在发展近期，长阳以文化旅游为切入点，依托人文、区位优势，构建一批内涵丰富、影响巨大、示范性强、市场好的文化旅游项目，促进城市资源价值提升。在长期，长阳的发展已经不满足于休闲度假旅游的定位，主动整合优质文化资源，向文化产业转向，积极拓展文化产业门类和体系，形成整个城市的产业支柱。

12.1.5　城市设计主要内容

（1）特色资源保护

①人文景观资源。

a. 清江古城：背靠青龙岭，面对凤凰山，怀抱清江水，坐拥鲤鱼洲，毗邻观音寺，山环水抱，人杰地灵。

b. 龙舟坪老街老房子：老街本为龙舟坪土著居民聚居地，老街老房子不仅房屋、庭院完好，还保存有1951 年以来的各种权属、凭证、门牌等，传承脉络清晰。原长阳八景之首的"西沙古渡"即在屋前，而八景中的"鳖渚渔歌"，在其屋后。

c. 观音阁：观音阁始建于明代，为长阳重要的佛教圣地之一。新编《长阳县志》载："观音阁，位于龙舟坪镇东白鹤岩下。明末由长阳人、南京户部主事李爵创建。其地高岩壁立，俯临江表，为县东一大风景胜地。"

d. 鸣凤塔：位于龙舟坪村二组，清同治年间修建，为八角七层楼阁式石塔，门额嵌楷书"鸣凤塔"石匾。该塔设计精巧、风格独特，佛像雕刻精美，是建筑结构与使用功能的完美结合，也是造型艺术的光辉典范，2014 年被评为湖北省文物保护单位。

②自然景观资源。

清江与清江画廊：清江画廊风景区如黛江水烟波浩渺，高峡绿林曲径通幽，人称清江有长江三峡之雄，桂林漓江之清，杭州西湖之秀，风光无限，无与伦比。

叹气沟：叹气沟是一条位于清江南岸的峡谷，它的左边是高峻的将军山，右边是险要的果酒岩。叹气沟泉水有"龙门春水"的雅号。据长阳县地名志记载，叹气沟是因五代南平时期，屯兵将军山的李景威将军遭围困而威武不屈，连连叹气，于此"扼吭而死"得名，山顶存有景威将军之墓的遗址。

（2）总体目标与特色定位

①总体目标。

将规划区打造为魅力长阳东门户，清江山水新客厅。

②特色定位。

a. 绿色生态之城——长阳绿色低碳生态建设的标杆。

b. 服务创新之城——长阳功能集聚产业升级的基点。

c. 特色体验之城——长阳空间景观风貌展示的平台。

d. 文化交融之城——长阳土汉民族协同发展的典范。

e. 交通集散之城——长阳交通疏解枢纽联动的核心。

（3）城市形态格局

长阳城市形态格局为一廊、三心、三轴、多组团（图12-8）。

一廊：为沿清江形成的生态空间开敞廊道。

三心：为津洋口片区的行政文化空间节点、龙舟坪片区的长阳广场商业空间节点、何家坪片区旅游公共服务空间节点。

三轴：分别为沿清江北岸的城镇空间发展主轴，以及津洋口组团和何家坪组团的空间发展次轴。

多组团：以各个空间节点为中心，沿空间发展轴线，依托山水环境形成的滨水空间组团、台地空间组团、山体空间组团和谷地空间组团。

（4）景观风貌体系

①规划策略。

本次规划以生态网络为基底，依托良好的自然景观资源，充分利用山地地形和自然生态条件，以城市尺度的绿化廊道作为城市功能的连接纽带，将生态廊道渗透到城市之中，同时，构建点线面结合的绿化景观体系，营造富有特色的空间，创造优美的宜居环境。

图12-8　长阳空间形态结构图

②景观结构。

本规划区的景观风貌结构为"一轴、三片、七廊、多节点"。

一轴：沿清江布局的城镇空间景观轴。

三片：三种类型的特色景观风貌区。

七廊：七条自然生态景观通廊。

多节点：三种不同类型的多个城镇空间景观节点。

③控制要素与内容。

a. 景观风貌区。

历史风貌特色区：龙舟坪片区老城区、津洋口老城区、清江古城景区。

现代风貌特色区：津洋口东片区、何家坪片区、西寺坪片区。

自然风貌特色区：津洋口山体公园、津洋口中心公园、西寺坪郊野公园、龙舟坪城镇山体公园、宝塔山山体公园。

b. 景观轴线与通廊。

景观轴线：清江景观轴。

景观廊道：津洋口山体公园—西寺坪郊野公园景观廊道、津洋口中心公园—西寺坪郊野公园景观廊道、西寺坪郊野公园—龙舟坪山体公园景观廊道、龙舟坪山体公园—花坪广场景观廊道、龙舟坪山体公园—叹气沟景观廊道、龙舟坪山体公园—长阳广场景观廊道、宝塔山公园—何家坪景观廊道。

c. 景观节点

人文景观节点：长阳广场、花坪广场、津洋口创意滨水广场。

绿化景观节点：龙舟坪山体公园、宝塔山公园、津洋中心公园、郊野公园、叹气沟。

门户景观节点：津洋口龙五一级路进口、何家坪龙五一级路出口。

（5）公共空间体系

①规划策略。

以规划区内的自然生态山水为基底，以街头绿地、道路为纽带，以城镇广场、大型公共服务设施为节点，构建层级式、网络化公共空间体系。

②控制要素与内容。

控制要素与内容为特色公园、广场。

a. 河道保护控制。

b. 视线通廊：规划利用道路、绿化及建筑共同构建12条视线通廊，重点保障清江视觉轴线的地位（表12-1、表12-2）。

（6）城市特色风貌区与重点控制区划定

①特色风貌区：

龙舟之心——位于老城区，是龙舟坪镇目前的行政、商业、文化中心；

表12-1 长阳县城广场、公园管控一览表

编号	名 称	类别名称	位 置	性 质
01	北岸江滩	滨水公共绿地	中心城区清江北岸	滨水游憩
02	南岸江滩	滨水公共绿地	中心城区清江北岸	滨水游憩
03	长阳广场	城镇广场	龙舟坪片区东南部	地标性综合广场
04	市民休闲广场	城镇广场	龙舟坪片区西北部	休闲娱乐
05	叹气沟广场	城镇广场	中心城区清江南部	滨水游憩
06	龙舟坪山体公园	生态公园	龙舟坪片区北岸中部	游憩休闲
07	廪君广场	城镇广场	龙舟坪片区南部	文化广场
08	新码头	城镇广场	龙舟坪片区南部	滨水休闲
09	花坪广场	城镇广场	龙舟坪片区西南部	游憩休闲
10	津洋口中心公园	生态公园	津洋口片区中部	游憩休闲
11	创意文化公园	街头绿地	津洋口片区南部	文化娱乐
12	门户广场	街头绿地	津洋口片区西北部	游憩休闲
13	宝塔山公园	生态公园	何家坪片区北岸中部	生态观赏
14	何家坪中心公园	综合公园	何家坪片区南岸中部	游憩休闲

表12-2 长阳县城滨河岸线保护

编号	名称	等 级	不准建设区	控制建筑区
01	清江	区域性干流	35 m	不准建设区外边线起纵深24 m
02	丹水河	次级河道	20 m	不准建设区外边线起纵深24 m

何家枢纽——位于何家坪村，是未来连接南北的重要交通枢纽；

津洋新貌——位于津洋口片区，是长阳县城下阶段发展的重点区域，未来的行政文化中心；

清江古城——位于何家坪村，是重要的文化产业示范基地、生态文化旅游基地。

②重点控制区：

龙舟大道——清江大道重点控制区（位于龙舟坪片区）；

龙舟大道——星城一路重点控制区（位于津洋口片区）；

何家坪路——沿江大道重点控制区（位于何家坪片区）。

（7）重点控制区规划指引

①龙舟大道—清江大道重点控制区。

a. 重点控制区范围：龙舟坪片区内清江大道与龙舟大道之间的滨江区域。

b. 绿地与开敞空间：沿龙舟大道两侧各设置宽度为 5 m 的绿化带；保留长阳广场的公共职能，新建廪君广场与新码头两个公共开敞空间。

c. 建筑高度控制：清江大道北侧 50 m 范围内建筑高度控制在 25 m 以内，局部标志性地点高度可以超过 25 m，但必须控制在 40 m 以内；龙舟大道南侧 50 m 范围内建筑高度控制在 40 m 以内，局部标志性地点高度可以超过 40 m，但必须控制在 65 m 以内（图 12-9）。

d. 开发强度控制：控制区内开发强度以适中开发为主，容积率平均在 2.0 左右，长阳广场周边的标志性地区容积率可以控制在 3.0 左右。

e. 建筑风貌与色彩控制：该区域建筑风貌可以多元化，反映商贸特色；建筑形式多种多样，色调较为活泼，在浅色调基础上局部点缀鲜艳色彩和装饰，以利形成商业氛围。

②龙舟大道—星城一路重点控制区。

a. 重点控制区范围：津洋口片区内清江大道与星城一路之间的行政文化区域。

b. 绿地与开敞空间：沿龙舟大道、星城一路两侧均设置宽度为 5 m 的绿化带；该区域中心地带新建创意文化公园作为公共开敞空间。

c. 建筑高度控制：龙舟大道南侧 100 m 范围内建筑高度控制在 25 m 以内，局部标志性地点高度可以超过 25 m，但必须控制在 40 m 以内；星城一路南侧 100 m 范围内建筑高度控制在 40 m 以内，局部标志性地点高度可以超过 40 m，但必须控制在 65 m 以内。

d. 开发强度控制：控制区性质为行政文化中心区，

图 12-9　龙舟坪高度分区示意图

143

开发强度以适中开发为主，容积率平均为 2.5 左右，西北角商业地块的容积率可以控制在 3.5～4.0。

e. 建筑风貌与色彩控制：该控制区内建筑风貌应当以民族特色为主要风貌，建筑色调和质感应充分反映时代特色和当地文化内涵。

③何家坪路—沿江大道重点控制区。

a. 重点控制区范围：何家坪路与沿江大道之间的滨江区域。

b. 绿地与开敞空间：龙五一级路两侧各设置 15 m 宽的绿化带，沿江大道南侧设置 5 m 宽的绿化带；何家坪路与沿江大道之间设置大型中心山水公园作为该片区的中心公共开敞空间。

c. 建筑高度控制：沿江大道南侧 100 m 范围内建筑高度控制在 25 m 以内，局部标志性地点高度可以超过 25 m，但必须控制在 40 m 以内；何家坪路南侧 100 m 范围内建筑高度控制在 40 m 以内，局部标志性地点高度可以超过 40 m，但必须控制在 65 m 以内。

d. 开发强度控制：控制区主要为滨水商业区，开发强度以适中开发为主，容积率平均为 2.5 左右，局部标志性地块的容积率可以控制在 3.0 左右，不宜超过 3.5。

e. 建筑风貌与色彩控制：建筑风貌可以多元化，反映滨水商业特色；建筑形式多样，色调以彰显活力为主，在浅色调基础上局部点缀鲜艳色彩和装饰，以利形成商业氛围。

12.2 城市设计管理与实施

12.2.1 城市设计管理现状

长阳县龙舟坪镇是县政府所在地。规划区城市设计工作由县规划局统一协调，作为规划管理方，负责委托城市总体设计项目并做好项目的技术审查和实施监督。在实际规划管理工作当中，本次规划对于总体城市设计的编制内容体系、成果要求和实施保障措施均处于摸索阶段。规划管理部门对于编制某一片区、

地块的城市设计相对较为成熟，但由于城市设计成果不是法定规划内容，管控作用较弱。当前的规划编制及相关的管理工作仍主要以国家和湖北省出台的相关政策为依据。城市设计管理工作日益难以适应当前城市建设和管理的需要。

12.2.2 城市设计成果与城市总体规划的衔接

（1）区位交通条件提升后城镇功能定位的调整

城镇总体规划编制完成较早，在编制本次规划中，考虑到龙舟坪镇区位交通条件的重大变化，特别是在长宜一体化的大背景下，随着宜昌市大外环建设的推进，龙舟坪镇在区域中的定位和功能面临着重大的调整，将更加凸显城镇作为区域性综合服务中心的职能。因而，在城镇的发展特色定位上对原来的总体规划定位作了衔接和调整，突出规划区的综合服务职能。

（2）深化专题研究，挖掘空间特色，调整用地布局

在总体规划编制中，由于更多地关注空间规模和布局，对与三维空间设计密切相关的内容缺乏深入的研究，难以有效地指导下一层次规划的编制。本次总体城市设计中，对总体规划在这一层次的不足进行有效地补充，选取生态、经济、文化三个重点方面进行深入的专题研究，将这三个方面对城市设计的要求融入城市设计中，对作为上位规划的总体规划在用地布局、交通组织等方面的不足之处进行修正，实现规划体系的有效衔接和反馈。

12.2.3 城市设计成果的实施

城市设计成果的实施是实现设计理念、推动城市建设品质提升的重点环节。为了保证规划设计的用地布局和城市设计的空间形态在未来实施过程中得到有力贯彻和体现，针对规划区建设基础提出以下三大实施保障建议。

（1）塑造空间特色，分区重点实施

在总体城市设计中，通过对规划区典型空间特征进行总结，提炼具有代表性的设计要素。从规划区看，

滨水、依山是规划区两大特色。因此，在城市设计中，将水系营造与项目开发相结合，建立城市建设空间与水域空间的连接，提供更多的生活岸线，创造亲水、近水的各种设施等，凸显"一江、两岸、多组团"的滨水格局是设计重点。同时，规划也重点突出"依山"的特色，充分利用丘陵和山地地形，在道路选线、建筑布局和竖向设计上，体现场地特色，营造富有情趣的微景观环境体验，因地制宜，打造丰富的天际轮廓线。

加强分区重点地点的设计指引，以重点地段的核心区设计，凸显分区特色。四个片区在功能分工上略有差异，老城区侧重于在更新中提升特色，新城区着力于在开发中塑造特色，何家坪片区是未来城镇的门户地带，西寺坪片区则是发展预留用地，各个分区在街区组织、建筑风格样式设置、多层次道路系统组织以及城市街景营造方面应因地制宜，细化分区，重点实施。

（2）建立设计成果实施项目库，加强规划督查

本次规划中，通过构建城市设计成果实施项目库，将规划区需要重点管控或特别设计的地段或单体项目建设单列，作为下一阶段城市设计中的重点项目，通过更具体的建设控制要求，建设成支撑整个城市设计特色和亮点的项目，起到提升城市魅力的作用。同时，要加强规划设计督查工作，建立问责机制，确保重点项目有效实施。

（3）明确成果实施时序，优先塑造特色要素

根据规划区的地域特征和建设现状条件，规划明确提出城市设计中快速提升城市品质较为有效的路径，将城市设计作为营造城镇特色的重要手段，为提高设计成效指明方向。如优先加强滨水地带建设，强化滨水岸线的休闲、观光、近水商业等多样化功能，提升滨水地带活力；推进建筑立面综合整治，重点在实施近期加强对建筑风貌、色彩的综合管控和建设、整治指引。通过这一系列特色要素的塑造，提升城镇品质。

12.3　城市设计编制特色

12.3.1　项目特点、总体城市设计针对的方面

该项目作为湖北省15个城市设计试点示范项目中仅有的两个总体城市设计试点之一，将重点针对以下三个方面问题展开研究和规划设计。第一，针对"一河、两岸、多组团"的河谷型小城镇，如何凸显其自然地理特色，营造出"山、水、城"和谐交融的美丽图景，实现"城"的依山而建，临水而兴，塑造特色的山水之城。第二，作为县政府所在地的小城镇，如何凸显其综合服务中心的职能，增强辐射影响力。第三，作为清江流域大旅游区中的旅游服务基地，应塑造何种特色，以提升其旅游服务能力。其中，前一方面是对特色自然空间塑造的要求，后两方面是对特定功能诉求的空间响应。

12.3.2　本次城市设计创新与特色

城市设计工作是一个综合性强、涉及部门众多、考虑问题复杂的工作。传统的城市设计编制，主要是以定性的方法为主，编制中的主观性较强，在城市空间规划过程中过分关注用地功能布局的规划合理性与空间形态布局的视觉美学性，而对于能够积极影响城市空间开发建设的用地经济性、影响城市人居环境可持续发展的生态适应性与影响城市景观风貌特色的地域文化性等方面关注不足。本次总体城市设计规划的编制中，重点加强编制方法和内容体系上的创新，在编制过程中，进行研究型规划设计探索，力争寻求一种可以普遍使用的小城镇总体城市设计编制技术体系和易于操作的成果表达和实施体系。

第一，从编制的方法特色上，加强编制研究方法创新。在编制过程中，注重规划模拟和预测方法的应用，利用ArcGIS空间分析、CFD等技术方法，采用定性与定量相结合的方法，增强方案形成的逻辑性和合理性。通过定量分析方法的应用，客观地发现和评判规划区存在的问题，并通过定量模拟的方法反映规划

方案实施后的预期效果，能够对规划方案的优劣形成客观的认识，为规划设计中优化方案的提出提供定量方法的指导。

第二，从编制的内容体系上，增加文化、生态、经济方面的专项研究内容。从总体上看，城市设计是城市规划由二维平面空间向三维立体空间的延伸，是城市功能的具象化、立体化，更是城市多样性的集中体现。在本次规划设计中，将城市设计作为一种经济、文化、生态多元要素综合作用下的结果呈现方式，在设计之初将生态、文化、经济等要素统筹考虑，力争塑造一个多样化的空间，让城市设计所呈现出来的是一个多要素综合考虑，相互协调之后的良性结果，将生态、经济、文化等方面要素在空间表达上的冲突降到最低，并实现生态环境优美、经济发展高效、文化特色彰显的城市建设目标。

第三，加强编制过程创新。城市设计是一个涉及二维平面和三维空间设计的立体化营造过程，不仅涉及空间美学和秩序，也是经济、文化、生态等多方面综合博弈和取舍的过程，既要关注二维平面，又要关注三维空间。在规划编制中，二维平面上，开展用地经济性评估、用地生态性评估、用地功能性评估与地域文化评估等方面的初步评估，形成各要素的二维平面用地布局草案，叠加后进行综合评判与博弈取舍，确定二维平面用地布局方案。针对二维平面用地布局方案，借助数学模型进行二次评估，形成各要素的三维立体空间构成草案，叠加到同一空间后进行综合评判与取舍，确定三维立体空间构成方案。在规划编制中，通过双向的校核评估，形成优化方案。

项目委托单位：长阳土家族自治县住房和城乡建设局

项目编制单位：武汉华中科技大学城市规划设计研究院、武汉华大博克设计咨询有限公司

项 目 负 责 人：华翔

项 目 指 导：洪亮平

项目主创人员：华翔、孙倜、邱岚、唐永伟、程超、潘悦、薛斌、乔杰、龚杰杰、李德智

13　中国光谷中心区总体城市设计

13.1　城市设计主要内容

13.1.1　项目区位、规划范围、行政权属

（1）项目区位

武汉光谷中心区（以下简称"光谷中心区"）位于东湖国家自主创新示范区（以下简称"示范区"）的中部，示范区总体规划所确定的两大产业聚集区之一的豹澥产业聚集区内（图13-1）。

图13-1　项目区位图

（2）规划范围

光谷中心区北靠九峰森林公园、南临武汉东湖综合保税区、西邻光谷三路、东接光谷生物医药园，总用地面积为23.5 km²。光谷中心区现有东西向高新大道、高新二路和高新三路与中心区、外环线连接，对外联系便捷。光谷中心区南部临近沪蓉高速公路，交通条件较好。

（3）行政权属

光谷中心区的行政区划包括三新村、保丰村、新建村、马驿村、群建村、新洪村、新农村、庙岭村、宗黄村、虎山村、汪田村等11个自然村湾。

光谷中心区内已完成农村居民的搬迁。

13.1.2　规划背景、现状用地概况

（1）规划背景

在国家中部崛起战略实施、武汉城市圈"两型"社会及国家中心城市的建设进程中，东湖国家自主创新示范区总体规划确定了"一主、一副、四组团"的公共服务设施体系。为落实总体规划，打造特色鲜明、功能适宜、低碳环保的光谷中心区，2012年3月，东湖新技术开发区管委会组织编制了《中国光谷中心区总体城市设计》。

（2）现状用地概况

①现状用地面积。

光谷中心区现状生态保育用地2021.52 hm²，占总用地的86.0%；建设用地328.26 hm²，占总用地的14.0%。现状公共设施用地62.97 hm²，占总建设用地的2.7%，集中分布在高新大道两侧，光谷中心区现有多处自然村湾，现状村镇建设用地共173.97 hm²，占总用地的7.4%（图13-2）。

②现状既定要素。

根据现状土地的使用情况，将园区内土地分为现状已建、已批用地及已选址用地三大类别，主要集中在高新大道两侧（图13-3）。

光谷中心区已建、已批用地主要有行政中心、省科技馆、省广播总台、十五冶，用地面积为50.9 hm²，现状已选址的项目主要有会展中心、省行管局和光谷国际学校，用地面积为42.47 hm²。

③规划定位。

光谷中心区为《东湖国家自主创新示范区总体规划（2011—2020年）》总体规划框架下"一核、一副、四组团"的核心区，位于东湖国家自主创新示范区未来的核心地段，将成为示范区未来发展的重要支点。

④用地布局。

根据《东湖国家自主创新示范区总体规划（2011—2020年）》，规划范围内主要为居住用地和公共服务

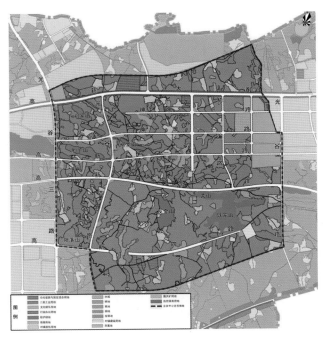

图 13-2　现状用地图

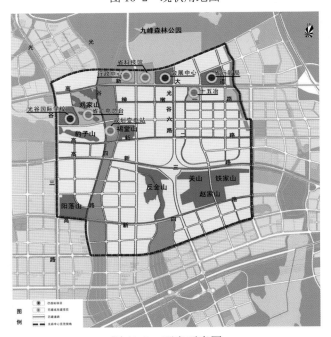

图 13-3　既定要素图

设施用地，另有绿地、道路广场用地、工业用地及生态保育用地。

⑤综合交通。

a. 道路交通。

光谷中心区范围内规划的城市主干道系统呈四横四纵结构，四横包括高新大道、高新二路、高新三路、高新四路，四纵包括光谷三路、光谷五路、光谷六路、

光谷七路。其中高新大道和高新三路东接外环线。

b. 轨道交通。

光谷中心区范围内规划轨道交通 4 号线、轨道交通 9 号线和轨道交通 11 号线三条轨道交通线路经过该区域，其中轨道交通 4 号线为南北走向，贯穿整个中心区，南接中华产业园，北接花山生态新城，可直达武汉火车站；轨道交通 9 号线于光谷中心区南侧东西穿越，东接未来科技城，西接流芳；轨道交通 11 号线于光谷中心区中北部东西穿越，东接未来科技城，西接武汉主城区。

c. 有轨电车。

光谷中心区范围内规划四条有轨电车线路通过该区域，分别为 T5、T6、T8、T9 线，T5、T6 线为东西走向，东面到达未来科技城，T5 线西面可达南湖，T6 线西面可达大学科技园；T8、T9 线为南北走向，T8 线南接藏龙岛，北到花山科技新城，T9 线以光谷中心区为起点，南面可达牛山湖。

⑥其他交通设施。

光谷中心区范围内布置公交枢纽站两处、公交停保场一处，公交首末站一处。

13.1.3　规划目标、愿景与专题研究

（1）规划目标与愿景

本次规划的目标与愿景是将光谷中心区打造为水之城、山林之城、自然之城、智慧之城、交通之城、活力之城、邻里之城、现代生活之城、独特建筑之城、高能效之城（图 13-4）。

（2）专题研究

遵循"形式服务功能"的基本思路，开展六项专题研究工作以支撑总体城市设计方案（图 13-5）。以其中的专题一：战略定位研究为例，主要内容如下。

①城市背景分析。

全球产业格局——世界正孕育新一轮创新竞争高潮。

国家发展格局——钻石结构—国家空间战略。

图 13-4 城市设计总平面图

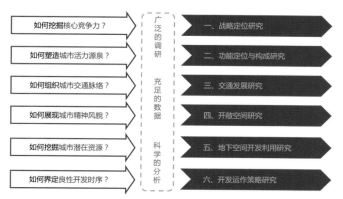

图 13-5 专题研究框架图

武汉——现代服务业进入加速发展阶段。

武汉——现代服务业进入加速发展阶段。

②东湖国家自主创新示范区背景分析。

武汉——定位明确,打造中部中心城市。以"科技创新"为核心,以发展现代服务业和现代制造业为抓手,建设国家中心城市。

③光谷中心区模式选择。

东湖示范区是武汉建设国家中心城市的关键,拥有着自主创新、中部龙头、特色鲜明、国家政策支持、国家及区域关注重点等几大优势。

④光谷中心区战略目标。

以芝加哥为例,武汉与芝加哥在区位条件、滨湖特色、工业基础、交通优势和科教资源方面非常相似。近年来中国光谷与美国硅谷成功合作,将光谷中心区打造为中美经贸合作的重要平台、实现武汉"双谷双城"战略的重要载体。

⑤光谷中心区战略定位。

光谷中心区的战略定位如下：以打造国家中心城市为己任，以服务中部战略性新兴产业为核心，诠释"东方芝加哥"内涵的中国光谷TBD——中国中部的科技金融创新中心。

13.1.4 城市设计主要内容

（1）形象定位

此次规划设计以"新中心·新产业·新光谷"为核心理念，创造武汉未来的"精英高地""创新之都""时尚之邦""花园之城"。

（2）规划原则

本次规划的原则如下：①彰显自然水流路径，使之成为城市的特色景观；②联系现状的山丘，使之成为公共园地；③结合水流路径和现状山丘，创造独特的城市开放空间系统。

（3）总体城市设计方案

总体城市设计基于六大专题研究结论，运用生态GIS分析技术，尊重自然生态禀赋，以"低冲击，生态为先；重平衡，智慧节能"为空间设计理念，形成环境引导健康的现代生活、空间塑造活力的混合街区。

（4）系统设计

①规划结构。

中心区将发展成为一个功能复合的城区。其核心区以高密度商业及综合开发为主，周边组团将提供多样的住宅类型和配套设施，以满足不同人才的需求。

②公共配套设施。

中心区的规划常住人口为25万。城市设计结合相关专项规划，明确了教育配套设施的布局和规模。中心区将布置9所小学、5所初中和2所高中。国际学校位置将小学、初中、高中合并设置，总规模13.2 hm²，中心小学占地4 hm²。同时明确了文化、医疗、福利、体育等多种配套设施的布局和规模。

③绿地系统。

光谷中心区总体规划框架保存了场地珍贵的水体元素，在设计中结合了自然元素，联系了当地的生态系统。把重塑可持续发展且具有活力的城市空间作为基本目标，通过重新恢复以及重新构建城市绿化网络，以赋予城市中心活力。

中心区保留了四条雨水生态廊道，为恢复湿地和联系生态系统提供了一个绝佳的机会，为规划范围内的广阔用地加强经济和美学价值，提高整体的生活质量。

④道路系统。

东湖国家自主创新示范区总体规划明确了"五横四纵"的快速路网络和"八横十一纵"的主干道路网络结构（图13-6）。在城市设计中，中心区的主干路网结构基本与上位规划保护一致。

⑤公共交通。

中心区依托地铁、有轨电车与快速公交，将发展多样化的交通系统，实现75%的绿色交通出行比例。

⑥城市景观体系。

城市设计力图彰显场地的山水特色，中心区拥有丰富的自然山水资源，城市设计融合了场地现状的自然山体，保存了现状的雨水径流，形成互相联系的城市景观系统（图13-7）。分布在各处的社区公园，增强了景观系统的整体性和均好性。

⑦绿化退界。

绿带沿区内主要道路设置。在塑造道路景观特色的同时，也为基础设施管线的铺设提供了通道。

⑧城市天际轮廓线。

光谷中心区天际线意在创造融合九峰山以及生态雨水绿色廊道，建立具有持久印象和可被记忆的世界级品质和可持续发展性（图13-8）。天际线形态是建筑形态的组合，此组合可以和武汉作为水之城、山之城、交通之城、世界之城的分层形态进行比较。

（5）地下空间规划

基于立体城市理念，规划提出体现光谷特质的地

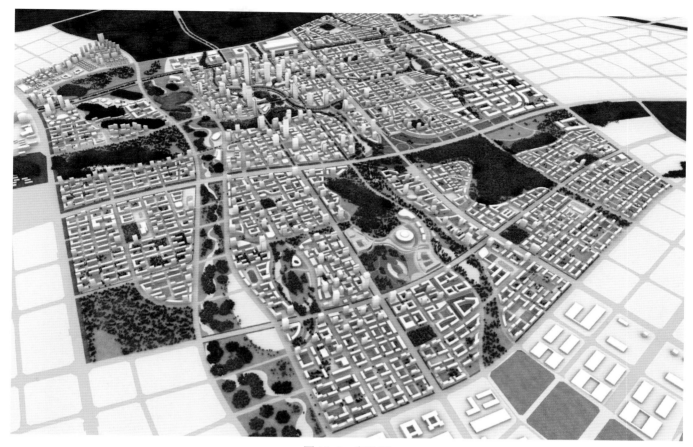

图 13-6 鸟瞰图

图 13-7 局部效果图

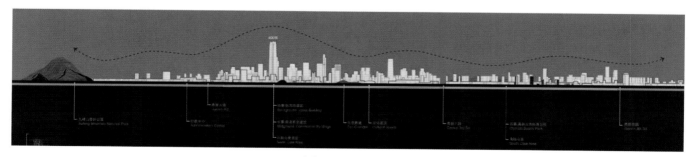

图 13-8 天际线

下空间发展目标和功能定位。

通过需求预测、经验预测、方案校核等多种方法对地下各类设施规模进行预测，为提高规划的可操作性，提出弹性控制策略。

规划针对中心区地面小街坊密路网的布局特征，注重地下空间特色的打造，以及与地面空间的功能互动。规划以光谷五路为示范点，进行整体开挖、一体建设，合理布局地下街道。

（6）核心区详细设计

功能构成——北核心区办公空间充足，以吸引世界级企业入驻，并把住房安置在办公、商业以及社区配套设施周围（图13-9）。总体城市设计的框架灵活，以适应规划实施过程中出现的无法预测的市场变化。

规划结构——通过对土地的使用和密度进行战略性布局来打造一个具有前瞻性的多功能城市。光谷核心区平衡生活、工作以及文化娱乐多种功能，营造出一个便于步行的集约型邻里社区，并把各开放空间和交通线路连接起来。

开敞空间——以荆楚派建筑风格为主的传统风貌展示区。新建建筑以荆楚建筑风貌为主，并对原有建筑进行外立面改造，与荆楚建筑风格相协调。区块内景观、构筑物、小品等也应与荆楚风格相协调。

图13-9　核心区规划结构图

公共领域导则——对于核心区公共领域内的街道平面布局、街道景观截面、街道铺装、街道种植、人行道设计、公共设施、照明设施七个部分制定具体导则。

以人行道设计导则为例（图13-10）：为鼓励步行，所有街道均在马路两侧设置连续步行系统；步行系统分为三个区域，即毗邻马路的公共设施区，步行区以及与建筑相邻的灵活可变的景观／活动区；步行道最小设计宽度为5m，商业区步行道建议宽度在8m以上；步行系统在所有路口需连续，与人行横道连接处需使用无障碍设计。

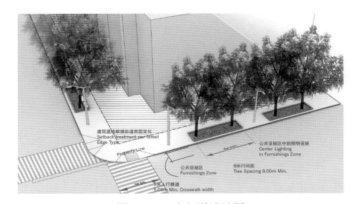

图13-10　人行道设计图

13.2　城市设计管理与实施

13.2.1　成功纳入城乡规划编制法定体系

通过编制光谷中心区控制性详细规划细则，将本次总体城市设计成功纳入城乡规划编制的法定体系，并采取"整体设计、分区控制""重点受控、一般引导"的管控策略，实现该城市设计对城市空间形态的有效指导。对于一般区及重点区而言，法定文件采取同样的控制要素，以体现其强制性。而指导文件作为具体引导城市形象塑造的重要手段，针对重点区及一般区采取不同的管控要求。针对重点区，对建筑退界、建筑街墙、塔楼位置等城市空间形态重要要素进行特殊控制；对于一般区仅控制其高度分区、强度分区等，以体现指导文件对空间形态塑造的引导性。目前该控制性详细规划细则已初步编制完成。

13.2.2 有效纳入城市规划管理控制体系

一方面，通过将该城市设计纳入城乡规划编制的法定体系，以实现其法定化、制度化，从而有效指导下一层次城乡规划的编制，并成为项目审查过程中的重要依据；另一方面，为尽快有效指导城市空间形态的有序发展，针对近期亟需建设或市场备受关注的重点地块编制《光谷中心区地块推介手册》，明确该地块的各项用地指标及空间形态控制要求，从而作为政府规划管理人员开发协调及部分项目供地协议制定的重要依据，并有力推动光谷中心区的企业招商活动的开展。

13.2.3 有序指导城市建设活动的合理开展

在该城市设计的指引下，光谷中心区目前已建成东湖高新区新行政中心、十五冶建设集团办公大楼、光谷生物医药园等，并即将吸引数十家企业的入驻，包括朗诗地产、长城建设、中冶南方、鹏程国际、中建三局、北京国华、首创置业、长江传媒、人民日报等；另一方面，正在进行的市政基础设施实施建设已充分落实该城市设计方案，并有序、合理开展。

13.3 城市设计创新与特色

13.3.1 遵循形式服务于功能的理念

规划的前期研究阶段充分考虑光谷中心区开发的三个阶段中可能遇到的问题：定位中遇到的同质化问题、运营中遇到的驱动力问题，以及开发中遇到的市场化问题。对此，前期研究重点围绕如何树立城市形象、提升土地价值，以及提高运营效率而展开。

13.3.2 尊重自然生态禀赋，确立"低冲击，生态为先；重平衡，智慧节能"的设计理念

本次城市设计充分尊重自然生态禀赋，全方位地应用GIS技术。有机融合基础设施与自然环境，设计一条天然绿带贯通整个项目场地，连接九峰山与牛山湖；保留了自然丘陵，顺应自然风向，缓解城市热岛效应；保护地表径流，设计丰富水景，提高土地价值，丰富城市生活，改善生态环境。

13.3.3 基于集约高效、一体化的城市设计理念

核心区采取"小街坊密路网"的布局模式，力图创建一个交通运行高效、强调街道界面、适宜步行尺度的活力地区。规划通过构建地上、地下一体化设计的立体城市体系，将基地内的生态资源和重点功能区紧密联系。

项目委托单位：武汉市东湖新技术开发区管委会

项目编制单位：武汉市规划研究院

项目负责人：叶赛

项 目 指 导：张文彤、穆霖、李秋萍、刘晖、郭希盛

项目主创人员：刘宇辉、吕华明、汪波宁、毛一凡、罗文静、刘楠、万帆、刘卫东、汤和平

第二部分

区段城市设计
The District Urban Design

14 杨春湖商务区实施性规划（城市设计）

14.1 城市设计主要内容

14.1.1 项目区位、规划范围面积

（1）项目区位

武汉作为全国高铁网络的核心枢纽，朝着全国中心城市大幅迈进，未来商务开发潜力巨大。杨春湖城市副中心地处武汉市洪山区，东临武钢工业区、西望武昌区、北接青山区、南抵东湖生态旅游风景区（图14-1）。

图 14-1　杨春湖商务区位图

（2）规划范围面积

杨春湖商务区位于武汉高铁站西侧，东湖北岸，规划范围北至友谊大道、西至沙湖港、南至东湖、东至三环线，总面积 6.74 km²，是枢纽核心功能集中的区域。

14.1.2 问题研判

（1）发展优势

①交通区位优势。

杨春湖地区是武汉市新一轮城市总体规划确定的依托武汉站的交通枢纽型城市综合服务中心，也是武汉市三大城市副中心之一，拥有无可比拟的交通枢纽优势，具有广阔的开发前景。

国内高铁网建成之后，将与珠三角、长三角、环渤海、西部经济区这四个主要经济区形成"四小时高铁经济圈"。城际铁路网建成后，将与省内"1+8"都市圈形成"一小时经济圈"。

②景观资源优势。

此外，杨春湖商务片区水景资源丰富，南邻东湖，北接杨春湖，并通过东湖港、沙湖港、青山港进行连通，区域内水网交织、景观条件优越。

（2）现状问题

现状场地内已建部分还建小区，大部分为未开发用地。周边的建设情况以青山居住区为主，配有一定的公共服务设施，包括武钢体育中心、青山公园等，毗邻东湖已建成华侨城欢乐谷（图14-2）。整个片区拥有一定的人气和活力，但缺乏大型、高档次的公共服务中心。作为东湖的"北大门"，杨春湖商业区的商业服务、旅游产业功能亟待进一步挖掘。

北洋桥垃圾填埋场位于场地南部，2013年已正式封场，面积近 35 hm²，累计垃圾 400 万余方，对周边环境、城市形象造成严重的负面影响。

项目用地紧邻武钢，出于盛行风的下风口，忍受"工业三废"和噪音的影响，对片区居住环境、消费、

图 14-2　杨春湖商务区周边现状

办公环境均有一定的负面影响,制约了土地价值的提升。

（3）规划拟解决主要问题

①产业谋划。

a. 总体功能研究及策划：新常态背景下,对接我国"一带一路"国家发展战略和武汉市建设国家中心城市的远景谋划,在充分调研基础上围绕杨春湖地区建设国家级高铁枢纽开展产业定位、功能板块、旗舰项目策划等总体策划研究。

b. 引擎驱动产业项目策划：对片区的引擎驱动产业开展产业定位、规模、功能配比及运营模式研究。

②用地布局。

对杨春湖商务区范围内用地、路网骨架、绿地系统等进行全面梳理和优化,形成用地方案和规划用地平衡表。

③空间形态塑造。

结合规划用地方案,绘制城市设计总平面图,明确并完善功能板块布局、景观结构、慢行系统组织、公共空间及空间形态研究等内容。

④开发模式。

从实施建设的角度提出片区分期建设方案,明确项目功能定位、市场需求定位、产品功能定位、物业配比、近期建设策略等。

14.1.3　规划愿景

（1）规划目标

落实国家中心城市建设要求,在发展商务主导功能区的基础上,将杨春湖商务区建设为"以高铁枢纽站为特色的功能复合型国际产业新城,国际一流高铁站前区开发的示范区,打造为现代化、国际化、高增值、强辐射的高端服务业中心"。

（2）愿景

杨春湖商务区发展愿景是"东湖美境,陆港尚城",即将杨春湖商务区建设成为以东湖带动滨水文化休闲旅游的环东湖乐游新天地,以高铁枢纽带动现代服务业集聚的华中地区乐业新都会,依托东湖旅游小镇打造低碳宜居的湖北两型示范低碳新城。

（3）规划技术路线（图 14-3）

①功能复合、精明增长。

提倡土地的高度混合利用,打造互为价值链的高度集约式城市综合体,减少能耗、精明增长、紧凑发展,适当提高开发强度,打造以轨道交通为依托的城市地下综合体,促进城市建设的可持续发展。

②营造人性化空间。

引入一条中央步行景观轴、T 字形安全复合的步行交通网络、一条林荫道,以及若干公共开敞空间,

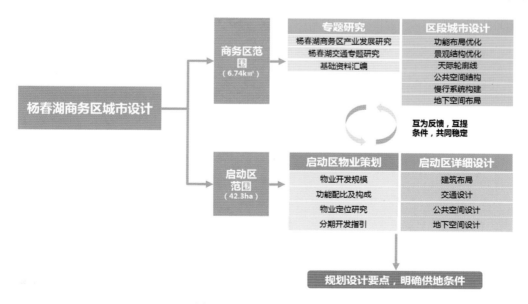

图 14-3　规划技术路线

积极营造尺度宜人、方便可达的人性化休憩交往空间。

③打造绿色生态网络。

顺应城市风向，基于道路网络，呼应周边景观资源要素，打造网格状绿色生态廊道体系。

④公交优先、高效便捷。

倡导以公共交通运输导向的土地开发模式，引导"公交优先"的出行方式。打造集高铁、地铁、公交、有轨电车、自行车道为一体的高效便捷的立体化交通网络。

⑤引入低碳技术、打造绿色新区。

积极应用低碳生态新技术，包括可再生材料的运用、中水利用、雨水收集、可再生能源、绿色建筑、自然通风等，打造绿色发展的新型商务区。

14.1.4 现状调研与专题研究

（1）现状调研

①现状水系。

本区水系通过各渠道与东湖、沙湖及长江相互连接形成水循环体系。武汉高铁站前的开放广场设有人工渠道引水至杨春湖，东湖经东湖港及青山港汇入长江，沙湖以人工运河"楚河"与东湖相连，沙湖港水流汇集罗家港流入长江。本区水系大致水流方向为由南向北流入长江。

②开放空间系统。

目前场地内的开放空间除武汉站前方绿化广场及整治施工的杨春湖公园，其余皆为较自然生态的开放空间，包括南边东湖沿岸绿地及西侧沙湖港及东湖港、青山港之间的绿地。基本而言，本区的开放空间依附于水系。

③现状交通设施建设。

道路交通方面，现状区内友谊大道、团结大道、欢乐大道、仁和路及杨春湖路等"三横两纵"干道体系已建成通车。项目周边基础设施的建设无疑将进一步助推杨春湖商务区的发展。

轨道交通方面，2013年12月轨道交通4号线一期已正式运营，在副中心区域有3个地铁站已投入使用。未来还将新增轨道5号线、10号线、19号线（花山线）和机场快线。届时将在武汉站形成四条轨道与城际铁路、高铁无缝换乘的综合交通枢纽。

（2）专题研究

项目组开展了《杨春湖商务区产业发展研究》和《杨春湖交通专题研究》两个专题，其中《杨春湖商务区产业发展研究》围绕国家级高铁枢纽，立足长江中游城市群及国家战略层面，构建"主导产业+商务拓展+服务配套"的产业格局：主导产业包括枢纽集散和会议展贸；商务拓展以金融、商业、商务服务等为主；服务配套将为杨春湖商务区发展提供必要的休闲旅游、创意设计、文化教育、医疗卫生和生态居住等配套服务。《杨春湖交通专题研究》包括对外交通体系、道路网络布局、公共交通、慢行交通、静态交通布局等内容。通过立体复合的交通流线的设计，围绕高铁站构建高铁、城际线、机场专线、长途大巴、会展设施综合体，有效弥补武汉主要会展设施交通的不足。

14.1.5 城市设计主要内容

（1）规划定位

未来杨春湖商务区将建设成为"中部门户、活力新都"，其中"中部门户"为依托国家级综合交通枢纽，打造武汉市门户景观中心；"活力新都"为建设"环东湖乐游新天地、华中乐业新都会、湖北两型示范低碳新城"，即依托东湖风景区带动滨水文化休闲旅游发展、高铁经济带动现代服务业集聚和对土地的高效集约利用，打造低碳宜居新城。

（2）用地规划

规划总用地面积674.08 hm²，其中居住用地面积115.94 hm²，公共管理与公共服务用地面积6.81 hm²，商业服务业设施用地面积93.32 hm²，交通设施用地177.31 hm²，市政公用设施用地5.21 hm²，绿化与广场用地255.44 hm²，水体面积2.44 hm²。

（3）空间结构

杨春湖商务区形成"一轴双核五区三带"的规划结构。一轴指站前景观大道中轴线；双核分别为武汉火车站和迎鹤湖公园；五区分别为站前综合商务区、环迎鹤湖商务区、滨湖旅游区、滨水居住区、站北综合服务区（图14-4）；三带指贯通杨春湖商务区的绿廊，分别为沙湖港—东湖港绿廊、迎鹤湖绿廊、杨春湖绿廊。

（4）产业谋划

①杨春湖产业体系。

杨春湖商务区重点构筑循环经济服务中心、高铁枢纽及东湖休闲旅游三大功能体系，并发展"主导＋衍生"共计12项产业类别，围绕高铁枢纽功能，引入"互联网＋"，重点发展互联网金融、电子商务、跨境电商三项新兴产业，东湖休闲旅游结合"互联网＋"概念，发展全市旅游信息服务平台及环球旅游虚拟体验（图14-5）。

围绕以上三大功能体系，分别打造生态环保型、城市门户型、现代都市滨水型景观风貌。

图14-4　杨春湖商务区规划结构

图14-5　杨春湖商务区城市设计总平面图

②产业发展策略。

结合杨春湖及周边产业发展特点，规划提出四大策略体系。

策略一：构建循环经济示范区服务中心，引领产业改造和升级。

杨春湖紧邻武钢厂区及化工新区，该区域集中了全市近60％的煤炭使用量，为青山—武钢地区经济可持续发展、转型升级提出了挑战和发展契机。

a．"1＋8"城市圈层面。

在目前"1＋8"城市圈产业格局中，从青山武钢延伸至黄石、鄂州、黄冈，已经形成以重工业为主的资源主导型产业集群，以钢材、冶金、化工、材料产业等为主导。

仲量联行发布的《青山区项目优化与策划研究》，结合国家"新常态"战略指导，提出构建东翼循环经济带，向东带动鄂州等周边城市转型。青山—武钢地区成为构建东翼循环经济带的起点。

b．市级层面。

《武汉建设国家中心城市行动规划纲要》明确指出"进一步完善青山区国家级循环经济示范区建设"，"围绕钢铁、石化、热电副产品及废弃物构建共生耦合产业链、能源高效梯级利用网络及闭路循环产业链"。

c．片区层面。

依据《武汉市大临港板块综合规划》中对青山—武钢片区的产业要求，以钢铁冶炼、造船、环保等产业转型升级为主。

综上，杨春湖作为立足国家循环经济带起点，应开展自主研发及企业办公服务，通过建设循环经济研发、环保技术孵化、生态采购平台，建设"循环经济"创新服务中心，带动"青阳鄂"经济带发展。

策略二：依托高铁枢纽，"水铁空"联动，发展跨境电子商务服务平台。

杨春湖副中心依托武汉站，西通天河机场，南连武汉第二机场，北接阳逻新港，凭借机场、港口的口岸、保税区功能，结合高铁、城际铁路网，打造以"水铁空"高效联动为依托、跨境电子商务为龙头的高端生产性服务业。

策略三：依托大东湖板块，构建生态旅游产业。

东湖作为武汉市重要旅游板块之一，目前已基本形成"东生态、西人文、南繁华"的发展格局。杨春湖作为东湖的"北大门"，除华侨城外，绝大部分区域尚处于未开发状态，发展潜力巨大。

通过对国内外著名湖泊的滨湖地区开发进行研究，城市内部滨湖区除发展休闲旅游、疗养度假等功能外，更注重商务办公、会议、文化娱乐、生态居住等城市服务功能。

杨春湖副中心应充分利用东湖生态、历史、文化资源，发展文化休闲、商务旅游、生态体验，并营造多样的滨水开放空间。

策略四：依托武钢，发展有工业特色的综合旅游体验。

片区可借鉴发达地区成熟的工业旅游模式，挖掘区内知名工业企业文化与旅游资源，获得教育、示范、宣传的社会效应。

③产业布局。

功能板块分区规划将整个研究范围内分为三大功能板块：中央商务商业核心板块，定位为商务、旅游门户地标区；东部会展服务板块，定位为会展综合服务示范区；西部滨水乐活板块，定位为大型休闲居住社区（图14-6）。

a. 西部滨水乐活板块。

两港地区规划以连湖通江、运动休闲为重点，建设功能性绿地和滨水生态走廊。建设东湖"摩天轮"、露天剧场，并策划"相约东湖"等文化活动，激发城市活力。以北洋桥为核心，对周边景观进行重塑，使之成为滨水休闲区的旅游节点，焕发新的生机。

b. 中部商务商业核心板块。

图14-6　商务区总体鸟瞰及局部空间景观效果

在中部商务商业核心板块内部，计划设立创新型企业孵化区、互联网金融区、水岸旅游小镇和互联互通商务会议中心。

创新型企业孵化区——板块北侧为集中还建产业用地，规划为创新型企业孵化区，由政府和企业出资建设，提供便宜的租金和人才资金政策，吸引具有活力和潜力的小微型企业入驻。重点发展创意设计、动漫制作、互联网科技等"众创产业"。

通过借鉴深圳"柴火创客空间"的发展模式，提供实践创意的基本设备，组织创客聚会和工作坊，为创新、创业者提供自由开放的协作环境，鼓励跨界的交流，促进创意的实现和产品化。

柴火创客空间的运营属于收取会费后分等级使用资源的模式，通过众筹网络平台发布创意后，投资人会对自己感兴趣的项目进行投资，因而创客开发的优秀项目潜力巨大，经济效益极高。

互联网金融区——在"互联网＋"概念引领下，互联网金融区立足武汉，服务中部，为武汉和中部地区的小微企业、成长型企业、创新型企业提供服务。通过将互联网与金融业深度融合，创造更大的地均价值。以国内最成功的中关村互联网金融中心为例，地均产值为每平方千米 83.8 亿元，是东湖高新区的 6.7 倍。区政府牵头简化审批手续，通过租金返还予以房租补贴，并组织专家对入驻企业进行资格审核，支持并保护互联网金融企业，从而为小微企业提供资金支持。

水岸旅游小镇——板块南端打造"水岸旅游小镇"，集旅游休闲、商贸、住宿、"互联网＋"特色旅游服务功能于一体。旗舰项目"江城时空旅行体验中心"引入"互联网＋"概念以及最先进的视听互动技术，可"足不出户，穿越武汉三镇"。与大数据、云计算紧密结合，实现智能游客分流，建设智能化旅游服务平台，打造武汉市旅游高科技名片。

互联互通商务会议中心——临湖半岛打造互联互通商务会议中心。使其成为"1+8"城市圈、长江中游城市群"离高铁最近"的大型商务会议服务中心，为城市间互联互通、贸易对话提供高品质场所空间。

c. 东部会展服务板块。

在武汉站东侧发展会展及配套服务，与高铁站区、中部商贸旅游核心区组成高铁核心经济区，集高铁枢纽与三大产业引擎之力优先发展。发展时序上，近期可以发展高档次的专业型展会以及开发企业会议，远期可发展大型国际会议市场，打造旅游型会展中心。

其运营有以下三个方面的特征：一是由政府或企业投资建设并完善会展设施，凭借优厚政策及硬件设施集聚展贸功能；二是引进龙头企业入驻，以企业直接展售为主，直接面向企业采购人；三是远期逐步发展为 MICE 模式，休闲娱乐与商务、商业、会展协调发展，培育国家级综合会展品牌。

参考国内外案例，杨春湖会展中心近期可以带动核心配套区 60 万～120 万平方米公共建筑体量建设，中远期可带动 135 万～240 万平方米公共建筑体量建设。

（5）公共空间系统

绿地水系相互连通，环绕整个区域，形成具有不同魅力的滨水公共空间。

东湖港、青山港串联东湖风景区与杨春湖，形成具有自然生态魅力的滨水景观廊；火车站前人工渠串联东湖风景区，与杨春湖形成大型开放广场；迎鹤湖公园及周边标志建筑串联东湖风景区与杨春湖，形成具有标识性的环湖景观带；站前中轴线广场及两侧绿色商业建筑串联迎鹤湖公园与站前广场，形成活泼生动的绿色街区。

通过加强迎鹤湖水体同杨春湖、东湖、东湖港、沙湖港等水体的连通，使之成为大东湖生态水网的重要组成部分。

（6）地下空间建设

充分利用空间资源，构建立体开发建设模式，形成以轨道交通为依托的城市地下综合体（图 14-7）。

地下空间开发策略如下。

①依托轨道、综合开发。

以轨道换乘为中心，形成多元功能复合互动的地下综合体。

②核心商业、外围停车。

合理分区布局，提高地下空间经济效益，商业设施向核心区集中，静态交通向周边分散。

③网络交通、整体便捷。

地下轨道交通、地下步行交通、地下车行交通、地下停车设施公共组成一个网络化系统化的交通整体。

④结合地面、复合利用。

a. 充分利用建筑物地下空间，提高土地利用效率。

b. 地下空间立体开发建设模式。规划两条大型地下通道并结合轨道站点形成"街区串联，环道疏散"的地下空间体系（图 14-8）。地下功能设置与地面功能相协调，结合地下主通道形成地下商业区和商业街，临近站区的地下空间部分重点设置餐饮、休闲等功能，为乘客提供便捷的配套服务。

c. 人性化的地下空间营造。在地下空间中引入自然光线，改善地下空间心理感受，提高地下空间品质，

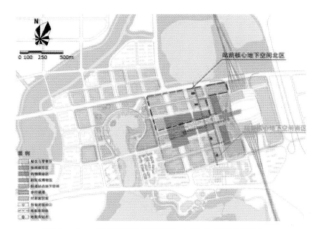

图 14-7　商务区地下空间功能分区示意图

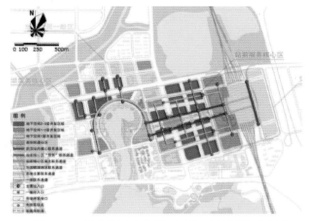

图 14-8　杨春湖商务区地下空间连接通道示意图

提升商业价值。

天庭／中庭采光：局部地下空间设置中庭或地下广场，使用天窗引入自然光线。

采光廊道：以透光顶棚覆盖地下街道。

下沉广场：与地下空间入口相结合，可作为人流集散场所，形成地面到地下的逐步过渡。

技术采光：采用先进技术间接采光，如折射式采光竖井等。

下沉街道：与下沉广场类似，但对地下空间改善效果更好。

（7）建筑群体与建筑风貌

建立多维度、多角度的空间层次，通过对视点、最佳观赏角度、最佳观赏距离及现状条件的综合分析，确定地标点位于迎鹤湖西北角，建筑高度不低于 470 m（图 14-9）。

围绕迎鹤湖布置标志性塔楼，通过"高层低密"建筑布局打造强烈的节点意向，充分体现杨春湖地区现代时尚的文化氛围、滨水开放的城市风貌（图 14-10）。

（8）交通组织

①区域交通优势。

东湖新城将全面共享武汉市航空、铁路、公路之间的无缝换乘交通资源，形成综合优势。

②内部交通组织。

街道层级（Street Hierarchy）：构建快速路、主干道、次干道、支路四级道路体系。

人行系统（Pedestrian System）：规划沿商业街、滨水空间等公共开敞空间建设典型人行道、商业道路、步行广场等步行道路，形成休闲漫游系统（图14-11）。

③特色化慢行系统设计。

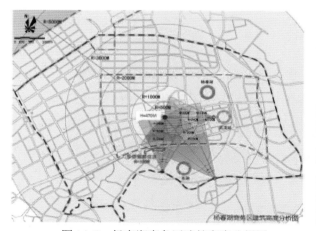

图 14-9　杨春湖商务区建筑高度分析图

图 14-10　杨春湖商务区建筑高度控制图

a. 绿道：规划"连绿通水，开创低碳慢生活"的商务区绿道系统，组织成环成网、串湖串绿的景观绿道体系。在自然生态格局基础上构建绿道系统；通过"网络化"带来综合效益；利用成环成网的绿道系统串联起多类公共空间；通过与轨道站的无缝衔接提高绿道系统的可达性。

b. 蓝道：规划串联起丰富多变的滨水活动空间的蓝道网络，规划三条水上游览线路，串联起丰富的滨水空间。

④多种交通方式换乘。

构建多种交通方式的换乘中心，以实现 100 m 以内可达社区公园和水系，200 m 以内各种交通设施无缝对接，500 m 以内办公、餐饮、酒店、购物配套齐全，1000 m 以内文化、体育、教育、医疗设施覆盖的公交系统，鼓励市民绿色出行（图 14-12）。

⑤ TOD 模式构建。

街区密度空间分布与居民经济文化生活强度具有高度一致性，而公共交通站点（尤其是大运量轨道交通）由于良好的可达性成为交通区位优越的地区，与周边地区的用地性质、开发密度、地租水平、城市景观等要素表现出空间高度耦合的特点。

研究表明轨道交通站点附近的地租普遍较高，开发强度也基本以高强度开发（FAR ≥ 2.5）为主；以轨道交通站点为基准点向外的圈层变化特征是，地租逐渐降低，开发密度表现为中强度开发（1.0 ≤ FAR < 2.5）逐渐过渡到低强度开发（FAR ≤ 1.0）。在接近下一个站点又逐渐上升，直至再次达到峰值，如此往复，呈规律性的起伏变化。日本轨道车站周边的规定容积率为 6～9；深圳地铁一期站点 500 m 腹地范围平均毛容积率为 2.2，部分地块净容积率甚至达到 6.0 以上。

（9）环境景观设施

①铺装系统设计。

铺装系统遵循风格统一、纹样美观、材料环保、规格经济合理的设计原则。

②照明系统设计。

景观夜景照明旨在营造安心舒适的景观环境，并与周边环境和景观环境相协调。

③标志系统设计。

公园内标识系统设计与公园风格统一，具有独立完整的结构，识别度高。

④城市家具布点。

城市家具的合理选择与分布能促进整个商务区景观的协调统一，强化主体与设计概念统一，提升空间的识别性。

城市家具力求从功能与美观两方面入手，倡导生态环保理念，注重景观的公共性创造。结合现有场地特点，在满足功能性的同时，也能展现出空间独特的设计语言，提升空间的识别性。

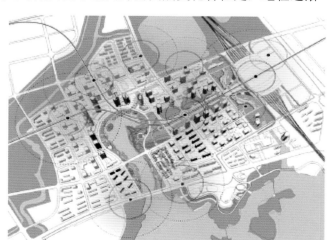

图 14-11 杨春湖商务区公共交通走廊示意图

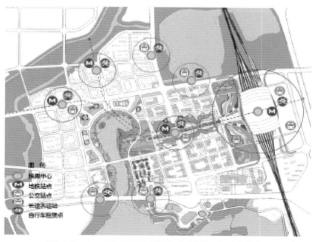

图 14-12 杨春湖商务区交通换乘示意图

（10）景观绿地系统

①公园绿地规划。

集中控制迎鹤公园、东湖港—沙湖港绿廊、杨春湖公园、武汉站东西广场这4处集中公园绿地。以迎鹤湖、东湖港—沙湖港公园及杨春湖公园为绿化核心，依托杨春湖路、团结大道、北洋桥路等规划林荫型景观道路，联系周边生态景观资源，顺应城市风向，塑造绿色生态网络。

②防护绿地规划。

结合三环线、欢乐大道控制一定宽度的防护绿地，以降低快速路对商务区的干扰。

③广场用地。

广场用地主要集中在武汉站东西两侧，目前该广场已基本建成。

④附属绿地规划。

a. 居住区绿地。

居住区公园绿地面积应不低于2平方米／人，条件有限的居住区应满足1～2平方米／人；规划新建居住区绿地率应控制在30%以上，条件有限的地块应达到25%以上的绿地率。

b. 道路绿化。

规划建设的景观道路的绿地率要求大于40%，对条件有限、实施难度大的部分路段，绿地率可放宽至20%。道路绿地按道路等级进行控制，其中宽度大于15 m的道路绿化率不得小于25%；红线宽度小于15 m的道路绿化率不得小于20%。

（11）分图则控制要素

分图则控制要素包括5大类，共27项。其中，土地利用类4项、建筑类3项、景观环境类4项、交通类7项、地下空间类9项。

①土地利用类。

启动区划分为A、B、C三个分区，共12个地块。

项目地块中，商服用地容积率最高为A04地块，约8.6；最低为B01地块，约4.7；居住用地容积率最高为C02地块，约6.1；最低为C04地块，约3.9。

②建筑类。

建筑退距遵守建筑间距与街墙章节关于不同类型街墙退界的要求，并与邻近街景融合。

③景观环境类。

保证各分区内公共空间的集中性与连续性，A地块布置一处连通武汉火车站站前广场和迎鹤湖的中央绿轴，并设置东西向的城市绿道；B、C地块中央应设置集中的公共空间。

临高铁站商业及商务界面设置东西向的空中连廊。

各地块控制打通南北向视线通廊，保证景观观赏的连续性。

④交通类。

地块配建停车位参照《武汉市建设工程规划管理技术规定》（第248号令）设置。

沿B地块和C地块外围共设置2处地下环路，并于玉笛路和云帆路设置4处地下环路出入口。

每处地下环路与周边地下停车库各设置10个连通口，共20个连通口。

对接周边轨道交通站点，于A01、A03、B04地块各预留1处与轨道交通站厅的接驳口。

⑤地下空间类。

严格控制地下空间的位置和边界，利用市政道路下的地下空间需妥善处理好与地下市政管线之间的关系。

启动区地下空间层数控制在2～4层。

除B01、B03、C01、C03地块外，其余地块下均设置地下商业空间，严格控制地下商业空间面积。

于A01、A02、A03、A04地块设置下沉广场，严格控制下沉广场面积，下沉广场的位置和形状可结合方案设置。

A02和A04地块间共设置两处地下连通道，串联两侧地下商业空间。

14.2　城市设计编制特色

14.2.1　城市设计主要项目特点

规划主要体现五个特点：滨湖个性之城、产城融合之城、紧凑集约之城、高效便捷之城、生态智慧之城。

（1）滨湖个性之城

湖、湾、绿是杨春湖商务区的核心自然要素，通过水廊道和滨湖休闲带的建设，营造充满活力、富有魅力的滨水个性空间，向世界展示武汉滨湖新形象。三条指状水廊道，使杨春湖形成特色鲜明、有机联系的"五区三带"空间发展格局，是城市重要的滨水景观和公共活动空间。滨水休闲带，集生态性、景观性、文化性、艺术性于一体，建设节庆演绎公园、休闲水岸公园、两港公园；设置亲水台阶、观湖平台、栈桥等多样化水岸空间，形成高品质的滨水公共活动与休闲娱乐区。

（2）产城融合之城

杨春湖坚持产业集聚发展与城市建设同步推进，促进区域人才、信息、资本等资源的高水平集聚。

站前综合商务区：重点发展金融、信息、贸易、商业等现代服务业，吸引企业总部集聚，打造集中展示杨春湖整体城市形象的核心商务区。

环迎鹤湖商务区：重点发展文化创意、商务办公、酒店、大型集中商业设施、科技服务等现代服务业，打造功能复合的综合发展区。

滨湖旅游区：重点发展旅游休闲、文化创意、旅游地产、商业地产等。

滨水居住区：重点发展住宅产业、休闲购物、娱乐、餐饮等功能配套设施。

站北综合服务区：重点发展现代物流、电商服务、供应链管理、商品交易、零售、餐饮等现代服务业，打造具备区域生产组织中枢和国际供应链管理中心功能的综合枢纽片区。

（3）紧凑集约之城

倡导以都市综合体为主的单元开发模式，鼓励集中成片开发，地上地下统一规划，一体化开发，促进产业集聚，营造都市生活。开发单元鼓励采用功能混合的用地使用方式，在每个单元内，均衡配置办公、商业、居住、企事业单位、休闲等多种城市功能，提倡建筑空间的高度复合，创造均衡、活力、多元、畅达、立体的公共空间，提升城市公共生活品质和综合服务功能。

（4）高效便捷之城

依托高铁、城铁的交通辐射优势，与省内"1+8"都市圈形成"一小时经济圈"；与珠三角、长三角、环渤海、西部经济区四个主要经济区形成"四小时高铁经济圈"。

构建轨道与慢行相结合的城市综合交通体系，形成以公共交通为主导、各类交通方式协调发展的交通模式；规划各类轨道交通4条，构建武汉"半小时通勤圈"。

营造步行优先，畅达滨湖，绿树成荫的慢行系统，提供自行车通行及休闲网络，100 m可达社区公园和水系，200 m以内各种交通设施无缝对接，500 m以内办公、餐饮、酒店、购物配套齐全，1000 m以内文化、体育、教育、医疗设施覆盖。

（5）生态智慧之城

以两港公园和滨湖休闲带为纽带，建设公共开放空间，组织通风廊道，调节城市小气候，减少高密度建设引发的热岛效应，开展分质供水、雨洪利用、区域集中供冷、垃圾自动回收系统，再生水回用的技术应用，通过光纤入户、无线城市、智慧城市控制系统实现与全球信息及时对接；结合低冲击开发，致力建设一个可持续发展的生态智慧城区；建设100%的绿色建筑，其中二星级绿色建筑50%以上，三星级绿色建筑30%以上。

14.2.2　城市设计的创新与特色

一般而言，传统规划具有"先规划后招商，先形态后专项，先地上后地下"的特点，此种工作时序安排往往带来规划设计与后续招商运作不一致，地下、地上空间在功能、形态等方面不协调等矛盾。为此，杨春湖商务区"一体化设计"模式应运而生，打破了传统规划编制、实施、运营彼此相对独立的固有模式。

一体化设计模式主要体现在组织编制模式"一体化"、方案设计"一体化"、运作模式"一体化"三个方面。

（1）"1+N、技术＋协调"一体化组织规划编制模式

杨春湖商务区高度的复合性和有机性决定了其规划设计工作的系统性和综合性，其规划编制应在立足本土的基础上，具备国际化的视野。因此在规划组织上采用本地机构与外地机构联合的"1+N"模式。"1+N"具体体现在以下几个方面：由市规划院牵头，担任设计总承包，各阶段邀请境内外有经验的设计机构共同参与，系统性地完成规划工作。在工作前期，市规划院凭借本土优势，完成现状调研和专题研究工作，形成基础资料集和工作底图；在总体策划阶段则引入相应的院外专业机构，编制功能策划专项，构建"主导＋拓展＋配套联盟"产业格局；在规划阶段，仍以市规划院为主体，完成整体城市设计方案以及人口、建设规模、交通市政、地下空间等专项规划，充分落实市、区政府构想，为后期深化设计构建基本框架；而在深化设计阶段，市规划院则主要负责设计统筹工作，将与多家国内外优秀设计机构合作，从低碳生态研究、新型基础设施专项设计、常规基础设施专项设计以及建筑与环境设计四个方面，继续开展下个阶段的深化设计工作（图14-13）。

为更好地履行设计总承包的职责，市规划院分别组建项目的技术组与协调组：技术组为市规划院项目组与合作机构共同组建的设计联合体，主要负责规划编制设计等技术环节工作；协调组则以市规划院为主，构建相互沟通交流的良好平台，负责组织定期审查、项目交流、日常联络等后勤工作，协调解决规划设计中的重大问题。

（2）"地下—地面—地上"一体化方案设计

"一体化"方案设计即地下—地面—地上一体化方案设计，充分考虑地下空间、交通市政基础设施与地面空间的统筹布局，开展地下、地面、地上一体化设计。

围绕商务区主导功能，构建交通、市政、基本公共服务等杨春湖商务区支撑体系。在网络支撑层面，

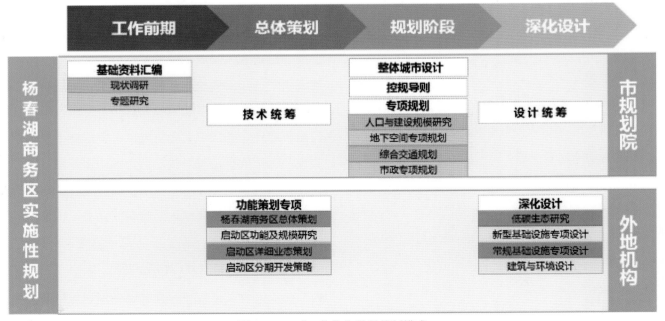

图14-13 "一体化"组织编制模式

建设系统完整、级配合理的设施系统；在节点支撑环节，针对杨春湖商务区的特殊要求，构建设施要素集聚、产业功能突出、地上地下空间高度复合、市政交通设施一体化配置的"设施岛"。

《杨春湖商务区城市设计》的地下空间充分结合地上功能、形态、地形地质勘测成果，综合统筹地下空间利用、交通组织、市政管网综合、设施景观等诸多专项，作为地块建设的前置条件；地面设计环节，明确地面交通组织、景观设计、街墙设计、开敞空间等内容；地上设计环节，进一步细化商业空间的功能定位、市场容量、业态构成和开发运营模式，综合考虑地标、塔楼位置和空间形态等。通过地下、地面、地上一体化设计，构筑功能高度复合的城市综合体。

（3）"产业—规划—实施"一体化运作

"一体化"运作模式即产业—规划—实施一体化运作。项目组开展了产业专项策划，综合统筹杨春湖商务区的产业定位、空间规划、资金融资、招商、孵化、运营等各项环节（图14-14）。

《杨春湖商务区城市设计》充分挖掘东湖文化旅游资源，进行弘扬和创新，并重构组织到新的城市空间中，进而转化为具有核心竞争力的产业优势。在设计初期，项目组即提出"产业策划—规划设计—资本运作—产业引入—孵化培育—运营营销"六位一体的一揽子工作思路，并以某国际知名策划机构及国内文化创意企业为媒介，跨界整合各专业团队。其中，策划机构负责产业策划、规划设计，充分借鉴国内外文化产业发展经验，以"源于文化，行于产业，用于生活，成于品牌"为路径，挖掘环东湖地区文化内涵，以"文化观光"作为核心产业，跨界整合、创新，形成上、中、下游产业链，构建集文化、创意产业、旅游观光为一体的文化旅游小镇；文化创意企业负责产业引入、孵化培育，针对性引入相关产业和专业团队，孵化核心主导产业，使之成为片区发展的吸引点；相关实力机构负责资本运作，通过建设工程量和土地资源的盘整，估算杨春湖商务区建设的开发投入及资金平衡方案。积极探索多种实施运作模式，搭建多样化的资本运作平台。明确重大项目的实施策略、建设时序，提出规划组织、管理和协调机制的建议。

同时，在政府配套支撑环节，武汉市商务局、市土地中心按照杨春湖商务区整体产业谋划统筹开展招商工作。一是与区商务局建立招商引资联动机制，适时就该区域的招商引资工作召开联席会议。二是利用一系列的大型招商、招展的商务活动、国外的招商代表以及国内招商办事处大力宣传和推荐该项目。三是

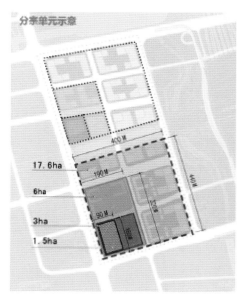
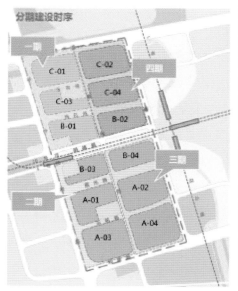

图14-14　"一体化"运作模式

针对目前杨春湖高铁生态商务区现状进行调研，明确招商引资方向及目标客户，重点引进一批国内外知名的企业。最终通过多方合作，共同孵化，共创品牌，共同受益。

此外，项目组长期关注于杨春湖商务区产业发展的动态规划，在建设期内根据招商、建设等反馈问题对规划持续进行优化完善。

14.3　城市设计管理与实施

14.3.1　本地城市设计管理现状

（1）城市设计编制体系

武汉市国土资源和规划局从2008年提出建立"总体—分区—局部"三级城市设计编制体系。总体层面，《武汉城市总体规划（2010—2020年）》特别提出要在城市设计中注意建筑高度和体量控制，创造优美的城市轮廓线，确保对长江、沙湖等水面的通视性，并将"控制城市景观带和望江、望湖的景观视廊"列为强制性内容。分区层面，编制完成了《两江四岸滨水区城市设计》《主城区东西山系景观轴线（蛇山—九峰森林公园）城市设计》，基本明晰城市特色"十"字形景观轴区域的空间形象。局部层面，则针对城市中心、副中心、临山滨水区域、主要交通性和生活性干道等，开展详细规划层面的城市设计编制。目前，已编制完成各类城市设计项目编制60余项，分区和局部城市设计覆盖面积约390 km²（不含东湖、长江和汉江），约占主城区建设用地面积的60%，基本涵盖了主城区内各类特色景观区域和功能区。这些成果在摸清城市格局特色、明确片区空间意向、加强重点规划控制地段的空间形态整合方面，发挥了重要作用。

此外，针对一些需重点控制的城市设计要素如视线通廊、色彩材质、夜景照明等，编制了专项城市设计。近年武汉市国土资源和规划局陆续编制完成《黄鹤楼视线保护控制规划》《武汉东湖天际线控制规划》《武汉市主城区高度管控规划研究》，并专门组织境内外知名专业机构编制完成了《武汉市主城区建筑色彩和材质规划》《武汉市主城区夜景照明规划》等，在社会上引起了广泛关注。

（2）城市设计应用体系

为创建一个良好的城市设计运行环境，自2009年武汉市国土资源和规划局就组织开展了武汉市城市设计编制技术规程的研究工作，在此基础上，先后发布了《武汉市城市设计导则成果编制规定》《武汉市城市设计编制与管理技术要素库》，从技术上指导和规范城市设计成果的编制。2014年，修订后的《武汉市建设工程规划管理技术规定》正式施行，从通则角度修正和新增了建筑面宽、色彩、日照、退让、景观工程等方面的要求，进一步强化了武汉城市空间特色，推进了空间管控的精细化、规范化。2015年，根据国家住房和城乡建设部城市设计法定化新要求，武汉市国土资源和规划局对既有城市设计工作开展了全面梳理和评估，研究制定了《武汉市城市设计管理办法实施细则》，细化了分级分区管控要求、市区管理权限、管理流程等。同时，针对以往局部城市设计成果应用情况中的问题，专题开展了武汉市城市设计核心管控要素体系研究，从更贴近管理的角度出发，重新梳理了7大类、80余项城市设计管控要素，形成《武汉市中心城区城市设计优化技术要求》《武汉市城市设计管控要素查询手册》，使得在局部城市设计优化中，加强管控要素的合理选取和规范表达，使之能更有效地为管理服务。

在规划管理中，武汉市国土资源和规划局重点在规划、建设管理两个环节应用城市设计。规划条件阶段，以控制性详细规划导则为依据，开展地块城市设计论证，细化地块指标控制，2016年以来，已逐步在一些重点功能区如二七商务区、青山滨江商务区等的土地出让中，采用了将部分城市设计管控要求纳入其规划条件的做法。建筑方案审查阶段，则根据地块城市设计、城市设计通则、建筑法规等要求，核实报建方案，并对部分非控制性要素的突破情况进行专题会议讨论确定。

14.3.2 本次城市设计与控制性详细规划的衔接

首先，作为城市重点功能区之一，在杨春湖控制性详细规划导则编制之前，先行启动了杨春湖地区概念性城市设计工作，其主要的"一轴双核五区三带"的空间结构、景观、交通和建筑群体设计理念，在后面的 A0802 规划编制单元控制性详细规划导则指标中得以体现。其次，本次杨春湖实施性规划，又是以已批的控制性详细规划导则为依据，开展进一步深化设计，包括核心区城市设计、启动区详细设计和启动区土地招商等工作（图 14-15）。

14.3.3 本次城市设计成果如何用于规划管理与实施

2014 年 5 月 16 日，《杨春湖商务区实施性规划（城市设计）》设计方案在市规委会审议并通过。为更好地支撑规划管理与实施，根据武汉市 2015 年提出的新城市设计管控要素体系，城市设计方案被进一步提炼形成地块城市设计图则。下一步，城市设计的管控要求将纳入地块出让的规划条件。

图 14-15 启动区详细设计

项目委托单位： 武汉市国土资源和规划局及市土地整理储备中心

项目编制单位： 武汉市规划研究院

项 目 负 责 人： 于一丁、宋洁、涂胜杰、王玮

项目主创人员： 常四铁、周瑾、余俊、肖莹婧、吴俊荻、戴立峰、梁霄、任伟

15 十堰市高铁片区城市设计

15.1 城市设计主要内容

15.1.1 项目区位、周边关系、规划设计范围与面积

（1）项目区位

规划区位于十堰市城区以北 4.5 km、生态滨江新区以南 10 km，是十堰市城市结构中重要的节点，是十堰市未来从主城区向滨江新区发展的纽带与桥梁（图 15-1）。

（2）周边关系

规划区周边功能组团包括昌升物流园、神定河保护区、土门镇等，需要统筹考虑（图 15-2）。

（3）规划设计范围与面积

规划设计范围，北至神定河北侧山体，西至十堰大道—神定河—北环路—郧阳东路—神定河以西山体一线，南至十漫高速，东至山体，包括桐树沟、马家沟、昌盛物流园、李家垸、站前核心区等片区，共 24.43 km²（图 15-3）。

15.1.2 规划背景与拟解决的主要问题

（1）规划背景

①十堰市的城市发展，正面临着重要的转型期与机遇期。

a. 丹江口水库蓄水：城市发展进入生态转型期。

b. 郧县设立郧阳区：十堰与郧阳获得城市发展一体化的重大机遇。

c. 西武高铁十堰站开工建设：城市交通区位优势大幅提升。

②湖北省建立规划设计标准体系，十堰市成为"临山试点"、省内山地城市设计标杆、山城设计典范。

在湖北省建立城市规划与设计标准体系的背景下，十堰市凭借其良好的城市设计基础，将依托本次高铁片区城市设计建立山地城市设计标准，成为"临山"城市设计典范。

③十堰市成为全国管廊城市第一批试点城市，正积极申请海绵城市建设试点。

本次规划设计是十堰市成为全国性试点城市之后的一个重大项目，又涉及高铁站门户建设，需要落实海绵城市及管廊城市的城市建设理念。

（2）规划拟解决的主要问题

规划区是十堰市未来的门户形象，是彰显山势、突出特色的重要城市设计片区，是落实管廊城市与海绵城市的重要示范片区。因此，本次规划设计主要拟解决以下问题。

①特色营造：如何融入生态与地形特色，塑造展现十堰形象的高铁门户。

②山城试点：如何处理山城关系，营造良好山城特色空间景观体系。

③生态建设：如何突出城市安全，建设海绵城市

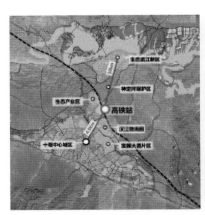

图 15-1 区位图

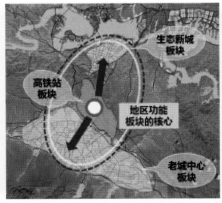

图 15-2 规划片区城市结构作用示意图

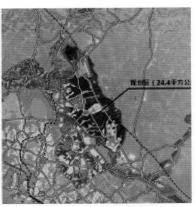

图 15-3 规划范围示意图

与管廊城市典范。

15.1.3 规划目标与愿景、技术路线

（1）规划目标与愿景

在控制性详细规划中，通过高铁建设的外部机遇分析、十堰城市的发展需求分析以及高铁板块的核心价值分析，得出规划区的规划定位如下。

①西武高铁经济走廊中部、四省通衢的重要枢纽。

②十堰市向北发展、走入滨江时代的桥梁。

③展示山地生态、城市文化特色的高铁门户与生态文明建设示范区。

主导功能包括：交通枢纽、旅游集散、商务服务、商贸物流、产业服务、科教研发、生态保育、休闲度假。

（2）技术路线

①落实控规：落实控制性详细规划的用地布局与功能要求。

②确定理念：分析规划基地地形地貌、生态环境和城市文化特征，确定城市设计理念与目标。

③制定策略：依循城市现状与发展目标分析，制定城市设计策略，进行海绵城市与管廊城市研究专题。

④设计方案：落实城市设计策略，形成城市设计方案。

⑤设计落实：对接控制性详细规划图则，制定城市设计图则，有效落实城市设计。

15.1.4 现状调查

（1）地形地貌特征

地形地貌特征：东山西谷、东高西低、蜿蜒绵亘。

①总体格局。

整个规划区的山体较多，属于典型低山丘陵特征，形成东山西谷、东高西低、蜿蜒绵亘的总体格局。山脉的余脉走向较为丰富，整体山脊线感觉较好。

②地质特征。

大部分地区出露岩体为火山喷发式沉积变质岩系，基岩承载力高，变形小，地基均匀性好，是各类建筑物良好的地基受力层，但是工程改造的难度较大，

成本较高。少数区域为松土地基，挖方区域松土膨胀系数约为 10%。

③高程分析。

基地高程在 200～600 m，平均高程在 400 m 左右。基地相对高差较大，最大高差超过 400 m，最高点位于东侧王家山一带，最低点位于西侧神定河河谷一带，地形较为复杂（图 15-4）。

④坡度分析。

基地内坡度普遍较大，坡度在 15°以下的区域约占 20%，坡度在 15°～25°的区域约占 25%，坡度在 25°以上的土地约占 55%，中部昌升商贸物流园地块已经过平整处理。

⑤坡向分析。

由于规划区内存在较多东侧主山脉的支脉，且多数呈东西向，因此基地内部北坡和南坡相对较多（图 15-5）。

（2）土地使用及建设情况

土地使用及建设情况：南北山地村落、中部平整开发。

①用地类别。

现状用地类别较少，主要包含村庄建设用地、工业用地、少量公用设施用地，其中以工业用地和村庄建设用地为主（图 15-6）。村庄建设用地包括桐树沟村、水堤沟村、李家垸村、马家沟村、龙潭湾村（图 15-7）。工业用地包括骄阳汽车离合器厂、康华汽车零部件有限公司、宝旭科工贸等。公用设施用地包括十堰神定河污水厂及建筑垃圾厂等。中部十堰大道两侧有大规模平整场地，其中一部分为商业商务设施用地（图 15-8）。

②布局特点。

村庄建设用地沿腾树沟路及其他乡村道路布局，呈现沿路展开的布局形式。中部新开发区域集中布局。

③建设情况。

南部和北部基本保持原生状态，生态环境良好，

图15-4　GIS高程分析　　　　　图15-5　GIS坡向分析　　图15-6　土地使用现状图

图15-7　现状村庄实景图

图15-8　现状道路（十堰大道、内部乡道）实景图

少量村落沿谷地零散布局，新增开发量较少。中部近年来随着十堰市发展对土地资源的需求，出现大面积平整开发，以商贸类开发为主。

（3）规划批租动态

规划批租动态：已批用地较少，主要集中于中部平整区域。

①批建项目类别。

已批用地主要包括居住用地、学校用地、商业服务业设施用地、市政公用设施用地等几个类别。其中居住用地为李家垭安置区，拟选址用地面积11.7 hm²；学校用地为十堰外国语学校，拟选址用地面积为4.4 hm²；商业服务业设施用地为昌升国际生态商贸城，规划用地面积107.7 hm²，两个加油站、两个加气站，其中一站位于规划区外，四站占地0.5 hm²；市政公用设施用地为环卫所一处，占地0.2 hm²。

②分布特征。

现状已批的用地分布较为集中，大部分项目选址位于规划区中部的大面积平整区域内。

（4）道路交通情况

道路交通情况：单线穿越，谷地内部机动性较差。

①路网结构。

以十堰大道单线南北穿越规划区，基本无其他路网结构。

②道路系统。

十堰大道承载主要的交通职能，但是以过境交通为主，进入内部村庄的道路为桐树沟路及水堤沟路等，道路较窄，选线复杂，路况较差，与外部的联络性不强。

③建设意向。

北环路已完成初步设计，火箭路—机场路、站前路有明确建设意向，但无明确选线，其他道路均在规划阶段，没有完全确定。

（5）规划批基础设施情况

规划批基础设施情况：距离主城较远，基础设施薄弱。

①市政公用设施用地。

主要的市政公用设施用地为环境设施用地，包括十堰市神定河污水处理厂、建筑垃圾厂。

②市政廊道。

主要的市政公用设施廊道为高压输电线路，包括规划区西侧沿神定河的 110 kV 线、规划区中部南北向的 220 kV 线。高压线路采用窄基铁塔，大部分布置在山头，对现状的建设用地影响不大，但对中部平整区域的用地会造成一定影响。

③管网布置。

市政管网基本空白，内部村庄基本雨污混排，就近排入附近沟地河流。

（6）河流水系情况

河流水系情况：利用程度不高，仅作排洪通道。

（7）景观植被情况

景观植被情况：景观资源丰富，植被良好。

（8）其他限制因素

其他限制因素：机场净空、高速公路防护范围。

①机场净空。

十堰机场选址在白浪方块地区，主降方向由西北向东南，机场占地约 2.34 km²。其净空方向呈东南—

西北方向，范围大致在茅箭北部沿福银高速南侧区域，机场 60 m 端净空线和 45 m 侧净空线范围内的区域应严格限制建筑高度，严格控制村镇建设活动。

②高速公路防护范围。

十漫高速公路红线两侧各 50 m 为不可建设区域。

15.1.5　城市设计主要内容

（1）空间分析

①十堰市高铁片区控制性详细规划研究。

规划片区的控制性详细规划研究与本次城市设计协同进行。控制性详细规划研究依托基地对城市的作用、应承担的功能，遵循地形地势，明确了规划区的规划定位，确定了用地功能布局，明确了开发建设强度与建筑高度控制，对本次城市设计进行了有效指导（图 15-9）。

②湖北省十堰市风貌特色规划。

在风貌特色规划中，确定了风貌规划发展目标为聚拥山水情怀的生态之城、地域文化荟萃的文化之都、彰显城市精神的汽车之城。总结"山、水、林、文、城"资源要素，提出五大核心策略：城——构筑城市特色空间；山——塑造有序空间形态；水——构建城市蓝色飘带；林——编织城市绿色网络；文——营造活力公共空间。

（2）特色定位

规划区内地形复杂、山地特征明显。依托山脊和山谷明确、复杂的地形特征，设计范围内形成了若干

　　　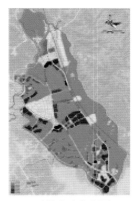

土地利用规划图　　　　规划结构图　　　　开发建设强度控制图　　　建筑高度控制图

图 15-9　控制性详细规划研究图

相对独立的，以"山谷"为地形、生态和景观特征的建设开发区域，形成城市与自然的良好发展关系，成为十堰市独具特色的"山城绿谷"。

（3）空间结构与空间要素

①高铁板块的规划结构为"一三五"的发展结构：一核引领，三轴拓展，五大分区。

a. 一核引领。

以高铁站前核心区作为整个高铁经济区的发展核心，借助高铁站带来的客流、枢纽、形象等优势，塑造地区中心。

b. 三轴拓展。

以十堰大道、规划站前路以及北环路三条道路为高铁经济区功能、空间组织与拓展的轴线。

c. 五大分区。

在生态保护的基础上，合理利用山间谷地，依托各自的区位、交通、生态条件划定五大功能区域。由北到南依次是高铁站核心片区、生态宜居片区、商贸物流片区、养生休闲片区和城市综合示范区。

②功能布局：圈层布局、核心带动。即以高铁站场为核心，圈层式功能布局。

a. 第一圈层：交通服务区。

该圈层组织高铁站区各类车流、人流的动态交通和各类停车场等静态交通，进行系统布局，是综合性交通枢纽、高铁站的交通功能区。

b. 第二圈层：直接拉动区。

该圈层紧邻高铁站区布置各类用地功能，主要包括零售商业、酒店旅馆、文化等功能。

c. 第三圈层：间接拉动区。

该圈层位于高铁站区外围，主要功能包括居住、商务、度假休闲、公共服务、商贸市场、物流仓储、工业等。

③分区构建空间要素结构：东高西低、沿西侧一带的山脊线分为五大片区。

设计片区地形复杂，整体呈现东高西低的格局，可建设用地主要分布在设计范围内的西南一侧。设计范围内存在四条最为明显的山脊线，加之神定河分割，将西南一带整体分为五大谷地片区。

规划基地以山地地形为主要特征。为遵循基地特性，本次方案整体采用组团式布局，形成高铁站核心片区、生态宜居片区、商贸物流片区、养生休闲片区、城市综合示范区五大片区。空间要素结构的设计基于分片区的基础上进行。

（4）景观风貌系统

①生态格局：保护基底、通廊连绿、散布斑块。

以突出山体特色和保护生态系统为目标，依托基地山体地形格局和良好的生态植被覆盖情况，顺应山势，建构生态网络系统，形成"生态基底＋生态廊道＋生态斑块"模式（图 15-10）。

a. 生态基底。

以山体及其植被为依托，突出其地形和生态特征，塑造良好的生态格局基础。

b. 生态廊道。

高铁片区卫星图片　　　　生态基地示意图　　　　生态廊道示意图　　　　生态斑块示意图

图 15-10　十堰高铁片区生态要素示意图

以山体和带状道路绿化为依托，串联城市建设用地内的生态用地与周边环境。

c. 生态斑块。

城市建设区内部的城市公园等绿化用地，通过生态廊道与系统相衔接。

②景观格局：东山为屏、山脊为脉、道路为廊、节点为心。

根据山势地形和生态基础，形成以十堰地形地貌为基础的景观格局。结合城市建设用地内的道路绿廊和城市公园，共同组成十堰高铁片区的景观格局。

a. 山脊为脉。

以从东向西延伸的若干山脊线为脉络，划分各个片区和城市组团。

b. 道路为廊。

以道路绿化为廊道，联通各个片区和城市组团，形成景观网络系统。

c. 节点为心。

以城市空间内的山体公园为重要节点，与廊道相连，融入整体景观格局。

③山城互望、彰显山城特征。

a. 山势分析：山脉绵延。

基地内东部山脉最高山峰达 640 m，延绵的山脊线是基地内山势走向的重要特征。从东部向西延伸的指状山脉也是片区山势的重要特征。根据十堰高铁片

区的山地特征，本次规划设计制定了山城互望的视线体系，以彰显十堰山城特征。

b. 山上看城：现山谷、览城景。

山上对于城区的俯瞰是山城独有的景观视角。选取可以看到山谷特征和城市重要节点的观城点，确定观城视域，对于视域中的近景、中景和远景提出建设控制要求。

在山上看城的视域中，以 500 m、1500 m 为界，将景观分为近景、中景、远景，对于不同区域内的建筑高度提出不同的控制要求（图 15-11）。

近景（500 m）：要求以低层、多层为主，禁止小高层、高层建筑，对近景建筑要求精细，强调景观。
中景（500 ～ 1500 m）：可以有小高层、高层建筑。
远景（1500 m 以后）：大的背景及关系，控制城市天际线。

c. 城中看山：留山脊、显山峰。

城中可以看山是彰显山城特色的重要景观塑造手段。选择重要的观山视点，进行视域和视廊的控制（图 15-12）。

一级视点：对于展现山城空间具有重要作用的试点，主要包括高铁站前广场、十堰大道与北环路交叉口商业办公节点、站前路与北环路交叉口处文化节点。

形成视域内重要视点的建筑高度控制在背景山脊线的 1/3 以下，可以部分突破，但应与山脊线形成良

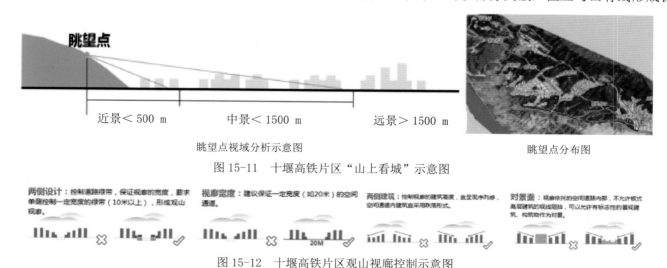

图 15-11　十堰高铁片区"山上看城"示意图

图 15-12　十堰高铁片区观山视廊控制示意图

好关系。

不能保证山脊线完整显现的情况下,以显露山峰为目标,预留观山视廊,对视廊内的建筑提出控制要求。

二级视点:各片区内公共活动节点,主要结合公共中心和开放空间布局。

(5)公共空间系统

①山城开放空间系统。

在城市空间中,依托山地的地形和水景景观等自然特色,结合道路系统和用地布局,形成以公园和广场为主、景观绿化和防护绿化为辅的开放空间系统(图15-13)。

公园:按照级别分为城市公园和社区公园。其中城市公园按照公园设计主题及特色,可分为山体公园、康体公园、社区公园。

广场:以高铁站前的广场序列为主。其余用地形成以商业广场、景观广场、社区公共活动广场等组成的广场体系。

②特色山城步道系统。

结合山体生态环境与谷地中的景观节点,建设完整的景观步道系统,形成山城特色体验路径,组织多项户外活动。

步行道路依据其周边环境,分为山地步道、滨水步道、城市步道,步行道路沿线布局相应的景观节点,如山地节点、滨水节点、城市节点等,作为户外活动的依托。

③山地步道和山地节点。

山地步道依托山地地形和生态环境建设形成,组织徒步、观景、野营等活动,是山城步道的重要组成部分。山地步道衔接重要的山体景观节点,是体现十堰山城特征的重要设计要素。

④滨水步道和滨水节点。

神定河是片区重要的景观生态要素,以神定河为主干延伸出的滨水系统是增强片区活力和特色的重要部分。

⑤城市步道和城市节点。

城市步道依托城市功能节点和开放空间,与步行、

十堰高铁片区山看城视域分析图　　十堰高铁片区域看山视廊分析图　　十堰高铁片区开放空间布局图　　十堰高铁片区步道系统示意图

   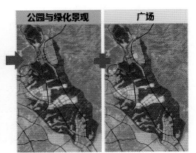

图15-13　十堰高铁片区开放空间形成示意图

自行车等交通衔接。城市步行系统与山地和滨水步行体系相衔接，共同形成展示十堰山地特色的山城特色步行系统。

（6）建筑群体与建筑风貌

根据各片区功能定位和地形分隔，划分如下五大文化建筑风貌分区。

①高铁站核心片区：现代大气的城市形象区。建筑风格以现代建筑为主，采用现代材料与传统造型。

②商贸物流片区：简约高效的产业形象区。建筑风格以现代建筑为主。

③城市综合示范区：生态活力的城市综合区。建筑风格以现代建筑为主。

④生态宜居片区：山环水绕的特色居住区。建筑风格以融入传统建筑符号。

⑤养生休闲片区：传统与现代共融的城市休闲区。建筑风格以新中式院落建筑为主。

（7）环境景观设施

环境景观设施的布局与风格应与片区整体风格相协调。高铁站核心片区、商贸物流片区、城市综合示范区以现代建筑为主，其环境景观设施也应以简洁现代的风格为主，造型为朴素自然的风格。生态宜居片区、养生休闲片区结合片区功能，其环境景观设施应多考虑休憩性，体现亲切尺度与实用性的结合。

（8）分图则控制要素

城市设计图则是落实城市设计的重要指导性文件。根据规划区特征，采用"分层、分系统"的图则控制体系。

分层：采用"整体—分区—单元"三层次图则进行设计控制。

分系统：将控制要素分为空间格局系统、街道系统、建筑风貌系统、开放空间系统、环境设施系统。

其中，空间格局系统中包括山水空间格局、山城景观空间格局、山城视线通廊系统、节点与地标系统、轴线与界面系统、开放空间系统、分区划分、城市天

际线；街道系统包括街道等级、空间尺度、街道界面、道路绿化、地块出入口、道路交叉口、人行道；建筑风貌系统包括建筑功能、建筑群体组合、建筑尺度、建筑风貌；开放空间系统包括绿化空间、公共空间、山城视线通廊、滨水空间；环境设施系统包括广告系统、雕塑小品、街道设施、夜景照明。

15.2 规划管理与实施

15.2.1 本地城市设计管理现状

十堰市于 2011 年组织编制了《十堰市城市风貌特色规划》，对中心城区整体风貌提出了要求。2016年 4 月，市政府印发了新版《十堰市规划技术管理规定》，按照《十堰市城市风貌特色规划》对建筑面宽、后退道路距离等城市设计内容进行了严格控制。

目前，城市设计管理主要体现在建筑方案审查阶段，通过控制建筑方案的后退道路距离、建筑高度、建筑面宽、视线通廊、建筑色彩等方面来实现。

15.2.2 本次城市设计与控制性详细规划的衔接

本次城市设计在控制性详细规划的法定性基础上，增强了对于城市特色、城市空间的设计和引导控制，与控制性详细规划一起，共同实现对城市空间建设的控制和引导（图 15-14）。

（1）图则对应控制性详细规划管理单元，弥补控规空间控制不足

相比于控制性详细规划对用地功能、开发强度、市政设施等方面的控制，本次城市设计在这些法定性要求的基础上，更加注重对于城市空间的设计和引导，城市设计管理图则范围与控制性详细规划的控制管理单元进行统一，弥补控制性详细规划在城市实际空间建设控制中的缺项（图 15-15）。

（2）以控制性详细规划的刚性控制为基础，增强空间弹性控制引导

相比于控制性详细规划中刚性的控制内容和指标，本次城市设计在满足刚性要求的基础上，对城市

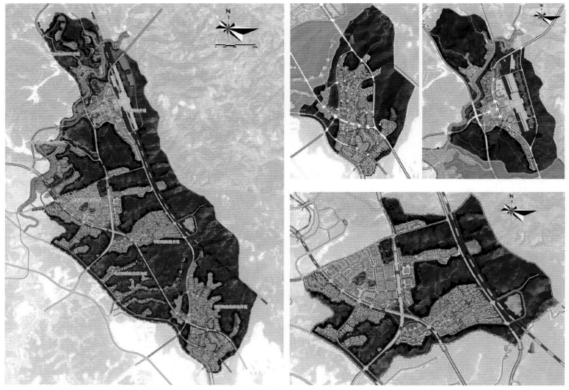

图 15-14　规划总平面图

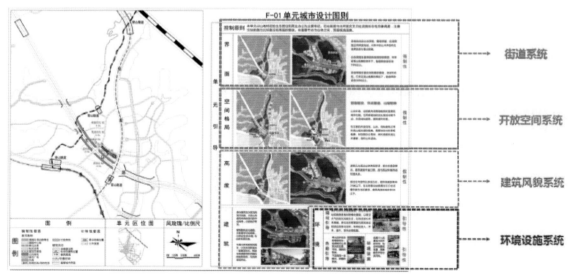

图 15-15　单元城市设计导则

空间要素进行弹性控制，建立起规定性指标与引导性指标相结合的控制体系，保证城市建设的顺利实施。

（3）突出十堰地形地貌特征，彰显城市空间特色特性

十堰高铁片区具有明显的山谷地形特征。本次城市设计项目以彰显城市地形特色为目的进行规划设计，尊重原有地形，城市空间呈组团式布局，通过对地形与视线的分析，形成对城市空间的控制引导，彰显城市地形特征。

15.2.3　本次城市设计成果如何用于规划管理与实施

本次城市设计为有效应用于规划管理与实施环

节、指导城市空间建设，结合控制性详细规划进行了城市空间设计导则的制定。

十堰市地处山地地区，为彰显山城特色，应在详细分析地形与山城关系的基础上，结合现有法定规划编制体系，建构起适用于山城城市设计及导则的制定架构，在保证规划可实施性的基础上，塑造山城特色。

（1）设计图则与通则结合

针对十堰市山地地区的特殊情况，城市设计导则是由城市设计通则和城市设计图则两部分构成的，形成"一般要素通则控制、重点地区图则控制"相结合的控制体系。

具有山城特色的城市设计通则，在一般城市设计通则的基础上，增加了山体保护、山城步道系统、山城视线系统等通则控制要求。

在图则的控制要求中，尤其针对突出山城空间特色的控制要素，对山体视廊、建筑天际线等提出具体的控制要求。

（2）设计图则针对性分层制定

根据十堰市的地形特征和实际情况，依据山城分析方法得出的结论，本次高铁片区城市设计图则分成四个层面进行控制，兼顾整体性结构示意和具体的要素控制。图则区分整体层面、片区层面、单元层面、地块层面，整体层面和片区层面主要进行设计结构示意，单元层面和地块层面主要负责落实设计和指导实施。四个层面关于设计的结构性要求逐层递减，关于落实的实施性要求逐层增强。

整体层面通过山城分析方法，建构山城总体空间格局，明确重要空间要素的结构性布局。

片区层面落实整体层面结构，通过分析架构片区层面结构，明确片区层面重要要素的空间布局。结合控制性详细规划管理单元，划定城市设计单元。

单元层面落实整体和片区层面结构要求，划定空间要素，控制空间布局。

地块层面落实单元层面控制要求，详细阐述地块涉及的诸项空间要素的控制要求，指导规划实施（图15-16）。

（3）以开发范围提供城市设计导则

导则的核心用途在于指引具体地块的开发满足城市空间设计的要求。针对具体的开发范围对开发商提供相应导则，明确政府城市设计的控制内容。随着一次性开发地块的面积的增加，逐步提供更高层次的图则，使开发商能更加明确整体的结构性设计意图。

单个地块开发为开发商提供地块图则和城市设计通则，多个地块开发为开发商提供单元图则、地块图则和城市设计通则，整个分区的整体开发为开发商提供分区图则、单元图则、地块图则和城市设计通则。

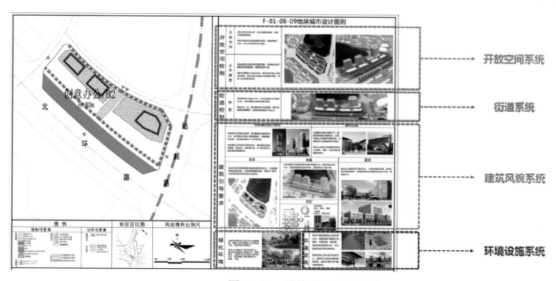

图 15-16　地块城市设计导则

15.3 城市设计编制特色

15.3.1 项目特点和城市设计研究的内容

本次项目针对十堰市高铁站区域的特殊性，在城市设计层面，采用了创新的设计方法，针对可建设用地的选取、山城关系等内容进行了重点研究。并根据十堰市目前建设海绵示范城市、综合管廊示范城市的要求，在城市设计中增加了关于海绵城市与管廊城市的设计专题。本次项目的重要特点如下。

（1）高铁片区发展定位的特殊性

十堰市高铁站是西武高铁连接线中的重要节点，也是十堰市从老城区向滨汉江发展的重要跳板。在十堰市开展生态文明建设的背景下，对于片区发展的规划定位与特色定位，提出了很高的要求。因此，规划一方面结合城市的发展需求、地区的核心资源提出了"西武高铁经济走廊中部、四省通衢的重要枢纽；十堰市向北发展、走入滨江时代的桥梁；展示山地生态、城市文化特色的高铁门户与生态文明建设示范区"的功能定位；另一方面，结合地段的核心生态要素、空间要素提出了"山城绿谷"的特色定位，从而为高铁片区的规划、发展与建设确立总体基调，指明发展方向。

（2）土地利用的特殊性

十堰市本身地处我国秦巴山脉交汇处，高铁站选址所在的位置，正是十堰市尖山山脉和园山山脉的中部区域，地形较为复杂。高铁站区域较大的用地需求和用地空间局促之间的矛盾较为显著。本次规划在对比多处已建设高铁站的实际运营情况和空间利用情况的基础上，提出在站前核心区保障用地规模，适当改造地形，其他区域以保护自然地形为主，并特别针对土地利用进行了专题研究，作出用地适用性评价，确定建设用地的范围以及生态红线的范围。

（3）山城空间的特殊性

十堰高铁片区本身的空间系统非常有特色，山谷相间，沟壑纵横，如何利用这种自然山地的空间特色，

打造出富有山地城市特色的高铁片区，对于片区的特色营造以及未来的形象打造至关重要。本次规划结合这一特征，提出了山城眺望系统，从山看城市以及城市看山两个层面，对高铁片区的城市空间、建筑高低、天际线等进行了总体控制，明确制高点、眺望点、视线通廊的具体位置与控制要求，凸显十堰高铁站的山地特色。

（4）生态文明建设的特殊性

十堰市本身处于我国山地地区生态敏感地带，近年来随着丹江口水库的蓄水、南水北调工程的启用，其生态建设要求进一步提高。2016年，十堰市被正式列为我国第二批综合管廊城市试点城市，目前正在积极申报海绵城市建设试点。因此，生态建设在本次高铁片区的城市设计中至关重要。本次规划在合理确定地区生态红线、生态格局的基础上，针对管廊城市、海绵城市如何在高铁地段落实，进行了专题研究，并提出了相应的研究结论，指导项目的实施与建设。

（5）城市设计编制要求的特殊性

十堰市被湖北省建设厅列为湖北省"临山"城市设计试点，对于山地地区的城市设计如何编制，如何提出城市设计导则以及如何落实城市设计都提出了较高的要求。本次规划在这一背景下，针对山地城市设计导则的编制进行了大量的研究，提出了架构体系、确定系统、落实指标、控制内容四个层面的城市设计导则要求，形成了完整的城市设计导则控制体系。在这一基础上，形成了城市设计导则控制的成果。

15.3.2 城市设计创新与特色

（1）创新点一：多因子用地评价系统与土方估算

在十堰市高铁片区的城市设计中，由于山地地区地形地貌十分复杂，必须确定合理的建设用地范围与边界。本次规划在控制性详细规划及城市设计的工作中，针对现状用地条件，进行了多因子的用地分析，首先对坡度、植被、水系、高程等自然因素进行了单

因子评价，然后对道路影响、规划愿景、市政设施、铁路影响等发展因素进行了单因子评价，最后将自然因素与发展因素相互结合，共同形成多因子的用地综合评价体系，最终得到片区的用地评价结果，并在用地评价结果的基础上，划分禁止建设区域，确定生态红线，划定适宜建设区域，确定建设用地的基本规模，划定限制建设区域，为片区的发展与建设留有一定的弹性空间。并在此基础上，结合规划方案，进行土方调整的方案估算，从而使得城市设计方案的可实施性得到极大的加强。

（2）创新点二：山城眺望系统与城市空间控制

高铁片区位于典型的鄂西北山区之中，山地空间具有显著的特色。在本次城市设计中，建立了山城眺望的系统，并以本系统为基础进行城市、山体空间的整体控制。在从山体看城市这一角度上，城市设计结合周边的山体，确定了13个重要的眺望点，并在城市设计中将其规划为山体公园，可在未来的片区发展中，通过观景步道、观景平台进行连接和布局，形成片区重要的观景视点。在对于眺望点的景观设计与控制中，提出了近、中、远三个景观层与建筑界面，并分别提出该层面的建筑高度控制要求。在从城市看山体这一角度上，城市设计确定了重要的视点与视觉通廊，保障城中能见山、城不压山的设计理念，控制建筑物高度总体上突破山体高度的三分之一，局部允许地标型建筑进行突破。

（3）创新点三：城市设计与生态建设相结合

结合十堰市目前打造海绵城市、管廊城市试点城市的发展要求，在城市设计中对高铁片区进行了海绵化设计、综合管廊布局的专项、专题研究。提出了山地城市的海绵化指标体系，融合在城市设计中，并且提出了具体的海绵化设施的布局与设计要求。在综合管廊的布局中，提出结合自然地形地貌、组团布局与高差，打造分布式综合管廊系统，实现更加具有可操作的生态市政系统建设。同时，城市设计中提出，桐树沟区域便捷联系高铁站与机场，区位条件优越且空间相对独立，规划建议将桐树沟区域作为十堰市生态文明建设示范区来打造，整合多方面的先进技术与资源，作为十堰市未来生态文明建设的示范区，布局海绵化雨水公园、综合管廊展览馆等功能，形成海绵城市建设、综合管廊建设的对外窗口。

（4）创新点四：城市设计导则四步骤体系

本次十堰市高铁片区城市设计，是十堰市打造湖北省临山城市设计的重要试点项目。本次城市设计中，对于城市设计导则进行重点研究，力求加强城市设计的可实施性与可操作性，加强与法定规划体系的对接。建立了城市设计导则的四步骤体系：第一步架构体系，从成果形式上，明确将成果分为通则、图则两部分，通则控制整体性内容，图则在空间层面上划定为整体层面、片区层面、单元层面与地块层面，与法定控制性详细规划体系进行无缝对接；第二步定系统，确定城市设计导则中要控制的系统类别，包括空间格局、街道系统、建筑风貌、环境设施、开放空间等，在不同的空间层次上，系统控制有所侧重；第三步落实指标，将各个系统控制的控制要素进行细化，提出控制引导指标体系，分为强制性指标与引导性指标两类，弹性控制与刚性控制相结合；第四步控内容，明确各个层面具体要控制的内容，包括文字描述控制、指标控制、图则控制等形式，共同形成对于城市控制引导的总体内容。

项目委托单位： 湖北省十堰市规划局

项目编制单位： 上海同济城市规划设计研究院

项目负责人： 江浩波

项目主创人员： 刘磊、刘峰成、吴怨、张健、杨阳、卞晶喆、吕钊

16 宜昌市点军滨江绿色示范区城市设计

16.1 城市设计的主要内容

16.1.1 项目区位与周边关系、规划范围面积

（1）项目区位与周边关系

项目位于宜昌市点军区巴王店片区内，与宜昌老城区西陵区隔江相望，依托庙嘴大桥与夷陵长江大桥相连。

从点军区的尺度来看，项目位于巴王店片区与南站片区交接处，重点依托宜昌体育中心、医疗中心、南站物流中心、教育科研基地、宜昌火车南站等大型设施，发展文体休闲、商贸服务、教育科研、物流加工等产业。东面与点军区的行政中心——卷桥片区相邻，西面与点军区的高新技术产业区——点军工业区相接，是承东启西的重要节点。

而从巴王店及南站片区的尺度来看，项目位于巴王店片区的西侧，以发展创意产业功能为主，东与奥体中心板块相连，北与生态社区板块相接，南与南站商贸板块相邻，西与点军战略性新兴产业园相望，是联动多个板块的关键位置，对于扩大奥体中心影响辐射能力、增强宜昌南站经济带动作用有重要意义（图16-1）。

（2）规划范围面积

项目规划范围北至点军大道、东至江南二路、南至将军一路、西至黄家棚路，规划面积为198.18 hm²（图16-2）。

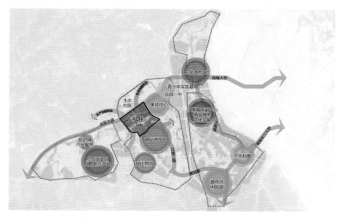

图16-1 项目区位与周边板块的关系

图16-2 规划地块

16.1.2 规划背景与任务理解

（1）规划背景

①中央城市工作会议再度召开，要求加强生态文明建设与城市特色塑造。

2015年12月20日，中央城市工作会议时隔37年后再度召开，明确了中国未来城市发展建设的价值导向。会议树立了"创新、协调、绿色、开放、共享"的发展理念，强调了生态文明建设与城市特色营造的重要性。提出要统筹生产、生活、生态三大布局，实现生产空间集约高效、生活空间宜居适度、生态空间山清水秀；提出要着力塑造城市特色风貌，提升城市环境质量，走中国特色城市发展道路。点军绿色生态示范城需要紧跟中央城市发展与建设的最新理念，积极探索城市生态文明建设的最新模式，重视城市环境特色的雕琢塑造，成为宜昌未来城市发展建设的典范。

②作为长江经济带上的重要节点，宜昌亟需提升城市能级，积极参与区域竞合。

《长江经济带发展规划纲要》的出台标志着长江经济带正式从概念走向现实，未来的区域竞争与合作将愈趋激烈与频繁。作为长江中部城市群中的重要节点、湖北省第二大城市，宜昌地处渝鄂湘三省市交汇地、西控巴蜀、下引荆襄，以"三峡门户""川鄂咽喉"

著称，对推动长江中部城市群崛起、建立湖北渝湘的区域联系有重要意义，亟需提升城市能级，成为具有高联系性与强辐射力的区域性中心城市。

③点军是宜昌跨江发展、探索城市发展新模式、驱动新兴产业发展的战略前沿。

作为宜昌跨江发展的关键节点、打造现代化特大城市的重要抓手，点军是宜昌扩展新发展空间、探索新发展模式、推动新经济产业发展的重要载体，将以打造"宜昌滨江生态新城区、湖北绿色示范区、国家自主创新示范区"为目标，在产业经济方面积极对接"中国制造2025""互联网+"等新经济发展潮流，推进支柱产业高端化、高新技术产业化、战略性新兴产业规模化，加快构建有优势的现代产业体系；在城市建设上，积极探索城市低碳生态建设模式，实现生产、生活、生态的高质量融合，城市环境、城市特色、城市文化的大幅度提升。

④点军绿色生态示范城已经从概念策动进入到推进实施阶段。

当前，点军绿色生态示范城已经从概念策动进入到推进实施阶段，为落实上级领导工作部署，加快推进点军绿色生态示范城的开发建设，在《宜昌点军分区规划》《宜昌点军绿色生态示范城绿色生态专项规划》等既有规划的基础上，有必要面向开发实施，选取重点片区开展规划设计工作，一方面落实绿色生态建设要求，明确具体开发思路与推进抓手，便于领导决策，为后续的项目开发实施奠定前期基础；另一方面，通过描绘绿色生态、高品质、有特色的发展蓝图，探索绿色生态示范亮点，获得广泛的认可和支持，提高绿色生态示范城的影响力。

（2）场地特点

①背山面水，自然环境优越。

规划区内生态要素丰富，有"一河一谷一丘陵"之称（图16-3）。长江一级支流——桥边河从规划区中央蜿蜒而过，河傍两侧河谷视野开阔，四周被低山丘陵包围，郁郁葱葱，呈现出"重丘叠翠、山水相连、山清水秀"的优美自然景观。

②规模小巧，但想象空间大。

规划区面积约为200 hm²，形态方正。虽然放在中国城市建设的规模尺度来看，规模较小，但许多欧洲城市的功能区规模就在1～3 km²。斯德哥尔摩的哈默比湖城规模为200 hm²，但它是欧洲最有名的低碳生态城市；伦敦城规模为290 hm²，但它是世界最顶尖的城市核心；200 hm²，是打造城市精品功能区的理想尺度，具有极大的想象空间。

③建成度小，可塑性强。

规划区现状以非建设用地为主，占规划区面积的90%。建设用地主要以村庄建设用地为主，主要分布在桥边河西北侧及公路沿线。考虑到规划区内现状建成度较低，未来的可塑性强（图16-4）。

④发展要素初步集聚，发展潜力巨大。

规划区毗邻奥体中心，周边文化教育资源丰富，集聚有湖北首个综合体育园——奥体中心、宜昌市一中、青少年实践基地等文化体育类公共设施；此外，与物流枢纽——宜昌南站、主要干道——点军大道距离近，交通条件较好。

（3）现状问题

①存在水环境污染破坏、空气质量差、雨洪内涝等生态问题。

a. 水环境遭到污染破坏。现状调研结果显示，规划区内农村生活污水及废弃物、农业面源污染对桥边河水质及水生态保护构成压力，主要表现如下：现状河滩地被侵占，开辟为菜地或柑橘园等；生活垃圾随意倾倒，河岸垃圾堆积严重、河道内垃圾散布；排水渠内藻类疯长，水体富营养化严重。

b. 空气质量差。规划区为河谷地形，导致规划区低空常存在逆温层、等温层，这些稳定的大气层结不利于低层空气中的悬浮颗粒物扩散到高空，从而易出现雾霾天气。

图 16-3　规划区地形地貌情况

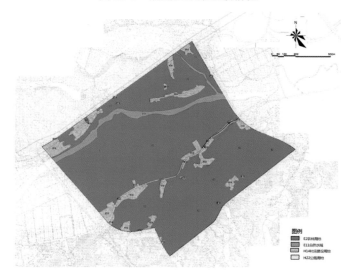

图 16-4　规划区土地利用现状图

c. 存在一定的雨洪内涝风险。规划区现状以林地、菜地等透水性下垫面为主，未来开发若建设为大面积的不透水地面，将导致雨水下渗能力减弱、地表径流增加，水文格局的改变将增加洪水内涝、水土流失等环境风险。

②与老城区跨江相望，联系多有不便。

规划区与宜昌老城区西陵区隔江相望，虽然两地直线距离仅为 5 km，但中间被长江所隔，来往只能依靠庙嘴长江大桥、夷陵长江大桥等为数不多的跨江大桥，交通联系尚不便捷。

③现状产业经济发展基础薄弱。

规划区周边的产业基础薄弱，仅有长江铝业公司、湖北龙腾红旗电缆集团等少量零散的工厂，缺乏明确的产业发展方向、规模化的产业集聚空间、品质化生活与生产服务配套，对高新技术产业的吸引力有限。

（4）规划重点

综合考虑规划背景、场地特点与现状问题，本次规划将以下列四个方面内容为重点。

①具有示范输出价值的宜昌低碳生态新城建设模式。

针对水环境污染破坏、空气质量差、存在雨洪内涝风险等生态方面的问题，从水生态修复、微气候优化、城市韧性提升、低扰城市建设等角度出发，探索契合宜昌环境特点与发展基础的、具有示范输出价值的低碳生态新城建设模式。

②文体设施引领下创新创意型新经济产业的孵化培育方式。

扬长避短，利用规划区周边文化、体育等公共服务设施集聚的优势，弥补产业发展基础薄弱的问题，借鉴国内外文化创意型新城的建设与发展经验，明确创新创意型产业的发展需求，探索文体设施引领下创新创意型新经济产业的孵化培育方式。

③走在生活方式与消费需求前沿的特色化城市环境塑造。

秉承用品质生活、特色环境吸引创新创意群体的理念，紧跟如今的绿色健康生活方式与个性化、体验型消费需求，依托规划区重丘绿水的自然生态环境，利用滨水、依山等景观价值空间，植入有助于激发公共交往、体验型消费与健康生活的空间产品，塑造有魅力、有特色的城市环境。

④服务开发建设的财务测算与精细化设计管理。

针对点军绿色生态示范城从概念策动进入推进实施阶段的需要，规划将指导实施、服务开发建设作为规划设计的重要前提，通过项目策划、财务测算、精细化的规划设计指引等方式，为规划区的开发建设提供可实施的项目抓手和可操作的设计指引。

16.1.3 规划目标与愿景、技术路线

（1）规划目标与愿景

规划以"创智绿谷"为总目标，突出绿色生态的特点，将规划区打造成丘水生态城市新标杆、宜昌绿色可持续名片、鄂西海绵城市样板区、绿色市政集成示范区；彰显其智慧创新功能，将规划区打造成点军业、居、游复合发展的动力引擎，宜昌创新驱动的文创产业集聚区；强化其城市特色，将规划区打造成中国智慧、夷陵风情的全方位可持续营城典范。

（2）技术路线

本次规划从宜昌的发展需求出发，结合规划区发展基础与现状场地环境条件，以"创智绿谷"为设计理念，融合发展需求与场地条件，统领生态、生活与产业价值，从城市生态、功能组织、特色彰显、技术集成四方面着手，为规划区制定适宜的规划设计策略。

①奠定绿色空间基础。利用多种生态设计手法强化地方的城市生态本底，借助重丘绿水等自然生态资源营造优美舒适的环境品质，提升城市土地价值。

②打造创意产业集群。以文化创意产业的企业与人群的需求为出发点，吸收国内外先进文创新城的发展经验，打造有助于文创产业发展的产业型项目、有助于吸引文创群体的特色消费项目及有助于满足文创群体高生活标准的服务配套项目，推动文化创新产业发展。

③营造特色城区景观。利用规划区的山水资源，以通山达水为目标，对城市天际线、开发强度、高度、建筑组合形态等方面进行设计，打造显山露水、舒适宜人、形态优美的特色城区形象。

④点军模式下的技术集成。结合点军的城市发展目标、地方环境特点、经济发展水平，从水资源利用、能源高效利用、资源循环利用、智慧城市四大系统出发，集成海绵城市、水生态修复、太阳能、地源热泵、共同沟、分布式能源、餐厨垃圾处理、智能设备八大技术，打造高效的低碳生态技术集成模型。

此外，积极将蓝图向现实传导，通过项目策划、财务测算、精细化的规划设计指引等方式，为规划区的开发建设提供可实施的项目抓手和可操作的设计指引，服务于规划区的建设实施。

16.1.4 现状调查与专题研究

（1）现状调查

综合资料收集与实地踏勘，全面系统地了解规划区及其所在片区的现状发展与建设情况。采集规划区所在片区的地形图、卫星图片、水文气象数据，分析研究巴王店、点军区、宜昌市的相关规划，并在场地范围及周边进行实地踏勘，利用无人机进行低空拍摄，更好地掌握规划区的全貌。

（2）绿色生态适宜性先进技术专题

该专题对规划区的生态环境与资源进行了系统全面的梳理，识别出规划区潜存水环境破坏、雨洪内涝、雾霾浓重等问题，并针对上述问题，从修复生态环境与降低城市建设干扰两方面出发，提出水环境修复与微气候优化方案，并结合规划区条件，对适宜的低碳生态技术进行筛选，提出涵盖四大系统、八大技术的点军低碳生态技术集成模型。

（3）定位及开发产品策划与财务测算专题

该专题对宜昌的整体发展情况，尤其是产业发展情况与居民消费需求进行了清晰的梳理与深入的研究，并结合规划区的区位条件、环境特点与上位规划要求，将规划区定位为以文化创意产业为主、体育休闲为特色、兼具创新创业功能的文创型新城（图16-5）。

在此基础上，以创意产业与体验型消费为两大关注点，对宜昌现有的产业与消费空间产品进行分析，并策划差异化、品质化的空间项目。

最后面向实施，对规划方案进行财务测算，为开发建设决策提供依据。

16.1.5 城市设计主要内容

（1）地块空间及功能关系分析

根据《宜昌市城市总体规划（2011—2030）》，点军组团发展为滨江生态新住区，承担体育休闲、文化产业、教育科研、度假疗养等功能。在这样的职能背景下，由于长江的天然阻隔和江南（点军区）发展的足够规模，点军的发展呈现出联动江北、自成一体，同时又区别于江北、差异化发展。位于点军区中部的滨江绿色示范区、奥体中心以及南站片区，由于东临紫阳—李家河文化商贸—都市工业组团，成为了引领城市跨江拓展的关键节点，是点军承东——生活性功能、启西——产业性功能的动力引擎。滨江绿色示范区承担商务商业、文化娱乐、康体休闲、产业服务等功能，三者相互支撑，源源不断地为点军提供生产性服务与生活性服务（图16-6）。

点军区将依托点军大道—西陵二路—城东大道—发展大道这条发展轴，通过源源不断地植入高端发展要素，实现江南的跨越式发展（图16-7）。

示范区将在这些高端发展要素植入的过程中，通过其优质的区位和环境优势，实现城市体育、文化、创意等文体休闲型要素与人才的集聚。

（2）地块目标定位

①点军业、居、游复合发展的动力引擎：强调业、居、游多元功能联动，复合集聚发展，创造体验式休闲空间和滨水开放空间，打造时尚的活力中心。依托良好的山水资源环境，塑造符合不同人群需求和未来发展趋势的宜居新区环境。

②宜昌创新驱动的文创产业集聚区：整合区域发展优势，引领区域文创知识经济，带动区域产业升级，培育新的经济增长极；提升自主创新能力，突出知识服务经济，发育上下产业链接，建设创新产业集聚地。

③中国智慧、夷陵风情的全方位可持续营城典范：严格保护和控制区域生态环境，将城市布局与自然山水格局和生态本底有机融合。以宜昌的地方人居文化传统为基础，传承中国智慧，营造可持续发展的生态环境。充分挖掘城市文化特色和景观特色，塑造丘水特色，弘扬璀璨人文。

（3）开放空间规划

示范区开放空间主要由绿地、林地、水系及地块内公共空间构成，其中绿地、林地以及水系空间基于

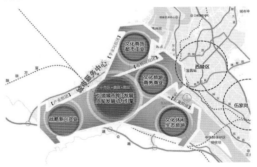

图16-6　点军区城市功能联系图

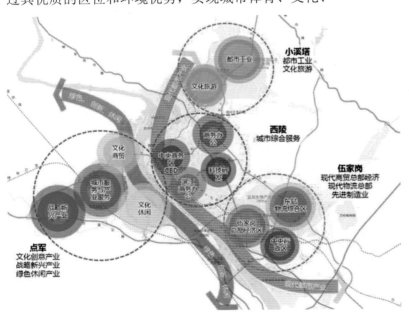

图16-5　宜昌市城市功能联系图

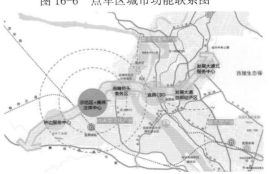

图16-7　点军大道城市发展轴联系图

生态敏感性识别、绿色海绵街区建设、微气候优化，形成由丘水生态、海绵街区、风廊冷岛构成的，蓝绿交融的绿色框架。

地块内公共空间通过以下三种整体建筑布局来界定各类公共空间（图16-8）。

①临水：灵动自由式布局。

充分利用滨水空间，结合灵动自由的建筑布局，形成多样化、多层次趣味的滨水空间。

②依山：沿等高线组团布局。

结合地形高差沿等高线布局，有效保护生态本底，将建筑融于自然环境当中，形成特色鲜明的空间组团。

③亲水：集中街区式布局。

注重亲水空间体验，提供较多的建设项目，形成强度较高的密集建筑组群，营造亲切宜人的街区感受。

（4）建筑形体控制

①依山借势，景城融合的空间形态。

宜昌市点军滨江绿色示范区整体设计中，参考香港、新加坡城市规划条例，结合宜昌自身特色，本项目需保证一定山体可见度，同时预留景观通廊，以促进城市景观与自然资源的融合，构筑丘城一体的城市意象。为达成以上目标，需合适、合理控制建筑高度，同时预留视线通廊，保证空间通透性（图16-9）。

②错落有致、节奏多变的天际轮廓。

强调沿垂直于河道形成逐级跌落的建筑起伏感，着力打造区域从滨河到两岸由低而高、起伏变化、自然生长的城市竖向轮廓特征（图16-10）。

③亲水宜人、活力多元的建设格局。

规划对宜昌片区的开发强度进行细致考量，形成

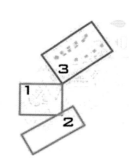

整体建筑布局示意图

图 16-8 整体布局示意图

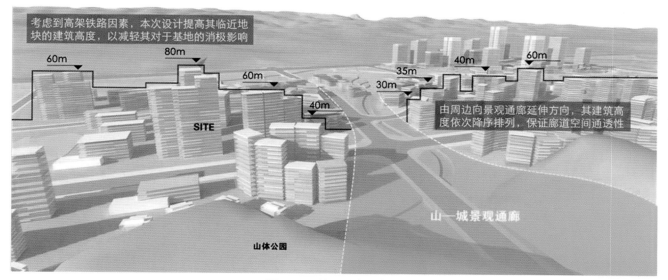

图 16-9 景观通廊示意图

187

5个梯度的开发容量层级划分，体现了本次设计思路中整体区域由滨水向临路容积率逐步提高的渐进式开发模式，保证了滨水区域公共性与开放性的规划性原则（图16-11）。

（5）交通组织及人行系统

①道路系统（图16-12）。

规划"三横、四纵"骨架的道路系统结构，三横从北至南分别为点军大道、桥边河路和将军路；四纵分别为南站路、站前一路、巴王店路、江南二路。

②公交系统（图16-13）。

构建五条公交走廊：建议"以公共交通为导向"（TOD）的开发模式，在基地内构建五条串联各功能板块核心区域的公交走廊，以引导公交网络的布局。

BRT引导：除了常规公交具有的均好性，BRT将作为公共生活廊道上最具特色的公共交通工具，结合上位全市综合交通规划要求，以500m常规半径进行站点布置。同时，在城市核心地段，为满足市民随走随停、频繁活动的需要，将有意识地以200～300m小半径进行更密集的站点布置。

③绿道与慢行系统（图16-14）。

由城市绿道、山林绿道和滨水绿道组成的绿道网作为慢行系统组织的载体。结合不同功能主题的地段，连接城市绿道及山林绿道，形成区域整体绿道网。

打造桥边河滨水慢跑长廊，贯穿基地东西两端，包括若干条滨河散步道和大小不一的主题公园，提供山地公园休闲徒步体验。

（6）环境景观设施

环境景观设施围绕主题各异、特色鲜明的文化活动主题展开，为游人提供绿色活力的都市体验（图16-15）。

在文创活力街区，以文体休闲活动为主题，打造风情酒吧街、主题休闲、健康食疗、戏水舞台、文创

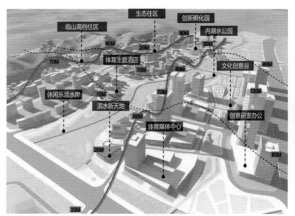

图16-10 天际轮廓线示意图

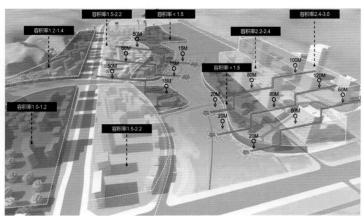

图16-11 开发容量示意图

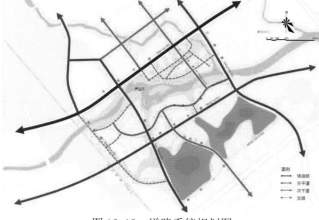

图16-12 道路系统规划图

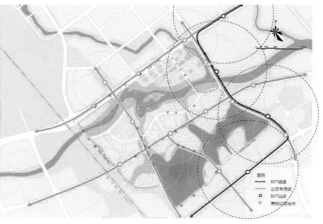

图16-13 公交系统规划图

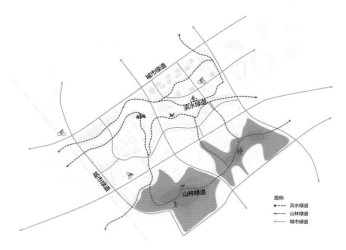

图 16-14 绿道与慢行系统规划图

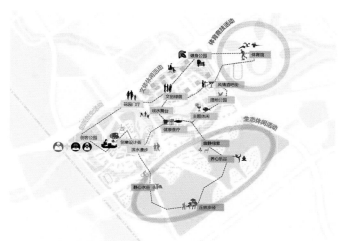

图 16-15 环境景观设施主题分区图

绿荫等休闲主题活动及设施，为人群提供活力、舒适、健康的公共交往空间，以提升城市魅力。

在创新孵化社区，以创新创业活动为主题，打造创客公园、创意设计街、花园门厅、滨水漫步等主题活动及设施，为人群提供平等、互动的创新交往氛围，以提升整体社区形象。

在休闲乐居社区，以生态休闲活动为主题，打造静心水谷、丘林步径、养心乐谷、幽静绿廊等主题活动及设施，为市民提供生态活力、宜居宜游的居住环境，让市民安享自然风光之美。

结合基地东北角的奥体中心，以体育竞技活动为主题，打造康体健身、运动保健等系列活动，为市民建立良好的健身场所和活力氛围。

（7）地下空间规划

整体上，主要从停车考虑出发，建议地下建筑面积不低于地块面积 1.0 系数进行控制，商业服务业设施用地不低于地块面积 2.0 系数进行控制，其他用地不作强制性要求。

（8）开发地块指标测算

片区内建设地块规模为 77.59 hm²（不含道路与交通设施用地、绿地与广场用地），地上总建筑面积 130.91 万平方米。其中 01 街坊面积 79.71 hm²，开发地块总规模 32.81 hm²，开发规模 69.23 万平方米；02 街坊面积 44.53 hm²，开发地块总规模 24.07 hm²，

开发规模 36.14 万平方米；03 街坊面积 73.94 hm²，开发地块总规模 20.71 hm²，开发规模 25.54 万平方米。

16.2 城市设计管理与实施

16.2.1 本地城市设计管理现状

城市设计工作是提升城市规划水平、改善城市品质、塑造城市风貌的重要手段。历年来，宜昌高度重视城市设计工作，在宏观、中观、微观等层面广泛运用了城市设计方法，开展城市色彩、景观廊道等专项城市设计工作，有效地指导了规划实施，取得了较好的效果。

（1）目前城市设计开展情况

自 2000 年以来，宜昌市先后开展了十余项重大城市设计或专项城市设计工作，分别在总体规划、分区规划、详细规划以及建筑方案等阶段广泛运用了城市设计手段，覆盖规划设计面积 474 km²，涉及城市色彩、景观、交通组织、滨水廊道等多个专题。在相关规划编制、规划管理及方案审批过程中，结合城市设计成果，合理吸纳了城市设计要素，有效促进了宜昌市城市规划设计和管理水平的提升。

（2）城市设计主要原则和做法

①重视总体城市设计。

为着力塑造城市整体风貌，提升城市空间品质，2000 年，宜昌市面向国际公开邀请国际知名设计机

构积极开展宜昌市中心城区景观概念规划设计竞赛，旨在宜昌市城市空间格局基本形成的基础上，建设具有高品质生活环境和城市形象的宜居城市。该规划设计为宜昌市城市整体风貌塑造奠定了基础。2012年至2013年，为高水平、高起点打造宜昌新区，宜昌市面向全球公开征集设计单位参与宜昌新区概念规划及总体城市设计，设计成果作为宜昌新区空间开发、土地利用的重要依据。

②强调重要节点区域城市设计。

对城市总体规划确定的重要景观地段、景观节点及廊道等区域，宜昌市以城市设计研究为技术手段，强调了城市设计对区域的引导作用。十余年来，先后开展了三峡宜昌平湖半岛旅游新区、宜昌东站片区、点军主城区、沿江大道、柏临河、张家湾和唐家湾等片区的城市设计工作。上述城市设计对宜昌市城市景观打造、片区功能定位、新区建设和发展具有积极的指引作用。

③注重广纳建议、多方案比选。

一是城市设计编制组织方式上采取政府职能部门为主体、建设单位参与的形式，充分征求各市直部门和建设单位的意见，力求设计成果更具科学性和可操作性。二是重点区域城市设计一律通过国际、国内招标的形式确定设计单位或方案。在热点行业网站上发布方案征集（招标）公告，面向国内外征集意向设计单位；入选单位通过专家评选会对其进行认真客观的评选后确定；设计方案经专家评选后不断优化完善，总结共识，吸收各方精华，形成整合方案。如点军生态主城区城市设计、三峡宜昌平湖半岛城市设计采取征集设计单位的方式，分别比选了4家、3家国际知名设计机构（联合体）参与方案设计。三是重要地段、节点的城市设计采取邀请招标或委托业绩丰富、知名且对宜昌市情较熟悉的设计机构参与合作，如委托武汉市规划研究院承担宜昌新区总体城市设计项目等，取得良好效果。

④充分彰显城市特色。

基于地域特色，在开展城市设计过程中，遵循尊重自然格局、保护自然景观、传承历史文化的理念，体现依山就势、高低起伏的生态理念，尽量减少对自然的干扰和损害，构造中心城区"江穿城、城镶山"的城市景观结构，彰显"长江左岸山在城中、长江右岸城在山中"的城市景观特色。

（3）城市设计的实施与管理

基于当前的法定规划体系，将城市设计成果在法定规划中予以吸纳，以法定程序确保城市设计得到落实。

总体城市设计与城市总体规划充分衔接，保障总体城市设计目标符合城市整体发展理念和目标。

宜昌新区总体城市设计等中观层面的城市设计经批准实施后，是控制性详细规划和修建性详细规划编制的重要依据。如在修编的宜昌新区东站片区控制性详细规划中以"城市设计导引"专门篇章以及分图则中的"城市设计要求"对城市设计成果予以落实，让宜昌新区总体城市设计的理念在控制性详细规划中得到充分落实。

重要节点、空间等微观层面的城市设计是方案审批环节的重要参考依据。在规划编制和规划审批中，对城市设计要素进行了有效区分，如针对城市色彩、建筑高度、建筑风格分别提出管控要求，体现了城市设计的引导性和控制性。

16.2.2　本次城市设计与控制性详细规划的衔接

本次城市设计范围内已经编制了《宜昌市巴王店片区控制性详细规划》（以下简称《控规》），并于2014年2月由宜昌市人民政府批复。《控规》中将该片区定位为市级体育中心，以教育培训、文化、研发创意园区为特色的生态居住片区。同时，绿色生态"分区规划层面"的《宜昌点军绿色生态示范城绿色生态规划设计图则》已于2014年1月编制完成，明确了片区的绿色发展的生态指标要求。

本次城市设计的背景是宜昌市致力于打造面向未来的滨江绿色示范区，一方面衔接落实《控规》的功能定位以及控制性要求，另一方面，通过基于城市设计及绿色生态示范创新的要求，优化调整《控规》的空间总体布局、环境营造要求、交通微循环、项目细化指引、绿色设施指引等，通过本次城市设计，对《控规》提出城市设计及绿色生态示范两方面的优化提升要求，因此在与控制性详细规划的衔接及设计思路转译上，主要有城市设计转译及绿色生态转译。

在城市设计方面，本次城市设计强调"控"与"导"的灵活应用，分类型差异化指导规划实施。通过城市设计的研究，除了一般性的容积率、建筑高度、建筑密度、绿地率等控制性指标转译到控制性详细规划编制及管理上，还将公共空间、步行通道、建筑风格与色彩、建筑界面的引导性指标与要求纳入控制性详细规划体系当中。

在绿色生态方面，按照《宜昌市城乡规划管理技术规定》要求，针对示范区开发用地细化功能研究、项目指引、空间形态、活动组织等内容，并形成详细的控制规定，主要包括绿色生态指标控制和绿色设施导控。绿色生态指标控制中，在《宜昌点军绿色生态示范城绿色生态规划设计图则》的指导下，结合片区的发展要求和特征，进一步明确了16项目标指标以及28项导控指标；同时，为将绿色生态规划设计的意图予以落实，按照"可操作、可管控"要求，在传统指标基础上新增最大地块径流系数、年径流总量控制率、最小下沉式绿地率、最小绿色屋顶率、最小绿容率指标，从而形成建立融合地方规划管理要求的绿色生态控制指标体系。在绿色设施导控中，以街坊的形式明确了清洁能源系统、资源循环系统、海绵街区系统、智慧社区系统、综合管沟五大方面的绿色设施指引，管控楼宇型分布式能源站试点、地源热泵试点、太阳能光热利用试点、太阳能路灯、厨余垃圾一体化

处理试点、低冲击示范道路、初雨水弃流设施、滞留塘、共同沟等绿色项目的落地。

16.2.3　本次城市设计成果如何用于规划管理与实施

①规划管理层面：在一般城市设计导控的土地利用、道路交通、公共交通与绿道、绿地系统、公共空间、城市界面、视线与标示、高度控制、强度控制的基础上，规划新增了从绿色设施、开发项目、公共空间、建筑形态四个方面对接规划管理与实施，其中绿色设施主要明确了片区清洁能源系统、海绵街区系统、综合管沟的设施布局要求，并落实到相应地块；开发项目上，明确了重点项目指引，如运作方式、用地规模、建筑规模、开发要点，同时也提出了开发节奏建议以及土地出让模式（单地块出让或街区整体出让）；公共空间方面，进一步明确了目标以及分项要素（公共绿地与广场、地块内部公共空间、地块内绿化廊道、公共休闲通道、商业界面、特色林荫道、主要公共活动节点、次要公共活动节点）导控要求；建筑形态上，在一般城市设计导控的基础上，进一步明确了目标以及分项要素（建筑高度、建筑可建设范围、建筑风格与色彩）导控要求。

②规划实施层面：制定刚性控制与弹性控制结合的项目综合实施计划，全程参与并指导后续开发建设，并在规划工作的基础上，结合项目的功能与价值形成保障项目运营成功的综合实施计划，全过程参与指引土地出让、建筑设计、宣传推广、基础设施协调等实施环节，切实指导开发建设活动。

16.3　城市设计编制特色

16.3.1　项目特点和总体城市设计的研究内容

（1）项目特点

项目特点："绿色生态示范＋服务开发建设"的特色城市设计。

本次城市设计是应对点军滨江绿色示范区从概念

策动进入到推进实施阶段后，以绿色生态示范为目标、服务开发建设为导向，加快推进点军滨江绿色示范区的开发建设。一方面落实绿色生态建设要求，明确具体开发思路与推进抓手，便于开发建设决策，为后续的项目开发奠定基础；另一方面，通过描绘绿色生态、高品质、有特色的发展蓝图，探索绿色生态示范亮点，提高绿色生态示范区的影响力和示范推广价值。因此，项目核心特点是"绿色生态示范＋服务开发建设"，并落实为城市设计导控抓手。

（2）总体城市设计的研究内容

针对重点方面："目标指标＋产品策划＋形态设计＋导控指引"。

以城市设计为平台，以整体性和系统性研究为项目开发提供前期重要问题的解决方案。落实上位规划确定的绿色生态指标，明确设计项目定位和设计目标；结合开发产品策划，开展具有市场可行性的用地功能细化研究；集成先进的绿色生态技术，确定展现片区特质的空间形态、开放空间和特色风貌系统；制定详细的设计导控指引，并对片区控制性详细规划提出优化建议，为片区后续的二次开发提供详细导控要求和相关指标。

16.3.2 城市设计创新与特色

（1）聚焦"生态环境、产业活力、特色空间"三大内容重点，实现自然、经济、社会三位一体

从国内外绿色生态新城建设经验启示上可以看到，好的绿色生态城市都是谋求自然、经济、社会的三位一体。因此，本次城市设计除了在绿色生态技术研究、绿色生态基础设施等方面展开技术研究外，更是在生态环境、产业活力、特色空间方面聚焦、着力。

①绿色生态环境。

基于生态敏感性识别，搭建丘水生态格局，构建低影响开发的绿色海绵街区；基于微气候优化，构筑风廊—冷岛系统，形成由丘水生态、海绵街区、风廊冷岛构成的蓝绿交融的绿色框架。

②创新复合群落。

基于产业基础薄弱、文体公共配套初步完备、跨江非成熟新区项目启动等特点，以造触媒、创特色、营品质为导向，构建业、居、游复合一体的项目群落，打造创意办公、创新孵化、绿色人居于一体的复合城市产品。

③丘水个性特色。

规划发挥片区山水丘塘特质，演绎、发展、形成通山达水、开放联动的丘—水—城空间意向，描绘自然灵秀、精致现代的丘水画卷，最终营造绿色活力的健康体验，营造城丘相依、绿色活力的城市风景与城市生活。

（2）创新提出绿色生态技术集成示范的"点军模型"，实现综合效益最优

规划力求规避国内一般绿色生态城市技术选择与应用的弊端。技术选择不追求单项绿色生态技术的最优，而是谋求各项技术系统集成后的综合效益最优。

本次规划中建立了综合评价指标体系，考虑区位、资源禀赋、技术成熟度、本地需求、经济可行性、政策可行性等因素，判断先进绿色生态技术的本土适宜程度，并形成综合的技术集成应用策略，搭建以"水、能源、资源、智慧管理"四大系统，以及"低影响开发、水生态保护、太阳能电热利用、地热利用、天然气分布式能源站、餐厨垃圾处理、共同沟和智慧城市技术"八大示范技术构成的"点军模型"，并在示范区内以绿色市政、智慧社区、绿色建筑进行创新整合，先行示范。

（3）创新"协同规划设计"的工作组织方式，集群设计解决系统问题

绿色生态规划设计是前沿领域，这就要求多学科的专业协同和技术创新。本次城市设计工作组织形式的创新体现在拓展参与绿色生态设计工作的学科领域和专业门类。项目组搭建了以城市设计为核心，包含产品策划、产业经济、生态学、景观规划、市政基础

设施、能源系统、绿色交通等多个领域的跨学科项目技术团队，在短时间内共同探索综合效益最优的技术集成方案，系统研究规划设计过程中、未来开发实施过程中遇到的问题，为项目的有效实施打好前端基础。

（4）创新搭建城市设计综合技术服务平台，全过程支撑政府与开发机构的双向决策

滨江绿色示范区实施由政府、宜昌城投、市场机构等多元主体共同参与、协同推进。因此，本次规划打破一般规划实施的惯性思维，以绿色生态技术服务为切入点，立足于综合效益最优，客观中立地做好技术调节，进行兼容性的技术创造，为政府和开发主体提供综合技术协调平台，有效推动绿色生态规划的实施。

应规划主管部门实施规划管理的要求，规划紧密结合城市规划管理体系，提供简洁通俗的技术研究说明、刚性控制与弹性控制结合的导控文件，便于规划管理操作。

因应开发运营主体需要，规划提供服务开发决策、引导资源投放的开发产品策划文件。通过评估项目开发方案的经济可行性和市场可操作性，为项目开发的决策提供参考依据。

（5）创新城市设计"导""控"的成果表达，分类型差异化指导规划实施

作为宜昌首个绿色生态示范区的规划实践，本次规划注重绿色生态成果向规划管理文件的转译，在结合宜昌规划建设管理的经验与教训的基础上，开创性地探索了"宜昌方式"导控有效实现的思路与方法，探索性地从目标指标、导控指标、绿色设施导控三个角度建立刚性控制与弹性控制结合的绿色发展指引，因而制定"总体+街坊"二级联动的导控方式。其中总体导控侧重系统性引导以及与控制性详细规划的衔接；街坊导控侧重差异性引导，对传统城市设计导控要素进行优化，并整合绿色生态导控要素，形成"绿色设施导控、开发项目导控、公共空间导控、建筑形态导控"四大部分，并分强制和引导两类进行管控，从而形成融合地方规划管理要求的绿色生态城市设计导控体系，体现灵活性。

项目委托单位：湖北省宜昌市规划局

项目编制单位：深圳城市规划设计研究院有限公司

项 目 负 责 人：黄威文

项目主创人员：荆万里、周亚琦、李理、董恬、申林、周颖

17 汉正街中央服务区实施性城市设计

17.1 城市设计的主要内容

17.1.1 项目区位与周边关系、规划范围面积、行政权属

（1）项目区位与周边关系

汉江是武汉发源之地，拥有深厚的文化积淀，是武汉最具代表性文化的集中区域。汉江横贯武汉市中心城区，与长江交汇，形成了武汉市"两江交汇、三镇鼎立"的城市格局。

汉正街位于汉江与长江交汇处，是武汉三镇的地理中心，交通便捷、设施完善，是武汉市唯一的现状商业成熟度高且尚未开发的成片城市核心滨水区域（图17-1）。拥有500年历史的汉正街更有"天下第一街"的美誉，传统商贸文化、码头文化赋予了汉正街深刻的历史内涵，徽州会馆、药邦巷等历史遗存刻画了汉正街丰厚的文化印记，凸显出丰富的人文旅游资源。

图17-1 项目区位图

（2）规划范围面积

项目规划范围位于汉口城区核心地带，东接前进一路、三民路及民权路，南抵沿江大道，西至武胜路，北临京汉大道，规划总面积为345.8 hm²。

（3）行政权属

本项目规划用地涉及江汉、硚口区下属的民意街、满春街、民族街、六角街和汉正街五个街道，现有人口约24.2万人（图17-2）。

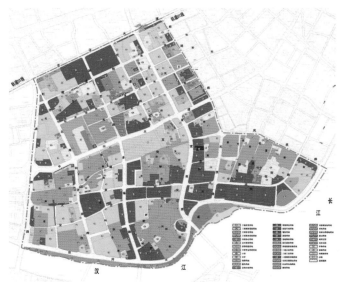

图17-2 用地现状图

17.1.2 规划背景、现状概况和发展分析

（1）规划背景

汉正街地区位于长江与汉水交汇处的汉口商业的中心地带，如今水运衰退，在现代化商业模式的冲击下，汉正街逐渐没落，已跟不上武汉迈向国家中心城市的发展步伐。2011年，武汉市作出了"全面推进汉正街市场整体搬迁改造"的重大决策，并于2012年成立了汉正街中央服务区开发领导小组办公室，组织开展相关研究工作，市国土规划局组织完成了多项前期研究和城市设计编制工作，最终整合形成了规划成果。2013年12月4日，《汉正街中央服务区实施性规划》经武汉市规划委员会常务委员会2013年第4次会议审议原则通过。

（2）现状概况

①现状土地使用状况。

规划区内用地主要以居住用地和商业服务业设施用地为主，规划总面积为345.8 hm²。

其中，现状居住用地面积145.22 hm²，占城市建设用地面积的42.22%，新建设的二类居住用地以及居住与公共设施混合用地主要分布在友谊路以西；其余

为建设年代较早的三类居住用地，以前店后厂、上宅下店的形式为主。

现状商业服务业设施用地面积 71.38 hm²，占城市建设用地面积的 20.75%。主要沿京汉大道、中山大道、友谊路、多福路、汉正街、大夹街和沿河大道布局。其中中山大道和武胜路沿线有新建设的零售商业和办公写字楼用地；中山大道南侧以及北侧的顺道街和前进一路沿线主要为批发市场用地。

②土地开发建设状况。

根据土地利用情况，将整个用地按保留用地、储备用地、完善提高用地、拟改造用地、其他用地五个层次划分。保留用地是指现状保留不变的用地或近期批租、划拨用地；储备用地是指政府已储备和拟储备，下步准备招商进行开发建设的用地；完善提高用地是指现状建设状况一般，在不改变用地性质的情况下对用地进行修缮更新或重建以改善区域风貌环境的用地；拟改造用地是指现状建筑破旧，综合环境质量差或布局不合理，必须在改变用地性质并重新建设的基础上才能形成较好整体环境和功能布局，推动区域持续性发展的用地；其他用地是指道路用地、闲置用地以及除上述情况以外的用地等。

规划地块内保留用地面积共计 73.95 hm²，占总用地面积的 21.4%；储备用地面积 24.77 hm²，占总用地面积的 7.2%；完善提高用地面积 37.88 hm²，占总用地面积的 10.9%；拟改造用地面积 133.03 hm²，占总用地面积的 38.5%；其他用地面积 76.16 hm²，占总用地面积的 22.0%。

③建筑质量状况。

规划地块内现状建筑根据用地性质、使用及建设状况划分为一类、二类、三类和四类。一类建筑为20世纪90年代后建设的、现状综合质量和环境质量较好的、在规划期内具有良好使用价值和保留价值的建筑，占现状总建筑量的 42.9%；二类建筑指建设年代较早、综合质量和环境质量一般、远期可规划改造的建

筑，占现状总建筑量的 5.7%；三类建筑指综合质量和环境质量较差、景观破旧的建筑，占现状总建筑量的 20.1%；四类建筑指综合质量和环境质量差、安全隐患较大、急需拆除的建筑，占现状总建筑量的 31.3%。

④城市景观和形态。

规划地块位于汉口老城区，坐拥两江交汇的"黄金地段"，但城市空间形象却与武汉国际大都市的地位极不相符。单元内建筑十分密集，新旧混杂，除泰合广场、市一医院和部分新建的住宅小区外，缺乏形象较好的街区或建筑。单元内老旧建筑较多，主要为 2～3 层的低矮房屋，"握手楼"随处可见。部分20世纪90年代以来的危改项目多是下为商铺、上为小高层或高层塔楼住宅的形式，属插花式改造，未能改善本地区的面貌，反而成为二次改造的难点。

规划区内历史风貌街区中的垂江肌理仍然存在，但建筑破旧，保留价值不高；历史遗存缺乏应有的修缮与保护。公园绿地极度缺乏，仅有一处龙王庙公园和少量的街旁绿地，沿汉江尚未进行江滩公园建设，沿江生态环境未能向城市内部渗透。

⑤现状存在问题。

a. 人口稠密、结构复杂。

b. 用地局促，业态落后；城市形象破旧，改造难度大。

c. 公共配套设施不足，公共绿地极度缺乏。

d. 对外交通不畅，路网密度不足；市政设施不足，建设标准低。

e. 文化延续缺乏空间载体，历史遗存保护不力。

（3）发展分析

①规划区的建设有利于完善城市服务职能，巩固和强化武汉市作为中部地区中心城市的地位。

根据 2010 年国务院批复的《武汉城市总体规划（2010—2020 年）》，武汉市为国家历史文化名城，我国中部地区的中心城市，全国重要的工业基地、科教基地和综合交通枢纽。汉正街地区是武汉汉口中央

活动区的核心部分，该地区的建设将推动武汉市现代化进程，并为武汉市发展成为国家中心城市、国际化城市奠定基础。

②规划区的建设有利于塑造城市现代化新形象，展示滨水城市景观。

通过汉正街地区产业升级，建设现代化的商业商务建筑，尤其是标志性的超高层建筑的建设，有助于提升城市环境品质，展示现代化、国际性城市风貌；充分利用汉正街独特的地理优势，重塑汉口沿江景观风貌，优化两江四岸城市空间形象，打造滨水城市景观中心，延续汉正街历史遗存和风俗民情，体现独具魅力的地方文化特色。

③规划区的建设有利于优化城市结构，实现土地资源的合理化利用。

汉正街地区的建设将极大地改善汉口核心地段的建设风貌，促成武汉城市轴线的形成，串联起城市中心以及两江四岸的各个重要节点。盘活城市核心土地价值，实现土地资源的合理化利用，提升城市的现代化服务水平，增强城市的发展活力。

④规划区的建设有利于再现历史风貌，传承商业文化。

对汉正街地区的历史遗存进行保护与修缮，保留传统街巷肌理和建筑风貌，延续汉正街历史遗存和风俗民情，传承商根，体现独具魅力的地方文化特色。

⑤规划区的建设有利于改善城市交通，提高城市基础设施服务水平，促进城市的繁荣和发展。

规划地块内路网的形成与完善将有利于打通城市内部交通瓶颈，构建对外快速交通，改善城市交通结构，基础设施的建设与改善将有利于形成完善的城市给水、排水、供电、燃气基础设施网络，提高城市整体服务水平。

17.1.3 规划目标与愿景、规划思路

（1）规划目标与愿景

汉正街地区为武汉市重点功能区之一，本轮城市设计按照"前瞻性、系统性、创新性、延续性和可操作性"原则，在前期研究的基础上开展多方面研究，进一步优化用地功能，整合城市空间，植入新兴业态，构建综合交通体系，研究历史街区和历史建筑保护利用，并开展核心区城市设计，塑造城市标志性景观，提出可操作性强的实施计划和实施策略。规划汉正街地区将以历史、自然、生态、现代等多元文化为底蕴，延续商根和文脉，展现现代都市风貌，引领滨水地区复兴，建设成为世界级目的地——汉正街中央服务区核心区。

（2）规划思路

①进行产业升级与更新，实现整体区域价值的提升，并随之疏解现状人口，促进人口构成的转变。

②保障人居环境良性可持续发展，同时从集约节约用地的角度出发，对于居住区级别的设施尽量进行复合开发利用。

③综合考虑空间布局、环境容量、建设标准等各项功能体系的全面健康发展，加密规划路网和轨道，增加快速出口，搭建立体交通，打通对外瓶颈，倡导公交和慢行交通方式，形成便捷、可靠的交通系统。

④保留历史建筑和城市特有的垂江街道肌理，以文化为载体进行城市改造更新，保留历史文脉，传承商业文化。

⑤对两江交汇、"人"字形轴线等重点地段的规划实施管理提出要求与建议，编制城市设计导引，指导有序建设。

⑥按"成平方公里"开发建设的思想，将本编制区的规划与汉江两岸区域发展结合起来，整个区域整体规划、协同发展、分期建设。

⑦规划区内的建设应遵循平衡协调的规划机制，在统一规划的基础上，调动各用地权属及开发单位的积极性，建立一个全新的、均衡发展的中央服务区。

⑧制定针对本规划区的相关实施建议，包括技术管理规定、奖励政策和工作机制等。

17.1.4 现状调查与专题研究

（1）前期研究

本次规划开展了汉正街存量土地调整、汉正街历史保护遗存规划、产业业态、综合交通和江滩及堤防改造等多项前期研究工作。明确了功能定位和建设规模，配合 SOM 公司开展城市设计，延续城市中轴线，确定"人"字形轴线，在回应历史文脉的同时串联重要节点，并框定 3 处地标塔楼组团。

（2）产业定位

①汉正街中央商务区双 T 发展战略。

双 T 发展战略旨在通过商贸及旅游双管齐下发展，逐步将汉正街中央商务区打造成面向世界的商贸金融中心和城市文化旅游区（图 17-3）。

②产业体系：双核心、双驱动、双支撑（图 17-4）。

双核心：汉正街未来商务与产业趋势将服务于中

三角，同时将武汉激活成为国际大都市。

双驱动：助力武汉优势产业，同时增强汉正街就业岗位供给能力。

双支撑：支撑中央服务区运行，服务于武汉全市。

（3）用地规划

①用地规划（图 17-5）。

②各类指标分析（表 17-1）。

总规划用地面积为 345.8 hm²，其中可开发用地面积 146.9 hm²，绿地面积为 34 hm²，道路面积为 90.9 hm²（图 17-6）。在综合用地内，70% 为公寓用地，30% 为商业办公用地（图 17-7）。

（4）总体城市设计方案

①总平面设计（图 17-8）。

②规划结构和功能分区（图 17-9）。

规划结构为多轴多片区。

以沿江大道、友谊路设置城市生态绿轴，沿中山

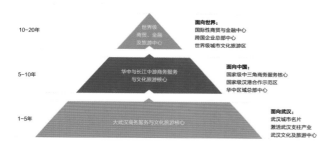

图 17-3 汉正街中央商务区双 T 发展战略

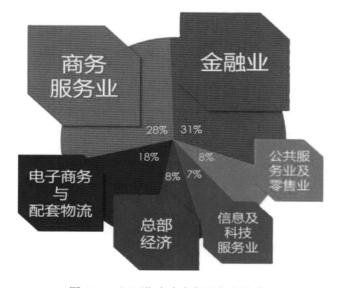

图 17-4 汉正街中央商务区产业体系

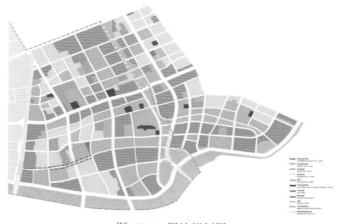

图 17-5 用地规划图

表 17-1 各类用地指标一览表

用地编码	用地功能		开发用地面积	占建设用地面积比例	建筑面积	建筑面积比例	容积率
B	商业服务与办公		563,500	16.3	4,629,000	38.6	8.2
A33	中小学		41,000	1.2	49,400	0.4	1.2
R	居住		373,600	10.8	1,216,500	10.1	3.2
RB	综合用地		483,800	14.0	2,570,000	21.4	5.3
U	市政设施用地		7,600	0.2	7,600	0.1	1.0
可开发地块小计			1,469,500	42.5	8,472,500	70.6	5.8
文化古迹用地			30,000	0.9	36,000	0.3	1.2
现状保留地块	居住		708,800	20.5	1,819,000	15.1	4.7
	非居住				1,681,500	14.0	
保留地块小计			738,800	21.4	3,536,500	29.4	—
S	道路		909,500	26.3	—	—	—
G	绿化		340,200	9.8	—	—	—
总计			3,458,000	100%	12,009,000	100%	3.5

原有公共绿地面积

1% 4万平方米

规划公共绿地面积

9% 34万平方米

图 17-6　绿地面积

现状非住宅14.0%　348万平方米 29%

现状住宅15.1%

新建住宅10.1%

商业总量45.0%　540万平方米 45%

公寓15.0%

300万平方米 25%

图 17-7　建筑面积

大道、京汉大道、利济南路、利济北路等多条城市干道设置城市功能轴线。

划定多元活力社区、综合商业区、现代商贸区、金融副中心、汉正街文化商贸区、滨江文化商贸服务区等多个功能区块（图 17-10、图 17-11）。

③效果图。

汉正街中央服务区总体及局部空间景观效果图如图 17-12 所示。

（5）综合交通和市政设施（图 17-13～图 17-16）

提出完善公共交通系统、建立高效道路体系和使用交通需求管理等措施，加密轨道线网、提高公交覆盖率；构建 T 型快速路体系、优化路网布局；采取泊位适度从紧配置原则，控制小汽车的出行数量。

长江
YANGTZE RIVER

汉江
HAN RIVER

图 17-8　总平面规划图

图 17-9　规划结构图

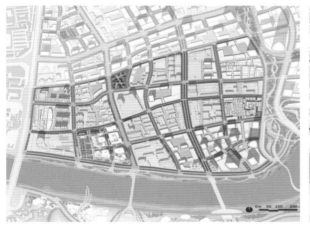

图 17-10　汉正街文化区

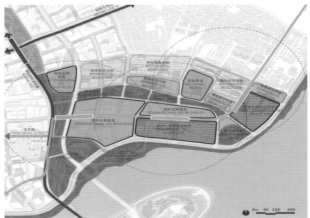

图 17-11　国际金融区

图 17-12　汉正街中央服务区总体及局部空间景观效果图

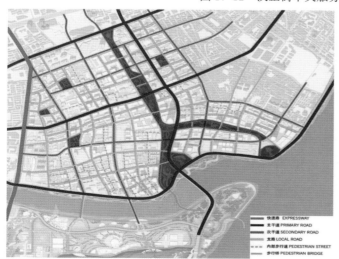

图 17-13　道路等级规划图

图 17-14　地铁线路规划图

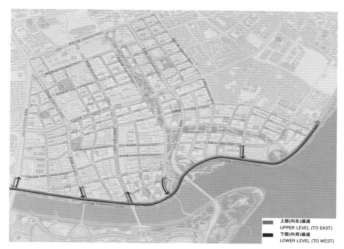

图 17-15 沿河大道隧道规划图

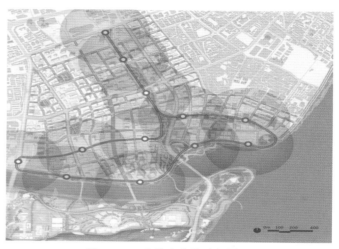

图 17-16 有轨电车线路规划图

市政设施按照国际领先、国内一流、适度超前原则，规划重点提升设施供给能力，提高标准，建设综合管沟，建成安全、生态、环保的现代化市政基础设施体系，为汉正街城市发展提供支撑和保障。

（6）历史文化风貌保护规划

①规划构思。

规划提出以传承文脉，延续风貌肌理、结合保护与利用、协调周边环境为原则，进行历史保护专题研究。进一步调查历史遗存，进行更正及增补，更新历史文化街区保护范围，研究历史文化（图 17-17）。在高强度的开发建设下，建立全面的保护体系，并将历史保护和城市更新相结合，提出历史建筑的建设控制地带内的新建建筑在高度、体量、色彩、建筑风格等方面要与历史文化风貌相协调。

②实行点、线、面多层次保护。

③汉正街历史风貌保护区。

该方案在保证 8.8 hm² 保护面积不变的基础上，对汉正街历史风貌街区保护范围有所调整，使得保护的内容更加合理且具有针对性（图 17-18）。

保护范围内建设要求如下。

a. 保护范围内建设活动以维修、改善、新建为主，建筑功能可结合规划方案合理利用。

b. 对现有建（构）物进行改建时，应当保持或者恢复其历史文化风貌；新建、扩建建（构）筑物应延续和保持街区空间格局和建筑原有的立面色彩，新建建筑方案应征求房屋、文物及规划管理部门意见。

图 17-17 重点保护街巷

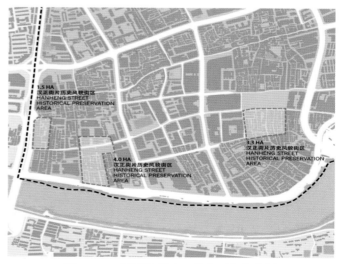

图 17-18 汉正街历史风貌街区保护范围

201

湖北省城市设计探索与实践

④历史资源整合（图17-19）。

a. 重要历史建筑——原址保护，维持现状功能。

b. 历史保护建筑——原址保护，可适当开发公共文化功能，作为旅游目的地。

c. 原质量欠佳、分散的小尺度历史风貌建筑——保护修缮或寻址迁移，并要求周边开发与之协调。

d. 历史街巷——步行化街道，保持或复原传统尺度、功能与风貌。

e. 有特色的成组风貌建筑——根据区位，可作为服务周边商业商务功能的公共建筑。

f. 历史风貌片区——重新塑造的具有旅游属性的历史资源片区。

（7）地上地下一体化规划设计

以支撑高品质城市生活的地下新城市为目标，结合轨道交通、立体交通和规划功能分区等提出"两轴、五区、五节点"的地下空间总体布局方案，地下开发主导功能为商业、停车、市政设施和人防设施等。

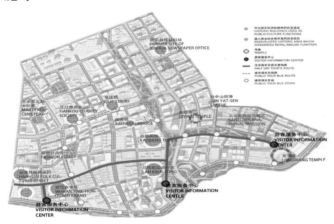

图17-19　历史文化资源再利用

17.2　城市设计管理与实施

2013年，汉正街中央服务区实施性城市设计得到市规委会原则同意。

之后，以此为基础开展了控制性详细规划、汉正老街改造规划、交通市政专项规划、地下空间规划等多项系统规划。目前沿河大道双层隧道（汉正街隧道）

方案修建性详细规划已批；轨道13号线已纳入武汉市轨道线网规划；控制性详细规划也已纳入已批的主城区控制性详细规划导则。

目前汉正街地区启动区片已陆续开展招商工作，其中恒隆片已出让并正在建设中；银丰片于2014年12月30日挂牌成交；沿江一号二期地块规划设计条件已发。

17.3　城市设计创新与特色

17.3.1　尊重并延承特有的历史文脉，在高强度开发下传承汉正街的文脉与商根

创建汉正街历史遗存"点、线、面"的多层次保护体系，将保护与利用相结合，融合文化与旅游，承载历史文化印记、延续街巷空间格局、展示传统商贸风貌。体现独具魅力的地方文化特色，复兴汉正街。

17.3.2　城市设计与法定规划相结合，增强规划可实施性，改善民生

在高强度开发下，将城市设计内容和控制性详细规划内容充分融合，消除隐患、改善交通、保障基础设施建设、增加中小学、公园绿化等，确保公共空间和人居环境品质，大大改善民生；同时以总体平衡为前提，针对不同区域，刚性控制和弹性控制相结合，以支撑地区的运作和发展。

17.3.3　城市设计与法定规划相结合，增强规划的可实施性

经过对3个城市设计方案选择和比较，明确"人"字形轴线方案，延展历届总体规划的城市中轴线，大胆地在城市核心地段通过布局大型连续开敞绿化空间，重构与两江的空间联系，同时着重改善滨水地区形象，塑造优美沿江天际线，并界定了两江交汇处新的城市地标区。

17.3.4　内外结合，构建高效便捷的交通体系

构建一个适应武汉滨水核心区的高效便捷交通体

系，提出新增轨道 13 号线的方案，增设捷运线和有轨电车线路；构建沿河大道地下双层隧道、友谊南路—新华路的 T 型快速路网络；采取泊位适度从紧策略，控制小汽车的出行数量。为汉正街地区高强度高密度开发奠定基础。

17.3.5　从现实出发，对接实施与管理

面向现实多方利益，对接实施与管理，从构建"人"字轴线、打造滨水城市景观出发，明确近远期开发时序，并编制了针对汉正街地区的支持文件，有效指导土地储备、供应挂牌、实施建设等各环节工作的开展。

项 目 委 托 单 位: 汉正街控股集团公司

项 目 编 制 单 位: 武汉市规划研究院

项 目 负 责 人: 叶青

项 目 主 创 人 员: 武洁、李正、于婷婷、黄宁、雷学锋、
袁诺亚、张毅、严超文、王琪

18 荆门市中央商务区城市设计

18.1 城市设计的主要内容

18.1.1 项目区位及周边关系、规划范围面积

（1）项目区位及周边关系

荆门地处鄂中，位于鄂西山地向江汉平原的过渡地带，扼荆襄古道咽喉，北通京豫，南达湖广，东瞰吴越，西带川秦，素有"荆楚门户"之称，是长江经济带重要节点城市。

漳河新区位于荆门中心城区西部，是荆门市委、市政府基于优化城区经济发展机构、壮大城区总体经济实力、拓宽城市发展空间、提升中心城区的综合承载力和城市品位、加快生态宜居城市建设步伐的一项重大决策，是荆门市正着力打造的"宜居新城、生态新区"。荆门市中央商务区（以下简称本区）位于漳河新区东部，是荆门城市中心区的重要组成部分（图18-1）。中央商务区由焦柳铁路火车站南、北两大板块组成，其中铁路以北为双喜片区，铁路以南为漳河新区南片区。

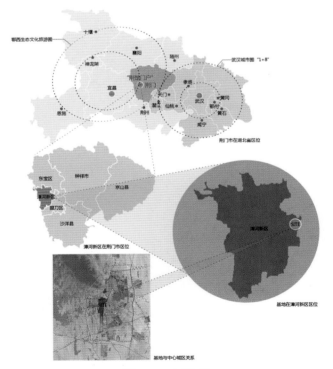

图 18-1 区位图

（2）规划范围面积

本次城市设计研究范围北起马鞍山山麓，南至关公大道，东起象山大道，西至荆山大道和荆沙铁路，总用地面积约772.4 hm²。其中，城市设计核心区位于焦柳铁路火车站南北两侧，具体范围北起漳河大道，南至运动公园路，东起象山大道，西起荆山大道，总用地面积约360 hm²（图18-2）。

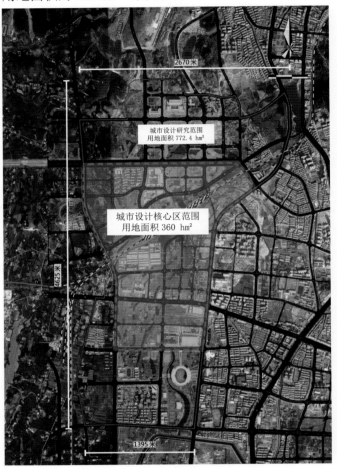

图 18-2 基地范围图

18.1.2 规划背景、历史文化和功能特点、现状存在问题、规划拟解决主要问题

（1）规划背景

从荆门市城市中心区的未来发展来看，中央商务区虽位于焦柳铁路火车站南北两侧，但在串联城市公共系统方面是一个关联性极强的整体。由于铁路的阻隔，南北两个片区长期以来南北分置、各自发展，原有的控制性详细规划也分别编制，亟需通过城市设计

进行整合。

规划需要将上述两个片区进行统筹考虑，同时串联北部的政务中心区和南部的运动休闲区，打造政务中心区—中央商务区—运动休闲区这一南北向城市活力与景观轴，让火车站在发挥城市交通枢纽功能的同时，成为重要的公共空间铆接点与转换点，发挥其城市客厅的作用。

（2）历史文化特色和功能特色

漳河新区作为荆门市以"宜居、生态"为特色的城市新区，是城市拓展的主要方向，同时承担着疏解老城区人口与功能、提升城市品质、打造新的市级中心区的发展战略要求。因此，本次城市设计不仅需以中央商务区为研究对象，也需统筹考虑其北侧的行政文化功能区和南侧的体育运动休闲区。目前，南部的市级生态运动公园已建成，在体育休闲等功能上已形成一定的规模；北部的市级政务中心片区正在建设中，道路、市政等基础设施建设已初具规模。

荆门是湖北省历史文化名城，历史悠久，文化底蕴深厚，名胜古迹星罗棋布，出土文物异彩纷呈。漳河新区更拥有"山水文化、荆楚文化、航空文化"三大文化资源，响岭东周文化遗址、楚庄王大林城驻军遗址、荆襄古道等历史印迹留存至今。中央商务区内尚无有价值的历史文化景点，但需要在本次规划及城市公共空间环境设计中重点考虑城市文脉的延续。

（3）现状存在问题

①现状概况（图18-3）。

a. 骨架已成，南北脱节：本区依据上位规划已建成道路网骨架，南北向主干道为象山大道，东西向主干道包括已建成的深圳大道、关公大道及建设中的漳河大道。但由于焦柳铁路的分隔，南北片区相对脱节，各自发展。

b. 南北成片，中部稀疏：基地南部与北部已按照上位规划建成部分地块，并已连接成片；但中部靠近铁路的区域还处于未开发状态，仍留有部分村庄及仓

图18-3 基地现状照片

储建筑。

c. 平川旷野，山林寥寥：本区内河道蜿蜒、水塘密布，但水系框架还需梳理。基地北靠山体，区内主要为平原浅丘地貌，周边山体环抱，但基地内山体起伏不大。

②现状问题。

a. 城市功能尚未完善，活力匮乏。

b. 铁路站场横向分割，南北脱节。

c. 自然环境利用不足，破坏生态。

d. 现状路网尚不完善，可达性差。

e. 空间格局尚未成型，亟待梳理。

（4）规划拟解决主要问题

①如何合理安排中心区的多元城市功能，并建立亲民和谐、具有活力的公共文化中心。

②如何依托基地原有的山水脉络建构生态网络，打造契合山水、疏密有致的生态城区。

③如何传承荆楚文化，彰显地域特色；如何顺应时代的潮流，打造荆门商业商务中心。

④如何利用铁路站场建设的契机，打造与城市公

共空间体系紧密结合的金融保险中心。

18.1.3 规划目标与愿景、规划技术路线

（1）规划目标与愿景

①亲民和谐的活力型中心。

愿景1——亲民空间：轴线引导，营造亲民和谐的公共开放空间。

愿景2——多元功能：功能互补，建立相互存在的多元功能区。

愿景3——活力引领：多功能植入，以三条功能轴线提升区域活力。

②生态绿色的山水型中心。

愿景1——疏密有致：高低密度空间互补，在满足功能需求的同时提升景观和环境质量。

愿景2——契合山水：结合现状山水，实现山、水、城的自然融合。

愿景3——海绵城市：生态环保，建设绿色节能型城市。

③文化传承的智慧型中心。

愿景1——文化引领：新旧共生，植入文化功能，延续城市文脉。

愿景2——都市旅游：以城市为旅游产品，吸引和带动旅游业发展。

愿景3——科技智慧：建设智慧城市，提升城市综合竞争力。

④站城一体的枢纽型中心。

愿景1——复合枢纽：把握机遇，建设交通复合型、功能综合型交通枢纽。

愿景2——立体系统：以人为本，打造特征鲜明的立体化步行空间体系。

愿景3——绿色交通：绿色先行，引入单轨跨坐式轨道交通。

（2）规划技术路线

规划技术路线如图18-4所示。

18.1.4 现状调查与专题研究

（1）地形地貌现状与GIS分析

①高程分析：基地内地势低洼区域基本沿河谷分布，其余区域绝对高差不大。其中北部略微有山体隆起，整体地形开阔宽广，最高处位于西北方山体处，高程为175 m，最低处位于南端，高程为98 m，区内最大高差77 m（图18-5）。

②坡向分析：基地地貌以浅丘陵为主，隆起的山体四方坡向较为均衡（图18-6）。

③坡度分析：基地内坡度小于25%的区域适宜作为建设用地，坡度大于25%的区域不宜作为建设用地，规划因地制宜、依山就势，保留部分山体林地作为生态绿地。

（2）土地使用现状分析

基地内现状建设用地分布较零散，主要集中于象山大道沿线及建设中的双喜片区。

（3）道路交通现状分析

基地内现有象山大道、深圳大道、关公大道，已基本建成通车。除以上道路外，其余道路主要是低等级的乡村道路，道路通达性欠佳，路面情况普遍较差，大多为土路或煤渣路。

（4）生态环境现状分析

基地内除已完成规划建设的项目和零散的居民点用地外，其余基本为农林用地和荒地，现状生态环境良好。漳河大道以北及铁路线以南共分布有三处林地，片区内部还有龙泉河及多处水塘，现状植被覆盖情况良好。

（5）空间肌理现状分析

基地内由于尚未进行大规模开发建设，现状建筑略显散乱，与道路及开放空间结合不密切，未能很好地体现基地的南北纵深感，铁路线的分隔使南北区域明显脱节。

（6）开发建设现状

基地内现状有多个项目已完成建设或正在建设

图 18-4 技术路线

图 18-5 现状高程 GIS 分析图 图 18-6 现状坡向 GIS 分析图

中,如汉通楚天城、凤凰小区、天鹅小区、万达广场、荆门市楚天学校、国华人寿一期、政务中心等。另有多个地块属于规划已批待建的情况,如荆门市老年公寓、荆门剧院、新天地等(图 18-7)。

另外,根据湖北省水文地质工程地质勘察院于 2015 年 10 月完成的采空区勘察,本区北部的行政文化片区存在采空区,部分地块属于危害较大的不稳定区,因此不得作为建设用地,仅能作为山体公园或文化体育休闲公园使用。

18.1.5 城市设计主要内容

(1)地块空间关系分析(上位规划、相关规划)

①宏观政策引导。

a. 国家"一带一路"建设。

207

图 18-7　开发建设现状图

b. 国家"长江经济带"发展战略。

c. 国家"新型城镇化"政策。

d. 国家"生态文明建设"政策。

e. 国家土地政策。

f. 国家文化政策。

②相关规划解读。

a. 荆门市城市总体规划（2013—2030）。

中央商务区位于荆门市主城区的"中兴"发展带上，是城市向西拓展的重要区块和生态型城区的典范。其作为荆门未来的城市中心区，随着荆门南站的建设，也将成为荆门的"城市门户"与"公共客厅"。

b. 荆门市漳河新区城乡总体规划（2013—2030）。

中央商务区位于漳河新区的绿色生态都市区内，区位条件优越，是未来城市向西发展的重要板块。该片区作为荆门未来的城市核心片区，将集中设置荆门市的主要公共功能。

c. 荆门市中央商务区概念性空间规划研究（2013—2030）。

随着荆门南站客运功能的建立，在车站南部区域打造中央商务区的条件日趋成熟。该区域通过多元化城市公共功能的植入，将逐步建设成为荆门市的城市中心及对外窗口。

但该规划研究将工作重点聚焦于车站以南区域，车站北部区域未予以衔接，荆门南站作为城市公共节点的职能未能全面发挥。

d. 荆门市漳河新区北片（西区）控制性详细规划。

该规划区位于本区西部，是荆门主城区向西拓展的"花园城市"的重要组成部分，也是荆门市未来生态城区建设的代表。由于漳河大道贯穿全区，该区域需与本区有机衔接，形成整体，并在功能配置上形成互补与支撑。

e. 漳河新区双喜街道办事处土地利用总体规划图（2010—2020 年）。

根据土地利用总体规划，中央商务区的建设完全处于城市建设用地范围内，未与基本农田或一般农田发生冲突，适合进行开发建设。

f. 荆门市主城区商业网点规划。

规划确定中央商务区及汉正街商业片区为现代化综合商圈，为市级商业中心之一；在商业业态组合上形成"现代购物中心＋高端商务服务网点＋时尚主题百货＋高档品牌专卖店＋休闲娱乐网点＋品质消费网点"的发展模式。

③区域协调规划。

a. 区域功能协调。

荆门市中心城区层面：本区位于政务中心片区和凤凰片区，政务中心片区以行政办公功能为主，兼具部分商业、文化和居住功能；凤凰片区以市级商务办公、文化体育功能为主。

漳河新区层面：本区位于绿色生态都市区内，是荆门未来的城市核心片区，也是荆门城市化的重要空间载体，主要采取中心城区的开发建设模式，开发强度以中、高强度为主。中心城区的开发建设要特别重视对第三产业的发展和生态环境的保护，并引导村庄居民点向城区集中。

商业商务功能：本区位于总体规划确定的中央服务带上，在商业商务功能方面应明确定位，以万达广场、荆门新天地、红星美凯龙等大型商业设施建设为依托，积极引入国内外知名品牌，提升商业品质，营造高端时尚的购物环境；同时结合荆门市商务发展，重点发展星级酒店，适当引入满足商务交流、涉外办公需求的高档商贸服务网点；充分利用生态运动公园景观，打造生态商务休闲品牌。

b. 区域铁路站场。

荆门市中心城区现有焦柳、荆沙、长荆三条铁路穿越，并设站点。规划对荆门现有铁路站进行改造升级，其中，荆门南站为技术作业站，主要办理焦柳、长荆、荆沙支线解编作业，现有的货运功能将整合到蒙华铁路掇刀站，远期建议改造成为客运站或城际铁路站。荆门站为普通客运站，规划将对其进行扩建改造。荆门东站保留其货运功能。

c. 区域道路交通。

荆门市中心城区层面：现状建成的主要道路有象山大道、深圳大道、漳河大道、双喜大道、关公大道；规划主要道路有荆山大道、尉迟恭路。

漳河新区层面：漳河新区交通条件良好，焦柳铁路横穿全境，荆沙铁路由新区东侧穿过，348国道（原311省道）贯穿漳河新区，漳河新区与中心城区现状的交通联系主要依靠象山大道。

d. 区域生态环境。

荆门市中心城区层面：荆门主城区拥有"三面山一

水"的优越生态框架，以城市中心的东宝山为主要绿地核心，由自然山体、湿地公园、风景林地构成生态廊道体系，作为伸入城市内部的绿楔，突出山系、水系特色，构建水网、林网交织的"一心六廊多点"的绿地系统。

漳河新区层面：漳河新区自然生态环境十分优越，规划市级综合公园2处，区域性公园4处，并有一体育运动公园位于本次规划范围内。

e. 区域重大基础设施。

给排水设施：荆门市中心城区现状有一水厂、二水厂、三水厂，规划区现状水源主要依托三水厂合用水源，响岭加压站位于本规划区内。

电力设施：规划片区内部现状有110 kV响岭变电站及110 kV电铁变电站，规划予以保留；另外在双喜片区西部规划一座110 kV双喜变电站。

消防设施：规划片区内部有一处消防指挥中心，位于深圳大道以北、荆山大道以东，现状在建。

（2）区段特色定位

①功能定位。

依据上位规划及相关案例分析，荆门市中央商务区不仅仅是商务商业的聚集地，更是以火车客运站和城市中心区的建设为驱动、多功能混合开发的城市公共核心，也是以科技创新产业、都市旅游产业、文化产业为动力，城市文脉为积淀的新型活力城区与城市客厅。因此，荆门市中央商务区总体定位为江汉平原中心城市荆门市的新城市中心，区域性的商业商务中心、金融保险中心和公共文化中心。

②功能策划。

根据荆门市中央商务区总体功能定位，以及商业、商务和科技研发等主导功能配置的全新理念，中央商务区及其南北区域的功能配置考虑为行政办公、文化设施、创新研发、体育运动、居住、教育、商业设施、娱乐康体与公园广场等十一大类功能。

根据国内同类城市CBD的规模及配比情况，结合现状，兼顾荆门市中央商务区的都市属性和生态属性，本区的"商务办公：商业文化：居住功能"的建筑规模配比为 30:30:40。

（3）区段空间结构与空间要素（自然与人文）

①总体空间布局。

中央商务区形成"背山面水、一核两翼"的空间布局：充分利用本区南北的山水资源，通过开放廊道系统将山水引入本区，将中央商务区融入山水环境；以中央商务区为核心，与东部老城区和西部新城区有机衔接，形成整体，并在功能配置上形成互补与错位（图 18-8）。

中央商务区以荆门南站为核心公共节点，以商务商业为主导功能，北接行政文化中心，南联运动休闲中心，三者共同构筑起荆门市未来的新城市中心，并以其交通枢纽优势成为展现荆门城市形象的公共客厅。

中央商务区依托山水环境资源，顺应现有开放空间脉络，植入商业商务、金融保险、科技创新、居住社区等多元化城市功能，凸显亲民和谐、生态绿色、文化传承、科技智慧等城市特色，营造出具有活力与魅力的城市公共核心。

②城市空间要素。

城市设计重点控制"地标、节点、路径、界面、通廊和开放空间"六大城市空间要素，并围绕中央商务区中部的景观轴和活力轴进行布局，以期形成富有特色的城市空间格局（图 18-9）。

（4）景观风貌系统

本区景观风貌系统从景观轴线、景观节点、地标与标志物、界面控制和景观廊道与视线通廊五个要素方面进行引导。

①景观轴线引导。

本区景观轴线引导分为 3 条空间景观轴线和 9 条

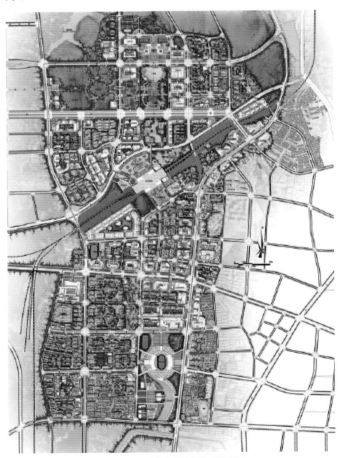

图 18-8 城市设计总平面图

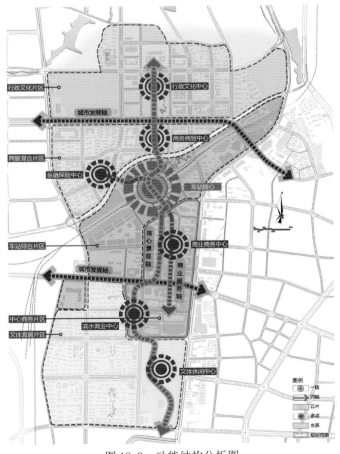

图 18-9 功能结构分析图

道路景观轴线（图 18-10）。

a. 空间景观轴线。

包括以火车站为核心向南北两侧延伸的商业休闲轴（红轴）、由北向南贯穿本区的自然生态轴和东西向铁路沿线的防护绿地生态轴（绿轴）、与自然生态轴重叠的滨水游憩轴（蓝轴）。

b. 道路景观轴线。

包括东西向的双喜大道、漳河大道、尉迟恭路、深圳大道、关公大道和南北向的荆山大道、象山大道、天山路、天鹅路共 9 条城市道路景观轴线。

②景观节点引导。

本区景观节点引导分为 4 处城市公共核心节点、5 处场所型空间节点、5 处景观型空间节点和 4 处门户节点（图 18-11）。

城市公共核心节点：包括文化公园景观核心、火车站交通枢纽核心、特色商业商务核心、运动公园景观核心。

场所型空间节点：包括象山大道与望兵石路、深圳大道、运动公园路交叉口等交叉口节点；火车站北侧金融保险中心、金融大厦、新天地广场等建筑节点。

景观型空间节点：包括核心绿脉中心的湿地公园、山体公园、活力绿带、休闲公园等自然型景观节点。

门户节点：包括西侧的荆山大道与漳河大道、尉迟恭路交叉口，东侧的象山大道与漳河大道交叉口以及南侧的象山大道与关公大道交叉口。

③地标与标志物引导。

本区规划景观节点周边结合布置具有识别性的特色建筑，分为地标建筑、重要建筑以及重点处理建筑，给人流提供外部的参考体验（图 18-12）。

地标建筑：包括政务中心、荆门火车南站、金融

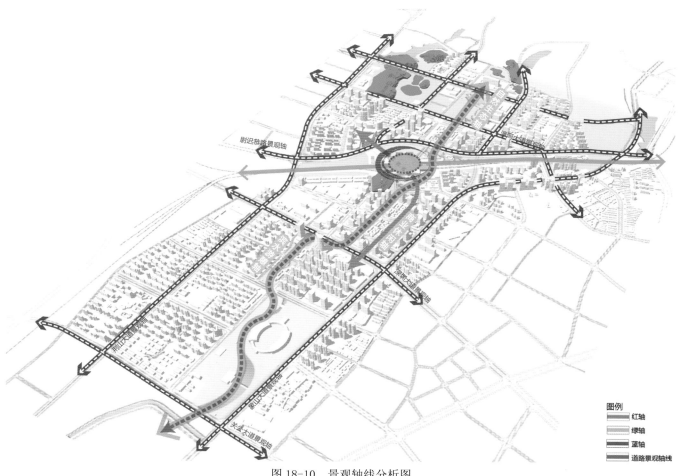

图 18-10 景观轴线分析图

图 18-11　景观节点分析图

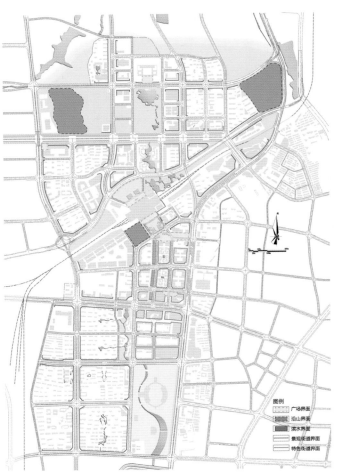

图 18-13　重要界面引导图

图 18-12　地标与标志物分析图

大厦、新天地塔楼、体育馆。

重要建筑：包括门户节点入口建筑、火车站北侧金融保险中心塔楼、火车南站双子楼、特色商业街区南侧双子楼以及万达广场双子楼等。

重点处理建筑：位于重要街道两侧或特色商业街区内，围绕地标或重要建筑设置，突出区域标志形象。

④界面控制引导。

本区主要控制界面包括广场界面、街道界面、滨水界面、沿山界面四大类（图 18-13）。各界面控制自成体系，又形成完整的系统。

a. 广场界面。

对地块内的核心广场进行相应的界面控制，火车站前广场由于兼备集散功能，尺度会有所扩大，控制在 1 ～ 3 hm²；其他广场应控制在 20 ～ 25 m 的基面尺度内。广场宽度与周边建筑高度比例 H/D 应该控制在 1/6 ～ 1，而理想的 H/D 应该控制在 1/3 ～ 1。

b. 街道界面。

分为景观街道界面和特色街道界面，强调街道界面的连续性和韵律感，同时要求有较大规模集散需求的建筑控制必要的退让空间，其他建筑尽量提高贴线率。

c. 滨水界面。

注重滨水界面的控制，体现其自然性和亲和性，强调水体与岸线、道路、建（构）筑、绿化之间的相互关系，体现规划区内的滨水特色。

d. 沿山界面。

保留规划区内原有的主要山体，保护山体的原有自然形态，强调其自然性和立体性，沿山建筑应严格控制其濒山距离和高度，并留出视觉通廊，同时强调绿化景观的引导和控制要求。

⑤景观廊道与视线通廊引导（图18-14）。

a. 景观廊道。

依托景观道路形成"五横四纵"9条景观廊道。景观道路红线宽度为40～95 m，景观廊道有效宽度为80～150 m，利用道路两旁的绿化带及绿化分车带，做好植物配置，并从环境、景观、游憩等角度综合考虑，形成廊道网络。

五横：双喜大道、漳河大道、尉迟恭路、深圳大道、关公大道。

四纵：荆山大道、天山路、天鹅路、象山大道。

b. 视线通廊。

在多个标志性建筑与景观节点之间利用城市道路交叉口、广场和绿地等开放空间的视线组织，引导规划的视线通廊。

（5）公共空间系统

①开放空间引导。

开放空间包括城市广场、城市街道、城市公园绿地、滨水空间、沿山空间五大类，其中城市街道分为城市特色街道与城市景观道路（图18-15）。各类开放空间相互交织与穿插，形成开放空间网络。为营造理想的开放空间，其设计必须结合四大重要特质：可及性、允许各式各样的活动、舒适美观并且营造市民社交的氛围。

城市广场引导：在重要的街道及道路交叉口设置步行广场，作为线性街道空间中的放大点和连接空间。

火车站前后也设置对应的广场，便于人流的疏散等要求。广场可根据市民不同的活动需求，进行合理分区和空间组织，形成有动有静、有开有闭的不同空间，满足各类活动的需要。

城市街道引导：包括城市特色街道和城市景观道路。

城市特色街道：惠泉路、龙泉路为文化活力街；运动公园路为运动特色街道；火车站南侧澳门街为特色商业文化街区，其他步道形成现代时尚商业街道。

图18-14　景观廊道与视觉通廊分析图

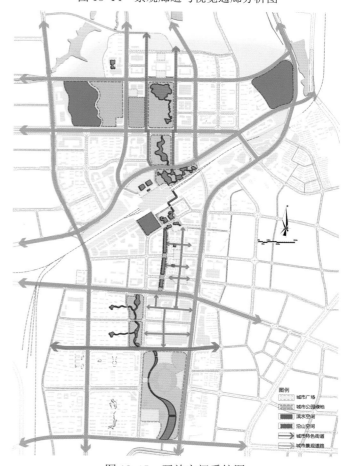

图18-15　开放空间系统图

城市景观道路：双喜大道、漳河大道、尉迟恭路、深圳大道、关公大道、象山大道、荆山大道、天山路、天鹅路为主要的城市景观道路。

城市公园绿地引导：保留规划区内的主要水系，并结合规划区内公园绿地打造为城市休闲文化公园，将其作为全区的核心开放空间。城市公园绿地形成一个完整的体系，贯穿整个规划区，成为一条南北走向的景观主轴。

滨水空间引导：沿着本区内的主要水系空间设置滨水岸线，不同形态的滨水空间，对其沿岸功能、岸线形式、防洪设施、生态保护、绿化景观等进行分类控制，形成丰富的滨水空间体系。

沿山空间引导：保留规划区内原有的主要山体，依据山体的高度、坡度、植被等自然景观资源及历史文化资源，并结合山体周边及山上的活动方式，打造生态化、人文化、园林化的丰富的沿山空间。

②公共活动空间引导。

建筑围合空间是城市外部街道公共空间的补充，院落空间通过与周边广场街道的联系可极大地带动整个地块的活力与丰富性。城市设计通过建筑物、植物、构筑物来加强空间的围合感，形成特色庭院，但不宜出现过于封闭和孤立的庭院，鼓励通过相互联系的庭院来形成一个庭院体系；拥有良好界面和尺度的庭院可以形成建筑和周边地区的"室外大堂"，建筑物对内形成庭院，对外定义城市街道界面。

③地下公共空间引导。

地下空间功能及规模控制：本区地下空间以地下商业空间、地下停车空间、地下通道、地下市政设施及人防设施为主，地下空间开发规模约 160 万平方米（图 18-16）。

地下空间层高控制：为保障地下空间的环境品质，地下一层中地下商业、步行、广场设施的净高不小于4.5 m。

地下空间竖向避让控制：在同一层面的地下空间的设施产生冲突时应尽量按照以下避让原则协调处理：人和车产生矛盾时，行人空间优先；地下民用设施与市政设施发生冲突时，市政设施优先；交通和管线产生矛盾时，管线优先；不同交通形式产生矛盾时，根据避让的难易程度决定优先权。

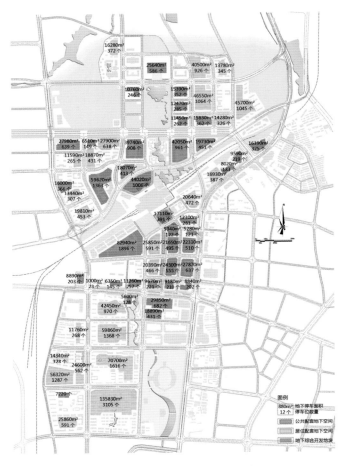

图 18-16　地下空间系统图

a. 地下综合开发地块引导。

地下综合开发地块位于整个规划区中部的火车站以南的特色商业文化街区。由半地下商业街、-2F 地下配套停车库、地下通道、下沉广场等组成。城市设计利用特色商业文化街区地块地势比周边地区略高的特点，开发半地下商业街区，强调地下与地上功能的有机复合，提供集商业、艺术、文化娱乐于一体的现代地下商业街区。

b. 地下通道设计引导。

出入口方式：在人流量大的公共活动区域，如商业休闲景观区域，采用下沉式广场作为地面和地下的交通联系方式。在其他小尺度、人流量较小的广场采用垂直交通点作为地面和地下的交通联系方式。

出入口位置：地下通道的入口位置结合公共建筑或公共绿地设计。

地下通道尺度：地下通道应具有足够宽度，保证人流通畅。与地铁相关的地下通道宽度除保证正常人流通行外，还应考虑到服务面积及商铺面积。

地下通道环境色彩设计：地下通道作为公共交通空间，应为行人提供良好的环境，应采用令人愉快的色彩，可以增加装饰画等，以形成特色。

地下通道环境艺术设计：如果综合地块中每个通道都具有自己的特色，将直接影响环境效果，提高其标识性。

c. 地下停车系统设计引导。

规划地块的地下停车场应按照相应的地下标高设置，根据配套地下停车数量设置出入口的同时，应考虑与周边地下停车场及地下环路进行衔接。

地下停车场应与周边地下商业进行步行衔接，部分地下停车场应为地下商业提供服务性道路。

④公共活动通道引导。

a. 慢行体系引导。

慢行体系由二层连廊、地面步行道（林荫步道、生活步道）、步行广场、商业步行街区和休闲漫步道等构成（图18-17）。

b. 游览路线引导。

规划根据各景点功能分类，将游览路线分为都市体验游线、生态休闲游线、空中俯瞰游线三种。

都市体验游线：依托特色建筑、标志建筑、特色商业街等都市特点打造。

生态休闲游线：依托城市公园、滨水绿地、水系，以具有地域特色的人文、植物、花卉为基础塑造。

空中俯瞰游线：依托单轨跨坐式轨道交通环线建立。

（6）建筑群体与建筑风貌

①建筑群体与建筑风貌分区。

根据区位和地块功能，规划将全区划分为五个风貌区，分别为自然休闲风貌区、行政文体风貌区、商业商务风貌区、生态宜居风貌区、交通场站风貌区（图18-18）。

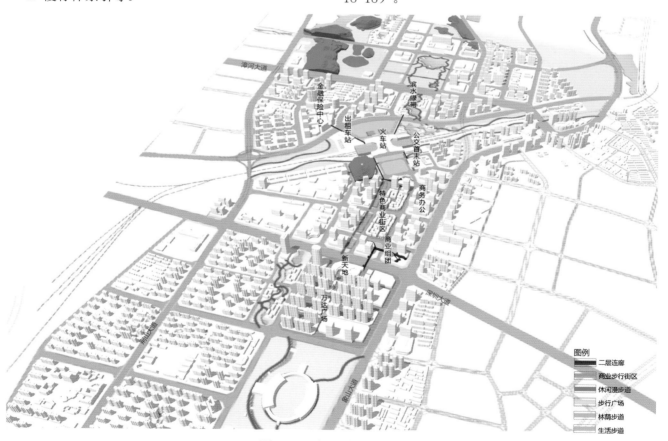

图18-17 慢行系统分析图

图 18-18　建筑风貌分区引导图

②建筑高度引导。

建筑高度划分为 $H \leqslant 15\,m$、$15\,m < H \leqslant 24\,m$、$24\,m < H \leqslant 50\,m$、$50\,m < H \leqslant 80\,m$、$80\,m < H \leqslant 100\,m$、$H > 100\,m$ 六个等级。

③建筑密度引导。

建筑密度划分为密度 $\leqslant 20\%$、$20\% <$ 密度 $\leqslant 30\%$、$30\% <$ 密度 $\leqslant 40\%$、密度 $> 40\%$ 四个等级。

④建筑退界引导。

城市道路两侧新建建筑不得占压红线、绿线。有绿线的，退让绿线 10 m；无绿线的，退让红线距离参照荆门市城市规划管理技术规定，如表 18-1 所示。

⑤建筑塔楼控制。

为了增强规划区的自然景观视线的穿透性，使绿色景观最大限度地引入街坊建筑空间，本区建筑的高层部分主要采用塔楼形式，尽可能避免因设置板式高层楼造成的视线阻隔。塔楼高度分为 $H \leqslant 50\,m$、$50\,m < H \leqslant 80\,m$、$80\,m < H \leqslant 100\,m$ 和 $H > 100\,m$ 四类。

⑥建筑底层功能与形式引导。

公共建筑底层以零售商业、商务办公／公寓入口

大厅、电商物流、旅馆酒店、金融、银行、其他商业、公共管理与公共服务设施及交通设施为主。

⑦界面连续性引导（图 18-19）。

一致的街墙高度可界定公共空间和创造区域特点，界面连续性主要通过贴线率控制。贴线率是指由多个建筑立面构成的街墙立面至少应该跨及所在街区长度的百分比，即临路建筑物的连续及底层建筑物的退让程度，是建筑物的长度和临街红线长度的比值，这个比值越高，沿街面看上去越连续。

（7）环境景观设施

①绿化景观引导。

本区绿化树种选择分为基调树种和骨干树种。树种配置力求采用适宜当地生长的乡土植物，在进行城市绿化景观打造的同时体现城市特色和规划设计理念。区内重点考虑主要公共绿地和主要道路的种植引导。

②室外广告引导。

户外广告控制分区：按照鼓励设置区、允许设置区、控制设置区、禁止设置区来划分广告控制区，并

图 18-19　连续界面分析图

表 18-1　建筑退界要求

	建筑后退城市道路规划红线最小距离/m						
道路等级 建筑高度	快速路	城市主干路		城市次干路		城市支路	
		新区	旧城区	新区	旧城区	新区	旧城区
小于 24 m	20	15	10	12	10	8	5
24～50 m（含高层建筑裙房）	20	20	12	15	12	10	8
大于 50 m（含高层建筑裙房）	20	25	15	20	15	15	10

针对各分区提出不同的控制要求、规划管理要求以及适用区域。

③空间照明亮度控制。

本区分五个亮度等级,其中火车站及南北两侧商业商务区域亮度最大;居住区和夜间停止使用公共设施区域亮度最小。

④室外环境小品引导。

包括区域门户标识设计指引、功能区标识指引、车行导向系统设计指引、行人导向系统设计指引、公共艺术小品。

⑤城市公共服务设施引导。

包括街道家具、服务设施、环卫设施。

⑥城市地面铺装引导。

重点考虑对本区室外地面铺装的色彩、材质、风格、铺砌方式的引导。

(8)分图则控制要素

城市设计将本区划分为30个单元,并分别完成城市设计引导图则。每张图则分别从建筑设计、空间组织、交通组织、地下空间、环境设施、建筑色彩和建筑材料七个方面进行引导,以下以"01城市设计地块图则"为例具体说明。

①建筑设计引导。

A1-1-01地块体现居住功能,以高层现代居住建筑为主,建筑高度控制在60 m以下,点、板式结合布局,山体至道路的建筑高度由高至低递减,保证山体景观渗透(图18-20)。建筑色彩以白色、浅灰色为主色调,建筑材料以石材和涂料为主。

A1-1-02地块体现酒店功能,建筑以3~4层荆楚传统建筑风格为主,院落式围合布局。建筑色彩以浅棕色、浅灰色为主色调,材质以石材为主。

②空间组织引导。

本区两个地块均强调通透的建筑界面,满足山体景观渗透(图18-21)。重点考虑建筑退线、高度分区、开敞空间等空间引导要素。

③交通组织引导。

双喜大道为城市主干路,沿线应不设置车行出入口,车行与步行出入口均设置于天山路上(图18-22)。

④地下空间引导。

A1-1-01地块设置一层地下空间,以地下停车和设备用房为主,同时满足人防要求。

⑤环境设施引导。

总体景观风格:A1-1-01地块以轻松与温馨的景观风格为主,A1-1-02地块空间氛围则体现现代化简约风格。

绿化种植风格:A1-1-01地块植物种类搭配丰富自然;选用观赏性强的乔灌木、花卉等。A1-1-02地块采用简洁自然的种植方式,形成兼具舒适的步行空间和沿街建筑界面透景功能的街道绿化空间。

景观小品、街具、铺装:A1-1-01地块室外环境小品主要以展现其私密性为主,氛围活泼温馨;A1-1-02地块选用能够体现区域商业主题的代表物。

户外广告引导:天山路以西、双喜大道以北区域为允许设置区,户外广告形式应尽量简洁,风格应与商业区风貌相协调。

夜景照明引导:天山路以西、双喜大道以北区域为二级照明亮度,低活跃度区;北部区域为低色温,南部区域为中色温。

⑥建筑色彩引导。

本区主要建筑色彩建议使用白色、浅灰、浅黄,辅助建筑色彩建议使用米黄、褐色、砖红,点缀建筑色彩建议使用棕色、黑红、土色。

⑦建筑材料引导。

本区墙面材料建议使用涂料墙面、石材墙面和墙砖墙面,玻璃材料建议使用窗用玻璃、钢化玻璃和夹层玻璃,屋顶材料建议使用板瓦屋顶、卷材屋顶和金属屋顶。

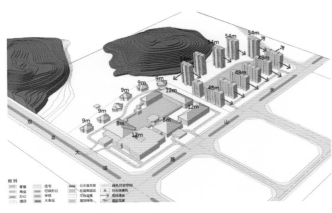

图 18-20　建筑设计引导图

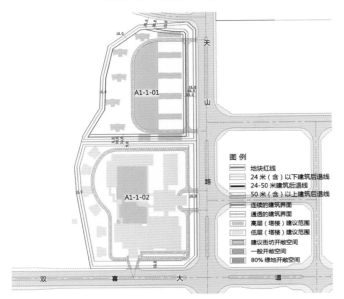

图 18-21　空间组织引导图

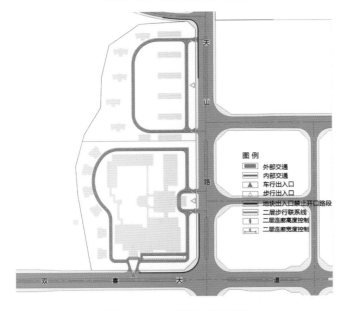

图 18-22　交通组织引导图

18.2　城市设计管理与实施

18.2.1　荆门市城市设计管理现状

为落实全省住房和城乡建设工作会议和《2015年全省城乡规划工作要点》有关要求，推动实施《湖北省加强城市设计工作方案》，荆门市城乡规划局研究制定了《荆门市加强城市设计工作方案》，从制定城市设计管理制度、推动城市设计编制、打造城市设计精品成果等方面，切实推进全市城市设计工作，提升城市规划建设水平。

荆门市现阶段城市设计编制工作主要采取两种模式：一种是针对控制性详细规划已经编制完成的区块（主要是老城区），对重要节点进行单独的城市设计；另一种是城市新区采用控制性详细规划和城市设计同步编制的模式。

在城市设计管理方面，一方面由于城市设计法定地位缺失，城市设计管理工具大多数采用导则形式，缺乏法律效力，缺乏强制性和权威性；另一方面现行城市设计管控内容不够清晰细致，很多城市设计导则仅仅停留在概念上，对于不同区块涉及要素的差异性分析不够，提出的控制指标针对性不强，城市设计成果在落实上存在一定的困难，可实施性不强。

18.2.2　本次城市设计与控制性详细规划的衔接

控制性详细规划的法定地位在现行的管理机制中得到了保障和落实，但一般控制性详细规划关注的重点为经济指标，在城市空间营造方面作用有限，因此本次荆门市中央商务区的城市设计采取与控制性详细规划同步编制的模式，城市设计营造空间，控制性详细规划保障用地开发，并以法定程序确保城市设计的具体实施。

第一，在现状调研阶段，考虑到城市设计主要内容最终需落实到规划管理平台，除了对用地权属和建设现状进行了详尽的调查外，还收集、整理历年的规划行政许可信息，并与已批和在办项目充分协调。同时，深化研究规划片区与周边地区的衔接关系，以及上位规划对本片区的目标定位，确定本片区发展方向和承担的城市职能，保证规划成果的科学性和方案的可实施性。

第二，在规划方案阶段，以控制性详细规划的指标控制为依据，量化分析本片区的建设强度，城市设计在此基础上进行空间营造和体量控制，避免因对规划区建设承载能力的思考不足而导致实施难度大等问题。

第三，在控制内容方面，深化城市设计导则，结合规划控制的各项指标，提出相应地块的控制要求，将其共同落实到地块图则内容中，直接作为规划管理的依据；同时在城市设计导则编制阶段尽量避免使用描述性语言，采用"量化、定性化"的方式对控制内容进行明确。

第四，在指标体系中，将控制内容进行分离，分别形成强制性和指导性控制内容。对于可量化的指标控制体系，如开发强度、建筑高度、建筑退界、退红线距离等内容在控制性详细规划的分图则中通过刚性指标予以控制；但对于建筑形态、建筑风貌、交通引导、环境设计等非量化性控制体系，通过城市设计地块导则制定弹性控制内容，进行必要的引导。

18.2.3　本次城市设计成果如何用于规划管理与实施

本次城市设计编制完成后，荆门市城乡规划局将通过把城市设计成果转化为规划设计条件书和建设用地规划许可证的规划设计要求，作为项目重要的规划、建筑和环境设计依据，并在报建方案及施工图设计中通过审查予以落实。

对于量大面广的项目，将城市设计导则要求作为规划设计条件书和建设用地规划许可证中的附加要求；对于重点区块项目，荆门市城乡规划局将城市设计方案列入规划设计条件书和《建设用地规划许可证》附件，作为具体项目方案设计依据之一；对于景观要求高、生态敏感度高的项目，直接以城市设计方案作为具体项目的规划建筑方案。

针对当前存在的城市设计成果难以有效控制和引导城市建设活动、运作效果不理想的现象，希望通过采用以上模式进一步完善本次城市设计成果的实施。

18.3　城市设计编制特色

18.3.1　项目特点

（1）功能特色

①合理定位。

荆门市中央商务区城市设计在编制过程中，根据上位规划及相关案例分析，原本仅将其定位为荆门市级的公共服务中心。但经与相关部门交流，在城市设计衔接上位规划的基础上，放宽视野，将中央商务区放在整个江汉平原城市群中进行考量，由此将原有的总体定位进行升级，最终定位为"江汉平原中心城市荆门市的新城市中心，区域性的商业商务中心、金融保险中心和公共文化中心"。

总体定位的提升为荆门市中央商务区后续的功能策划提供了新的方向和依据，全区"商务办公：商业文化：居住功能"的建筑规模配比控制为30:30:40，总建筑规模控制为商务办公120万～150万平方米，商业文化120万～150万平方米，居住功能160万～200万平方米。公共建筑比例超过居住功能，也为打造一个多功能混合开发的城市公共核心创造了条件。

②区域协同。

荆门市中央商务区城市设计并没有局限于本次城市设计的范围，而是从"区域协同"的角度紧密衔接城市总体规划、漳河新区城乡总体规划等上位规划及北片区城市设计和控制性详细规划、南片区控制性详细规划等周边地区规划，并重点从区域功能协调、区域铁路站场布局、区域道路交通对接、区域绿地生态环境和区域重大基础设施等方面进行统筹考虑，力求错位发展与协同共进。

③多元功能。

荆门市中央商务区城市设计立足混合发展的思路，借鉴国内外较为流行的"HOPSCA"发展理念，强调中央商务区的多元化功能配置与混合发展。

HOPSCA 是指在城市中的商务、办公、酒店、居住、购物、文化娱乐、社交、游憩等各类功能复合、相互作用、互为价值链的高度集约的街区建筑群体。采用"HOPSCA 混合功能开发模式"的荆门市中央商务区，将通过各种城市功能的综合互补，建立相互存在的价值关系，从而适应不同时段的城市多样化生活，并能够进行自我更新与调整。其城市形态也将从传统的建筑综合体向城市空间巨型化、城市价值复合化、城市功能集约化方向发展，并通过多种混合功能街区的相互作用，实现建筑群与外部城市空间的有机结合。

（2）交通特色

①站城一体。

荆门南站原为铁路货站和编组站，是中央商务区南北统筹发展的阻碍。城市设计利用铁路货站转变为客运站的契机，打破传统火车站封闭的管理模式，坚持"开放、综合、立体"的发展思路，将其打造为功能综合型、交通复合型、空间渗透型的复合型交通枢纽，实现站城一体。

所谓功能综合型，是指荆门南站不仅局限于对外交通功能，而是植入商业、休闲、宾馆、餐饮等多元化城市功能，满足市民出行的多元化需求。

所谓交通复合型，是指荆门南站除了铁路客运交通，还将长途客运、公交、出租、社会车辆等多种交通方式加以有机整合，实现全天候的无缝换乘，并成为荆门市未来的复合型交通枢纽。

所谓空间渗透型，是指荆门南站不再是相对封闭的交通空间，而是将城市公共空间渗透其中，保证车站南北区域可 24 小时通行，并成为南北片区公共空间的核心点和转换点。

②立体步行。

城市设计从"以人为本"的角度出发，以人的行为为依据，打造安全便捷的人行活动空间，并通过立体化步行空间体系的营造，实现人车分流。中央商务区以火车站为步行体系的重要节点，在地面、地下、二层共计三个层次上向南北延伸，构建立体城市系统。为此，中央商务区设置了完善的二层步道系统，北起商业中心及滨水休闲商业，经火车站综合体向南延伸至特色商业街。二层步道系统强调将建筑和城市进行一体化设计，将城市空间引入建筑，为步行者提供良好的步行空间环境。

③绿色交通。

单轨跨坐式轨道占用空间小，适应复杂地形，建设工期短，造价低而且运输安全度高，噪声低，乘坐舒适，在废气排放方面达到了真正的"零排放"。因此，城市设计从"绿色交通出行"的理念出发，借鉴悉尼达令港、深圳华侨城、西安大唐芙蓉园等建设经验，在中央商务区内建立了一条单轨跨坐式轨道交通环线，连接整个商务区重要的公共节点，并成为中央商务区都市旅游的特色线路。

（3）空间特色

①活力引领。

荆门市中央商务区的城市公共空间组织强调以"活力"为导向进行组织，设置三条空间轴线：包括以火车站为核心向南北两侧延伸的商业休闲轴（红轴）、由北向南贯穿本区的自然生态轴（绿轴）和与自然生态轴重叠的滨水游憩轴（蓝轴）。

城市设计不仅沿红、绿、蓝三条活力轴设置了公共性较强的城市公共功能，还通过公共建筑群和公共空间的有机组织，将地标、节点、路径、界面、通廊、开放空间等城市设计要素沿轴线设置，从而建立起完善的公共开放空间系统，并以多元化混合功能作为支撑，全方位提升区域的活力。

②疏密有致。

荆门市中央商务区改变传统 CBD 或城市中心区的高密度开发模式，强调"密不透风、疏可跑马"的密度分区，形成"大疏大密、疏密有致"的整体城市空间形态。区内的低密度区即为水系、公园、广场等开放空间，也是城市风道系统的有机载体；而高密度区则是从土地价值与城市经营角度考虑提升开发容量，确保城市用地的经济性。

高低密度分区，即可保证开发总量的总体平衡，在实现局部高密度高效率的同时，通过集中的开放空间保证了区域高品质的综合价值；这种高低密度分区结合发展的方式充分发挥了每片土地的潜能，同时又降低了单一的高密度开发可能引发的环境问题和负面效应。同时，高低密度分区可促成高低密度空间的形态互补，形成高低错落、变化丰富的天际轮廓线，从而构建富有特色的整体空间形态。

③文脉延续。

城市历史环境（包括历史建筑与历史街区）是展现城市个性的源泉，是城市文化展示的主要载体。但在中央商务区基地内没有历史环境的背景下，城市设计从"文化再现"的理念出发，一方面通过图书馆、博物馆等文化建筑的植入，提升区域的文化品位；另一方面沿中央商务区的蓝、绿轴线设置多组滨水商业街区，街区采用荆楚传统建筑风貌及空间组织模式，留给人们对城市更多的记忆、回味和遐想，并与周边的现代风貌建筑群形成对比，从而实现新旧共生，再现历史文化，延续城市文脉。

（4）环境特色

①契合山水。

中央商务区北靠山体，东部为东宝山环抱，区内环境更成为荆门市中央商务区独有的环境特色。

城市设计从现有山水脉络出发，一方面保护区内的小山、林盘和水系，维护现有山水格局，构建山水型绿地系统；另一方面结合现状山水走向留出绿色廊道，将山水景观引入中央商务区，并注重城区与山水的自然穿插；由此最终实现山、水、城的自然融合，打造别具特色的山水型公共中心。

②多彩景观。

中央商务区城市设计在城市公共环境设计中，从生态化、园林化、多彩化的角度思考全区的景观营造。

公共绿色的植物配置坚持生态原则，注重生物多样性和植物生长规律；坚持乡土原则，选择适应本地生长的植物品种，形成适宜本地气候条件的植物群落；坚持多彩原则，依据植物不同季节的花叶色彩，增加观赏性和丰富性；坚持水系植被湿地化原则，注重通过水生植物的生态处理实现水系自净。

③绿色低碳。

城市设计将绿色低碳作为中央商务区环境营造的重要议题，力求构建绿色节能、低碳环保、环境友好的生态型城区。

首先，在水环境方面，确保中央商务区在适应环境变化和应对雨水带来的自然灾害等方面具有良好的弹性，构建海绵城市。其次，在城市风环境方面，注重依托城市公共开放空间形成连通山水的城市自然风道。最后，在生态城市建设方面，注重构建完善的绿色低碳指标体系，确保节能环保措施的落地实施。

18.3.2 本次城市设计创新与特色

（1）跨域合作

荆门市中央商务区的城市设计编制采用了"跨域合作"的工作方式。

所谓"跨域合作"，是指以同济大学建筑设计研究院（集团）有限公司为代表的外地设计院与以荆门市规划勘测设计研究院为代表的本地设计院合作编制的模式，既可利用同济大学在城市设计方面拥有的先进理念与丰富经验，也可发挥荆门市勘测设计研究院对荆门市本地情况更为熟悉、对上位规划更为了解的优势，有利于双方取长补短、优势互补，最终形成高起点、接地气的编制成果。

（2）刚弹结合

本次荆门市中央商务区的城市设计采用了与该区域的控制性详细规划"同步编制"的工作方式。

由于城市设计在我国目前仍属于非法定规划，城市设计缺乏法律地位与独立的运作体制，这种"重设计、轻立法"的尴尬处境，使得城市设计往往得不到实施。而控制性详细规划是我国规划控制体系中最具有操作性的规划法规文件，将城市设计与法定的控制性详细规划结合具有现实意义。

另外，"同步编制"城市设计与控制性详细规划不但有利于城市设计的法定化，还可保证编制成果"刚弹结合"，即将控制性详细规划成果的刚性控制与城市设计的弹性引导相结合，更有利于未来规划管理的落地操作。

（3）三维整合

本次荆门市中央商务区的城市设计采用了"三维整合"的运作机制。

所谓"三维整合"，是指城市设计注重在三维的城市空间坐标中化解各种矛盾，并建立新的立体形态系统，以整合的观念从三维角度对城市形态、空间与环境进行设计，注重城市公共空间的环境质量、视觉景观和环境行为，关注城市空间的秩序与和谐。其中，"整合"和"三维"是两个关键词，"整合"代表对各种城市系统及其关联性的通盘考虑，而"三维"代表立体而非平面，三维整合是城市设计研究手段的最大特色。本次中央商务区的城市设计就从三维立体的角度，重点研究了中央商务区的功能、交通、空间、环境等各类城市子系统，并加以有机整合，形成相互关联的有机体。

项目委托单位：荆门市城乡规划局

项目编制单位：同济大学建筑设计研究院（集团）有限公司、荆门市规划勘测设计研究院

项目负责人：张力、王敬东

项目主创人员：同济大学建筑设计研究院（集团）有限公司：黄宏智、兰斌、刘翔、祝军祥、林志强、吴佩洲、王福振、朱宁、施晓真
荆门市规划勘测设计研究院：周斌、官金玲、朱明操、张磊、刘红艳、李呈琦、刘月、赵莉、张志远、蔡晓辉、陈名

第三部分

地块城市设计
The Block Urban Design

19 随州草店子历史街区保护性城市设计

19.1 城市设计主要内容

19.1.1 项目基本信息

草店子历史街区位于随州城南部,处于该"编钟"型城池的"钟柄"位置(图19-1)、兴烈山大道南端、汉东路南侧,东、西、南临护城河,护城河夹峙。东西宽230 m,南北长约380 m,项目面积约8.7 hm²;核心保护区约1.7 hm²,建设控制地带7.0 hm²;研究范围约25 hm²(东到舜井大道,西到白云湖北路,北到汉东路,南到竹林巷)(图19-2)。

图19-1 "编钟"型随州古城

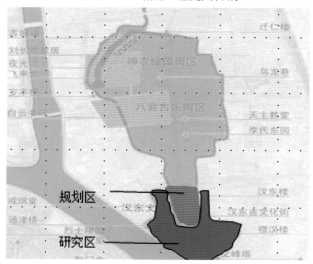

图19-2 规划设计范围

19.1.2 规划背景

一直以来,在快速城市化的进程中,历史保护一直面临艰难的局面。随州市委、市政府高度重视历史文化名城保护工作,但局限于"现状存量少,存量质量差,风貌破碎度高"的困难,同时面对城市化进程的加快,城市保护工作举步维艰。对2011年国家住房和城乡建设部、文物局检查出来的突出问题,随州市及时制定了"涵养文脉、传承发展、扬长避短、保牌增色"的工作目标,积极保护好优秀历史文化遗产,努力建设历史文化与现代文明交相辉映的"神韵随州"。大力挖掘历史文化元素,切实加强名城保护项目的建设,加大非物质文化遗产保护,推动经济发展和名城保护的互促共进,以规划引领名城的保护建设。在这种背景下,随州古城需要一处体现"彼美汉东国,川藏明月辉"的可读、可游的历史叙事场所,彰显神韵随州的历史记忆、地域特色、民族特点,同时考虑民生建设。

本次城市设计落实上位规划的要求,深化保护规划,调查、整理和记录隐藏的历史信息,梳理城市空间脉络,完善整体保护体系,凸显城市特色和个性,外显随州地域特色,推动历史保护工作。

(1)地块特点

草店子历史街区是国家历史文化名城随州市古城内两处历史文化街区之一——汉东街(草店子街)历史文化街区的核心部分,是总体规划古汉东传统风貌街区的主要载体。

(2)现状问题

草店子历史街区作为随州古城南厢,是城市关厢的典型代表(图19-3、图19-4)。作为民间集市,草店子街在历史的进程中,受到时间消磨、社会变革、产业演化、城市改建等力量的冲击,发生了重大的变化:人口稠密,建筑密集,环境恶化,设施欠缺,乱搭乱建严重。

①城墙残存、城濠堰塞:街区内仅存约100 m长

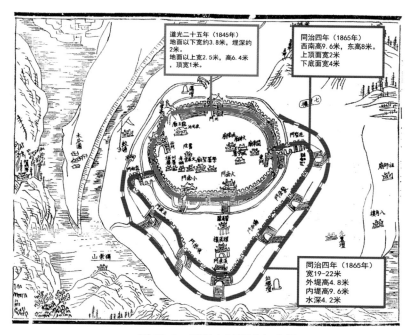

图 19-3　随州古城历史年代图

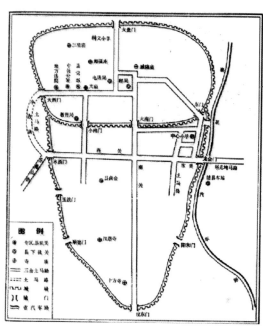

图 19-4　随州古城街巷图

的土垣，高约 3 m，气势尚存；城濠深邃，但淤积污染严重，丧失基本的景观功能。

②街市留存、活力延续：原有港埠被工厂占据，失去了货物中转的功能；民居密集，原住民密布，生活性商业沿街布置，学校、企业，幼儿园等民生设施往来熙攘，生活氛围浓厚。

③庙楼尽失，建筑破败：朝阳寺、十方寺、牌坊、城楼等消失殆尽，但老居民仍津津乐道，成为对昔日荣光的回忆；建筑绝大部分是新中国成立初期所建，质量较差，年久失修，风貌破落。

④异型异化，尺度失衡：前店后屋的建筑残存稀少，建筑多退化成危房；多半为建于 20 世纪 70 至 80 年代的砖混多层建筑；建筑风格为红砖，风貌风格为近现代质量一般的建筑；体量、多层建筑、单位对空间尺度异型比重大，砖房、砖混建筑庞杂，空间肌理异化严重；大尺度已经丧失传统街区特征。

（3）拟解决问题

通过分析草店子街的历史文脉，总结出其自身禀赋特征如下：区位优势区，天街南首，具备水陆埠头，街巷纵横；商业综合区，关厢商业街市，具有商铺市

场，街市贸易；格局重要点，城池节点，具有庙宇楼街，前店后居。

本规划是《随州市历史文化名城保护规划》对于历史保护区各种强制性要求的落实。正视草店子历史街区现状，确立保护对策；兼顾民生发展、城市改善需求。这既有历史文化资源保护的控制性要求，通过导则体现，又具备更新建设的行动纲领，通过城市设计凸显。拟解决问题如下。

①建立街区的格局：根据随州古城空间格局和草店子历史街区的建筑、肌理特色，在尊重保护核心区、风貌协调区层次的基础上，针对性地划定核心保护区，改善保留区、更新重建区，并制定分区梯度干涉措施。

②确定保护和更新方法：基于历史要素类型进行梯度干涉。对线性要素，如城墙、护城河、街道进行"历史资料导向"的修复；对块状要素，如朝阳寺、十方寺等庙宇，瓮城等片区进行修复；对点状要素，是在既有尺度上对民居进行原型修复、类型保护和异型更新。

③民生设施的布置：以街区保护与更新为抓手，完善公共设施，促进旅游开发，改善区民生，带动周边土地开发。

19.1.3 规划目标和愿景、技术路线

（1）规划目标和愿景

本项目的规划目标和愿景有如下几点。

①在随州现代城市建设中，成为城内第一个历史碎片聚集、彰显的，代表随州传统风格形象的历史街区。

②运用城市设计手法，引导高品质、有活力、民俗、商业的高品质公共空间建设。

（2）规划技术路线

本项目的规划技术路线如图19-5所示。

具体实施内容有如下几点。

①通过保护性城市设计，构建草店子历史街区整体空间。

②通过空间设计实现空间结构的保护、修复、改造和新建，恢复建筑肌理、街巷关系、地段格局，构建一个历史空间场所。

③制定基于"地块单元"实施性为目标的实施导则，指导后续建设。

④基于可操作性的视角，对历史街区进行保护与更新，提出历史城区保护与发展的范式和图则，对空间内容进行约束和引导，彰显古城符号和地域特色符号，为城市其他历史片区提供参考。

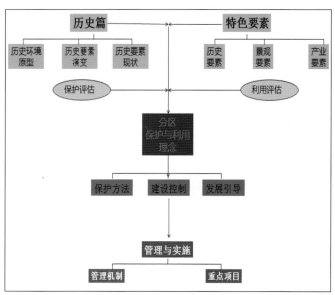

图 19-5　规划技术路线

19.1.4 现状调研与专题研究

项目组对整个基地进行以建筑单体为单位的现状调研、田野调查、访问式调研和地方志研读（图19-6），结合专家咨询、中期评审等机会，咨询文物、管理等各方面的信息和资料。同时在共同研究、多方案、多视角比对的基础上，结合专业特长，湖北省城乡规划中心展开了对历史城区城市设计的专题研究；随州市城市规划勘测设计研究侧重对地方资料的梳理、基础资料的调研和相关规划的总结。

（1）现状分析专题

对现状空间属性进行了详尽的调研和分析，从土地利用现状，街巷格局现状、街区建筑风貌，包括建筑风貌现状、建筑质量现状、建筑高度现状、建筑屋顶现状、历史要素现状、历史风貌综合评价等方面对基地的空间现状有了详尽的掌握，部分如图19-7、图19-8所示。

（2）案例研究专题

案例研究专题注重类似性质、类似区位、类似风貌和类似定位等，在定位、设计手法、设计理念和空间定位方面提取具有参考意义的案例，如北京南池子、扬州南门外、宁波老外滩、扬州东关街等案例，如图19-9、表19-1所示。

图 19-6　现状调研照片

图 19-7　历史风貌综合评价图

图 19-8　建筑质量现状图

19.1.5　城市设计主要内容

本次城市设计分为总体设计导则和地块设计导则两个层次，从空间风貌、分区梯度、建筑保护与整治三个角度对规划设计范围内的用地及空间进行保护、引导和控制（图 19-10）。

①完善整体格局——整体格局的必要部分。

②传统风貌街区——传统文化和地方民居特色的街区。

③商业与休闲区——传统风貌商业休闲街区。

图 19-9　扬州南门外案例解析

表 19-1　类似案例产业业态比重分析表

功能	餐饮	娱乐	文化	信息	服务	其他
比例	6%	23%	34%	10%	10%	17%

④分区保护理念——分区梯度保护干涉。

⑤高质量公共区——步行街区、公共休闲节点。

（1）地块空间与功能关系分析（相关规划）

上位规划是本项目规划的基础。因循上位规划，响应相关规划，是本次规划的基本思路。随州市城市总体规划（2009—2020 年）对草店子历史街区的保护提出 "全面控制、重点保护、部分修复、协调建设"，要求草店子历史街区规划对两侧进深各 200 m 内的建筑物 "整旧如旧"，严格控制建筑物的高度、色彩、体量、风格。明清时代青砖黑瓦马头墙的建筑风格与风貌为前店后宅，使其形成以手工作坊、传统风味小吃、店铺为主的古文化一条街。随州市历史文化名城保护规划（2012 年）界定本区域核心保护范围，面积约 1.76 hm²；建设控制地带面积约 4 hm²，范围北至汉东路、南至汉东街南口原汉东门位置，东西以护城河为界，南北长 380 m、宽 200 m。汉东文化街区保护更新与风貌控制规划（2006 年）是基于建筑空间

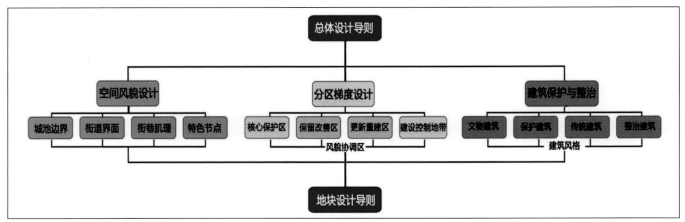

图 19-10　城市设计主要内容

塑造和风貌引导的一个设计方案，但该规划没有针对历史街区的特性进行规划，未能根据历史保护核心片区、建设控制地带和风貌协调区的特性进行针对性控制和引导。

（2）地块目标定位

①总体定位。

本次规划的目的是将规划区建设成为随州市历史保护示范区、古城传统生活体验中心、传统文化休闲商业中心、本土特色商品展示中心，打造一个延续随州历史文脉，展现人文景观资源，承载现代商业休闲、旅游观光等功能的传统文化街区，承载炎帝故里、古乐之都、人文随州的历史文化街区。

②形象定位：特色草甸、文化草甸、休闲草甸。

③功能定位：小商品购物、随州特色民俗、国学文化创意、会务接待。

④建设目标：展示随州传统文化和历史，体现随州传统生活和民俗，成为随州市民和八方来客共享休闲时光的场所、随州的城市客厅和旅游窗口。

通过"客厅"建设，重新唤醒随州历史街区的场所、精神和活力，以点带面，促进随州旧区有机更新，综合提升随州的城市功能和城市品位。

⑤设计手法：通过格局修复、空间梳理、肌理整治、基因复制、立体营造、活力再生等手段进行空间的塑造。

（3）地块空间结构与空间要素

①周边协调规划。

周边协同规划主要在保护层次、交通协调、功能结构等方面进行总体协同、总体引导和科学定位（图19-11～图19-14）。

如保护层次规划建议调整历史保护对象分区。

a. 核心保护区：草店子历史街区的核心保护区为靠近汉东路范围的面积约 2 hm² 的用地。

b. 建设控制地带：保护规划中的草店子历史街区的建设控制地带为护城河范围内的区域以及齐星老厂范围。但是考虑到齐星老厂与历史风貌不一致，而草店子南街为类风貌历史街区，而且保护规划和总体规划的高度分区也没有限制齐星老厂，建议调整建设控制地带，将草店子历史街区分为南、北两个片区。

c. 风貌协调区：主要为古城外 200 m 范围，并充分考虑基础设施配套。

护城河范围内的区域为草店子历史街区的核心区及建设控制地带，限高 18 m，因此规划为明清历史风貌区；汉东门外的草店子街可以规划为类风貌区。

西侧靠近滨水的区域可以规划现代风格或新中式风格的建筑，并适当植入高层建筑，在满足土地拆迁平衡的同时，增强城市活力。

②历史街区规划。

分别从街巷空间规划、片区单元控制、建筑保护

图 19-11　历史保护对象层次图

图 19-12　研究区交通协调规划图

图 19-13　研究区功能结构图

图 19-14　总体引导总平面的手法

整治策略对空间进行规划。

a. 街巷空间规划主要内容如下（图 19-15）。

轴街强化，收放有序。轴街是中国古代城市街巷系统中的重要轴线街道，是"制度轴"。因此规划的同时必须强化轴街，恢复两侧的重要历史界面。

疏导街巷，成环成系。历史街区存在很多乱搭乱建的现象，规划主要结合凡家巷、朝阳寺巷等大巷子进行疏通，形成良好的步行系统。

节点开放，公共雕塑。在整治街巷同时，规划广场和小绿地等空间节点，形成有开有合的开放空间。

水街界面，城墙片段。护城河沿线拆除部分阻挡建筑，形成连续的滨水开放空间，并提供满足历史街区消防作用的通道。

地面铺装，绿化设计。最后，在整理的街巷系统中，通过铺装设计，营造良好的景观序列，并合理进行绿化设计，提供良好的视觉生态环境。

b. 根据对古城建筑质量、风貌等多要素的综合评定，将建筑分为以下三种类型进行保护和整治（图19-16）。

保护建筑：文物保护点以及风貌一类和传统建筑。

整治建筑：传统风貌质量较差的建筑或对传统风貌有较大影响的现代建筑。

拆除建筑：危房、搭建简易房以及对传统风貌和观景视线影响特别大的现代建筑。

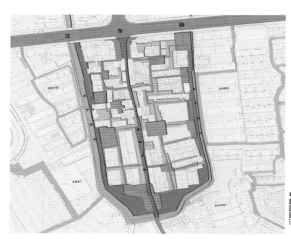

图 19-15　街区街巷空间整治图

图 19-16　街区建筑保护整治图

c. 根据地块单元，结合街区定位及业态、建筑及场地赋予特定功能，得出总平面的引导规划（图19-17），主要落实如下。

功能上循古纳新：完善古城格局，恢复商业地位，延续古城文脉，积极引入部分休闲功能。

空间上承昔化优：空间设计整治现状民居，以前店后居为原型，构建小尺度空间，营造亲切宜人的尺度。

景观上相生相容：整体景观结构追求相生相融，护城河水体与间断的城墙、大小广场节点互相渗透融合。

核心圈层以历史遗存建筑为核心区，是整个街区历史人文资源的载体，适合发展以百年传统商业为主题的历史商业街区，迎合轴街形成良好的历史文化氛围。过渡圈层以近现代红砖房为核心区，为充分挖掘该片区的历史价值，规划以保留整治为主，再现当地街区传统民俗风情和原生态的生活方式，展现"最随州"的特色。外围圈层以大体量现代建筑为核心，同时位于整个核心保护区的边缘地带，该层注重街区功能与城市整体功能的衔接与融合，建筑形式力求现代与古朴的对比（图19-18）。

③街巷体系。

街巷系统疏通后，规划主要进行片区层面的地块单元控制（图19-19）。依据轴街和主要小巷将核心片区划分为多个街坊地块单元（图19-20）。

（4）建筑形体控制

①建筑高度、体量、形体与风格。

历史文化街区的建筑形体以传统风格为主，考虑荆楚派建筑风格。荆楚建筑的人文精神内涵为"大气、兼容、张扬、机敏"，美学意境为"庄重与浪漫、恢弘与灵秀、绚丽与沉静、自然与精美""高台基、深出檐、美山墙、巧构造、红黄黑"。这种风格多为典章建筑，在本片区的原寺庙（十方寺、朝阳寺）、书坊、戏台和汉东门等建筑均为典型的荆楚派风格

图19-17　街区总平面引导图

（图19-21）。特别指出汉东门有原型黑白照片，本规划进行复建，高度12 m以下（檐口），体量不突破地块单元；民宅（店铺）以"九街十八巷"及淅河老街为主要参考（形制、功能类似），多采用墙头、檐口体现，同时满足现代商业功能及权属划分，高度7 m以下（檐口），体量不突破地块单元。

民居改造的主要内容如下（图19-22）。

a. 整体形象：参照随州柯家寨村庄整体形象，整体天际线起伏和缓，层次分明，形成统一的空间形象。

b. 改建方式来源：随州环潭历史印记，沿街建筑一层半建筑模式；九檩十八柱的框架结构。

c. 参照鄂北豫南民居形式，如柯家寨门头。

d. 色彩材质提取：选取随州市环潭典型砖砌二层建筑为参照，塑造沿街商业建筑；选取硬山墙头及建筑材质和色彩。

②退线、界面处理。

历史文化街区核心保护区内建筑是绝对保护、有限建设。核心保护范围内建筑严格以现有建筑基底为范围进行保护和改造。

建设控制地带以街巷空间治理为基础，以市政管线建设为触媒，对退线和界面进行"因地制宜"的处理，草店子街不拓宽，因此建筑不退线，以现有建筑基底为基础建设；其他街巷以街道贯通、节点建设进行退界。

（5）交通组织及人行系统

本规划从区域角度进行交通协调。交通规划为历

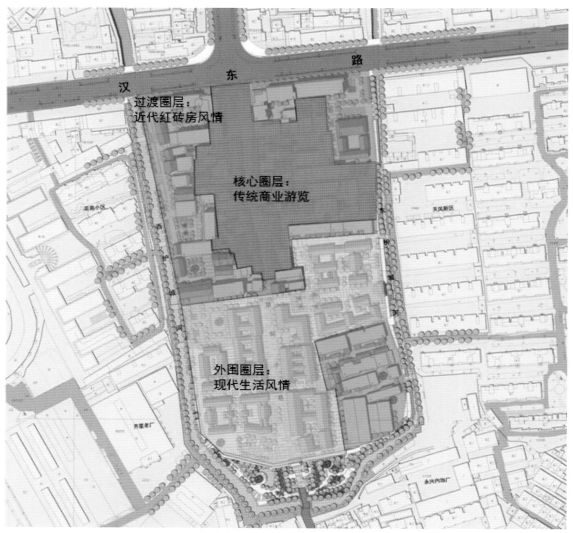

图 19-18　街区空间层次分区图

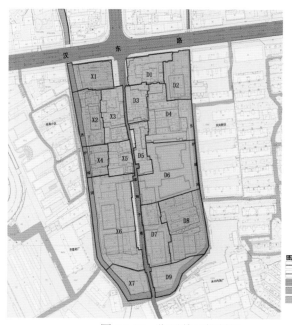

图 19-19　街区单元控制图

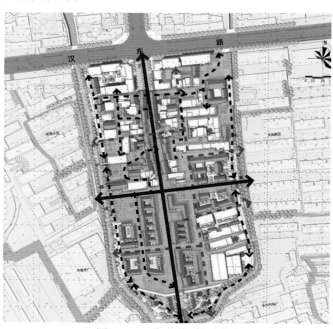

图 19-20　街巷体系规划图

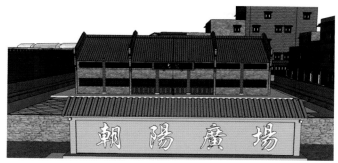

图 19-21　书坊效果图

图 19-22　民居效果图

史街区规划的重点，草店子历史街区宽约 220 m，主街草甸街可以承担消防功能，护城河边新规划消防通道，消防问题已经完全解决。

历史街区作为商业文化街区，人流量比较大，又是完全的步行街区，车行交通主要依靠周边道路疏解，因此规划必须考虑与周边交通的联系。

外围疏散道路，西侧通神农大道，东侧通舜井大道。汉东街为区域范围的主要界面，人行主入口在汉东街上。近期为了实施方便，东北侧规划地下停车库，从而满足停车要求。远期打通沿河大道与护城河外围的疏散道路，沿河大道沿线可以新建地下停车场；随南校区搬迁后，进行地下空间整体开发，可以新建地

下停车场。

三个地下车库面积为 2 hm²，按照地下停车位 30～35 平方米／辆计算，可以停 650 辆汽车。地面集中停车面积为 0.5 hm²，加上地上沿街停车位、临时停车约 400 辆。按照建设面积约 10 万平方米，需要 1200 个车位，基本满足停车要求。

草店子的主街供大型运货车辆通行，因此街巷尺度相对较宽。其他街巷皆为 1～2.5 m 的窄巷子。

历史街区主要以步行交通为主，但现行的防火规范没有对历史街区提出特殊规定，主要商业街区就要满足消防要求。而停车成为历史街区又一个难题，因此本次规划主要考虑外部道路、消防通道、步行系统、静态交通等问题（图 19-23）。

①外部道路：地块北侧——汉东路，地块西侧——单行路。

②消防通道：外部车型道路、两条主轴线、沿护城河道路，能够满足消防要求。

③步行系统：有两条分别横穿与纵跨地块的步行主要轴线，加上已成网络状的内部街区慢行线与地下空间走廊形成完善的步行系统。

④静态交通：规划设置了两个小型地面停车场，就地解决交通停靠问题，两个地下停车库分别设置出入口，地上停车位 30 个，地下停车位 330 个。

另外，历史地段须注重对历史街道的保护和命名。

（6）地下空间规划

地下空间的利用有助于历史地段建筑面积的平衡，是历史地段保护的有益补充。历史地段的地下空间规划较为谨慎，结合建设控制地带进行地下空间的布置与设计（图 19-24）。

在护城河内侧布置三处集中的地下空间。

①朝阳寺广场布置 2000 m²、2 层、2 个竖向交通的地下停车场。

②书坊及民俗馆布置 10000 m²、2 层、4 个竖向交通的地下停车场。

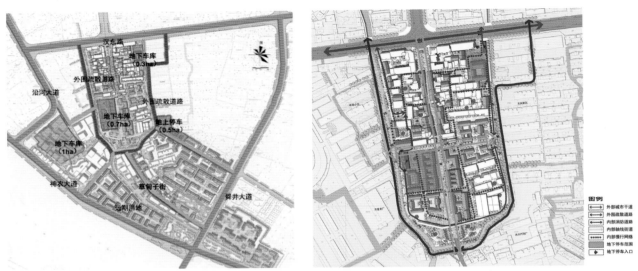

图 19-23　研究区及地块内交通协调规划

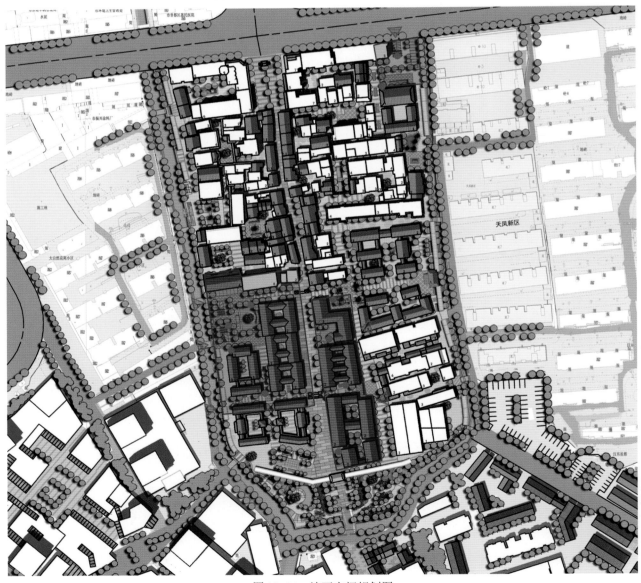

图 19-24　地下空间规划图

③文物展览馆布置 5000 m²、2 层、4 个竖向交通的地下商街。

（7）环境景观设施

环境设施是本规划体现民生建设的载体。规划在环境景观设施中，规定了适应历史街区风格的要求。

（8）开发地块指标测算

历史地段以投入为主，但同时考虑项目对周边地块的溢出价值（表 19-2、表 19-3）。

草店子历史街区用地面积约 8.7 hm²；核心保护区约 1.7 hm²，传统风貌街区约 7.0 hm²。其中现状建筑面积约 13 万平方米，现状容积率约为 1.5。由于有很多两层以下的建筑，并且小学有大体量的空地，建筑容量相对较小。

经调查，现状居住户数约 900 户，合计人口约 3000 人，商铺约 80 间。考虑部分搬迁、部分还迁的策略，主要资金用于拆迁补偿及新建建筑，约 7.5 亿元，市政及街巷设置整治约 0.5 亿元，总概算约 8 亿元。

草店子街历史整治对提升草店子历史街区文化有重要作用，周边用地的地块价值都能得到提升，周边工厂改造可以新建商住用地，建筑单价可以提升至 1 万元／平方米。

表 19-2 各地块预算金额

地块	项目	保护建筑/m²	整治建筑/m²	拆除建筑/m²	合计/m²	新建建筑/m²	预算金额/万元
D1	入口接待中心	1203.9	10802.2	179.5	12185.6	180	2000
D2	神农祠	0	0	6349.1	10931.2	1500	4000
D3	商业及手工坊	1126.9	1680.5	776.5	3583.9	200	4000
D4	民居及民宿	642.61	8844.84	3722.32	13209.77	200	8000
D5	老店商业	646.77	1519.47	335.82	2502.06	600	3000
D6	民宿及会所	0	0	102.9	102.9	6400	4000
D7	展览馆及古玩街	0	0	8423.2	8423.2	12000	6000
D8	创意及设计工坊	0	10765.4	1943.7	12709.1	2000	7000
X1	随州银监局	0	8842.7	561	9403.7	600	2000
X2	酒吧街	0	4944.8	2925.6	7870.4	200	4000
X3	休闲及老店商业	795.05	3436.68	1506.33	5738.08	600	4000
X4	特色餐饮	0	2686.5	75.7	2762.2	0	2000
X5	休闲商业及餐饮	1479.43	5499.19	862.7	7841.32	1000	7000
X6	文化休闲及商业	0	0	32580	32580	20000	18000
X7+D9	古城公园	0	0	4007	4007	0	2000
基础设施	市政设施	—	—	—	—	—	2000
基础设施	街巷整治	—	—	—	—	—	1000
基础设施	护城河整治	—	—	—	—	—	2000
合计	—	—	—	—	—	—	80000

表 19-3 片区自身及周边盈利预算

项目	投资/亿元	收入/亿元	盈利/亿元
片区自身	8.0	5.0	-3
周边	3.5	8.5	+5
总计	11.5	13.5	+2

草店子历史街区主题定位为小业态、小商铺商业及文化休闲产业，为劳动密集型服务行业，必将为当地居民提供更多的就业机会。从经济学的角度来说，提升就业率可以带动消费的增长和生产的发展。因此，

随着草店子历史街区的发展，当地的就业人数将会不断增长，这对缓解就业压力、维护社会稳定、促进社会发展有着重要的意义和作用。

同时考虑历史街区开发溢出效应，周边建设控制地带约 30 hm²，未来周边城市近期更新约 10 hm²，远期约 6 hm²，建议先期收储。预期周边房价及升值空间相当可观，约为 2500 元／平方米至 5500 元／平方米，根据容积率为 1.8，约 8.5 亿元的溢出价值。周边改造投入约 3.5 亿元，收入约 6 亿元。

19.2 城市设计管理与实施

19.2.1 城市设计管理现状

草店子街是随州市的历史文化街区，相关保护法规要求严禁该区域内的居民新建、改建、扩建各类建筑物、构筑物。在这种背景下，居民改善居住条件的愿望难以实现。为改善草店子街居住环境，做好保护与修缮工作，历届市委、市政府一直都十分关注这个问题，近年来多次将草店子街改造列入议事议程。

2005 年 12 月，市规划局会同市发改委、文体局等相关部门申报国家"十一五"名城保护项目，汉东街（即草店子街）榜上有名。2007 年，市政府拟引入市场机制，对整个草店子街进行全面改造，并为此成立了改造指挥部，完成了相关准备工作，但由于拆迁安置、投资建设费用过高以及该地段特殊敏感等因素，最终改造工程未能如愿推进。

目前，地块现状处于规划管理的难点区域，现状规划管理管控与居民改善居住环境的愿望之间存在着较大矛盾。市规划局、社区及相关部门提出过一些建设规划意向，但因现状肌理保护、拆迁安置负担过重等诸多因素而未能实施。

19.2.2 城市设计的实施内容

街巷系统疏通后，规划主要进行片区层面的地块单元控制。依据轴街和主要小巷将核心片区划分为多个街坊地块单元（图 19-25 ～图 19-28）。

①根据现状特征及上位规划的核心保护区范围，赋予地块单元不同的性质，包括保护地块单元、整治地块单元、更新地块单元等。

②对每个地块单元的沿街界面进行"建筑红线控

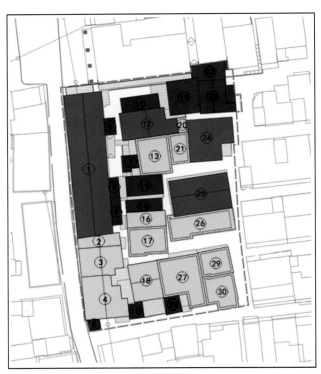

地块单元建设面积

建筑类型	建筑面积	建筑比例
保护建筑	1126.9 m²	31.44%
整治建筑	1680.5 m²	46.89%
拆除建筑	776.5 m²	21.67%
合计	3583.9 m²	100%

建筑整治策略：
整治策略：拆除部分风貌较差的建筑和搭建的临时建筑，梳理街巷空间，营造尺度适宜的街巷空间。对保护建筑进行修缮，部分功能置换；对保留建筑采取立面整治的措施，统一立面风格，改善组团整体风貌。
保护建筑：建筑编号1、12、24、25
整治建筑：建筑编号2、3、4、13、16、17、18、20、21、26、27、29、30
拆除建筑：建筑编号5、6、7、8、9、10、11、14、15、19、22、23、28

图 19-25　建筑整治策略导则

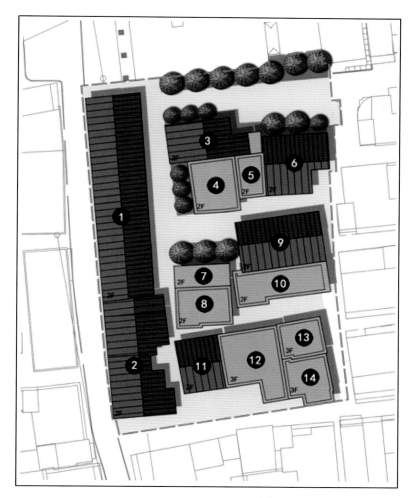

图例：
- 平屋顶建筑
- 坡屋顶建筑
- 檐口
- 街巷空间
- 绿地
- 铺装
- 水系

业态布局意向：

1传统商业	2传统商业	3特色民居
4传统民居	5传统民居	6特色民居
7传统民居	8传统民居	9特色民居
10传统民居	11传统商业	12传统民居
13传统民居	14传统民居	

图 19-26　地块单元平面设计指引

图 19-27　地块单元效果图

图 19-28　地块整体效果图

制"。历史街区的保护、整治与建设更新应控制在地块单元内部，采用小规模渐进式的更新模式。避免大规模整体开发造成古城肌理走样。

③以原型可辨的院落为考虑单位，综合考虑开发价值、保护现状、地段位置等原因。近期采用织补式的修复措施，远期逐步修复剩余院落。

本规划以项目制为导向，严密结合现状用地、空间肌理、权属等情况，科学划分地块，分为若干个项目包，每一个管理单元是一个项目包，内部包含若干个次级单元，有利于土地招拍挂，同时根据编制单元的详细设计，对建筑容量、空间风貌和形态特征进行了详细测算，便于提出规划条件。

19.2.3　城市设计的实施模式

草店子历史街区位于随州主城区内，历史区位条件较好，其开发采用"政府主导、公共参与，市场介入、多核发展，分期开发、滚动实施"的保护利用模式，采取试点先行、以点带面、以奖代补等措施。

（1）政府主导、公共参与

草店子街的发展机制可以理解为一种政府主导的政策调控型模式，各级部门承担相应的职能，严格把握草店子街的发展方向。随州市依托历史文化名城管委会，设城市历史保护基金与草店子街公司，对随州历史文化名城的保护与利用建设进行资金整合、项目管理和招商引资。

其中草店子街投资开发公司（效仿瑞安集团）专项负责管理草店子历史街区的保护与发展，优先保护、修缮文物和历史建筑，有序打造精品，有条不紊地进行保护与开发。目前草店子历史街区仍有很多原住民，整个老街的保护与开发并不是将原住民迁出，而是鼓励原住民参与老街的建设，局部的统一改造可以采取"搬迁并回迁"的发展机制。

草店子街的发展立足长远，立足全国，做精品，做典范，做文化，可以比喻为做文物收藏，不全盘商业化，而是打造一个充满活力的历史街区。

（2）市场介入、多核联动

公司化运作，市政府牵头成立项目公司，以一家控股、多家入股（PPP）的模式作为实施主体，统一规划、保护、设计、建设、整治和经营。核心区建设先启动，进行滚动开发。

初期静态投资估算约 8 亿元，包括土地成本，拆迁成本，古旧建筑修缮、改造成本，新建建筑成本，环境景观塑造成本及公共环境、市政设施改造、建设成本。

融资方式：银行贷款，政府财政贴息补偿，市政府支持道路、给排水等市政管网建设费用，降低、缓缴、分期缴纳土地使用权出让金。

（3）分期开发、滚动实施

采用"地块导向"保护与利用模式，历史街区的开发也限定在地块范围内，保护性地块主要保持原有的风格历史特色，更新地块在保持原有风格特色的同时注入了新的元素线，适应当今社会发展的要求。

每个地块都有一个或几个开发项目、设计项目进行招商融资，期待多次开发和小规模渐进式的保护和发展利用。

19.3　城市设计编制特色

19.3.1　项目特点

（1）科学分析、准确定位和在地设计

历史街区是城市历史格局的一部分，需要进行科学分析、准确定位和在地设计。首先通过历史文献分析，确定草店子街在空间格局中的地位。随州古城呈钟柄型的不规则形式，其原因一直未得到揭示。本项目严谨探源、科学分析，因随州城内货物需通过水运运往武汉等地，城内聚集周边大量腹地货品，先通过护城河到府河，继而通往长江。因此子城向南拓展到护城河交汇处，通过港埠装船外销。通过建立城墙维护内部安全，继而形成内部商业街、外部港埠、护城河和关市的格局。通过此分析，得出草店子街在城市格局中的重要性，同时判定草店子街作为商业街的历史渊源。草店子街是商市，十方来客，朝阳纳福，是市民性质的商业街，门户林立，建筑平民化，其性质和风貌与淅河老街类似，因此我们通过分析老街和本地其他商业建筑的特征，进行形象设计。

（2）注重项目导向，便于招商和管理的逐步实施

在详尽掌握现状建筑、巷道等资料的基础上，划分管理单元，确定图则；在进行功能单元设计中，注重项目导向，有利于招商、管理和项目实施。

19.3.2　城市设计创新与特色

（1）城市设计导则是管理、设计和实施的综合体现

城市设计的可实施性一直是较大问题，本设计通过构建地块单元导则进行有效的管理、设计和实施的统一。

通过对单元建筑的基本属性进行调查，分析其基本属性，继而对建筑提出干预方法，提出约束条件，通过模型可以看出，对现状建筑的把握和功能的适应性加入，是一种综合性的方法，既考虑到物质空间的

保护，又以发展的视角进行保护。

（2）专题研究提升对历史地段保护性城市设计的认知

通过基础资料汇编、历史街区保护与更新规划导则专题研究、模型和动画等的运用，对地段的城市设计要素、内容和意向提出了可操作的、认知特征明显的区段。

项目委托单位：随州市城乡规划局

项目编制单位：武汉华中科技大学城市规划设计研究院

项 目 负 责 人：贾艳飞、邹江、孙龙

项目主创人员：陈瞻、谢来荣、郑立桐、严山艾、宁暕、肖光超、黄伟、何语

20 襄阳市中心城区FC0201片区城市设计

20.1 城市设计的主要内容

20.1.1 项目区位、周边关系、规划范围面积

项目位于襄阳市樊城区南部，汉江北岸长虹大桥（二桥）和卧龙大桥（三桥）之间（图20-1）。项目北抵人民路，南至汉江大道，东至长虹路，西连卧龙大道，紧邻汉江，是襄阳市樊城区南部的滨江服务休闲区，总用地面积约2.05 km²（图20-2）。

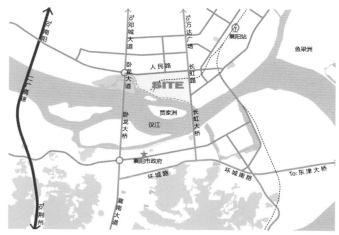

图20-1 项目区位图

图20-2 周边关系示意图

20.1.2 项目解析

（1）规划背景

2015年7月武汉汤姆生建筑设计咨询有限公司受武汉市规划研究院襄阳分院的委托，参与FC0201片区城市设计的编制工作。并于2015年7月20日进行现场调研及资料收集工作，以此正式开展规划编制工作。

FC0201规划片区是襄阳市中心城区重点建设区域试点片，同时襄阳市中心城区FC0201片区城市设计也是湖北省城市设计试点示范项目，因此，这对本规划编制提出了更高的要求。

在编制过程中武汉汤姆生建筑设计咨询有限公司与武汉市规划研究院襄阳分院就规划方案充分沟通、融合，并多次参加规划局会议，根据会议意见对方案不断优化；本规划于2015年12月23日通过专家评审会，会后结合专家意见对成果进行修改，加以完善，并于2016年5月23日通过规委会审议，会后根据意见修改完善成果。

（2）历史文化或功能特点

襄阳市自古以来就是我国中部地区的重镇，由津戍要塞、汉水商埠逐步发展成为军事重镇、商贸中心，直至成为现在的交通枢纽、工业城市。而樊城片区一直是传统街区、商贾文化的主要地区，同时也是汉江旅游文化走廊的一部分。

襄阳在工业方面的发展也尤为显著，在规划地块内就有多处纺织厂和工业园，在工业遗产保护方面也成为了本项目的特色之一。

（3）现状存在的问题

项目用地内道路网不够完善，现状存在大量废旧工厂及城中村，除少部分新建建筑外，建筑质量较差，也缺乏相应的市政、景观设施及公共活动空间，生活环境恶劣。现状沿江带分布着城中村居民用房、工厂围墙、空地及少量餐馆，整体沿江面形象较差（图20-3）。

（4）规划拟解决的主要问题

规划拟解决的主要问题有如下几点。

①完善基础设施及公共服务设施规划，改善片区

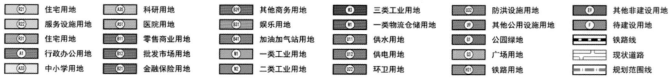

图 20-3　用地现状图

内生活环境。

②基于滨江的优越区位，充分利用滨江景观资源营造沿江公共空间，形成重要的城市展示面。

③利用现状特色的工业遗产，充分提炼文化元素，结合景观设计展示独特的工业文化。

20.1.3　规划目标、愿景及规划技术路线

（1）规划目标

规划目标：打造活力滨江生态区、创新智慧商务城。

（2）愿景

通过片区产业结构调整、城市功能更新、滨江岸线综合利用等方式，形成以居住、商业商务功能为主，

兼具文化娱乐、体育休闲功能的滨江综合功能组团，打造既有城市记忆又具有活力的滨江功能段。

（3）规划技术路线

规划技术路线如图 20-4 所示。

①前期分析。

首先对政策、区位、交通、产业、生态、文化等背景要素进行分析，对相关上位规划的各项要求进行梳理，并结合场地实际情况，分析地块开发可能性，明确规划和现状的限定性因素，进一步明确规划范围内的规划定位和规划策略，为规划布局奠定基础。

②专题研究。

通过综合研究国内外相关案例，总结值得借鉴的

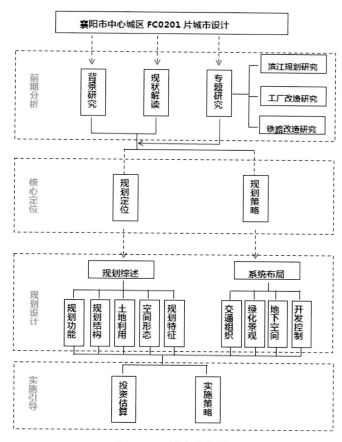

图 20-4 技术路线图

族发祥地之一。襄阳踞汉水中游，东西交汇、南北贯通，"汉晋以来，代为重镇"，是汉水流域最重要的城市。

项目南侧紧邻汉江，拥有 2700 m 的沿江岸线，水景怡人，与岘山相望，拥有绝佳视野（图 20-5）。同时，项目西侧紧邻月亮湾湿地公园和贾家洲，天然的生态资源提升了项目的整体环境质量。

同时，临江一侧与防洪堤之间存在 3 m 的高差，影响了临江观景效果，这也成为本次规划中需要着重考虑和解决的问题。

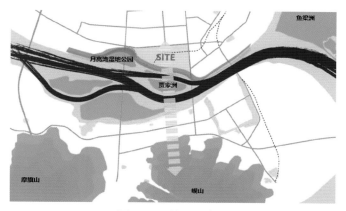

图 20-5 景观环境图

经验，提出针对本项目的规划措施。

③核心定位。

依据前期分析得出的结论，合理确定地块的规划目标和规划策略。

④规划设计。

在规划理念、策略的指导下，展开对功能结构和空间结构的分析，确定土地利用布局，进行交通系统、绿化景观、地下空间等的规划，并提出控制引导策略，为区域的可持续发展提供保障。

⑤实施引导。

落实规划推进的经济测算、资金平衡和项目实施进度的规划建议。

20.1.4 现状调查

经现状调研，本规划片区内有滨江景观及工业遗产两大特色资源。

中国古有"江河淮汉"之说，汉水流域是中华民

20.1.5 城市设计主要内容

（1）空间关系分析

《襄阳市城市空间战略规划》（2012 年）——本片区紧邻汉江，以居住功能为主。

《襄阳市城市总体规划（2011—2020 年）》——本片区以居住功能为主，设置区级体育馆。

《襄阳市樊城分区规划（2008—2020 年）》——本片区位于规划的滨江居住区内，东侧和北侧均为居住区，西侧为城市绿地。

《襄樊市汉江北岸（二桥—三桥）控制性详细规划》——片区结合周边水环境及旅游资源的恢复与建设，形成兼顾旅游观光的樊城城市休闲式滨水文化商业区及地段生活中心区。

《襄阳市城市绿地系统规划（2012—2020 年）》——襄阳市为"一心两环、四楔多廊"的绿地系统结构，本片区位于城市景观内环，规划了两处市级公园。

《汉江北岸城市设计》——本片区位于汉江北岸的中段，拟打造为生态休闲宜居区，片区东侧滨江片规划为商业文化复兴区，西侧为都市主题游乐区。

（2）空间结构与空间要素

①空间结构。

规划形成"一三五七多节点"的功能结构（图20-6）。

一个景观核心：以汉江路绿化轴线与沿江绿化带交汇处作为景观核心。

三个发展轴线：汉江南路、建设西路及汉江大道作为整个地块的三条发展轴线。

五条景观绿化带：滨江景观带、沿铁轨景观带、汉江路景观带、振华路景观带、杜甫路景观带。

七个功能片区：商业片区、商务片区、特色商业区、创意文化区、文体片区、西居住片区、东居住片区。

多个景观节点：城市文化广场节点、明珠广场节点、中心公园节点、创意广场节点、组团公园节点、汉江路入口广场节点、建设西路入口广场节点等。

②空间要素。

空间要素有如下几点。

a. 区位要素——城市中心、滨江要地。

b. 交通要素——两桥之间、四通八达。

c. 生态景观——面山傍水、绿城通透。

d. 历史文化——汉水文化、商贾文化。

e. 工业遗产——遗存丰富、城市记忆。

f. 政策要素——优二进三、两改两迁。

（3）景观风貌系统

①景观结构（图20-7）。

三条主要轴线：汉江路轴线、建设西路轴线、汉江大道公共空间景观轴。

一条文化廊道：铁路工业文化带。

六个景观节点：六个公园广场景观节点。

②标志性建筑：三个地标建筑。

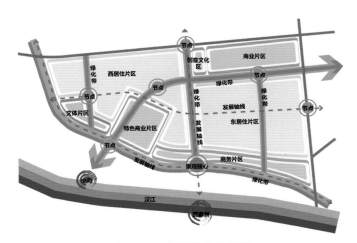

图20-6 规划结构分析图

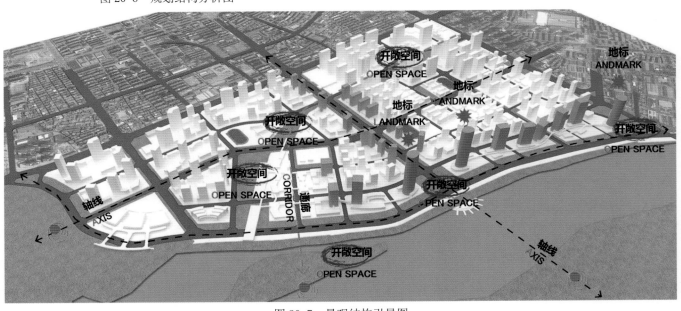

图20-7 景观结构引导图

（4）公共空间系统

①开敞空间结构。

利用项目临江的优越景观资源，形成"两带、三廊、五点"的空间结构（图20-8）。

两带——两条城市景观带，包括沿铁轨景观带和滨江景观带。

三廊——三条垂江绿廊，包括振华路、汉江南路、杜甫巷。

五点——五个景观节点，包括中心公园、组团公园、创意广场、城市文化广场、明珠广场。

②开敞空间分布。

规划区内主要开敞空间包括一个带状中心公园、两个组团公园、三个特色广场和三个门户广场（图20-9）。

③海绵体系。

根据海绵城市设计理念，规划以"一中心多节点"绿地体系的思路在项目中设置了一个中心绿地、多个节点绿地和广场作为雨水渗透的集中点，均匀地分布在整个用地中，形成完整的海绵体系（图20-10）。

④重要公园广场。

中心公园总面积为5.5 hm²，绿化率不低于80%。依托现状铁轨线，改造为供人慢行游览休憩的铁路景观道，打造带状城市公园。

组团公园分为两个，总面积为2.8 hm²，其中组团公园一面积为2.3 hm²，组团公园二面积为0.5 hm²，绿化率不低于80%。尊重历史遗迹，利用保留的已废弃烟囱及铁路，打造特色扇形带状组团公园。

创意广场绿化率不低于70%。结合临岸小岛与创意文化街区广场整体打造现代风格休闲娱乐广场。

城市文化广场总面积为1.0 hm²，绿化率不低于50%。地处汉江路与汉江大道两条纵横轴线交接处的重要节点，整体考虑与周边建筑、广场及滨江景观带的衔接，打造富有时代气息的城市广场。

明珠广场总面积为1.3 hm²，绿化率不低于80%。现状保留的质量较好的城市广场，在现状基础上加强广场与周边的衔接，打造重要的门户景观广场。

⑤门户广场。

规划设置三个门户广场，分别是位于汉江南路人民路交叉口处的门户广场，占地面积0.6 hm²；振华路与

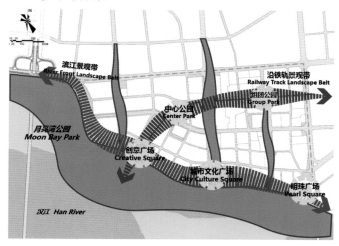

图20-8 开敞空间结构

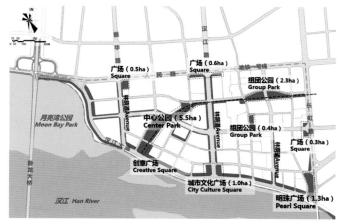

图20-9 开敞空间分布

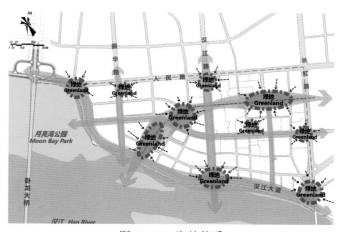

图20-10 海绵体系

人民路交叉口处的门户广场，占地面积 0.5 hm²；长虹路建设西路交叉口处的门户广场，占地面积 0.3 hm²。

广场设计应赋予其文化内涵，与城市所处的地理位置及周边的环境、街道、建筑物等相互协调，共同构成城市的活动中心。

⑥滨水空间（图 20-11）。

本片区岸线属于硬质岸缘，分为平台式、码头式、阶梯式三种形式。

防洪堤由 100 年一遇防洪堤和 5 年一遇防洪堤组成。

⑦滨水界面。

滨江建筑塔楼布置在北侧，裙房布置在南侧，塔楼高度控制在 60～200 m，裙房高度控制在 24 m 以下，保证塔楼与汉江景观的视觉通达性。

滨江塔楼最大连续投影不宜大于 45 m，最大连

续展开面宽之和不得大于其规划用地临江一侧宽度的 50%，塔楼之间间距大于等于 30 m，注重汉江风景向内部地块的渗透和联系。

滨江绿化应注重突出襄阳文化特色，绿化率不低于 70%。

⑧街道空间。

规划对主干路、次干路、支路、商业步行街，从道路断面、沿街界面、道路绿化、非机动车道、人行道等方面进行控制，并对道路交叉口进行控制引导。

⑨街道界面。

街道界面强调连续性和韵律感，本次城市设计将街道界面分为连续界面、半开敞界面、较开敞界面和开敞界面进行控制（图 20-12）。

（5）建筑群体与建筑风貌

①建筑高度。

根据城市空间形态和强度分区，规划将建筑高度分为 30 m 以下、30～80 m、80～120 m、120～160 m 和 160～200 m 五个层级进行控制引导。对塔楼高度实行区间弹性控制（图 20-13）。

②容积率。

根据地块用地性质的不同及城市空间形态，规划将开发强度划分为 1.0 以下、1.0～2.0、2.0～3.0、3.0～4.0、4.0～5.0 及 5.0 以上六个层次进行控制

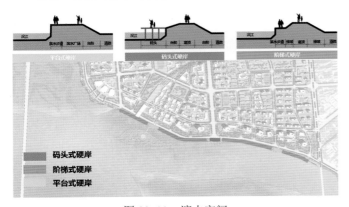

图 20-11　滨水空间

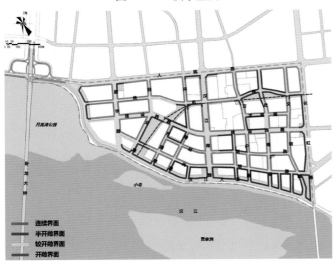

图 20-12　街道界面

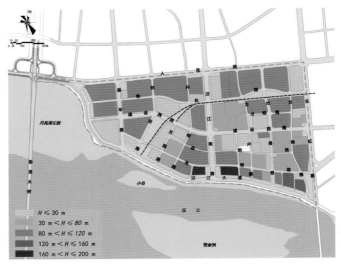

图 20-13　建筑高度

引导（图 20-14）。

③建筑密度。

根据城市空间形态和强度分区，规划将建筑密度划分为小于等于 20%、20% ～ 25%、25% ～ 30%、30% ～ 35%、35% ～ 40%、40% ～ 65% 六个层次进行控制引导。

④建筑退界。

为形成丰富有秩序的城市空间形态，依照城市设计建筑高度控制、道路宽度控制及绿化带控制，根据相关规范，本次城市设计将建筑退界距离分为 20 m、15 m、12 m、10 m、8 m、5 m 六个等级（图 20-15）。

⑤天际轮廓线控制（图 20-16）。

通过对周边重要视点进行分析，确定三个地标塔楼，双子塔楼建筑高度控制在 180 ～ 200 m，东侧次地标塔楼建筑高度控制在 120 ～ 140 m。为了形成优美的波浪式的天际轮廓线，其余塔楼建筑高度控制在 60 ～ 120 m。

⑥塔楼与堤岸距离控制。

塔楼与堤岸的距离（D）控制在 80 ～ 140 m，确保沿江开放空间的完整性。

⑦建筑色彩控制（图 20-17）。

在色彩控制上分为一级色彩控制和二级色彩控制。一级色彩控制根据公共空间分为滨水休闲娱乐界面、滨江商务办公界面、商业街界面、住宅区临街界面、临街绿化景观带界面；二级色彩控制根据建筑功能分为居住类建筑、商务办公类建筑、商业金融类建筑、文化休闲类建筑。

⑧建筑风格（图 20-18）。

规划区根据建筑风格分为工业文化风貌区、特色商业风貌区、滨江商务风貌区和现代都市风貌区四个风貌区，分别从建筑类型、风格定位、屋顶形式、建筑色彩、坡屋顶形式、建筑高度、建筑材料等方面进行控制。

⑨建筑群体控制引导。

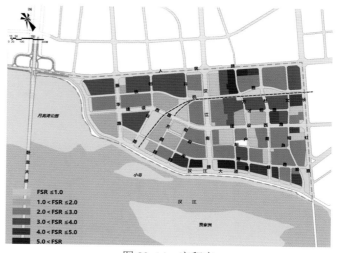

图 20-14　容积率

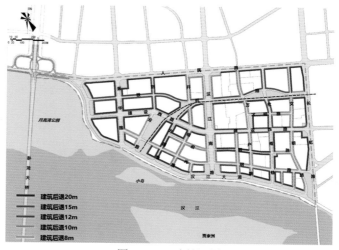

图 20-15　建筑退界

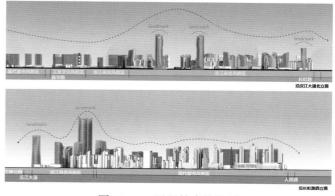

图 20-16　天际轮廓线控制

a. 建筑适宜的组合形式（图 20-19）。

建筑适宜的组合形式分为公共建筑组合形式和居住建筑组合形式。

b. 街墙立面控制（图 20-20）。

规划对街墙立面线、建筑基座、建筑连廊三方面

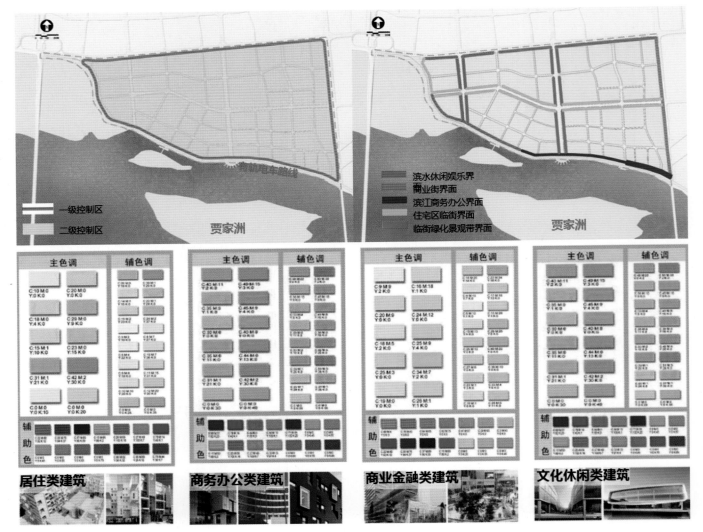

图 20-17　建筑色彩控制

图 20-18　建筑风格引导

进行控制引导。

c. 建筑塔楼控制（图 20-21）。

规划对高度小于 100 m 的建筑塔楼、高度大于 100 m 的建筑塔楼和塔楼顶部分别进行控制引导。

（6）环境景观设施

①街道设施。

街道设施是指设置在道路上的如路灯、交通标志、路牌、公共汽车候车廊、垃圾箱（桶）、消防栓、邮政信箱、座椅、自动售货机、公共汽车指示牌等设施。

②环卫设施（图 20-22）。

公共厕所遵从以人为本、合理布局、环境优化、设施现代化四个原则布置。垃圾转运站基于最低限度减少对环境的影响，建议垃圾转运站采用地埋式的布局形式。

③地面铺装（图 20-23）。

社区内部采用规整与自然的铺装材料相结合的方式，商业铺装采用色彩鲜明、规则的地砖，而公园则

高层公共服务建筑群

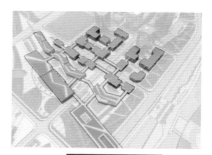
大体量建筑综合体

多层公共建筑街区

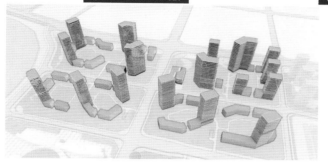
高层和板式住宅围合形式

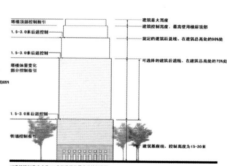
高层板式住宅组合形式

图 20-19　公共建筑组合与居住建筑组合

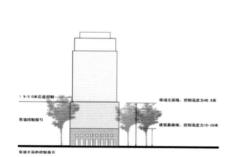

图 20-20　街墙立面控制

图 20-21　建筑塔楼控制

图 20-22　环卫设施

考虑使用自然的材质及铺装图案。

④广告标识（图20-24）。

规划通过规定广告标识的位置、大小、色彩、形式等使广告成为城市的一道风景线。

⑤种植绿化（图20-25）。

规划对城市公园、街头广场绿地、沿路及沿河绿地、组团绿化四方面进行控制引导。

⑥夜景照明（图20-26）。

规划对道路、人行道、广场、绿化、水体、建筑六方面进行控制引导。

图20-23 地面铺装

图20-24 广告标识

图20-25 种植绿化

图20-26 夜景照明

20.1.6 A地块控制与引导要求

（1）总体要求

本区用地面积约为22.36 hm²（表20-1），功能构成主要包括体育、文化、零售商业设施及居住用地（图20-27）。片区应融合文化与商业功能，建筑风格相协调，创造开放和过渡空间，保留原热电厂的烟囱作为居住区内的特色景观。

（2）空间形态控制引导

A地块空间形态如图20-28所示。

开放空间：块状公园绿地4.25 hm²，以保留工业景观为主，添加现代艺术元素，丰富东侧建筑立面；带状公园绿地：沿汉江大道北侧30 m宽的带状绿地，面积约0.7 hm²。

高度控制：沿开明路两处塔楼控制在60～80 m。

视线廊道：主要控制纵向商业步行街通向汉江小岛的视线通廊；同时控制三条垂江视线通廊。

标志点控制：体育展馆通过标志性的造型形成城市地标；开明路两栋塔楼建设范围为示意引导。

轴线：沿道路两旁布置商业，形成步行空间，强化轴线感。

主要界面：主要控制商业街界面为连续界面，其余为较开敞和开敞界面。

（3）交通组织控制引导

A地块交通组织如图20-29所示。

车行系统：车辆不直接进入地块，在入口处进入地下车库；人车分流，避免人车混杂。

慢行系统：沿方园路（启明路—汉江大道段）设

表 20-1 A 地块指标表

地 块 编 码	性 质 代 码	用 地 性 质	用地面积 /hm²	容积率	建筑高度 /m	建筑密度 /（%）	绿地率 /（%）	备 注
FC02010107	G2	防护绿地	0.46	—	—	—	—	—
FC02010108	A41	体育场馆用地	4.01	1.50	≤ 30	≤ 35	≥ 35	部分兼容 B11
FC02010115	G2	防护绿地	0.08	—	—	—	—	—
FC02010116	G2	防护绿地	0.24	—	—	—	—	—
FC02010117	R2	二类居住用地	3.48	3.00	≤ 100	≤ 20	≥ 30	—
FC02010118	G2	防护绿地	0.09	—	—	—	—	—
FC02010119	A22	文化活动设施用地	0.97	1.00	≤ 20	≤ 35	≥ 35	—
FC02010120	G1	公园绿地	0.28	—	—	—	—	—
FC02010127	G1	公园绿地	2.67	—	—	—	—	—
FC02010128	G2	防护绿地	0.06	—	—	—	—	—
FC02010129	B11	零售商业用地	2.45	1.50	≤ 15	≤ 45	≥ 20	—
FC02010130	G1	公园绿地	1.58	—	—	—	—	—
FC02010131	B11	零售商业用地	0.84	1.50	≤ 15	≤ 45	≥ 20	—
FC02010132	G2	防护绿地	0.61	—	—	—	—	—
FC02010133	U12	供电用地	1.15	0.10	≤ 10	≤ 5	—	保留
FC02010134	B11	零售商业用地	1.88	2.00	≤ 64	≤ 45	≥ 20	—
FC02010135	B11	零售商业用地	1.39	2.50	≤ 80	≤ 45	≥ 20	—
FC02010136	G1	公园绿地	0.42	—	—	—	—	—

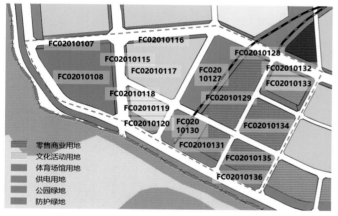

图 20-27 A 地块用地图与平面图

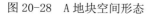

图 20-28 A 地块空间形态

图 20-29 A 地块交通组织

置商业步行街，鼓励在有条件的地区通过空中连廊、垂直楼梯等方式形成立体商业步行街。

车行出入口：在机动车禁止开口路段严禁开设机动车出入口。

地面停车：地面停车应考虑绿化布置和铺装设计，形成宜人的停车空间。

地下空间利用：以人防建设工程为主体，建立地上地下相结合的交通网络，加大地下车库的空间利用密度，改善城市环境。

（4）建筑引导

A地块建筑引导如表20-2、图20-30所示。

表20-2　A地块建筑风貌引导表

区域	建筑风貌	风格定位	屋顶形式	建筑色彩	建筑高度	建筑材料
文体片区	现代都市风貌	现代风格	其他	暖色系，以浅灰色为主	多层	灰白色涂料、浅色石料
特色商业街区	特色商业风貌	新中式风格、现代风格	平屋顶为主	灰白色为主，赭色、暗红色、红色、蓝色为辅	低层、高层	木板、竹板、红砖、陶土板、浅色石料、节能型建筑幕墙
居住片区	现代都市风貌	现代风格	平屋顶为主	以暖黄、砖红、亮灰为主	多层、高层	保温装饰板、暖色砖块、亮灰涂料

图20-30　A地块建筑引导图

（5）界面控制

居住片区及特色商业街区内街沿街界面控制为连续界面（图20-31）。其控制要求如下：贴线率控制在80%～90%；连续度控制在80%～90%；街道空间尺度（D/H）控制在0.8～1.0。

文体片区沿街界面主要控制为较开敞界面。其控制要求为：贴线率控制在30%～50%；连续度控制在30%～50%；街道空间尺度控制在2.0～3.0。

中心公园、滨江绿化带等其他沿街界面控制为开敞界面。

（6）建筑退界

汉江大道文体片区段建筑后退道路红线20 m；创业路和光明路两侧建筑后退道路红线8 m、12 m；开明路西侧建筑后退道路红线10 m；其他路段建筑后退道路红线5 m（图20-32）。

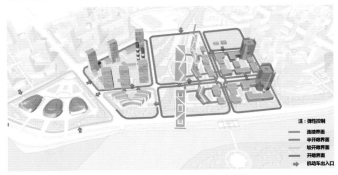

图20-31　A地块界面控制图

图20-32　A地块建筑退界图

20.2　城市设计管理与实施

20.2.1　城市设计管理现状

城市设计编制流程如下：①由市人民政府提出编制请示，并批复编制；②以委托或招标的形式邀请规划设计单位进行编制；③与规划设计单位签订规划编制合同；④规划编制单位组织现场调研与资料收集工作；⑤初步方案编制阶段，与市政府、规划局进行方案交流，修改完善后向市政府汇报初步方案，征求意见；⑥汇总相关意见修改方案，汇编阶段性成果后，向市政府汇报中期方案，征求意见；⑦进一步修改完善后，组织召开专家评审会；⑧根据专家评审会意见深化完善方案，并进行公示；⑨公示期满，规划部门整理、汇总公众意见，并作为规划成果的附件，和成果一起报送市人民政府审批；⑩规划方案经市政府批准。

目前，襄阳市正积极响应全省城市设计试点工作的展开。以《湖北省城市设计试点示范项目验收成果要求》作为城市设计编制指导要求，对试点区城市设计内容及成果进行指导和规范。

20.2.2 城市设计与控制性详细规划的衔接

城市设计是着重于关注城市规划布局、城市面貌、城镇功能以及城市公共空间的规划，其贯穿于从城市总体规划到控制性详细规划再到修建性详细规划的整个城市规划体系中（图20-33）。但目前，很多城市设计附着于总体规划和控制性详细规划，仅仅是在编制内容中增加空间设计方案，这样无法真正发挥作用。城市设计的作用在于弥补其他规划在城市空间形态控制上的缺陷，更准确地把握规划对城市建设特色和城市空间环境建设。因此，本次城市设计加强了与控制性详细规划的衔接，将城市设计融入法定规划中，使城市设计具有实施性和可操作性。

本次城市设计为区段城市设计，是以《襄阳市中心城区FC0201片区控制性详细规划》为指导进行的。基于控制性详细规划中确定的用地规划、用地指标等，在城市设计层面从城市形态、土地使用、生态景观、历史文化、社会要素、道路交通等多方面来控制和指导城市用地规划及空间环境建设。规划中多次与控制性详细规划编制单位武汉市规划研究院襄阳分院进行沟通与反馈，互相调节，最终在用地规划及用地指标等方面达成一致。

同时，对于控制性详细规划对城市空间形态控制上的不足，本次城市设计中着重对城市开放空间（包括重要公园广场以及街道空间）、城市街道界面（包括贴线率、连续度以及街道空间尺度）、建筑风貌（包括建筑色彩、建筑风格、建筑高度等）、建筑群体（包括建筑组合形式、街墙立面等）、开发模式与时序等方面进行引导和控制，使城市设计方案能指导城市建设，并达到规划预期的城市形象。

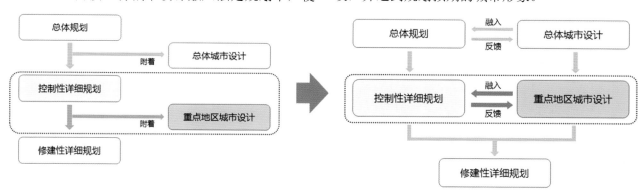

图20-33 城市设计与城市规划结构关系图

20.2.3 城市设计成果的实施

本次城市设计的编制过程中，法定规划并不是单纯作为上位规划而存在的，在城市设计编制过程中与控制性详细规划相互沟通、融合多轮，两者是相互渗透的，法定规划在城市设计的引导下修改完善，城市设计成果再根据法定规划的具体内容进行相应调整（图20-34）。

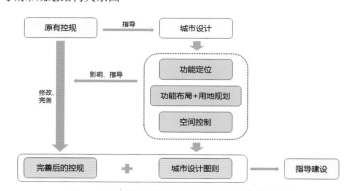

图20-34 城市设计与法定规划融合关系图

（1）对城市设计的底线实行刚性控制

城市设计注重城市空间形态，并从这一层面来确定功能与用地，这样有时就不可避免地会带来一定的经济利益的损失，比如项目中央规划的大规模绿地，从城市设计的角度考虑其对整体空间形象和周边居住环境都有积极意义，是必须要保留的，但若考虑土地收益却是有损失的，但从远期城市形象和带动效益来看，建绿地公园利大于弊。这样我们就可以将绿地作为绿线控制，与法定规划相衔接，在法定图则中作为刚性条件进行控制。对于城市设计中关于城市道路、绿地、水体等城市底线的控制，与法定规划融合，作为刚性条件控制来管理和实施开发建设。

（2）空间控制作为审批条件

城市设计空间控制包括建筑贴线率、连续度、街道空间尺度、建筑色彩、建筑风格等，是城市设计的核心内容，也正是法定规划中所缺失的控制要求。本城市设计中对空间控制作了详细研究和规划，特别是沿江地块等重要区域，在图则中有详细的控制指标和要求。这部分是把控城市空间形象的关键，可以作为审批条件运用于建设项目规划管理中。

20.3 城市设计编制特色

20.3.1 项目特点、总体城市设计针对的内容

（1）项目特点

①滨江彩岸，活力空间。

依托优美的汉江景观岸线资源，着重打造有活力的滨江空间。滨江区域集中布置商务办公、大型商业、休闲娱乐、居住生活等城市职能，各个职能之间以绿化广场节点串联，最大限度地创造居民滨江生活趣味性，以展现襄阳汉江文化和生活的繁荣。

②玉带串珠，文化长廊。

项目内保留的铁轨线是项目内特有的文化脉络，利用铁轨打造一条横贯项目的文化长廊，串联起红砖旧厂房、现代化商业广场、工业主题公园，成为见证襄阳历史与当下的一条城市走廊，展现时代给襄阳留下的每一个印记。

③多元复合城市功能。

城市生活的吸引力在于它的多元与丰富，便捷与高效。本项目位于城市核心地带，以满足生活和工作的多元需求，提升地区活力和吸引力为重点。提供一种新的都市生活形态标杆，成为地区竞争力和效率的典范。规划在项目内集聚了商业休闲、商务办公、创意产业基地、酒店接待、文化娱乐、SOHO公寓等多元功能，并对其进行功能融合和空间的紧凑安排，实现土地价值最大化和生态景观的最优化。

④古今相应，熠熠生辉。

规划强调历史文化的延续性，将具有浓郁地方特色的汉水文化、荆楚文化注入城市设计之中，避免"千城一面"，提升城市品质。将文化与现代产业相结合，使古老的"襄智慧"与现代的创新精神在此交织、碰撞；悠久的汉水文化在充满现代气息的滨水空间中闪耀光芒。

（2）总体城市设计针对的内容

①注重视线通廊，打造城市轴线。

注重视线通廊的打造，使地块与汉江对岸的摩旗山与岘山形成对景，将视线通廊作为城市轴线来打造（图20-35）。

②多元复合的城市空间。

平面复合——本地块内包含了商务办公、创意产业、商业休闲、生活居住、滨水景观、生态绿地等多种功能（图20-36）。

垂直复合——滨江商务办公综合区包括了餐饮休

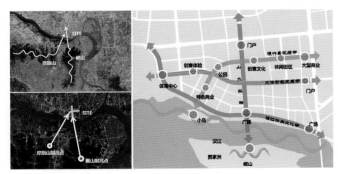

图20-35 视线通廊

闲、购物卖场、文化娱乐、观光集会等功能，通过垂直交通系统将其立体化地组织起来。一栋高层建筑可以复合商业、停车、酒店办公、餐饮休闲等多种功能，是充满活力的超级综合体（图20-37）。

③创造多层次的步行空间。

向空中发展——超高地标建筑和核心区景观建筑群为地区的发展提供了充足的容量。二层连廊系统将建筑群紧密地联系为一体，增强了上层空间的可达性，同时增强了核心区与汉江的联系。

向地下发展——开发地下空间为地下商业和停车功能。

地面解放——绿化空间扩大，优化城市环境，增强活力与吸引力。

④有机渗透的绿化网格。

如图20-38所示，通过放射式的指状绿化网络将

汉江的水景绿化渗透到地块当中，创造开放空间，使项目内部的居民也能感受到滨江氛围，同时，更多的绿化景观让居民更加亲近自然，生活环境更加优越。

20.3.2 城市设计创新与特色

（1）方法特色

①创新要素的注入。

利用现有的工业遗产等资源，打造创意产业。利用创意产业留住和集聚人才，活跃市场，从文化、艺术、科技、技术等多方面进行创新，同时与旧城改造、商业休闲、都市旅游等内容相结合，延伸创意产业的产业链（图20-39）。

②海绵城市的应用。

在现代化城市的发展中，短期迅猛的发展给城市的基础设施带来了不小的压力，内涝成为城市问题之一。为了很好地解决这一问题，需要用可持续发展的眼光看待城市建设，结合周边的生态景观资源，运用海绵城市的手法来打造滨江生态区（图20-40）。

（2）规划内容特点

本次城市设计在与控制性详细规划的融合中，规划内容主要有以下四个特点。

①融入了设计的理念与思想：本次规划从注重视

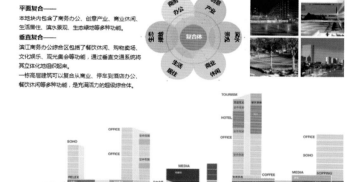

图 20-36 多元复合的城市空间 1

图 20-37 多元复合的城市空间 2

图 20-38 绿化有机渗透

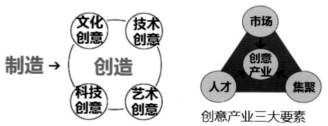

图 20-39 创意产业示意图

图 20-40　海绵城市应用示意图

线通廊，打造城市轴线、多元复合的城市空间、创造多层次的步行空间及有机渗透的绿化网络四个理念出发，完善控制性详细规划的空间结构及用地布局，并指导整体的城市空间形态。

②修正与完善开发强度指标：在本次规划中通过典型实验法和经济测算法来修正与完善开发强度指标。

③试图平衡各方经济利益：在对开发项目进行成本－效益分析的基础上，确定经济容积率，使开发商能获得合适的利润回报，保证项目的顺利实施。

④增加控制要素，体现城市风貌：增加空间控制要素，包括建筑贴线率、连续度、街道空间尺度、建筑色彩、建筑风格等，特别是沿江地块等重要区域，在图则中有明确控制，更能把控整体城市风貌。

（3）编制过程创新

本次城市设计加强了与控制性详细规划的衔接，在编制过程中，控制性详细规划并不是单纯作为上位规划而存在，它与城市设计相互沟通、融合多轮，两者相互渗透，控制性详细规划在城市设计的引导下修改完善，城市设计成果再根据控制性详细规划的具体内容进行相应调整。最后将城市设计融入控制性详细规划中，使城市设计具有实施性和可操作性。

（4）思考问题创新

在对规划方案的思考上，着重围绕如何打造滨江特色、如何利用工业遗产两大问题进行。以问题为切入点，通过对大量案例进行分析及研究，重点解决这两大问题。

（5）成果创新

本次城市设计成果由城市设计导则、城市设计图则、城市设计说明书及其他附件四部分组成。成果创新着重体现在分图则控制上，规划选取四个重点片区，根据其功能和空间特点的不同，针对性地提出不同的重点控制要素和指标，并将控制内容分为刚性控制与弹性控制，以便更好地指导城市规划的实施。

项目委托单位：襄阳市城乡规划局

项目编制单位：武汉市规划研究院、武汉汤姆生建筑设计咨询有限公司

项目负责人：戴时、曹大为

项目主创人员：谢欣、高雪慧、陈祖立、马金鹏、程冠玲、余翔、曹孙文、吕嘉文、杨宇、田春健、刘欣、刘宜、黄盼盼、胡晨君、程方

第四部分

专项城市设计
The Special Urban Design

21 遗爱湖周边地区天际线管控规划

21.1 城市设计的主要内容

21.1.1 项目区位与编制目的

（1）项目区位

本次规划的遗爱湖公园周边地区位于黄冈市区中心，南靠长江黄金水道，交通条件便利。遗爱湖公园是一座集生态环保、东坡文化、休闲娱乐于一体的综合性开放式公园，其周边地区的发展建设对黄冈市整体城市风貌有较大的影响，因此本次规划区域的区位条件十分独特。

（2）编制目的

遗爱湖公园是湖北省鄂东地区最大的开放性主题公园，公园占地面积约为 5 km²，沿湖岸线 29 km，是黄冈市民休闲娱乐的首选之地。

通过对遗爱湖周边地区天际线的管控规划，着力打造遗爱湖 4A 级国家湿地公园，有效引导遗爱湖公园及周边地区建设，提升滨湖形象，打造城市名片，彰显城市特色。

21.1.2 规划背景、城市历史文化与风貌特色、规划拟解决主要问题

（1）规划背景

遗爱湖公园是湖北省鄂东地区最大的开放性主题公园，是黄冈市生态园林城市的名片。由于周边地区缺乏有效的管控，造成沿湖城市天际线、景观空间杂乱，亟需通过对周边城市天际线、景观空间进行规划研究，查找问题，制定相应管控与引导措施。

（2）城市历史文化与风貌特色

①历史文化（图 21-1）。

黄冈地处"吴头楚尾"，是鄂东文化的发祥地之一。据专家考证，吴、楚、汉等古老文化在这里相互交汇融合，其文化面貌颇具特色，带有浓厚的"巴水蛮族"遗风。民间文化源远流长，丰富多彩，不仅有大量的有形文化遗产，还有斑斓多姿的无形文化遗产，遍及黄冈的山山水水、各个村寨，犹如一个巨大的民间文化资源宝库。

黄冈有 2000 多年的建置历史，历史上有一大批科学文化巨匠，如佛教禅宗四祖道信、五祖弘忍、六祖慧能，宋代活字印刷术发明人毕升，明代医圣李时珍，现代地质科学巨人李四光，爱国诗人学者闻一多，国学大师黄侃，哲学家熊十力，文学评论家胡风等。

黄冈具有深厚的历史文化和红色文化底蕴，青山绿水，人杰地灵，群贤毕至，胜迹如云，禹王城遗址、东坡赤壁、林家大院、遗爱湖等都是历史积淀下的宝贵财富，大别山文化、禅宗文化和教育文化也都是黄冈的重要文化特征。

②风貌特色。

遗爱湖周边地区河汊、水系众多，水体资源丰富，滨湖岸线曲折多变，自然风貌特色明显。

建筑方面，月波楼、芸香阁、东坡外滩等为主要节点，结合遗爱湖公园内的仿古建筑，形成了历史建筑风貌的整体基调，有一定的滨湖特色。

现代建筑以低层和多层建筑较多，占总体比例的70％左右，高层建筑主要为酒店、酒店式公寓、高层住宅，分布缺乏统筹安排，部分公共建筑及高层住宅

图 21-1 黄冈历史文化

风格迥异，未形成风格协调的城市风貌。

（3）规划拟解决主要问题

①高层建筑布局缺乏统筹，天际线缺乏层次和韵律。

②东岸湖滨地区缺乏标志性视觉中心。

③两湖交界半岛核心地区面临私有化危机，湖滨缺乏公共性，部分待开发地块建筑高度过高，影响整体天际线。

④架空高压线与通信基站布局凌乱，影响整体天际线。

21.1.3 规划目标、规划愿景、规划技术路线

（1）规划目标

本次规划目标如下。

①打造具有黄冈文化特质及名片形象的城市天际线（图21-2）。基于天际线相关专题研究，重点覆盖核心区、控制区，提取核心规划要素，锁定城市战略眺望点，开展城市设计，建构核心要素管控体系，制定核心区城市天际线规划管控图则，提出开发策略。

②探索具有可操作性、完整、系统的天际线管控措施。开展天际线管理三维数字辅助平台建设，构建精细化、动态化的规划管理模式，辅助周边地区项目审批。

（2）规划愿景

本次规划愿景是将遗爱湖公园周边地区打造为一个文化、宜居、生态、活力的湖滨区域。

（3）规划技术路线

本次规划技术路线如图21-3所示。

21.1.4 现状调查与专题研究

（1）现状调查

①现状土地利用。

新建建筑以商业、酒店、商住等公共建筑为主，部分新建住宅与城中村相互穿插，建筑形态较为混杂，东湖周边开发建设较少。

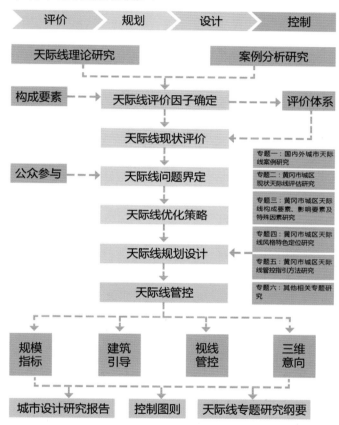

图21-3 技术路线图

图21-2 遗爱湖公园天际线效果示意图（芸香阁西眺）

②现状开发动态。

目前，控制区范围内在建项目约17处，以居住或商住性质为主；待建项目有6处，其中万达广场、公园里、江柳摇村等均为环湖地区的重要项目。

③现状建筑层数。

现状建筑以低层为主，接近100 m的建筑主要为新建楼盘，如宇济一号、瑞丰世家、翡翠一品、地税局宿舍等；艳阳天酒店、工商银行、地税局大厦等几处为滨湖较近的地标性公共建筑。

④现状建筑质量。

建筑质量分为三类，滨湖建筑及新建建筑质量较好，质量较差的建筑主要集中在西部和北部，为集中成片的低矮住宅或城中村。

⑤环湖开发格局。

目前在开发力度上，西湖的建设开发更加活跃，结合市民公共休闲广场、特色商业街区等配套，整体氛围更加热闹开放。

相对来说，东湖开发力度较小，自然生态资源优越，生态栖息地保留完好，适合作为城市湿地绿肺，成为更加贴近自然、远离喧嚣的区域。

（2）专题研究——视点研究

①视点选择。

城市天际线是由不同的城市地貌和城市建筑物的轮廓叠加形成的。由于构成元素的三维特性导致其天际线也具有其三维特性。随着视点的变化，天际线也会发生相应的变化。主导视点的选择应综合考虑视距、视线仰角、游客参观的频率等因素，观察者的视点应该是多角度多方位的，可以获得更多的空间感受和认知。

因此，环遗爱湖城市天际线景观的塑造与设计也应该考虑到观察者在不同视角下的空间感受，尽量做到尽善尽美。本次规划选取了4处作为观察天际线的代表性视点，分别为黄梅戏大剧院、东坡外滩、芸香阁、入口门户。

②公共视点等级。

不同的视线角度会给观察者带来不同的空间感受，在观察距离相似的前提下，较为低矮的天际线视线仰角小，使人感觉稳定平和，而起伏较大的天际线仰角大，使人感觉变化而有韵律。也有从空中角度来观察城市天际线的，这样更有利于欣赏城市的整体风貌特征。

根据视点滨水距离及重要性，将视点分为三个等级，确定黄梅戏大剧院、东坡外滩、芸香阁、入口门户为一级视点（图21-4）。

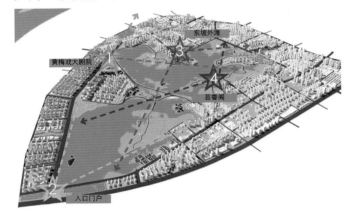

图21-4 一级视点位置图

③公共视点管控。

a. 城市外围的视点。

古代的城市很小，而且没有被蔓延性郊区包围，所以能够直观地看到城市的外表，中国古代城市的城墙和城楼通常直接形成这个城市的天际线。如今，城市非常大而且没有围合，拥有各种各样的天际线元素，不同的路径和视点会使人们从城市外围对城市天际线特征有完全多样的体验。

b. 进入城市的道路视点。

进入城市的道路以明确的方向向城市中心聚焦，将路径朝有特征的天际线方向引导的做法由来已久。在国外大部分中世纪的道路是直接通向大教堂或城市教堂尖顶的，现代城市同样也向那些从不同角度进入城市的人们展示自己的特征，通过道路可以产生众多的观景节点、欣赏到不断变化的城市形象。

c. 沿河或滨湖的视点。

水与岸对于任何一个城市来说，都是一个能产生特殊效果的因素。从水边获取的景观常常是全景式和逐渐展开式的。环湖的视点随着船只的驶近，城市轮廓逐渐丰富起来。而沿湖的运动视点会产生一种检阅式的城市动态形象。

d. 城市高地的视点。

城市中的山峰和高地是天然的观景平台，城市还可以从高层建筑物顶部俯瞰自身。传统城市的钟塔和圆顶，现代城市的高层建筑都能够提供很好的观景视点。居高临下的视点一直是令人神往的，它会产生一种全局性的控制感，同时又超凡脱俗。

e. 城市内部的视点。

城市中的广场、交通要道、绿地、公园、重要建筑物等都会形成城市人群从内部观看城市景观的重要视点，提供相对开阔的视野。人们常常从这些视点欣赏城市，它提供了比较具体的城市景观，但是更为人们所熟悉，也更亲切。

21.1.5　城市设计主要内容

（1）现状天际线问题与评价

①现状问题分析。

视点1——黄梅戏大剧院北眺。

高层建筑未形成有节奏的序列，区域层面上缺乏多层次性和具有统领性制高点特征的天际线。翡翠一品与湖光月色周边夹杂城中村，高层间缺乏统筹，破坏整体天际线的协调。

视点2——入口门户北眺。

未形成连续的空间序列，缺少具有可识别性的标志性建筑，未形成与水岸线配合协调的整体性天际线线型。格兰道、江柳摇村等项目设计方案建筑高度较高，以居住功能为主，实施后会破坏沿湖的公共性能。

视点3——东坡外滩东眺。

城市景观界面的形态、质感、高度等缺乏连续性，远近之间的层次感不强，较为突兀。东岸南部滨湖地区缺乏视觉中心。

视点4——芸香阁西眺。

滨水界面通透性较弱，缺乏空间层次感和变化，未形成连续而有节奏变化的界面。临湖建筑较高，遮挡沿湖视线通廊。

②综合评价。

城市的天际线应尽可能地展现出一个城市最完整、最独特、最具有不可替代性的城市景观，而且还要与城市经济社会发展的实际相结合，评价环遗爱湖现状天际线，存在如下几个问题。

a. 天际线缺乏层次和韵律，部分高层滨湖过近。

b. 高层建筑布局缺乏统筹，新开发地块多选择空地，未与城中村捆绑开发。

c. 湖心地区面临私有化危机，部分地块有待整体规划设计。

d. 已有项目意向高度过高，破坏整体天际线。

e. 东岸湖滨地区缺乏标志性的视觉中心。

（2）风貌特色与定位

规划区的风貌特色与定位为文化、宜居、生态，主要表现在如下几个方面。

①凸显黄冈地方性自然和人文因素，具有文化标志性特征的不可复制的天际线。

②高层建筑群落布局，公共建筑与居住建筑和谐共生，具有连续性、多层次性和节奏变化的城市天际线。

③保留自然风貌特色，区域轮廓、自然轮廓相协调的城市滨湖景观新名片。

（3）规划方案

①总体框架（图21-5）。

一核：打造江柳摇村生态绿核，构筑环湖公共空间核心。

一轴：构筑东西湖联系的空间与生态轴线，打造东西湖一级视线廊道。

三心：布局万家咀片区、格兰道片区、工商银行

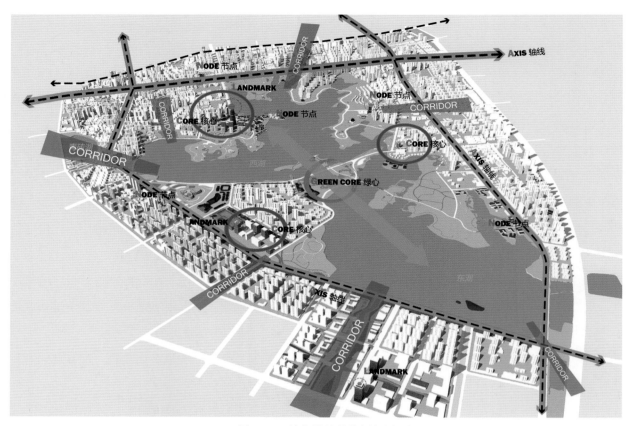

图 21-5　城市设计总体框架图

片区，三组标志性建筑群，构筑三处天际线制高点。

多楔：打通雨水公园、青砖湖——遗爱湖空间廊道、新港一路空间廊道等多处绿楔，构筑老城与湖之间的空间联系与视线通廊，实现湖城共生。

②环湖空间意向。

创造近低远高、南低北高、东湖低西湖高的环湖空间，尤其控制前景和中景的空间层次，最大限度地增加滨湖观景面，形成良好的空间关系。

前景层面的天际线形态要求建筑群体及建筑单体，应尽可能按下限控制高度，保持景观视廊的畅通和界面的通透性，整体构图以水平扩展为主，避免沿湖体量过大的人工构筑物造成的压抑感。

强调与自然环境的融合和亲切宜人的尺度感，将城市公共空间和生态系统有机地结合起来，充分利用遗爱湖的滨湖生态空间，创造和改善供市民观赏、游览与休闲的有机环境区域。

中景天际线定位为高密度、中高强度开发，整体

构图以垂直延伸为主，但要根据土地使用功能对天际线形态进行统一规划控制，强调预留足够的自然景观虚空间，从而进一步强化建筑及自然景观界面的通透性。

利用整合原则处理好传统与现代、整体与局部、精神与功能的关系，寻求辩证中的多方统一协调，营造和谐的天际线形态。

③天际线规划。

各个视点的天际线规划如图 21-6、图 21-7 所示。

（4）规划管控要素与指标

①廊道控制。

a. 环湖廊道控制（图 21-8）。

控制湖心片区建筑高度与建筑体量，打通东西湖视线通廊，打造江柳摇村湖心公园。

打通雨水公园、青砖湖——遗爱湖空间廊道、新港一路空间廊道等多处绿楔，构筑老城与湖之间的空间联系与视线通廊，实现湖城共生。

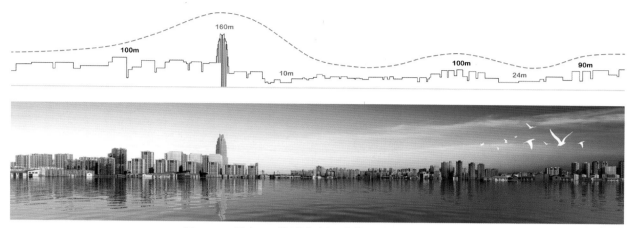

图 21-6　视点 1 天际线规划（黄梅戏大剧院北眺）

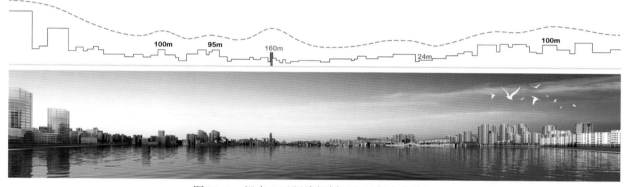

图 21-7　视点 2 天际线规划（入口门户北眺）

b. 湖面廊道控制（图 21-9）。

保障遗爱湖东湖与西湖之间的生态连通，绿廊向外渗透，构筑蓝绿体系。

②视廊控制（图 21-10）。

a. 遗爱湖视廊控制。

以确定的一级观景点及重要的眺望点为重心，控制其通往滨湖各重要片区的视线通廊，打通东西湖及各景观片区间的视线联系，形成完整的视线控制体系。

b. 两湖视廊控制。

沿新港一路控制建筑高度，视觉上形成沟通遗爱湖和白潭湖的联系通道。

③高度控制（图 21-11）。

构筑环湖簇拥的开发组团，形成由陆到湖的梯度式空间关系。

图 21-8　环湖廊道控制图

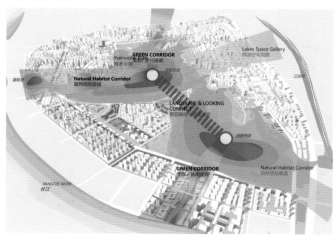

图 21-9　湖面廊道控制图

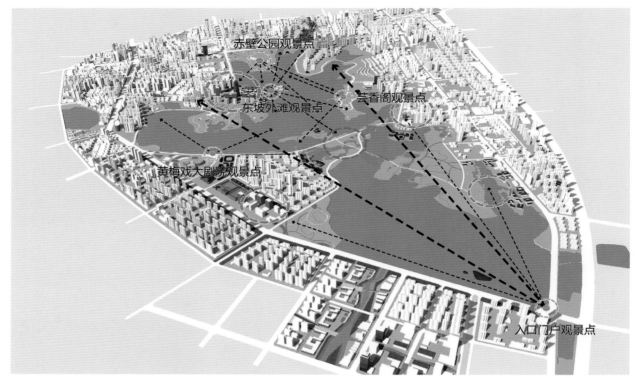

图 21-10　视廊控制图

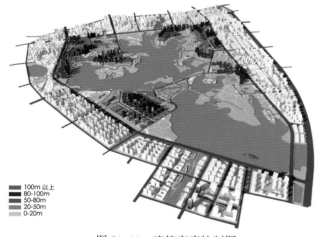

图 21-11　建筑高度控制图

一类高度控制区：主要建筑体量在 80 m 以上，打造整体拔高、局部超高的区域。

二类高度控制区：天际线中高潮向低潮的过渡区域，起到烘托的作用。

三类高度控制区：以控制重要的生态景观与空间视线为主，主体建筑为低层与多层。

具体建筑高度，根据规划方案分为五类，构成环湖区域的建筑空间形态。

在梯度开发组团的大关系下，具体的建筑在局部有拔高或降低，以符合功能业态和开发实际。由此在保障环湖视线的同时，形成了空间形式的多样性与差异性。

④风貌控制引导。

a. 建筑色彩。

墙面主色调：以中高明度、中低彩度的中暖色调为主。

墙面辅色调：除上述主色调可用作副色调之外，还可包括白色和彩度相对更高的冷暖色调。

屋顶颜色：在采用现代中式和新古典主义风格进行建筑设计时，可能采用坡屋顶形式，色彩以深灰、赭石、绿灰为宜。

玻璃颜色：从简洁雅致的原则出发，采用无色透明玻璃。

b. 建筑风格（图 21-12）。

主体风格：新古典主义。

将古典的繁杂雕饰经过简化，并与现代的材质相结合，呈现出古典而简约的新风貌。创造规整、端庄、典雅的安定感。

图 21-12　建筑风格布局图

点缀风格：现代简约。

造型简洁，无过多的装饰，推崇科学合理的构造工艺，重视发挥材料的性能和特点。

点缀风格：现代中式。

重新诠释传统，将中国传统建筑的构筑形式、细部处理等符号化，强调意境与空间感受的塑造。

c. 标志性建筑。

对于超 100 m 高层塔楼、文体类大型公共建筑等标志性建筑，应通过建筑设计突出"现代简约"与"中国建筑元素特色"的主题，无须遵守以上所述风格、色彩和材质的规定。

⑤立面控制。

根据不同的景观界面，对建筑、街道立面分别加以控制，以确保环湖整体建筑风格、形式的协调与统一，形成良好的天际线。

a. 核心区立面风格以现代风格为主，简洁明快，增加开放性的公共空间节点。在滨湖立面设计中增加表现黄冈文化和历史的符号（如最高建筑运用青云塔的元素），以及以此为主题的景观设计等，展示黄冈的内在品质。

b. 滨水景观立面风格应与遗爱湖周边环境相协调，形成自然有机、轻松宜人的空间氛围。作为天际线的第一层级，色彩上切忌过于鲜艳。

c. 沿黄冈大道等交通性道路应有稳重大气的色彩

基调、整洁统一的城市界面，突出整体性、连续性和协调性。

d. 生活性道路重点在于提升道路空间的环境品质，塑造道路空间景观的识别性特征，立面整治以恢复传统街道的尺度、风貌为主。

⑥照明设计引导。

a. 地标建筑群、商业中心、中心景观湖水岸照明。

地标建筑群 + 中心景观湖水岸照明：连续和谐的水岸照明可以强化商务区的识别性；采用黄色或红色的灯光以对比蓝色为主的水岸灯光；地标建筑群的照明应主要强调地标建筑，作为门户的特点，尤其是从鄂黄大桥上观看的形象。

中心景观湖周边不宜采用霓虹灯。

b. 商业中心。

鼓励采用霓虹灯以及其他生动的照明方式来强化商业区的繁华气氛。

商业区建筑、街道和绿化生态系统的照明应强化中心区作为区域级商业中心的特征和识别性。

建筑的室外照明高度应控制在离地面 30 m 以内。

c. 特色建筑重点照明。

富有特色或独特的建筑，如湖边的黄梅戏大剧院、东坡外滩等应采用灯光照明加以强调和识别。

d. 特殊的公共场所。

公共场所应通过灯光强化其景观和特征，但应当避免过度照明对周边的区域造成的眩光。

e. 灯光步道。

公园和小径步道应使用灯光营造安全的步行环境，同时通过采用截光型灯架减少光污染。

f. 禁止照明区。

在东南侧湿地公园自然生态良好的区域禁止采用照明。

（5）天际线控制体系

①控制因子。

高度控制、色彩控制、建筑密度控制、建筑风格、自然环境与建筑空间群体组合、建筑功能组合、建筑宽度。

②控制方法。

a. 美学角度。

以城市美学研究为基础，综合分析城市现状特征，找到城市空间形态结构中可以改善和提高的方面，提出解决方法。

在城市天际线、轮廓线的层次结构以及城市重要的建筑群与开放空间节点的合理安排上等方面合理组织，形成整个城区城市空间风貌的多样化体系。

b. 公众参与。

应以面向公众开放的控制法规为基础，来增加城市建设管理决策中的透明度，以鼓励公众参与的方式转而强化控制法规的现实可行性和调控作用。

c. 城市设计。

在城市规划编制的各个阶段都应将城市设计的内容纳入规划研究内容的范畴当中。

针对城市重要的地标点、标志性建筑，应将其城市开敞空间、景观视线走廊、城市公共绿地、生态绿地空间的控制和预留作为城市设计的重要内容进行研究，并在规划成果的具体内容中有所体现和表达，为天际线的控制规划提供设计依据。

③控制策略。

a. 宏观层面。

从城市天际线设计的角度，实现城市建成环境的可持续发展，首先需要对影响天际线形态的主体因素建筑物进行科学规划，通过灵活的设计理念使其能够随着时间的推移适应不断变化的需求，在城市近、远期利益的相互博弈中达到一个平衡。其次，还要对传统老城区的历史古迹进行合理改造，融合当代时尚、艺术和媒体，引入新的文化产业和艺术产业，使传统建筑得以循环再利用，城市创新产业得以有效发展，从而达到城市建设中的"双赢"，让城市天际线的空间层次更丰富、线型姿态更有韵律。

实现城市文脉的可持续发展是一个非量化的目标，也是一个复杂的系统性工程。确切地说，对文物古迹的保护和对传统建筑的传承都包含其中，但这些也仅是城市文脉延续中的九牛一毛，无法在根本上解决历史传承与现代化建设的固有矛盾。在如今城市"钢筋混凝土森林"建设风靡全球的关键时期，延续文脉以突出城市个性、避免城市趋同现象加剧的工作必须提上城建工作的日程，并给予相应的重视与支持。

城市天际线能反映一座城市的意识形态、历史文化等深层内涵，它是城市文明的重要物化表征。因此，加强对历史古迹和传统建筑的保护，延续城市的历史文化特色，实现城市文脉的持续发展，就是为塑造优美和谐又独具特色的城市天际线形态奠定基础。

b. 中观层面。

第一，合理确定建设高度，进行分区控制。

实践表明，通过建筑物符合美学原理的排列组合，是塑造天际线的一个重要手段，如高度上的强烈对比和起伏、间距上疏密相间的韵律变化和布局上的特殊组合等，都可以塑造优美的城市天际线。

第二，加强对高层建筑的布局和控制。

高层建筑因其体量巨大，高度大，是城市的重要景观点和对景点，它对城市的天际轮廓线的形成会产生重大的影响。因此，在新区规划、建设和建筑设计中，要对高层建筑的栋数、分布、高度、风格、外形进行统一设计，不能以过分追求建筑形象的新、奇、特为目标。要创造美的城市天际线不仅在于单体建筑或群体建筑的美，更在于整体布局上城市环境的设计，要使建筑所处的自然空间前后参差、虚实相映、高低结合、尺度得当，使建筑与周围环境协调。

连续多个高层建筑面宽较大或建筑高度接近一致时，天际线容易形成"墙壁效应"，应采用多样化的建筑物轮廓，避免建筑物完全遮挡自然环境背景。天际线高层建筑单体面宽应合理控制，建筑高度大于 24 m、小于等于 54 m 的高层建筑，其最大连续展开面宽不大于 80 m。建筑高度大于 54 m 的高层建筑，其最大连续展开面宽不大于 65 m。

第三，重视对城市建筑色彩的控制。

建筑物的色彩在一定程度上影响着天际线的视觉效果，因此要对城市建筑色彩提出总的要求，按照城市形象的主色调要求，对城市色彩进行统一管理，分区规划。城市色彩应用所追求的目标是"统一中求变化"。对城市要确定一个统一的风格，注重主色调的选择，在不同的功能区中用一个或几个适当的辅助色调使城市色彩有所变化，色彩的分区要契合城市空间结构特点，以形成和谐的城市色调。变化是次要的，却又是必要的，它依靠对特色建筑的色彩控制以及对其他城市元素的精心设计来实现。要防止出现破坏环境的不和谐色彩造成的杂乱局面；要在总体的色彩设计原则指导下，获得既和谐统一又丰富多样的色彩景观。

c. 微观层面。

街景立面：在尊重原有建筑形式和风格的基础上，提升建筑外观品质，通过建筑适度改型、丰富建筑细部、清理广告设施、规范店招牌匾、协调建筑色彩、规整空调机位，实现整洁亮丽、和谐优美、独具特色的立面效果与街景轮廓。

绿化景观：按照种植的不同规模类型，突出自然群落与细节形态，使用乡土物种，综合考虑季相、色相与层次搭配，补种行道树木、增加绿地层次、丰富绿化色彩、雕琢景观小品，实现疏密有致、四季葱茏、优雅宜人的绿化景观效果。

街道家具：考虑各类设施的使用功能需求以及各重点区段不同的风格气氛，比较各种造型、材质、风格的街道家具，选择适宜的设施，实现风格统一、秩序井然、和谐规范的街道家具系列。

交通环境：通过综合整治修补路面、标识与卫生环境，完善设施，梳理组织系统交通，实现清新整洁、便捷畅通、以人为本的道路环境。

夜景灯光：以功能性照明为基础，以生态节能为原则，精心设计景观性照明，实现高雅大气、视觉舒适、激情繁华的城市夜景氛围。

广告牌匾：通过规范设置方式与形式、字体与背景、材质与色彩，力求简洁明快、淡雅大气，营造繁华的商业氛围。

④分区管控。

a. 核心区。

核心区处于环湖天际线的第一线，属于近景层面，最为清晰。临水面应注重点、线手法相结合，形成视觉兴奋点，不宜处处开花，取而代之的是应配合天际线的整体感觉，在适当的地点进行视觉小品设计，这样一来既增加了天际线的层次，又突出了视觉兴奋点的视觉感受。核心区主要管控内容如下。

第一，体现滨水天际线的景观特征。

滨水建筑物要求采用分级高度的形式发展，以保证由主要观景点所见的连绵的城市景观。滨湖的建筑物，通常在规模上、单体建筑界面的长度上和外墙面设计上相互配合，以免在滨水沿岸形成"墙壁效应"。

第二，突出色彩，展现风貌。

核心区作为环湖天际线的前景，作用最为重要，滨湖建筑风格应以现代简约的建筑风格为主，合理地构造工艺，树立休闲文化、生态宜居的新城风貌形象。遗爱湖周边建筑结合滨水绿地等形成生态建筑，与环湖生态环境树相映。在重点建筑中可以结合中国传统建筑元素，塑造建筑特长。

色彩控制上以中高明度、中低彩度的中暖色调为主，辅以白色和彩度相对更高一些的冷暖色调，组成环遗爱湖天际线的基准色调。

第三，制高点：远景天际线的着眼点。

制高点是视线在远景层面的视线聚焦点，可作为视觉通廊的端点。通过视线分析，确定几个核心位置，以此作为整体天际线的控制基调。

b.控制区。

控制区位于核心区外围，东南片区临湖较近，作为环湖天际线的中景，发挥着主要的作用。其主要管控内容如下。

第一，中景的建筑物强调层次性及组合叠加性。

由处于中景的建筑物所产生的轮廓线在整体天际线的勾画中起着重要的作用，它既可以对远景自然天际线的不足起到修饰作用，又可根据设计意图，生成新的视觉兴趣点，对整体天际线产生画龙点睛的效果。

第二，强调天际线的韵律和层次。

天际线是建筑物和自然环境在横向延伸和纵向叠加而形成的最终的轮廓剪影，横向高低错落的变化好似乐曲的韵律，其中包括前景轮廓线，中景以及远景轮廓线，当其具有丰富多变、高低起伏的韵律感和层次感时，就会获得引人入胜的效果。这种横向的韵律变化其实是处于不同层面的轮廓线的叠加效果，天际线的层次越多，给人的感受越饱满、丰富，近、中、远多个层次此起彼伏、相互配合，这样就使得观赏者在不同的视距上都能获得较佳的视觉感受。

c.协调区。

协调区作为整体天际线的远景部分，对滨湖地区的影响相对较弱，是整个天际线纵深方向的有效补充。其主要管控内容如下。

第一，纵深控制。

纵深方向上应充分和明确地表达远景、中景、近景之间的相互衬托关系。近景着重建筑物的细部，标识或是小品成为视觉聚焦点，滨湖沿岸的景观不再局限于单纯的轮廓线。远景应侧重于提升建筑轮廓的层次性。

建筑与环境的统一性、建筑细部要素之间的统一和多样性成为和谐景观的重要因素。

第二，整体协调。

在天际线层次感的塑造方面，位于后排的高层建筑的中段面积起到了一定的作用。它可以作为前面建筑轮廓线的投影板，因此在风格、材料、色彩上应尽量协调和统一，以此获得更为丰富清晰的层次感。

21.2 城市设计管理与实施

21.2.1 本地城市设计管理现状

（1）规划管理中的现实困境

①控制性详细规划缺乏对空间形态的深入研究和有针对性的控制指引，仍然无法对空间形态作出预期判断，空间管制效果不佳。

②控制性详细规划编制技术不完善，部分技术控制要求不合理，规划建设标准偏低，技术规范缺少实践性。

③规划编制和管理的观念错位，"重管理、轻编制"，规划编制的精细化程度不足，空间形态仍有多种可能。

④城市设计作为塑造城市空间形象和提升环境品质的重要规划手段，其有效实施表现出规划的相对滞后和力度不足。

⑤城市设计的技术成果难以通过行政管理程序转化为相应的法定规划管理依据，城市设计缺乏明确的审查审批管理机制。

（2）相关政策

城市设计的具体定义在建筑界通常是指以城市作为研究对象的设计工作，是介于城市规划、景观建筑与建筑设计之间的一种设计。相对于城市规划的抽象性和数据化，城市设计更具有具体性和图形化。黄冈市近年来针对城市重要交通干道、重点区域以及重要的节点均进行了城市设计，目的是为黄冈市市民创造舒适、方便、卫生、优美的物质空间环境。

（3）管理流程与环节

在日常的规划管理过程中，对已编制城市设计的区域进行方案审查时，在建筑样式、高度、色彩、体量上会依据城市设计进行审查，并针对需要完善的内容依据城市设计要求提出针对性的修改意见。

21.2.2 本次城市设计成果与相关专项规划、相关管理规定的衔接

（1）与总体规划的衔接

城市用地布局是城市天际线组成的先决条件，只有清晰、有序、合理的城市用地布局，才可能形成充满节奏与韵律感的城市轮廓线景观。

本次规划充分衔接《黄冈市城市总体规划（2012—2030）》，在用地布局和路网调整中贯彻总体规划的强制性内容，并分析对城市天际线的影响，在满足城市用地职能的基础上作适当调整。

（2）与周边控制性详细规划的衔接

通过对建筑群体的空间格局、开放空间和环境的设计、建筑小品的空间布置和设计等，将控制性详细规划二维平面的控制转化为三维空间的合理艺术安排。

如对《黄冈市城东片区控制性详细规划（修编）》《黄冈市城北片控制性详细规划（修编）》等遗爱湖周边控制性详细规划进行整合，根据其现状条件、控制性详细规划的控制条件、对天际线的影响程度等因素，对部分用地的限高、容积率等指标进行适当调整。

（3）与周边项目方案的衔接

①万景·公园里。

a. 增加标志性建筑高度至 160 m。

b. 围绕最高楼，增加公共建筑，引入商务办公的功能。

c. 将东南临湖高层住宅调整为低层住宅。

②滨湖农苑。

a. 降低南部两排住宅高度。

b. 形成前低后高的滨湖建筑层次。

③格兰道。

a. 降低北部住宅建筑高度。

b. 形成前低后高的滨湖建筑层次。

④纽宾凯二期。

a. 东片区业态由建材市场调整为 SOHO 公寓。

b. 增加塔楼数量，提高容积率，打造片区新高度。

⑤江柳遥村。

a. 将东部居住片区调整为绿化区。

b. 保留西侧沿湖心路商业区。

c. 打通连接两湖的视线景观通廊。

21.2.3 本次规划成果如何用于规划管理与实施

（1）行动策略

①结合实际，明确城市设计实施的法定载体。

②以规划管理需求为重点，规范城市设计的编制内容，提高规划的科学性与可实时性。

③以信息化技术手段提高管理效能。

④建立城市设计的审查与实施机制。

（2）管理措施与建议

①建立一个与城市规划各个阶段相对应且相对独立的一整套城市设计管理体系，从而全方位、法定化地实现城市设计的整体运作。

②城市设计编制结合法定规划开展，以及将城市设计内容纳入总体规划和控制性详细规划中，借助法定规划的实施来加以落实。

③强调通过"一书两证"的管理来落实城市设计的做法，其实质是推行一种基于建造理念的、"规划许可"导向的城市设计实施方法。

④开展天际线管理三维数字辅助平台建设，建构精细化、动态化规划管理模式，辅助周边地区项目审批。

搭建一个三维动态管理平台，遗爱湖周边地区所有项目审批都要将模拟三维模型放到平台中，对其在景观界面、视线通廊、建筑高度及空间形态方面进行综合审查，为管理决策提供直观有效的依据。

21.3 城市设计编制特色

21.3.1 项目特点及主要内容

（1）项目特点

①天际线规划是一个比较新颖的规划课题，一般所说的天际线往往指滨湖、滨海或沿路的线型空间，

本次规划的环湖天际线，根据人的位置不同会产生不同的视觉效果，环湖天际线研究是一种新型探索。

②遗爱湖位于黄冈市中心，本项目的成败将在很大程度影响黄冈的整体城市形象，需要充分考虑黄冈的城市底蕴与历史文化特色，制定合理的管控与引导措施。

③本项目基于天际线相关专题研究，重点覆盖核心区、控制区，提取核心规划要素，锁定城市战略眺望点，开展城市设计，建构核心要素管控体系，同时开展天际线管理三维数字辅助平台建设，构建精细化、动态化规划管理模式，辅助周边地区项目审批。

（2）总体城市设计针对的方面

①总体空间规划。

a. 用地布局。

依据黄冈市总体规划、片区控制性详细规划，确定环遗爱湖地区各种用地比例，对道路网络进行梳理，合理调整各片区功能，保证环湖岸线的公共性能（图21-13）。

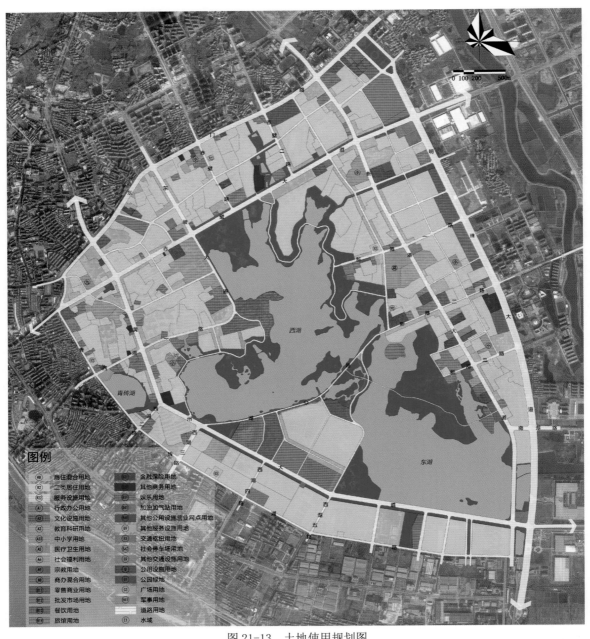

图 21-13　土地使用规划图

b. 空间形态布局。

以公园里、纽宾凯、工商银行三个片区为发展核心，沿赤壁大道、东港大道和黄州大道构建整个规划区的发展轴线，并控制多个通往湖心地区的视线通廊，合理布局地标建筑，围绕绿心打造多节点城湖共生的发展结构（图21-14）。

②天际线总体设计。

a. 规划区天际线整体规划设计包括主题分区、平面控制、立面控制、立体空间控制、规划引导等。

b. 天际线控制因子包括高度控制、色彩控制、建筑密度控制、建筑风格引导、自然环境与建筑空间群体组合、建筑功能组合等。

c. 天际线控制指标包括建筑高度、开发强度、建筑密度、后退距离等。

③重点地段天际线详细设计。

a. 重点地段的天际线设计包括滨湖主要道路天际线设计、主要景观带的天际线设计、城市门户节点天际线设计等。

图21-14　城市设计总平面图

b. 重点地段景观廊道和视线通道具体规划设计。

c. 重点地段建筑的建筑高度、强度、密度分区设计。

d. 重点地段夜景设计。

④眺望点及天际线管控体系规划。

a. 从城市眺望点望遗爱湖及周边景观区域的视线控制，锁定重要景观控制区域，构建公共视点管控体系。

b. 从遗爱湖望周边城市的视线控制，对遗爱湖周边区域建设进行严格控制，避免形成街墙，使视线保护范围内建筑高度、贴线率等得到有效控制。

c. 建立城市公共视点等级体系，并结合实际项目建设情况和专家推荐进行修正，形成景观分区控制和公共视点管控体系。

21.3.2 本次城市设计创新与特色

（1）方法特色

①建立天际线景观评价体系，实现天际线规划的公众参与和动态跟踪。

城市天际线是城市历史积累的产物，涉及时间长、范围广，审美标准较难统一。建立天际线景观评价体系，提高城市公民的公众参与度，发现更多值得推敲的细节；同时，通过公众的监督并动态跟踪，及时协调各项规划。

②运用了城市天际线定量分析方法。

确定影响天际线的两个变量，分别是轮廓曲折度和层次感。

城市天际线的两个认知变量在城市设计和规划控制中已经得到认同。在本次规划设计中，充分应用这两个变量评判天际线，定性与定量双管齐下，合理控制环湖天际线的发展。

（2）规划内容特点

本次规划内容特点如下所示。

①从现状出发，找准天际线存在的问题。

②对国内外天际线案例进行充分研究、系统分析，并总结评价天际线的方法。

③制定合理的规划目标与天际线发展策略。

④设置多重控制指标与因子，在平面和空间上进行立体化控制。

⑤对规划核心区内重点地段进行详细设计。

⑥弘扬文化，传承民俗特色，构建环湖布局东坡外滩、黄梅戏大剧院、江柳摇村商业街、人才公寓、文化创意街区，打造环湖亮点，展现黄冈市的人文精神与生态文明。

（3）编制过程创新

①对重点地段进行交通能力评估。

对西湖一路—东坡大道通行能力进行了评估，得出了东坡外滩片区可以通过一定交通组织，合理有效地组织地块出入口与内部流线。

②对建筑风貌与色彩进行研究。

a. 明确了以新古典主义为主体风格、现代简约与现代中式为点缀风格的建筑风貌体系。

b. 建筑风格以现代简约的建筑风格为主，合理地构造工艺，树立休闲文化、生态宜居的新城风貌形象。

c. 环遗爱湖周边建筑结合滨水绿地等形成生态建筑，与环湖生态环境树相映。在重点建筑中可以结合中国传统建筑元素，塑造建筑氛围。

③充分考虑两湖关系，强调遗爱湖与白潭湖协调发展。

从遗爱湖与白潭湖的地理位置与周边环境出发，明确两湖的功能定位，遗爱湖的功能定位是文化、宜居、生态，白潭湖的功能定位是科技、现代、商务。由此确定遗爱湖周边的功能布局，从建筑形态与用地功能上均做到错位协调发展。

（4）成果创新

①开展天际线管理三维数字辅助平台建设，构建精细化、动态化的规划管理模式，辅助周边地区项目审批。

搭建一个三维动态管理平台，遗爱湖周边地区所有项目审批都要将模拟三维模型放到平台中，对其在景观界面、视线通廊、建筑高度及空间形态方面进行综合审查，为管理决策提供直观有效的依据。

②编制天际线管控图则。

结合城市设计导则的编制规程，确定强制性指标与引导性指标，并通过管控图则达到对核心区每个地块的有效控制。

具体而言，一是通过对原控制内容的天际线整体意向、高度层次等内容适当调整并完善，实现对天际线景观要素、文化性以及识别性的控制要求；二是结合地标节点明确标志性建筑的要求；三是在"建筑群体"对原有控制建筑高度、体量、风格、材质、色彩的基础上补充夜景照明的内容，从而实现对城市天际线连续性、层次性、多样性、材质色彩以及灯光等方面的引导控制。最后，吸收国内外相关实践经验，补充、完善相应的城市天际线规划控制图则，共同形成完整的重点地区天际线控制管理平台。

项 目 委 托 单 位： 黄冈市城乡规划局

项 目 编 制 单 位： 邦城规划顾问（苏州工业园区）有限公司

项 目 负 责 人： 王存刚

项 目 主 创 人 员： 谢瑞欣、王存刚、严剀、陈行、朱兰臣、张博洋、陈颢元、张海金

22 荆州市园林路城市中心景观轴城市设计

22.1 城市设计主要内容

22.1.1 项目区位、规划范围

（1）项目区位

园林路位于荆州市中心片区中部，由南至北贯穿整个中心片区（图 22-1）。

（2）规划范围

本次规划范围南起长江，北至沪汉蓉快速铁路，全长约 5 km，两侧进深为 100～600 m，用地面积约 294.9 hm²。

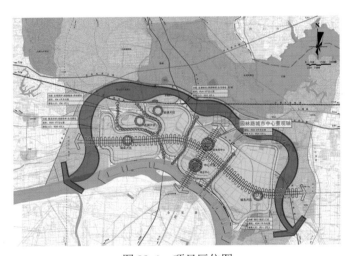

图 22-1 项目区位图

22.1.2 规划背景、现状用地概况、上位规划

（1）规划背景

园林路由南至北从空间上沟通长江与内湖，依次串联长江、城市广场、中山公园、张李家渊公园、西干渠带状公园、城市体育公园，是贯穿城市中心的城市景观轴线。

为了保障园林路城市中心景观轴绿化、水系生态空间的延续，促进城市与自然的共生，凸显荆州市水、绿、城一体的整体空间格局，并有效引导两侧用地建设，优化城市空间形态，建立完整有序的轴线空间体系，打造城市风道，荆州市城乡规划局组织编制了《荆州市园林路城市中心景观轴城市设计》。

（2）现状用地概况

①现状地形。

现状地形南高北低，荆江大堤平均高程为 44.5 m，近堤处地块高程约为 37.5 m，沙北去近荆沙大道处高程约为 29 m，整体地势平坦，平均坡度约为 0.15%。

②土地利用现状（图 22-2）。

园林路沿线分布有二类居住、三类居住、商业、行政办公、文化活动、市政、医疗卫生、工业、公共设施、公园、广场等用地。其中沿江大道—文化宫路以二类居住、商业用地为主；文化宫—荆沙大道以二类居住、商业、行政办公、文化活动用地为主；荆沙大道以北为城市待开发区域，主要为三类居住用地，

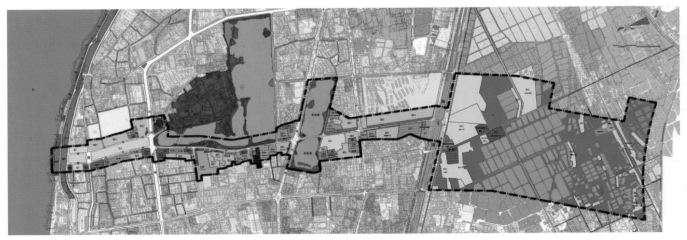

图 22-2 用地现状图

夹杂着少量的二类居住用地（东岳小区）、工业用地、仓储用地。

③现状交通分析。

a. 车行道宽度不足。

现状园林路及便河东路车行道宽度仅 10 m，且拓宽可能性不大，园林路沿线环境经过整合以后，将吸引大量的步行和自行车交通出行，规划区域南北向交通联系存在一定的困难。

b. 慢行交通环境不完善。

园林路是城市重要的生活道路，它不仅应该满足交通的需要，也应该建设成为舒适宜人的街道。现有机动车道与非机动车道采用标线分割，机动车与非机动车混行，存在一定的安全隐患，且现状慢行交通主要为人行道，滨水步道、自行车道不足。

c. 停车问题突出。

园林路居于中心片区中轴线位置，由于停车问题在以往的城市规划和建设中没有得到足够的重视，沿线及周边社会公共停车位供应缺口较大，大量车辆违章占用道路，乱停乱放现象严重，既影响城市秩序和景观，又降低了路段的通行能力。

④现状水系分析。

规划区内的主要水系有长江、江津湖、张李家渊、西干渠和荆沙大道以北的水塘。

长江干流荆江段水质良好，全年检测统计结果为Ⅱ类水质，达到水功能区划标准。

江津湖、张李家渊水系均属于Ⅴ类水质，亲水性差，绿化场所功能性不强，活力不足。

西干渠是贯穿荆州市沙市中心城区的重要水系，全长 90.65 km；由于一些居民和企业将垃圾和工业废渣、废水堆积在河岸、水边或者直接排入渠内，导致城区部分水质较差，严重影响周边居民正常生活及城市风貌。

荆沙大道以北的水塘，水源来自荆襄河，水质较差。

⑤现状开放空间分析。

园林路沿线由南向北分布有一些较好的开放空间，如荆江大堤、沙隆达广场、中山公园、张李家渊、西干渠等。

荆江大堤，分段修建于东晋，扩展延长于唐宋时期，合筑于明末，最后形成一道全长逾 124 km 的整体堤防，这一伟大工程跨越年代之长、动用土方之多，举世难以匹敌。

沙隆达广场是城区的中心广场，有着悠久的历史文化积淀，定位为具有文化内涵的休闲广场，面积 70000 ㎡，全长 700 m，宽 70 ～ 120 m，呈曲尺带状。南抵荆江大堤引长江之风入城市，北接江津湖景区，形成独具特色的风景景观走廊。

中山公园是荆州市最大的综合性公园，全园面积 77.68 hm²，其中包括中山公园东园、碧波路景观带及塔桥路景观带，距今七十多年历史。

张李家渊在城市水系中北与西干渠辉映，南与江津湖相望，是城市中不可多得的"绿洲"，同时也是城区重要的景观节点。

西干渠是贯穿荆州市沙市中心城区的重要水系，它西起于沙市雷家垱，向东流经江陵、监利两县，于监利泥井口汇入总干渠，全长 90.65 km。西干渠是沙市、江陵、监利的主要排水工程，为城区排洪的重要排水和调蓄水体。

（3）与上位规划的衔接及要点

本次风貌规划需要衔接的上层规划主要为《荆州市城市总体规划（2011—2020）》（以下简称《总体规划》），《总体规划》所确定的城市性质、职能、景观风貌对后续规划产生不可忽视的制约。《总体规划》对本次规划的重要影响及需要衔接的要点如下。

①城市职能。

规划确定建设"生态环境良好的宜居城市"为城市五大职能之一，要求"充分利用滨江临湖的自然资源，建立生态型城市，增强城市自然环境的优美度、人工环境的舒适度和优美度，提供良好的人居环境，创造良好的就业环境，使荆州成为荆州市民和省内外旅居者共同拥有的美好家园"。

②城市文化特色目标。

历史文化遗产的底蕴和丰富的自然资源是荆州的城市环境优势，也是城市知名的品牌特征，在发展的新时期，荆州未来发展的目标是积极利用和保护历史文化遗产和自然环境，把荆州建成适合人居、和谐共生、具有文化特色、滨江临湖的生态城市，也是城市继承传统面向未来的重要目标。

③经济发展目标之一——旅游富市。

以旅游业的发展促进现代服务业的联动发展，进一步提升荆州旅游业的经济效益。

④城市结构。

荆州中心城区空间布局形成"一心、两轴、五片区"的结构："一心"为商贸金融和行政文化城市中心，具有区域经济中心职能；"两轴"为南环路—荆沙大道和园林路两条城市发展轴；"五片区"为具有职能发展要求的特色片区，分别为中心片区、武德片区、城南片区、城东片区、古城片区。

⑤中心城区景观风貌规划。

城市风貌可划分为古城风貌区、古城风貌协调区、科教风貌区、现代工业风貌区、滨江风貌区、现代都市风貌区。园林路位于现代都市风貌区。

⑥中心城区绿地系统布局。

园林路沿线是《总体规划》确定的七条南北向绿楔之一，穿插于城市之中，导入市郊新鲜空气，使城市和外围生态环境相融合，既对城市片区起到分隔、防护作用，又是城市景观的重要组成部分，为城市居民提供了多样的休闲空间。

22.1.3 规划目标、定位与策略

（1）规划目标
①完善城市中心功能。
②营造城市生态景观。

③优化城市空间形态（图22-3）。
④控制和引导城市开发。

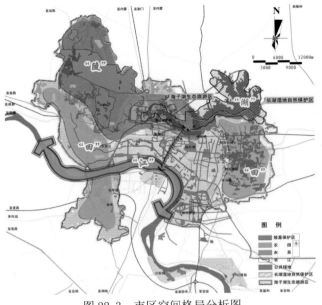

图22-3　市区空间格局分析图

（2）规划定位

景观轴城市设计的作用是为了从长远角度有效地控制和指导园林路沿线建设，整合功能及空间形象。园林路城市中心景观轴的建设，将充分利用沿线丰富的景观资源，塑造荆州充满活力与美丽的现代都市形象。因此，园林路沿线定位如下。

①城市生态景观走廊。

通过水系连通工程建设，引长江水入江津湖、张李家渊、西干渠等内河，增强湖网水体自净能力，改善水质，恢复城市水生态，并通过水系两侧的绿化建设，蓝绿交织，共同营造城市生态景观。

②城市游憩走廊。

充分利用绿地和水系，增加游憩功能，并用慢行系统进行串联，形成整体连通的休闲景观体系，极大地丰富城市的游憩功能。

③城市通风廊道。

园林路由南至北从空间上沟通长江与内湖，依次串联长江、城市广场、中山公园、张李家渊公园、西干渠带状公园、城市体育公园，沙隆达广场引长江之风进入城市，与中山公园进行沟通，顺着园林路绿楔

北上至沙北新区体育公园，继而到达海子湖。规划结合城市绿地布置，加大园林路两侧的建筑退让距离，建设城市通风廊道。

（3）规划策略

①用地策略。

在原有用地功能的基础上适当调整，以中山公园、张李家渊公园、西干渠带状公园为依托，引导形成特色休闲街区，满足居民休闲需求，丰富城市旅游内涵，完善城市中心功能。

②生态策略。

通过水系连通工程建设，引长江水入江津湖、张李家渊、西干渠等内河，增强湖网水体自净能力，改善水质，恢复城市水生态，并通过水系两侧的绿化建设，蓝绿交织，共同营造城市生态景观。

③交通策略。

a. 设环湖步道，提高滨水地区的可达性。

建设环湖步道，提高滨水空间的可达性，使居民能够方便地进入，同时减少园林路机动车交通，弱化园林路的交通功能。

b. 绿道延展，完善慢行系统，形成整体休闲空间。

以园林路沿线带状绿地为载体，建设慢性交通通道，加强绿地与城市商业中心、生活社区之间的交通联系，串联滨江绿地、城市广场、城市公园、体育中心等多种休闲场所，构建沿线整体休闲空间。

④生态策略。

a. 高层建筑分布。

高层建筑分布相对集中，组团状分布，丰富沿线轮廓线，避免零星分布，重点向节点处集中，节点处的地标建筑群具有空间支配作用。

b. 塑造建筑群体特征形象。

通过建筑群体整体空间特征和地标建筑，形成地区的空间标识体系。

c. 城市街道的界面。

引入连续度和贴线度两个指标，控制园林路沿线的城市街道界面。

22.1.4 城市设计主要内容

（1）土地利用规划

①原土地利用规划。

将规划范围内涉及的凤台坊、胜利街、文化宫、江津湖、张李家渊、太阳城、沙北新区7个控制性详细规划单元拼接以后得到沿线的土地利用规划。

②调整后土地利用规划。

本次园林路景观轴风貌规划对原有控制性详细规划单元的土地使用进行了局部调整，调整目的在于提高土地利用效率，改善城市形象，将园林路沿线建设成为集中展示中心城区现代都市形象的窗口。规划重点对临江津湖的工人文化宫、人防老办公区、环保局、碧波花苑、民政局的用地性质进行了调整，将原规划的商住、行政办公、特殊用地置换为商业、商务、文化娱乐、旅馆等用地；并对广电小区、天海小区等原有风貌较差、土地利用强度不够的住宅用地进行改造，适当提高用地强度。

（2）规划结构

规划充分利用沿线自然景观资源，以城市公园、体育公园为核心，各景观节点为要素，构建人工和自然有机结合的景观系统。规划形成"一轴、三心、四区、多点"的结构体系（图22-4）。

一轴：园林路生态景观走廊、游憩走廊、城市风道。

三心：即中山公园、张李家渊公园构成的城市绿核和城市体育公园。

四区：根据沿线的用地功能和景观资源，将沿线分为城市门户区段、城市旅游区段、城市生态居住区段、沙北新区综合区段分别进行建设引导。

多点：连接城市内部与城市外部交通的门户节点、各主要道路交叉口建筑景观节点、广场景观节点等。

（3）区段划分

功能的组织是整个城市空间活力的基础，不同功

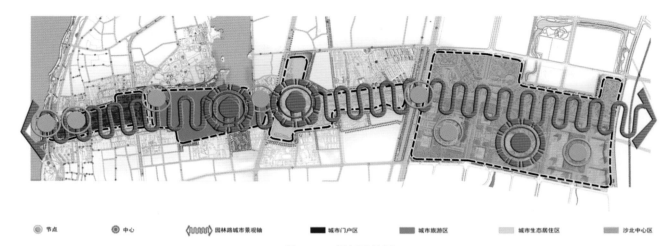

图 22-4　规划结构图

能的相互作用构成了城市的综合功能。规划提出了"特色区段"的概念，根据沿线的地理区位和资源条件，将园林路分为四个特色区段，分别是城市门户区段（荆江—北京路）、城市旅游区段（北京路—滨湖路），城市生态居住区段（滨湖路—荆沙大道），沙北新区综合区段（荆沙大道—翠环路）（图 22-5）。

①城市门户区段（荆江—北京路）。

该段全长约 0.9 km，该段是园林路南部的起点，又是从旅游码头进入城市的重要通道，是荆州市的南大门。

功能导向：区域商业中心、居住。

②城市旅游区段（北京路—滨湖路）。

该段全长约 1.5 km，分布有中山公园、张李家渊公园，是城市最有特色和影响力的人文旅游居住区段。

功能导向：旅游、居住。

③城市生态居住区段（滨湖路—荆沙大道）。

功能导向：居住为主。

④沙北新区综合区段（荆沙大道—翠环路）。

该段承担全市的行政中心、文化中心、体育中心职能，同时也承担沙北片区商业中心的职能。

功能导向：行政、文化、商务办公和居住。

（4）街道功能引导

以中山公园和张李家渊公园、西干渠为依托，在现有功能的基础上，全面整合环湖片区用地，加强商业、休闲功能，将园林路及与之相交的碧波路、文化宫路、园林东路、滨湖路、西干渠商业风情街等街巷打造成多个特色功能板块，形成中心城区面积最大、功能最全的旅游及市民休闲区。

特色街区打造如下。

①碧波路、滨湖路露天啤酒"酒吧街"：观湖景、饮啤酒、清风杨柳、湖波酒光。

②园林路琴棋书画"书吧街"：集中字画、工艺（奇

图 22-5　城市设计总平面图

石、根雕等）、图书、琴行等艺术品经营。

③文化宫路影楼婚庆"影吧街"：集中影楼、花店、喜糖铺等与婚庆喜庆相关的业态。

④园林东路茶楼酒吧"茶吧街"。

⑤西干渠"商业风情街"：集特色餐饮、购物、休闲旅游、商务功能于一体的商务休闲区。

（5）交通组织

①交通规划。

城市的交通网络是城市发展的骨架和依托，交通规划必须与城市土地使用和土地开发强度紧密结合，充分利用各种交通方式来引导和促进城市的发展（图22-6）。规划制定如下交通原则。

a. 园林路荆沙大道以南路段车行道宽度仅10 m，无法承担景观轴线和交通轴线的功能。建议结合园林路自身特点，采取限行、限速等措施，避免吸引大量快速机动车交通，降低紧张、快节奏的现代都市生活方式，放慢脚步，享受生活。强调园林路"慢性主通廊"的作用，打造安宁街区。

b. 结合主要的人流聚集点合理安排常规及旅游公交线路。

公共停车：利用单行道设置路边停车带；考虑利用便河广场、便河设置大型地下和水下车库；加强沿线地块配建停车管理，鼓励配建停车场对社会开放。

②慢性交通系统。

规划串联线型绿带，建设步行、自行车车道，完善慢性系统，形成一纵、三横、两环的绿道格局，增强滨水区的可达性、趣味性，为市民和旅行者提供一种绿色出行的交通方式，全面提升居民的生活质量，强化城市风貌特征，提升城市品位。

一纵：利用园林路沿线线型绿带建设城市绿道。

三横：利用滨江绿化带、沿江大道南侧绿化带、西干渠绿化带建设成城市绿道。

两环：利用环江津湖、张李家渊步行空间和绿化带空间建设城市绿道。

慢性系统的营造是本方案的一大特色，基本做到与车行系统分离，保证各功能区之间的便捷联系。

主要步行空间：通过一系列广场、街道、漫步道、步行桥等创造出与绿化环境紧密相融的步行空间。

自行车系统：自行车系统与步行系统相结合，在同一路线空间中，通过地面材质、高差以及绿化分隔带的处理，使之不相互干扰。自行车租赁点、还放点结合公交站场等人流集中点布置。

（6）地下空间利用规划

本次规划通过开发利用园林路沿线地下空间，提高土地利用效率，扩大城市空间容量，改善园林路与周边道路交通通达性，增强交通安全。

图22-6　局部效果图

规划范围内的地下空间功能主要作为商业功能和停车功能，主要的地下空间有人信汇地下空间及人行过街地道、便河广场地下空间和便河底部地下空间、时尚豪庭地下空间、位于江津中路路口的两块规划用地的地下空间及人行过街地道、位于徐桥路北侧的商业中心的地下空间和人行过街地道。

（7）水系连通

从长江生态补水规划有三条线路，分别为西线、中线、东线。本次规划范围内的线路是中线。

①引水水源地：长江。

②引水量：2万立方米／日。

③引水线路：长江—江津湖—张李家渊—西干渠—豉湖渠。

中线不补水线路主要目的是向江津湖引入水质优良的长江水，使湖泊水体流动，形成良好的生态循环。

补水管道沿便河西路人行道敷设，通过现有雨水砖沟穿越北京路进入江津湖，为尽量减少对雨水砖沟过水断面的影响，管径确定为DN400，管长1100 m。为使引入的水顺利排出，同时对张李家渊补水，规划将在园林路西侧预留的20 m绿化带内开挖渠道，渠道上开口8～10 m，设计过流量5～10 m³／s，连通江津湖、张李家渊、西干渠，形成顺畅的水流通道。

④主要工程量：长江引水泵站（900 m³／h）；长江至江津湖引水管约1100 m；江津湖至西干渠连通渠约1400 m；改造桥梁1座（张李家渊桥）；过路箱涵6个。

（8）开放空间规划

城市开放空间是人们组织生活的主要通道和空间，也是多层面、多视角展现城市文化特色风貌的重要场所。园林路沿线的水体、广场、公园、绿地与慢行系统，各部分相互联系，相互贯通，共同组成园林路沿线的开放空间系统，形成"一楔、四带、四园、三广场"的格局。

一楔：园林路绿楔。

四带：荆江大堤防护绿带、长港路绿带、西干渠防护绿带、沪汉蓉快速铁路防护绿带。

四园：滨江公园、中山公园、张李家渊公园、体育公园。

三广场：沙隆达广场、沙北新区市政广场、沙北新区市民广场。

（9）建设引导

①开发强度规划。

综合考虑原有控制性详细规划指标、沿线节点处的空间需求和土地使用的经济效益、环境效益，将园林路沿线用地分为八个层次。

容积率大于6.0：沙隆达广场北端临北京路的地块，考虑到拆迁还建的需要和城市形态塑造的要求，容积率定为大于6.0。

容积率5.0～6.0：沿线节点处的建筑，考虑到塑造城市形态的需要，需群体打造地标建筑。规划将沙隆达广场南端的两宗地定为城市地标，将公园路南侧的地块、原民政局地块和临西干渠地块定为建筑景观节点，容积率控制在5.0～6.0。

容积率3.5～5.0：根据用地功能和塑造城市形态需求，将荆沙大道与园林路交叉口处的地块、沙北新区商业中心地块容积率规划为3.5～5.0。

容积率：2.5～3.5：综合考虑城市更新的需求和街景营造的需要，将临湖前排的居住用地容积率定为0.8～1.8，将后排的居住用地容积率定为2.5～3.5。

②建筑高度控制。

通过控制建筑高度，塑造一种城市竖向空间上或高耸、或舒缓、错落有致的城市空间形象，充分体现该地区特色，注重将人工与自然均衡、协调起来构成有显著地区特征及整体感的优美天际轮廓线。城市建设竖向形态为七个层面进行组织，按建筑高度进行建筑分类。

③界面控制。

界面对于整个城市而言是城市印象的体现之处。基于园林路沿线绿地和水体众多，有必要对两侧建筑物实施连续度和贴线度两个方面的界面控制。

连续度是指公共空间沿线建筑物连续（即不间断的）的程度。连续界面要求建筑物（通常是裙房部分）作为公共空间界面，至少80%是连续的。

贴线度是指公共空间沿线建筑物的外墙落在指定界线上的程度，即临路建筑物的连续及底层建筑物的退让程度，是建筑物的长度和临街红线长度的比值，比值越高，沿街面看上去越整齐。

（10）色彩引导

①多元色调控制区。

适用范围：商业街区、休闲商业街等。本次将城市商业中心沙隆达广场周边的区域设置为多元色调控制区。

鼓励多元化的色彩搭配以提供富有活力的商业体验，建议直接采用红、黄等亮色外墙，活跃商业气氛；不鼓励建筑物整体色调为厚重的冷灰色调。

②暖色调控制区。

适用范围：居住区等。本次规划将沿线的居住区设置为暖色调控制区。

居住区建筑规划主导色以中、高明度、低彩度的暖灰色为主，主导色在立面总面积中的比例不低于75%。

鼓励适用暖色系，如砖红色、橙黄色等，以创造亲切、温馨的居住环境；不鼓励使用冷色系，如蓝色、绿色、暗灰色。

③冷灰色调控制区。

适用范围：行政办公、商务办公区等。本次规划将沙北新区商务中心设置为冷灰色调控制区。

鼓励外墙使用玻璃、石料和水泥等材料，推荐使用中性色如浅灰色、淡黄色、暖白色等，创造现代、简洁的商务环境。建筑外墙使用的玻璃材料的放射率应该在20%以下（可以使用局部反光，不允许使用高度反光的玻璃）。

不鼓励使用橙色、金色等显眼的建筑材料以及黑色、深红色等深颜色石料。

④前景建筑色调区。

适用范围：具有视觉冲击力的标志性区域，如图书馆、档案馆、青少年馆、体育馆、城市地标、建筑景观节点区域等。

对行政办公、文体类公共建筑色彩可采用白色、灰白色、米色等色彩，对标志性区域建筑建议采用独特的建筑材质及色彩来形成有视觉冲击力的建筑。

（11）夜景照明

①夜景照度分区（图22-7）。

本次规划范围内地块的夜景照明度可分为高、中、低三个区域控制。

高照度区：指沙隆达广场、园林路与江津路交叉口处和行政中心片区。本区内包括地标建筑（沙隆达门户节点地标建筑、北京路与公园路交会处地标建筑、园林路与江津路交叉口处和行政中心大楼）、主要公共活动空间和景观水体，应采取高照度和暖色照明，使之成为夜间的标志性地段。

中照度区：包括沙隆达广场周边的商务、商业等公共设施区和徐桥路以北的办公商业区，展示城市夜间形象。

低照度区：主要针对居住区，应避免过高照度造成的干扰。

②夜景照明方式。

泛光照明：用于行政中心办公楼、徐桥路以北的商业办公区、公共建筑、沙隆达广场两侧的高层建筑的裙房，以及广场绿地和公园。

轮廓照明：用于沙隆达广场两侧的高层建筑部分以及景观水面的滨水岸线。

内透光照明：用于超高层的地标性建筑和沙隆达广场和中山公园的休闲设施。

道路照明：居住地块周边以道路照明为主，保证

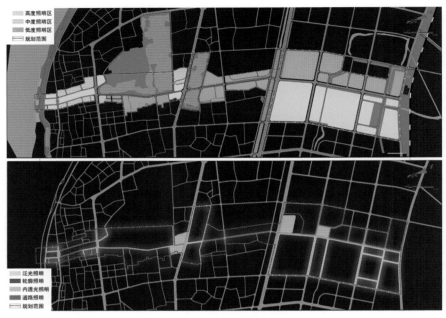

图 22-7　照明系统引导图

所需的基本照度。

③亮灯形式。

园林路沿线的亮灯形式可分为平时、节假日、重大节日三种亮灯形式，老式的统开统亮灯方式不予采用。平时重休闲，只点亮路灯和部分景观灯；节假日加开装饰灯景，小添情趣；重大节日及活动，则众灯齐亮。如此一来，夜景在视觉上会显得更有观赏层次。

④亮灯重点。

园林路亮化工程以两侧高层建筑立面、顶部和两侧建筑物店招、广告牌以及公共绿地等设施亮化为重点，着力烘托建筑轮廓，亮化城市夜景。

⑤建筑亮化措施。

根据建筑物的层数采取如下不同的亮化措施。

a. 高层建筑以突出顶部为主，重点凸显建筑四个立面。主楼墙体采用泛光照明，顶部采用 LED 点、线、泛光的照明方式，再现建筑顶部的造型特征及韵律美，幕墙结构的特色建筑以内透光为主。

b. 沿街多层建筑重点对商业设施和顶层广告进行亮化，其他侧面略作修饰。

c. 沿街门面店招要求设置整齐规范，白天效果与夜间亮化兼顾，采用外打灯、内透灯、勾边等形式进行亮化，没有安装亮化设施的灯箱广告将一律不予批准设置。

d. 住宅重点对楼梯顶部进行勾勒，立面可采用轮廓照明，如 LED 灯、T5 冷阴极管灯，为了避免干扰居民的正常生活，立面不采用投光灯。

根据建筑物功能采取如下不同的亮化措施。

a. 针对市属行政办公单位，如行政中心等，在主体建筑上宜使用白色光照明，必要时也只能局部使用小面积的蓝色光，而且蓝色光的彩度不宜过大，力求表达出庄严、肃穆、沉稳的建筑氛围。

b. 针对商业类建筑比较集中的地段，如沙隆达广场、北京路多用高亮度、多色彩、多变换的泛光灯、霓虹灯、广告照明、橱窗照明、建筑外饰照明、店招照明等多形式的照明方式，并可在一定范围内密集的设置亮化广告，突显商业街的景观照明应突出其商业性和文化品位，以烘托其夜间的商业气氛。

c. 针对金融类建筑，如沙市饭店、涉外宾馆、银行等，灯光颜色以白色、蓝色为主，辅以部分橙黄色，辅色仅在裙楼和顶部 LOGO 处使用，凸显沉稳又不失富贵、大气的建筑氛围。

⑥绿化亮化措施。

行道树可选择树形美观的树种，绿地的灯光处理要以静为主，有选择地局部照亮，使空间有明有暗，植物色彩通过灯光重新渲染，可使原来统一的绿色变得五彩斑斓、如梦如幻，形成丰富的视觉效果，使树木更显得生机盎然，渲染出"火树银花"的热闹气氛。

⑦水体亮化措施。

蓝色光带作为水体亮化的主色调，勾勒水体轮廓，体现出浓烈的水乡特色。滨水的绿地、树木通过地埋灯或投光灯对其进行局部照亮，既起到很好的衬托作用，又丰富了景观层次；光源以暖黄色为主色调，既凸显历史感又不缺乏市民的亲切感。

22.2　分区设计指引与城市设计导则

22.2.1　分区设计指引（图22-8）

（1）城市门户区段（荆江—北京路）

结合荆江大堤上的拖船埠旧址和城市广场强化城市的历史文化底蕴，通过涉外旅游码头广场的建设及沙隆达南段两块空地的开发引导，将该区域建设成为城市标志性的门户区域。

（2）城市旅游区段（北京路—滨湖路）

通过环中山公园、张李家渊公园慢性系统的建设，游憩功能的增加和周边用地功能的整合，公共艺术品和标识系统的设置，将该区域打造成为荆州市的优秀旅游景点。其中，功能整合主要是指以中山公园和张李家渊公园、西干渠为依托，在现有功能的基础上，全面整合环湖片区用地，加强商业、休闲功能，将园

林路及与之相交的碧波路、文化宫路、园林东路、滨湖路、西干渠商业风情街等街巷打造成多个特色功能板块，形成中心城区面积最大、功能最全的旅游及市民休闲区。

（3）城市生态居住区段（滨湖路—荆沙大道）

连通工程建设，改善沿线居住生态环境；在园林路绿楔中增加游憩空间，提升绿地品质，营造良好的生态景观；建设西干渠带状公园，改善临渠居住环境。通过一系列的措施，将本区段打造为荆州市具有代表意义的生态居区段，提升城市环境品质。

（4）沙北新区综合区段（荆沙大道—翠环路）

规划对该区段的定位是城市的心脏，集行政、文化、体育、商务、居住为一体的城市中心，又结合市民广场、体育公园处的大面积开敞空间形成独具特色的城市中心形象。

22.2.2　城市设计导则

（1）开发控制的目的

通过制定开发控制图则贯彻城市设计在土地使用、交通组织、公共设施、公共绿地和空间意向、景观设计、开敞空间等方面的原则和措施，具体化为各个地块的开发控制的法定要求。开发地块的控制，包括用地性质、开发容量、基地布置、设施配置、建筑形态等。为实现对以上目标的控制，本规划确定了相应的地块设计导则开发控制要素，以具体的地块设计导则完成控制目的、目标，实现城市设计的构想，创

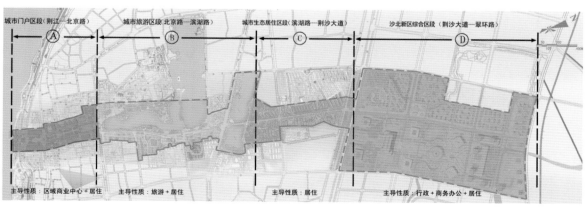

图22-8　区段功能分析图

造舒适宜人的城市景观与环境。

（2）开发控制的内容

为了更有效地引导城市天际轮廓线，本规划控制两个方面：最高高度和绝对必要高度。最高高度为该地块可以开发建设的极限高度；绝对必要高度是为实现一定的空间景观效果所必须达到的建筑高度。具体开发活动可以在最高高度和绝对必要高度之间进行。

建筑形式：在鼓励建筑形式的个性化的同时，强调建筑之间以及建筑与环境之间形式的协调与对话。利用连续的景观界面和细致的建筑细部处理，来增强城市肌理和地面空间利用。建筑风格应加强对荆州市传统建筑元素的发掘，结合现代先进的设计理念及建筑材料技术，使建筑与园林路沿线的地域环境相协调，严格控制具有强烈异域风格的建筑侵入。

建筑物的整体尺度应按照高度控制要求执行，各个地块的建筑高度应保证群体空间形态的协调关系。同时应考虑朝向、日照间距、景观视野等方面的因素，以及与开敞空间的关系。

建筑设计应注意把握建筑近人尺度部分的设计，通过饰面材料运用及建筑细部的处理手段，保证人们有亲切的空间感受。有效地利用建筑底层退让所形成的地面开放空间。沿生活性道路的底层可以保留商业用途，但在交通组织中，应把车流入口和人流入口分开。

屋顶作为建筑的第五立面，是重要的空间景观要素，应格外关注，同时可以结合使用功能进行合理开发利用。建议加强屋面的生态绿化，尤其是面积较大的裙房，保温降耗、储蓄雨水，改善环境，并考虑今后开发利用太阳能的可能。屋顶的形状可以采用局部坡顶或平顶退台的形式。

色彩和材料：对墙面色彩和材料的引导是提出建议性控制要求。墙体材料以石料、面砖或涂料为主，限制具有大面积反光效果的材料的运用，鼓励使用新技术与新材料。以浅色作为建筑的基本色调，局部可以采用色彩对比来突出建筑物的细部。

（3）地块设计导则

①地块01、02设计导则（图22-9）。

a. 空间要求。

地块位于沙隆达广场南端，南邻沿江大道，越过堤道后为旅游码头，是游客通过长江进入城市的重要地段，具有城市地标价值，考虑到地块的规模，布局宜采取裙楼+高层建筑的布局方式。地块内建筑应形成错落有致的空间组合关系，临广场一侧布置裙楼，且不宜低于4层，以形成和谐的街道空间和步行界面。合理组织交通，避免对行人和城市交通产生干扰。

b. 建筑要求。

考虑其门户节点和公共建筑的特殊性，建筑造型力求新颖别致，用材对比鲜明，层次丰富，力求传承荆州热情、奔放的城市个性。建筑主楼鼓励使用透明浅色玻璃、彩色涂料，局部使用金属和玻璃幕墙，不得使用面砖外墙饰面，建筑裙楼鼓励使用石材，局部采用金属材料。不得大面积使用反射玻璃幕墙和反光金属材料。建议加强屋面的生态绿化，尤其是面积较大的裙房。

c. 环境设计。

以绿化和铺地为主，铺地应采用防滑地砖，绿化应注意与沙隆达广场植物配置风格整体统一。

d. 色彩要求。

建筑主楼应追求清新明快的视觉感受，建议采用浅灰色系，不宜大面积采用高彩度色彩；裙楼部分外饰面以冷灰色石材为主，并应保持自然的色彩，玻璃和金属的颜色宜选用柔和中性的色调；通过局部少量运用对比色来突出建筑的主要构件。

②地块03设计导则。

a. 空间要求。

规划为商业金融用地，兼容居住功能。建筑限高

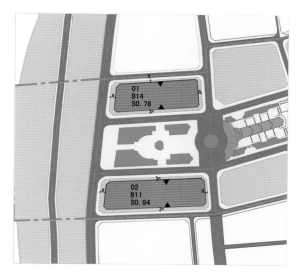

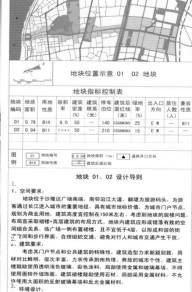

地块位置示意 01 02 地块

地块指标控制表

地块编码	地块面积	用地性质	容积率	建筑密度(%)	建筑限高(米)	停车泊位	建筑后退红线(米)	绿化率(%)	出入口方向	居住人数(人)	兼容性质
01	0.78	B14	6.0	50	—	140	ESS8W5N3	25	E W	—	B11
02	0.94	B11	4	50	—	210	ESS8W5N3	15	E W	—	—

图例 01 地块编号 0 9 4 地块面积 道路开口方向
B14 用地性质 建筑后退红线

地块 01、02 设计导则

图 22-9 地块 01、02 设计导则

100 m，裙楼部分宜为 4～6 层。沿北京路宜布置商业裙楼并以绿化衬托，形成和谐的街道空间和步行、车行界面。严格保持与沙隆达广场的退让距离。合理组织车行及人行交通。

b. 建筑要求。

高层居住建筑应满足日照、通风及视觉卫生等住宅合计要求，外墙以彩色涂料为主；商业裙楼鼓励使用石材和面砖，局部采用金属材料。建筑应具有标志性且与沙隆达广场相协调。

c. 环境设计。

环境景观设计需与沙隆达广场相呼应，植物配置应注意季相变化，使之季季有景。

d. 色彩要求。

建筑色彩宜雅致；裙楼部分可使用亮丽的辅助色以突出商业氛围。

e. 夜景照明。

建议对商业裙楼采取泛光照明，重点勾勒主楼建筑顶部及主要立面线条，并强调建筑整体色光和谐。此外，夜景照明应避免对建筑内居民的生活产生干扰。

22.3 城市设计创新与特色

22.3.1 利用历史资料，准确实现项目定位

规划利用 1949 年以来的各版总体规划资料，分析城市形态演变，并结合城市发展需求和现状景观资源的分析，准确实现项目定位。

22.3.2 特色街区打造，丰富城市旅游内涵

以中山公园、张李家渊公园、西干渠带状公园为依托，强化原有用地功能，突出商业休闲、娱乐特色，打造碧波路"酒吧街"、园林路"书吧街"、西干渠"商业风情街"等特色休闲街区，满足城市居民休闲需求，丰富城市旅游内涵。

22.3.3 水系连通，营造城市生态景观

通过水系连通工程建设，引长江水入江津湖、张李家渊、西干渠等内河，增强湖网水体自净能力，改善水质，恢复城市水生态，并通过水系两侧的绿化建设，蓝绿交织，共同营造城市生态景观。

22.3.4 绿道建设，构建沿线整体休闲空间

以园林路沿线带状绿地为载体，建设慢性交通通

道，加强绿地与城市商业中心、生活社区之间的交通联系，串联滨江绿地、城市广场、城市公园、体育中心等多种休闲场所，构建沿线整体休闲空间。

22.3.5 以项目落实目标，探索地方规划实施新机制

以省运会召开为契机，以项目为平台，将城市设计成果分解成若干重点建设项目，并在市政府的统筹安排下落实相关责任主体，确定时间节点，保障规划有序实施，为荆州市大型项目的实施机制作出了有效

的探索。

22.3.6 地块设计导则管控，实现城市规划精细化管理

以地块设计导则落实整体设计意图，通过建筑高度、立面、色彩、材质，地块环境设计、空间要求等控制要素，对园林路沿线城市空间形态进行引导，助推地方规划管理由平面二维向立体三维精细化管理升级。

项目委托单位: 荆州市城乡规划局

项目编制单位: 荆州市城市规划设计研究院

项目负责人: 康自强

项 目 指 导: 秦军

项目主创人员: 李 扬、黄文武、李小军、陈洪飞、薛辉、竺宏飞、邓灿、熊巍、谭金花、张玮然、陈波

23 襄阳市内环沿线城市设计

23.1 城市设计的主要内容

23.1.1 项目区位、研究范围及重点

（1）项目区位

襄阳市内环线道路全长50.4 km，它是主城区"两环九放射"快速交通系统的重要组成部分，由邓城大道及东、西、南内环组成，环线呈"矩形"状分布于城市中心区域，其间两跨汉江，一跨唐白河，连接城市四个组团（图23-1）。

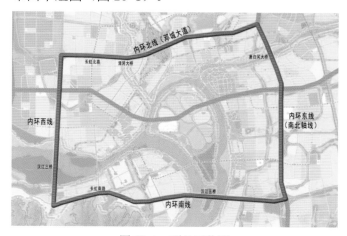

图23-1 项目区位图

（2）研究范围及重点

襄阳市内环沿线城市设计以内环线1～2个街区作为研究范围，规划面积约50.4 km²，主要以景观、绿化、亮化、交通四个方面为重点来控制及引导沿线整治建设工程。

23.1.2 规划背景与现状概况

（1）规划背景

为拓展城市空间，提升城市功能，完善交通体系，加快"两个中心，四个襄阳"建设，襄阳市委、市政府适时启动了内环沿线综合整治工作。

（2）现状概况

①内环线现状建设情况。

襄阳市内环线樊城段、襄州段、襄城西段已基本建成，襄城东段及东津段正在建设（图23-2）。

②沿线城市建设情况。

a. 沿线土地利用效率偏低，土地价值有待进一步提升。

b. 绿化系统性不强，植被无整体景观效果。

c. 沿线亮化体系不完善，亮化重点不突出。

d. 交通组织混杂，人行过街通道较少，路权分配有待进一步优化。

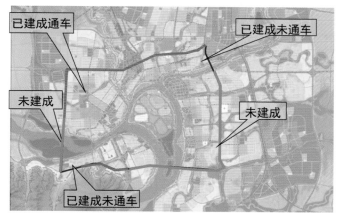

图23-2 内环线现状建设情况

23.1.3 功能定位、规划目标与技术路线

（1）功能定位

内环线规划定位为城市主骨架、生态景观廊、经济发展带、生态景观廊（图23-3）。

（2）规划目标

①培育区域中心城市功能，打造引领都市襄阳城市建设的新标杆。

②发掘城市魅力，营建亮丽景观，打造襄阳经济

图23-3 功能定位图

文化之缩影。

③建设快速、高效、便捷、有序的城市快速交通系统。

④合理配置土地资源，科学运营城市发展。

⑤建设一条自然与人文融合、速度与休闲共存、带动城市品质升级、助推襄阳市腾飞的新跑道和利民便行的城市交通主骨架。

（3）技术路线

技术路线如图23-4所示。

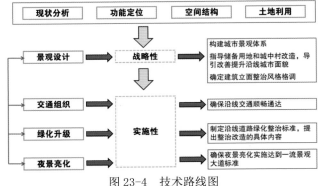

图23-4 技术路线图

23.1.4 实施策略与实施措施

（1）实施策略

①以城市设计构建景观体系。

②以土地开发提升城市功能。

③以交通梳理合理分配路权。

④以部门协作推进整治工程。

（2）实施措施

"建"：加快道路沿线"双改"项目及土地开发项目的建设。

"拆"：拆除压占道路红线的建筑，沿线临街的违章建筑、临时建筑以及实体围墙，沿线影响城市景观的低矮破旧建筑。

"增"：增补完善沿线基础设施，增设人行过街通道，便捷市民生活。

"绿"：加强城市绿地系统建设，根据不同路段提出不同的绿化策略，对沿线现状绿地加密加厚、补充完善，丰富绿化层次，提升绿化品位。

"亮"：注重沿线城市夜景亮化设计，对重要节点、重要建筑进行重点亮化，使内环线成为城市夜晚的可识别空间。

23.1.5 城市设计主要内容

（1）景观设计

景观设计以"注重产业业态研究，布局中心城市功能"为核心理念。

通过业态研究发现，内环沿线现有商业业态不能支撑襄阳作为区域现代化中心城市、省域副中心城市的职能定位，城市传统商业环境面临向现代商业商务环境转型升级的切实内生式需求（图23-5）。

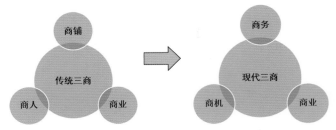

图23-5 业态模式转变方向

（2）设计手法

设计手法包括对称与平衡、重复与变化、节奏与韵律、对比与变化、调和与统一等。

（3）规划结构

①中心城区结构：一心四城（图23-6）。

②内划线规划结构：一环、四段、多节点（图23-7）。

图23-6 中心城区结构图

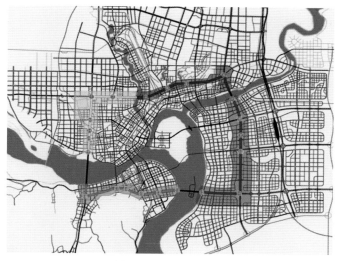

图 23-7　规划结构图

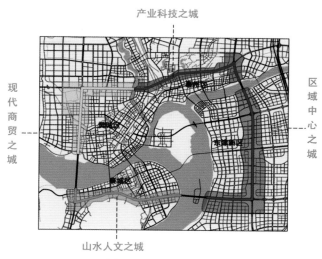

图 23-8　功能结构图

一环：快速环、功能环、生态环。

四段（城）：根据城市空间结构以及各个城市组团的职能分工，结合自然地理分隔，规划突出四城之功能特色，具体如下（图 23-8）。

a. 襄城——山水人文之城。

b. 樊城——现代商贸之城。

c. 襄州——产业科技之城。

d. 东津——区域中心之城。

多节点：分为五大类节点，包括旅游观光节点、商业购物节点、文化活动节点、市民休闲节点和交通枢纽节点，共 22 个主要节点（图 23-9）。

（4）构建整体城市意向

①突出功能。

襄城：文化娱乐、旅游休闲功能。

樊城：商务办公、高档酒店、高端商业购物、生活体验式购物、时尚休闲娱乐功能。

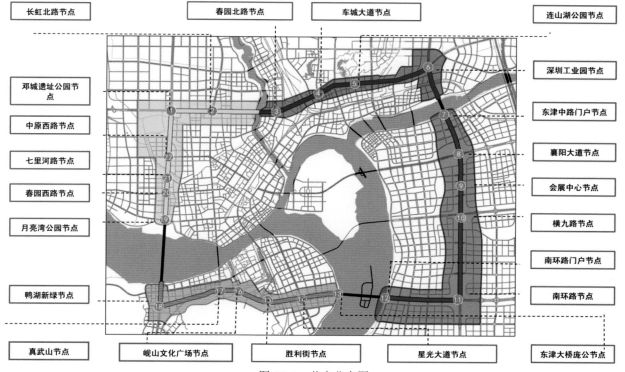

图 23-9　节点分布图

襄州：先进制造业基地、生产型服务中心。

东津：区域中心城市的公共服务功能和生产性服务业、创意产业等新型产业承载地。

②塑造节奏。

全线规划塑造4段交织变换的节奏区间，22处节奏高潮点，平均每2～3分钟即可经历一处高潮点，展示城市空间变化特点。

③强化标志。

襄城重在"显山、露水、观城"，重点展示岘山文化广场、襄阳古城以及规划中的襄阳第一街等地标性建筑。樊城、襄州、东津等区域，规划在沿线重要节点位置形成多处高层、超高层标志景观建筑群，形成制高点，丰富区域天际线，以强化标志与识别感（图23-10）。

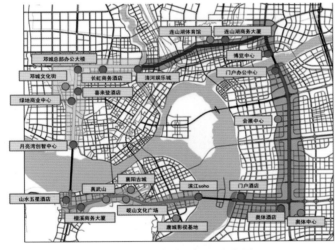

图23-10 沿线重要标识分布图

④构建景观。

以环线为景观主轴，全线分四段展示丰富的城市风貌。沿线布局7处城市大型公园绿地，设置21个次级景观节点，在汉江、小清河、唐白河、大李沟沿岸设置滨水景观带，打造大型绿化开敞空间和景观节点相结合的立体景观层次（图23-11）。

⑤交通出行需求。

内环线全线共设置8处大型休闲活动场所，平均6 km一处，可供居民与游客游览。

西内环规划地下通道6座，观光电梯2座；邓城

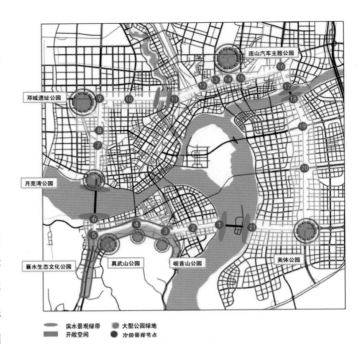

| ▬▬ 滨水景观绿带 | ◯ 大型公园绿地 |
| ▬▬ 开敞空间 | ● 次级景观节点 |

图23-11 景观结构图

大道规划人行天桥2座；南内环规划地下通道7处，既解决了人行过街问题，又不会对南侧山体形成视线阻隔。

规划道路沿线人车互不干扰，极大地提高了行人过街的安全性。

规划形成18处城市特色中心，丰富各路段的公共服务功能。

⑥丰富轮廓。

内环沿线建筑布局平面前后错落，建筑高度高低错落，形成错落有致的城市轮廓线，打造亮丽城市风景。

（5）绿化设计

①设计愿景。

规划在调查研究基础上，借鉴国内优秀城市案例经验，提出以下绿化设计愿景。

宏观层面：把森林引入城市，让市民亲近自然。

微观层面："车在林中行，人在树中游"。

②规划目标。

把内环沿线绿带打造为自然与人文交融、彰显城市内涵、装点城市气质的"绿色项链"。

③设计原则。

自然：以本土植物为主，保证植物易植、易生。

生态：塑造优美景观的同时，构建城市生态通道。

可持续：设计要近远期相结合，既要保证近期迅速成景，又要保证远期保持较好形态。

文化：根据不同片区文化内涵采取不同的配景手法，体现不同的文化特色。

人性化：道路景观设计充分考虑人的行为规律和需求。

④设计构思。

用美学思想指导景观设计，用植物学原理统筹绿化建设。道路绿地中各种园林植物，因树形、色彩、香味、季相等不同，在功能、景观上也有不同的效果。根据道路景观、功能的要求以及植物的季相变化，进行合理搭配，形成"全年长青，四季有景"的景象。

⑤规划结构。

规划构建"一环、四段、七园、多节点"的点线面结合的绿化系统。

一环：内环绿化环。

四段：山水人文襄城段、现代商贸樊城段、产业科技襄州段、区域中心东津段（图23-12）。

七园：襄水生态文化公园（图23-13）、岘山文化广场、真武山广场、月亮湾公园、邓城遗址公园、连山湖汽车主题公园、奥体公园。

多节点：在重要道路的交叉口形成多个景观节点（图23-14）。以环线为链，以节点为珠，把内环沿线绿带打造为自然与人文交融、彰显城市内涵、装点城市气质的"绿色项链"。

⑥绿化提升措施。

提高城市道路绿带植物种类的多样性，构建合理的植物群落。拆除压占道路红线建筑，加密、加厚两侧绿化，将森林引入城市。完善道路绿化的建设规划，创造稳定的生态植物群落景观。合理配置植物，丰富

四段：**山水人文襄城段** **现代商贸樊城段** **产业科技襄州段** **区域中心东津段**

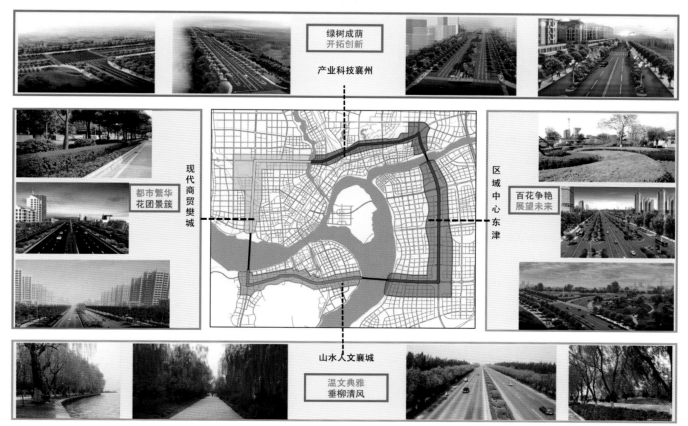

图 23-12 四段景观风貌示意图

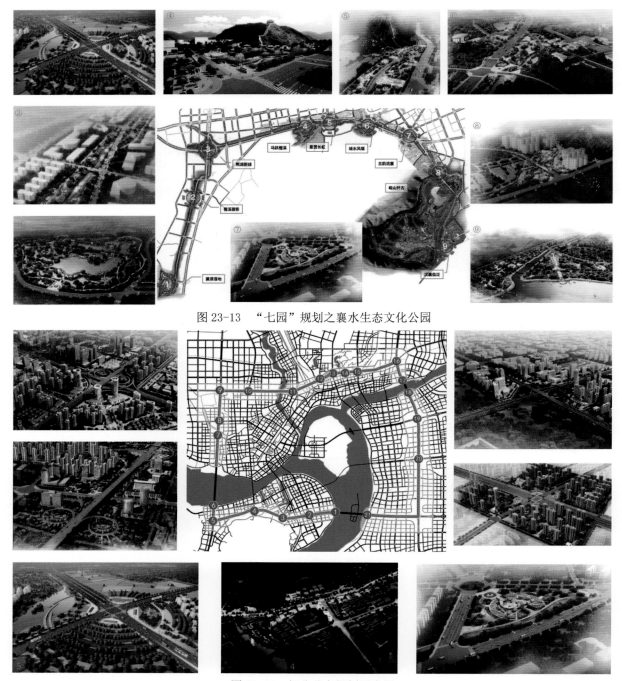

图 23-13 "七园"规划之襄水生态文化公园

图 23-14 部分节点规划示意图

景观效果，重视管理养护。

（6）亮化设计

①夜景亮化介绍。

城市夜景形象空间结构由点、线、面组成，点即景点；线是活动路径，主要是道路；面即各类城市功能区。

夜景规划的目标就是通过点、线、面的照明组织，建立完整、明晰的空间结构。

夜景亮化控制分区及规划结构如图 23-15 及图 23-16 所示。

②亮化原则。

彰显文化特色原则：通过景观亮化美化城市夜景，塑造城市品牌，强化城市形象，构筑都市特色景观体系，提升城市文化品位，突出浓郁的地域文化和历史

分区	限制等级	照度控制	光色控制	气氛控制	适用范围
一类控制区	鼓励照明	整体高照度区	较丰富，以暖色为主	丰富、繁华、欢乐	商业服务用地、商业办公用地、娱乐用地
二类控制区	鼓励照明	整体高照度区	以冷色为主	高效、简洁	对外交通用地、公共交通用地、体育会展用地
三类控制区	适度照明	整体次高照度区	以中性色为主	稳重、简洁、明快	市政公用设施用地、行政办公、社区用地
四类控制区	限制照明	整体低照度区	以暖色为主	稳重、简洁、明快	文化机构、医疗卫生用地、教育科研用地
五类控制区	限制照明	整体低照度区	以暖色为主	和谐、宁静、亲切	生产防护绿地、居住用地、公共绿地

图 23-15　夜景亮化控制分区图

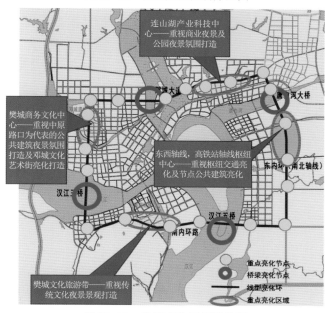

图 23-16　夜景亮化规划结构图

文化。

体现现代风格原则：用现代设计理念和方法，塑造特征鲜明的城市亮化艺术，选择最佳亮化形式，既考虑夜间的亮化效果，同时也要考虑白天的景观效果。

体现整体协调与重点突出原则：城市夜景亮化应在整体风格协调一致的基础上，突出重要景观节点及景观廊道的主题特色。

体现功能性原则：满足城市道路亮化功能的要求和夜间照明要求。

体现节能环保原则：提倡绿色亮化，节约能源、保护环境、安全可靠，尽可能控制光污染；要注重节约资源，精心选用亮化器材，尽量使用高光效的电源、灯具和配套的电器设备，注重安全性，并根据要求设置科学、合理的控制系统，实现即时性、高效率、智能化的城市亮化管理。

③规划目标与策略。

围绕区域现代化中心城市的建设目标，充分展现富有襄阳特色的城市空间轮廓、人文景观、地域标志，以内环沿线路灯亮化为基础，沿线建筑亮化为骨架，地域标志、重要节点、四座桥梁亮化为重点，景点亮化为点缀，灯箱广告为衬托，形成多层次、多样式、风格协调、景色宜人的亮化体系，构建襄阳内环"火树银花不夜天"夜空间景观意象（图 23-17、图 23-18）。

规划目标：打造城市夜景观的标识之环、城市夜经济的活力之带、城市夜文化的魅力之廊。

亮化策略：以道路亮化勾勒骨架、以建筑亮化构建层次、以环境亮化增添意境。

④夜景亮化规划。

规划形成"一环串四珠、四区引廿景"。

"一环"：内环线线型亮化环。

"四珠"：四座亮化桥。

"四区"：四个重点亮化区域。

"廿景"：二十个亮化节点。

⑤夜景照明方式。

泛光照明：主要商业街的标志性建筑物、重要的交通设施、城市广场上重要的构筑物、大型公共设施等。

轮廓照明：一般性的建筑物、桥梁、立体高架、人造景观等。

内透光照明：商务金融、办公区等。

特种照明：街头绿地等。

（7）交通组织

①现状概况。

内环线全长 50.4 km，其中东内环长 12.1 km，西内环长 9.9 km，南内环长 15.2 km，北内环长 13.2 km。现已建成道路总长度 26.1 km，其中北内环（邓城大道）

图 23-17　襄城内环南线夜景效果图

图 23-18　卧龙大桥夜景效果图

已建成通车,西内环(邓城大道至松鹤路)已建成通车,南内环(三桥至胜利街段)已建成(图 23-19)。

②功能定位。

根据《襄阳市城市空间发展战略规划》,东内环、邓城大道、西内环规划为城市快速路,南内环除东津段为快速路,襄城段为准快速路。

③优化措施。

a. 出入口及交叉口型式(图 23-20)。

根据《城市快速路设计规程》,结合沿线用地等条件确定内环线全线 27 对出入口,平均间距 1.9 km。

内环线规划互通立交6座，菱形立交5座，分离式立交25座。根据《城市快速路设计规程》，枢纽节点采用互通式立交，重要节点采用菱形立交，其他节点采用分离式立交或右进右出方式交通组织。

b. 道路断面（以南内环为例）（图23-21）。

南内环（汉江三桥至五桥）为准快速路，全长8.6km，采用地面式快速路（主路加辅路），保持现有横断面宽度不变，将现有6m非机动车道功能改为辅道功能。同时将人行道功能改为人非共板功能，并

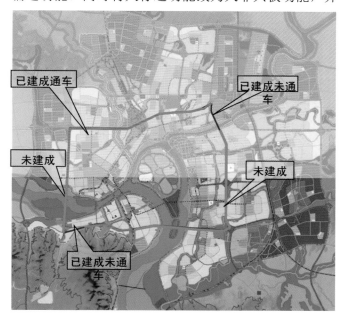

图23-19 道路建设现状

增加机动车道中央护栏。同时结合南内环为城市准快速路、景观大道、山水人文旅游大道的功能定位，在机动车道外侧布置了公交专用车道，并在南内环和南渠之间布置了健体竞速自行车专用道，南侧在南内环和山体之间布置了休闲健身步行专用道。

c. 公交专用道。

内环南路功能定位为城市准快速路、景观大道、山水人文旅游大道。为提倡公交优先理念，在内环南路襄城段设置公交专用道，提升市民出行效率。

d. 人行过街通道。

结合规划两侧用地布局，在人流密集区域设置人行天桥或地下通道（图23-22）。

在城市交通问题上落实以人为本的原则，以绝大多数市民能否方便快捷地出行作为出发点和归宿。

南内环路权分配如图23-23所示。

23.2 城市设计管理与实施

本次城市设计强化用地现状调查，通过规划用地项目化，实现对开发建设的精细化指导，保证规划成果的切实有效。

23.2.1 城市设计的管理

为保证规划设计的顺利实施，内环线建设工程采

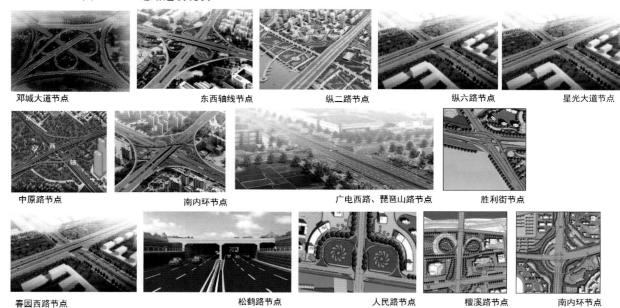

图23-20 出入口及交叉口型式示意图

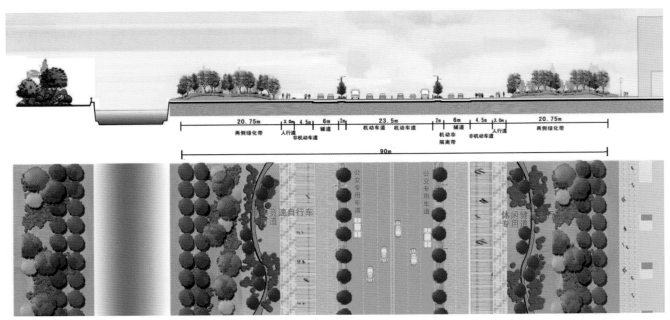

图 23-21 南内环标准横断面（三桥至青龙庙路）

图 23-22 人行天桥样式示意图

◆ 货运　　南内环严禁货运车辆通行，远期内环货运通过中环解决

◆ 客运　　快速路主路双向6~8车道

◆ 公交车　南内环为准快速路，设置公交专用道

◆ 自行车　结合南内环的功能定位，设置自行车专用车道

◆ 步行　　结合南内环的功能定位，设置步行专用道、人行过街通道

图 23-23 南内环路权分配

用政府主导、市场运作、社会参与等多元并举的方式推进实施。成立环线景观专项建设工程指挥部，市直相关部门参与，分解任务，细化分工，明确职责，共同推进。

23.2.2 城市设计的实施

规划批准实施以来，有效指导了沿线各项建设工作。对规划区规划编制、规划管理和建设实施等方面起到了重要的指导作用。主要体现在以下三个方面。

（1）指导了下层次规划编制工作

本次城市设计对城市空间景观体系做了深入分析及研究，沿线很多建设项目在其引导及控制下完成了修建性详细规划及用地规划咨询等规划的编制工作。

（2）成为规划管理和项目审批的重要依据

内环线城市设计规划完成后，将规划控制要求和景观风貌要求录入城市规划管理平台，作为项目管理和规划审批的重要依据，从根本上杜绝了新建区城市风貌杂、乱、差的情况。

（3）推动了内环路沿线顺理开发建设

内环路城市设计规划的编制完成，促进了沿线土地的开发建设，在城市设计的指导下，目前各类景观建设和功能建设项目已陆续启动并顺利完成。

23.3 城市设计创新与特色

23.3.1 强调规划内容的系统性

本次内环线规划路线长，规模大，城市功能地位突出，是一项整体性、系统性的规划。规划从总体上研究了六大城市意向，从远到近、大到小对空间及用地控制作了系统性研究。同时，对于系统工程中的重点及难点，规划提出了相应的实施策略及实施措施。

23.3.2 突出功能布局的前瞻性

规划注重产业业态研究，谋划布局中心城市功能。根据内环线不同区段所承载的城市功能，规划着重对产业业态进行研究，布局适合其功能定位的产业业态，加强规划引导性和前瞻性。通过业态的研究，使规划用地布局更科学，业态分布更合理，商业氛围更浓厚，建筑形态更丰富。

23.3.3 强化交通组织的层次性

规划借鉴新加坡功能区道路组织模式，结合内环线实际，采取中间主车道为快速路，两侧辅道结合用地功能进行出入口设置，保证交通效率的同时兼顾两侧用地开发。层次清晰的交通组织形式满足了不同的出行方式，提高了沿线土地价值，更利于城市的运营管理。

23.3.4 注重要点设计的针对性

针对内环线实际情况，规划对景观、绿化、亮化、交通四大专题进行重点研究，对各项专题的现状梳理、系统构建、结构优化、内容实施等方面作了全面的分析及布局，加强了规划实施重点的操作性与针对性。

23.3.5 体现技术手段的先进性

运用"三维动画"技术作为城市设计的辅助手段，为城市设计提供更为直观的成果表现。规划突破传统图纸的二维和三维的表现手法，更为科学地分析和研究城市空间发展、景观形态塑造、交通组织方式等重要问题，把握城市设计的重点，以视频动画的形式更为直观地展示城市空间景观。

项目委托单位：襄阳市城乡规划管理局

项目编制单位：襄阳市城市规划设计研究院

项 目 审 定：陈建斌

项 目 审 核：刘刚、雷锦洪、廖亚平

项 目 负 责 人：高峰

项目主创人员：刘璀琛、段宇辉、杨叙、洪珂珂、王磊、钟丽、邱郑、王伟、彭坤

附录 A　湖北省城市设计管理办法

（试行）

第一章　总　　则

第一条　为完善城市规划与建设管理，提升城市空间环境品质和城市建设水平，彰显城市风貌和特色，根据《中华人民共和国城乡规划法》《湖北省城乡规划条例》等法律、法规，结合本省实际，制定本办法。

第二条　本办法适用于湖北省行政区域内城市、县人民政府（包括神农架林区）所在地镇的城市设计组织、编制、审批、实施与管控。其他需要开展城市设计工作的，可参照本办法执行。

第三条　省人民政府城乡规划主管部门负责全省的城市设计管理与指导工作。城市、县人民政府城乡规划主管部门负责本行政区域内城市设计的管理工作。

第四条　本办法所指城市设计，是以城镇空间组织与优化为目的，对包括人、自然和社会经济因素在内的城市形态、空间环境和景观风貌所进行的构思与设计。

城市设计是城市规划工作的重要内容，贯穿于城市规划建设管理全过程。进行建筑设计、市政设计、风景园林设计、景观环境设计，新建、改建、扩建各类建筑物、构筑物，应当符合城市设计。

第五条　开展城市设计工作，应当尊重城市发展规律，坚持以人为本，注重历史文化的传承与保护；应当注重设计方案的多样性和特色性，体现城市的地域特征、民族特色和时代风貌；应当注重城市设计实施的可操作性，加强城市设计与规划管理的对接，将管控要求落实到规划实施管理中；应当根据所在城市的经济社会发展水平、资源禀赋，因地制宜，逐步推进。

第六条　鼓励城市、县人民政府城乡规划主管部门建立城市设计专家咨询论证机制。有条件的城市、县可在城市规划委员会下设立城市设计专家委员会，负责城市设计工作的技术指导和城市设计方案的决策咨询。

第七条　城市、县人民政府城乡规划主管部门组织编制城市设计所需的经费应作为城乡规划编制经费纳入本级财政预算。

第二章　编制组织与审批

第八条　本办法所规定的城市设计既包括法定规划中的城市设计内容，也包括单独编制的城市设计。

法定规划中的城市设计包括总体规划阶段城市设计与控制性详细规划阶段城市设计，是在城市总体规划、镇总体规划和控制性详细规划编制的过程中，将城市设计有关内容形成专门章节，作为相应规划成果的组成部分。

单独编制的城市设计包括总体城市设计、区段城市设计以及专项城市设计。总体城市设计是针对城市、镇规划区编制的城市设计，与城市、镇总体规划相对应。区段城市设计是针对城市、镇规划区内局部地区与地段编制的城市设计，与控制性详细规划相对应。专项城市设计是针对城市整体风貌、夜景照明、天际线、开敞空间系统、城市色彩、立体空间形态、公共环境艺术等特定要素、空间和问题编制的城市设计。

第九条 编制城市总体规划、镇总体规划，应当设立城市设计专门章节，并作为总体规划成果的重要组成部分一并上报审批。如有必要，城市、县人民政府城乡规划主管部门可组织单独编制总体城市设计，报城市、县人民政府审批。

已编制城市规划、镇规划的，城市、县人民政府城乡规划主管部门应当依据城市规划、镇规划编制城市设计，落实总体规划的有关要求，不得违反总体规划的强制性内容。

第十条 总体规划或总体城市设计中应当划定城市设计的重点地区，包括历史文化街区的建设控制地带、重要的更新改造地区，以及城市中心地区、交通枢纽地区、重要街道和滨水地区等能够集中体现和塑造城市文化、风貌特色，具有特殊价值、特定意图的地区。

第十一条 城市、县人民政府城乡规划主管部门应当组织编制重点地区的区段城市设计，报城市、县人民政府审批。

编制重点地区的区段城市设计应当依据城市、镇总体规划，并与总体城市设计相衔接。重点地区的区段城市设计经过审批后，应作为该地区控制性详细规划修编的依据之一。

如有必要，重点地区的区段城市设计可与控制性详细规划修编同步进行。同步编制时，其成果应与控制性详细规划同步审查，一并报批。

第十二条 重点地区以外区域编制控制性详细规划时，应当明确景观风貌、公共空间和建筑布局等方面的城市设计要求。如有必要，可在规划成果中设立城市设计专门章节。

第十三条 总体规划阶段城市设计以及总体城市设计，其主要内容包括：确定城市风貌特色，优化城市形态格局，明确城市公共空间体系，建立城市景观框架，划定城市设计的重点地区。

重点地区的区段城市设计主要内容包括：塑造景观特色，明确空间结构，组织公共空间，协调市政工程，建筑群体与建筑风貌控制引导。

第十四条 城市设计成果报送审批前，组织编制机关应采取座谈、论证、网络等多种形式及渠道，广泛征求专家和公众的意见，并依法对草案进行公示，公示时间不少于 30 日。

城市设计经批准后，城市、县人民政府城乡规划主管部门应当自批准之日起 20 个工作日内，通过政府信息网站以及当地主要新闻媒体予以公布。

第十五条 城市、县人民政府城乡规划主管部门组织编制城市设计，应按照公平、公正、公开的原则，择优确定具有相应资质等级的单位承担编制工作。

总体城市设计的编制单位应具备与该地总体规划相同的城乡规划编制资质。重点地区区段城市设计的编制单位应具备乙级以上（含乙级）城乡规划编制资质。

第三章 实施与管控

第十六条 城市设计成果经过审批后，应作为城市规划管理的依据之一，指导修建性详细规划以及建筑、景观、市政工程方案设计。

第十七条 城市、县人民政府城乡规划主管部门应加强城市设计的实施管控。在城市、镇规划区内大型公共建筑项目，以及以出让方式提供国有土地使用权的，城市设计要求应当纳入地块出让的规划条件。城市、县人民政府城乡规划主管部门进行建筑设计方案审查和规划条件核实时，应当审核城市设计要求的落实情况。

第十八条 城市、县人民政府城乡规划主管部门应当建立城市设计编制单位、编制成果的档案管理制度。鼓励利用三维仿真技术、BIM等新技术开展城市设计工作，有条件的城市可建立城市设计管理辅助决策系统，并将城市设计成果纳入城市规划数字化管理信息平台，保障城市设计的实施。

第十九条 省级城乡规划主管部门应定期对城市、县城市设计工作和风貌管理情况进行检查。开展城乡规划监督检查时，应加强监督检查城市设计工作情况。

第二十条 城市、县人民政府城乡规划主管部门开展规划实施评估时，应当同时评估城市设计实施情况。

第四章 附 则

第二十一条 本办法所称城市，包括按照行政建制设立的设区的市（州）和县级市。

第二十二条 规模较大、编制分区规划的城市，可根据需要编制分区规划阶段城市设计，参照本办法总体规划阶段城市设计的有关规定执行。

第二十三条 各市（州）、县可以依据本办法，结合当地实际制定细化管理规定。

第二十四条 湖北省城市设计的技术要求由湖北省城乡规划主管部门另行制定。

第二十五条 本办法自印发之日起试行。

第二十六条 本办法由湖北省住房和城乡建设厅负责解释。

附录 B　湖北省城市设计技术指引

（试行）

目　　录

1 总 则

1.0.1 编制目的

为提高我省城市设计成果质量，规范城市设计编制技术要求，依据《中华人民共和国城乡规划法》《湖北省城乡规划条例》《湖北省城市设计管理办法（试行）》，结合我省实际，制定《湖北省城市设计技术指引（试行）》（以下简称本指引）。

1.0.2 适用范围

本指引适用于湖北省设市城市和县人民政府（包括神农架林区）所在地建制镇开展的城市设计工作。其他镇可参照执行。

1.0.3 指导思想

城市设计应当尊重城市发展规律，按照传承历史文化、保护自然环境、管控城市风貌、提升建设品质的总体要求，以城市设计管控为重点，努力塑造具有地域特征、民族特色和时代风貌的城镇，突出"荆楚派"的建筑特色和风貌。

1.0.4 基本原则

城市设计应遵循"以人为本、传承创新、因地制宜、可操作性"的基本原则。

①以人为本。从使用者角度，关注其对城市空间的基本认知和审美期望，满足其体验和使用需求，维护公共利益，促进公共资源利用效率的提高，营造高质量的人居环境。

②传承创新。充分考虑城市发展演变和历史文化积淀等，妥善处理保护与发展、传统与现代的关系，努力实现城市的空间立体性、平面协调性、风貌整体性和文脉延续性，彰显城市的文化特色。

③因地制宜。综合考虑城市设计主体范围及其周边的自然条件和建设现状，体现与环境和谐的城市个性；根据城市规模、人群需求、历史文化风貌特点等，灵活采用合适的城市设计层次、类型和表达方式。

④可操作性。协调近期与远期、局部与整体的关系，注重规划可操作性。

2 城市设计体系和主要内容

2.1 城市设计体系和类型

2.1.1 城市设计分类

城市设计分为总体城市设计、区段城市设计、地块城市设计和专项城市设计。

2.1.2 总体城市设计

总体城市设计是针对城市、镇规划建设区及关联区域整体编制的城市设计，与城市、镇总体规划相对应。

2.1.3 区段城市设计

区段城市设计是针对城市、镇规划建设区内局部地区或地段编制的城市设计，与控制性详细规划相对应。

2.1.4　地块城市设计

地块城市设计是针对城市、镇规划建设区内具体地块编制的实施性城市设计，是在建设项目中对总体城市设计和区段城市设计要求的具体落实和深化。

2.1.5　专项城市设计

专项城市设计是根据实际需要对城市的风貌特色、公共空间、夜景照明、天际线、城市色彩、环境景观设施等特定要素编制的城市设计。

2.2　总体城市设计主要内容

总体城市设计主要包括制定总体城市设计目标，确定城市风貌特色定位、城市形态格局、城市景观风貌系统、城市公共空间系统、城市立体空间系统，划定城市设计重点地区，提出实施措施与建议等内容。

2.3　区段城市设计主要内容

区段城市设计主要包括现状分析与特色定位、区段空间结构、景观风貌引导、公共空间引导、建筑群体与建筑风貌引导、交通引导、环境景观设施引导、重要节点设计和实施策略等内容。

2.4　地块城市设计主要内容

地块城市设计的主要包括目标定位、总体布局、交通组织、环境景观、建筑群体与单体、环境设施、地下空间、实施措施与建议等内容，可根据实际情况适当增减。

2.5　专项城市设计主要内容

专项城市设计编制内容可结合项目实际情况确定。

3　城市设计重点要素

3.1　制 定 目 的

重点要素制定的主要目的在于规范编制语言、统一规划成果、便于规划管理。

3.2　使 用 方 法

城市设计重点要素可分为总体城市设计要素和区段城市设计要素两大类。

总体城市设计要素是从形态格局、景观风貌系统、公共空间系统、立体空间系统四个方面提取的12个重点要素；区段城市设计要素是从区段景观风貌引导、公共空间引导、建筑群体与建筑风貌引导、环境设施引导四个方面提取的24个重点要素。

编制总体、区段城市设计时应根据具体的设计目标和地区特点在相应类别中选取具体要素，既可以对一些要素进行细分或组合，也可根据具体情况予以补充。

地块城市设计和专项城市设计要素根据需要自行确定。

4 成果要求与专项指引

4.1 总体城市设计内容和成果要求

4.1.1 基本任务

整体保护自然山水空间架构，传承历史文脉，塑造城市整体空间意向，引导城市健康有序发展。

4.1.2 资料收集

自然条件：自然山水景观资源；地形地貌、森林植被等自然环境和生态要素。

历史人文：城市历史沿革、空间形态演变；历史文化街区、传统风貌街区、名胜古迹；民俗活动及其他非物质文化要素。

城市建设现状：城市功能分区、城市公共中心、标志性建（构）筑物及其周边环境；主要广场、公园绿地等开放空间；重要景观道路及其他特色要素。

相关规划：城市总体规划；国民经济和社会发展规划；土地利用总体规划；环境保护规划；绿地系统规划、河道水系规划、历史文化名城保护规划、综合交通规划、旅游规划等专项规划；重点地段城市设计；重大工程项目信息等。

公众意愿：通过网络、报纸、广播、电视等多种渠道和方式，了解公众对城市空间的基本认知和期望诉求。

4.1.3 重点内容

1. 制定总体城市设计目标

分析城市整体的空间资源与环境现状、存在问题及发展潜力，制定总体城市设计的目标和思路。

2. 确定城市风貌特色定位

通过对城市重要自然山水、历史文化等特色资源和城市空间形态特征的分析，发掘和提炼城市地域特色，确定城市总体风貌定位。

3. 优化城市形态格局

统筹考虑城市所处地理环境及发展趋势，妥善处理城市与自然山水、历史文化发展与保护的协调关系，提出合理的城市形态格局。

4. 塑造城市景观风貌系统

对景观轴线、景观节点、视线通廊、城市地标等要素分别进行梳理，制定城市整体景观框架，明确其引导要求。依据景观特色分类，合理划定城市景观风貌分区，对各分区提出景观风貌方面的控制和引导要求。

5. 完善城市公共空间系统

基于城市功能布局和人群行为规律，结合自然山水、历史人文、公共设施等资源，组织城市公共空间系统；对重要的公园绿地、广场、街道空间、滨水空间、临山空间等公共活动场所提出框架性引导要求；组织和优化慢行系统、游览线路等公共活动通道。

6. 构筑城市立体空间系统

进行视觉景观分析，从展示城市自然及人文景观特征的角度出发，确定观景点，对特定视野的城市天际线进行控制和引导，对城市重要地区和城市地标进行高度引导。

7. 划定城市设计重点地区

划定对于延续地方文脉、彰显城市特色、提升风貌品质有重大影响的区域，如重要新开发建设地区、历史文化地区、重要街道、滨水地区、临山地区、更新改造地区，以及其他特色景观区等，明确其范围、框架性管控原则和引导要求。

8. 实施措施与建议

提出实施总体城市设计的行动策略，制定公共管理措施。

4.1.4 成果要求

总体城市设计的成果包括文本、图纸、说明书和附件。

1. 文本

明确需要保护的历史文化和自然景观，提出风貌与特色定位，对城市形态格局、景观风貌体系、公共空间体系、城市设计重点地区等内容作出控制或引导。

2. 图纸

主要图纸包括现状特色资源评估图、城市形态格局规划图、景观风貌系统规划图、公共空间系统规划图、立体空间系统引导图、城市设计重点地区划定图等。

图纸比例：同城市总体规划要求保持一致，大中城市为 1/10000 或 1/25000，小城市可用 1/5000。

3. 说明书

主要包括现状分析、设计意图论证和文本解释等。

4. 附件

可包括基础资料汇编、评审纪要、部门意见、公众参与记录等内容。

4.2 区段城市设计内容和成果要求

4.2.1 基本任务

根据区段自然和人文特点，塑造反映历史文化特征、符合公众审美、体现城市特色和活力的空间环境，满足城市发展建设需求，增强区段的整体性和可识别性。

4.2.2 资料收集

自然条件：自然山水景观资源；地形地貌、植被等自然环境和生态要素。

历史人文：城市历史沿革、空间形态演变；地段内的历史文化遗存等。

建设现状：土地使用、公园绿地、广场、街道、建筑高度、建筑色彩、建筑质量等。

相关规划：城市总体规划、总体城市设计等上位规划；相关的控制性详细规划及城市设计；绿地系统、水系、交通等专项规划。

公众意愿：通过网络、报纸、广播、电视等多种渠道和方式，了解所在区段基层组织和居民对有关地区城市设计的评价与意愿。

4.2.3 主要内容

1. 现状分析与特色定位

综合分析区位条件、景观资源、风貌特色、行为活动特征，总结景观风貌方面存在的问题，明确规划地区在城市中的功能定位和景观特色，制定城市设计目标、基本原则与思路。

2. 区段空间结构

依据总体城市形态格局，利用自然山水、历史人文等景观资源，结合功能布局，构建并优化区段空间结构。

3. 景观风貌引导

落实上位规划对规划地区城市设计的控制与引导要求，对景观风貌分区进一步细分，对主要轴线、节点、视线通廊、地标建筑物、界面等提出控制和引导要求。

4. 公共空间引导

基于城市公共空间体系的系统分析，深化布局区段公共空间系统，明确公园绿地、广场、街道空间、滨水空间、临山空间等重要公共空间的位置、范围和功能，提出详细的控制引导要求。组织和优化慢行系统、游览线路等公共活动通道。

5. 建筑群体与建筑风貌控制引导

根据城市文化传承、景观塑造和环境优化等方面的要求，对建筑退线、建筑贴线、建筑群体组合、建筑风格、建筑体量、建筑立面、建筑屋顶形式、建筑色彩等提出详细的控制引导要求。

6. 交通引导

根据人的行为活动特点、地形地貌、景观塑造等要求对道路系统布局进行优化和完善，兼顾功能使用和观赏要求。对规划地区周边和内部的动态交通、静态交通系统进行分析，制定交通组织方案，提出交通组织的措施和对策。

7. 环境景观设施引导

对规划地段的地面铺装、广告标牌、导向标识、交通设施、市政设施、无障碍设施等提出控制引导要求，营造方便、安全、舒适和美观的公共空间环境。

8. 重要节点设计

对重要节点进行深入研究，提出重要节点的详细平面布局，对空间景观及建筑形态进行控制和引导。

9. 实施策略

对规划地区的开发模式、开发时序进行策划、研究，并提出相应的实施措施。

4.2.4 其他要求

重要新开发建设地区、历史文化地区、重要街道、滨水地区、临山地区、更新改造地区等区段城市设计的编制内容除满足上述主要规定的内容外，还应结合地段特点有所侧重，满足以下要求：

1. 重要新开发建设地区

包括新城、新区和各类开发区等,要处理好新区开发和旧城改造的关系,保持与建成区的有机衔接,综合考虑地区发展战略和文脉传承,通过创造性的空间组织和设计,营造绿色生态、舒适优美、方便高效、安全健康、富有文化内涵和艺术特色的城市空间,提升城市活力。

2. 历史文化地区

对该地区的历史演化、文化传统、居民心理、行为特征及价值取向等做出分析,强调地域文化传承,保护历史文化遗产;从城市空间形态、街区、建筑等多层次对整个区段作出整体把握,加强环境协调和控制,形成具有文化个性的空间形态和景观风貌。

3. 重要街道

重点构筑连续性与完整性的沿街建筑界面;营造系统化、多样化的临街开放空间;对沿线绿化景观进行控制引导。

4. 滨水地区

针对滨水地区的功能定位、水体的空间尺度、岸线功能等,按照城市公共活动需求,对滨水空间界面、滨水岸线类型、绿化景观、植物配置、活动场所、滨水道路、防洪设施等提出具体的控制和引导要求。

5. 临山地区

应综合考虑临山地区与城市生态景观格局的关系,根据生态修复策略,对临山地区的游憩空间、景观视廊、山体保护以及山脊线保护等提出具体的控制和引导要求。

6. 更新改造地区

尊重城市肌理、空间格局、街巷尺度,保护文物古迹、历史建筑、古树名木等历史资源,根据城市发展阶段和地区建设需要,按照渐进式的有机更新理念和城市修补策略,整治和改善历史环境景观,延续地方文脉,提高环境品质。

4.2.5 成果要求

区段城市设计的成果包括文本、图件、说明书和附件四部分。

1. 文本

应对区段特色定位、空间结构、景观风貌、公共空间、建筑群体与建筑风貌、环境景观设施等内容作出控制或引导。

2. 图件

①主要图纸。

主要图纸包括现状特色资源分布图、景观风貌结构规划图(空间结构图)、城市设计总平面图、公共空间规划图、交通组织规划图、重要界面控制图、效果图等。

②分图则。

分图则是对区段城市设计要求的具体落实和表达,其主要内容是在区段层面对总体要求、界面控制、高度分区、公共空间、交通组织、建筑引导、环境设施及其他方面提出城市设计的控制和引导要求。

③图纸比例。

同控制性详细规划要求保持一致，图纸比例为 1 / 2000 ～ 1 / 1000。

3. 说明书

说明书的内容主要包括现状分析、设计意图论证和设计导则解释等。

4. 附件

可包括基础资料汇编、专题研究、评审纪要、部门意见、公众参与记录等内容。

4.3　地块城市设计内容和成果要求

4.3.1　基本任务

依据总体和区段城市设计的相关要求，在控制性详细规划的指导下，针对近期实施建设的地块，提出详细设计方案，提升地块的空间环境品质。

4.3.2　资料收集

自然环境：山水景观、特殊地形地貌、古树名木等。

历史人文：文物保护建（构）筑物、历史文化遗存、特色场所及人群的行为活动等。

建设现状：现状建筑、道路、环境、工程地质、水文条件等。

土地经济：土地经济分析资料以及各类建筑工程造价等。

相关规划：相关的控制性详细规划、城市设计、建筑设计和景观设计资料。

拟建设项目详细情况。

4.3.3　主要内容

1. 目标定位

根据上位规划的要求，结合拟建项目的功能需求，以及周边建筑、交通、景观要素等现状条件，提出城市设计的目标定位。

2. 总体布局

协调周边关系，统筹地块内的建筑、道路和绿地等，进行空间布局。

3. 交通组织

合理组织交通流线和停车设施，确定步行通道、空中连廊和地下通道等的位置和要求。

4. 环境景观

综合考虑地形、现有植被和生态环境特点，因地制宜，对环境景观进行统一设计，并提出相应的植物配置要求。

5. 建筑群体与单体

对城市重要界面的建筑后退、建筑贴线、底层建筑形式功能等提出设计要求，确定建筑的高度、体量、形态及建筑群体的空间组合关系；并对建筑风格、建筑立面、建筑色彩和建筑屋顶形式等提出引导要求；涉及住宅、医院、学校等项目还应进行日照分析，满足相关规定。

6. 环境设施

对地面铺装、广告标识以及重要环境设施的形式、尺度、风格、色彩、材质等提出设计要求。

7. 地下空间

确定地下空间的位置、范围、层数、用途、出入口及垂直交通设施的位置。

8. 实施措施与建议

对实施步骤和实施方案提出建议。

4.3.4 成果形式

成果由图纸、说明书和附件三部分组成。

4.3.5 成果内容

1. 图纸

图纸包括区位图、现状图、总平面图、环境景观规划图、交通组织规划图、地下空间规划图、环境设施规划图、街景立面图和效果图（包括实体模型、数字可视化模型）等。

规划设计图纸应在 1 / 2000 ～ 1 / 500 的地形图基础上绘制，可适当增加分析图。

2. 说明书

可包括项目概况、规划条件、周边建设现状、目标定位和规划方案等内容。

3. 附件

可包括评审纪要、部门意见、公众参与记录等内容。

4.4 专项城市设计内容和成果要求

4.4.1 主要任务

以问题或目标为导向，根据实际需要，对城市及其所在区域的特定风貌要素或特色系统进行专项研究与设计，突出体现不同类型要素在城市特色塑造中的特殊作用，丰富城市个性形象。其编制内容可结合项目实际情况确定。

4.4.2 重点类型的专项城市设计内容与深度要求

1. 城市风貌专项城市设计

通过对城市空间形态特征及重要特色资源的分析，对城市整体风貌特色进行发掘和提炼，制定城市风貌特色延续的目标和策略；确定城市风貌规划空间结构，划定风貌分区，明确景观轴线、景观风貌带、风貌节点等，并提出控制和引导要求。

2. 公共空间专项设计

结合城市特色资源，提出公共空间的建设目标，确定城市公共空间系统布局，对公共空间的重要要素进行导控。

3. 夜景照明专项设计

明确夜景规划目标，结合城市功能分区，对城市夜景照明进行总体规划设计，划定照明分区，提出相应的引导控制要求。

4. 城市天际线专项设计

分析城市环境特征，利用相关技术手段进行视觉景观分析，研究城市重要的观景点、观景路径、景观视廊，确定代表城市特征的特定视野的整体天际轮廓线；对代表性的城市天际线的前景层次、中景层次、背景层次、建筑高度、开敞度等要素进行引导和控制。

5. 城市色彩专项设计

根据地域特色和城市形象定位，确定城市的特征色、基本色、禁用色、辅助色和点缀色等，提出色彩分区控制及色彩搭配引导要求。

6. 环境设施专项设计

对城市整体的环境设施（街道小品、市政环卫设施、广告标识、雕塑等）分区、分类进行控制与引导。

4.4.3　成果要求

成果由说明书、图纸和附件三部分组成。

1. 说明书

可包括现状概况、设计目标、技术路线、研究结论等内容。

2. 图纸

图纸由现状图及相关分析图、规划设计图两部分组成。

3. 附件

可包括基础资料汇编、评审纪要、部门意见、公众参与记录等内容。

4.5　城市设计重点要素构成和技术要点

4.5.1　城市设计重点要素构成

总体城市设计主要从形态格局、景观风貌系统、公共空间系统、立体空间系统四个方面提取 12 个重点要素（具体要素见附表 1）。

区段城市设计主要从区段景观风貌引导、公共空间引导、建筑群体与建筑风貌引导、环境设施引导四个方面提取 24 个重点要素（具体要素见附表 2）。

附表 1　总体城市设计重点要素一览表

	重点要素
形态格局	空间形态 山水格局
景观风貌系统	景观轴线 景观节点 视线通廊 城市地标 风貌分区 城市色彩
公共空间系统	公共活动场所 公共活动通道
立体空间系统	城市天际线 高度控制

附表 2　区段城市设计重点要素一览表

	重点要素
景观风貌引导	轴线 节点 视线通廊 标志性建筑 界面
公共空间引导	公园绿地 广场 街道空间 滨水空间 临山空间
建筑群体与建筑风貌引导	建筑退线 建筑贴线 建筑群体组合 建筑风格 建筑体量 建筑立面 建筑色彩 建筑屋顶形式
环境设施引导	地面铺装 广告标牌 导向标识 交通设施 市政设施 无障碍设施

4.5.2　城市设计重点要素技术要点

1. 总体城市设计要素

［空间形态］

空间形态是指城市在各种自然、人为因素的制约和影响下形成的空间形式和状态。城市设计应结合城市形态演变、自然山水、历史文化资源、城市地理特征、道路骨架，提出城市空间形态格局及相关控制要求。

［山水格局］

山水格局是对城市形成、发展有一定影响的自然山水与城市的相互关系。城市设计应在宏观层面协调自然山水与城市之间的关系，建立城市景观资源之间的生态与视觉通廊，构建完善的城市生态与景观系统。

［景观轴线］

景观轴线是能够体现城市主要景观风貌特色的线性连续空间。城市设计应合理构建景观轴线，对轴线控制范围内的功能组成、景观风貌提出引导要求，保证其景观风貌的丰富性、连续性、完整性。

[景观节点]

景观节点是能够体现城市主要景观风貌特色的块状空间。城市设计应确定城市重要景观节点，提出引导要求。

[视线通廊]

视线通廊是为保障城市中景观风貌节点的观赏效果，在观景点与景观风貌节点之间构筑的视线走廊。城市设计应合理组织城市眺望系统，划定视线通廊，提出控制与引导要求。

[城市地标]

城市地标指体现城市风貌及特色的标志性地点及建（构）筑物。城市设计应确定城市重要地标的特征和形象主题，提出引导要求。

[风貌分区]

风貌分区是将城市中具有明显风貌特征的区域进行划分。城市设计应结合区位条件、自然山水资源、历史文化资源、片区功能、整体空间形态等划定风貌分区，明确片区重要风貌特色。

[城市色彩]

城市设计应从自然山水环境和历史文化背景等方面考虑，合理选择城市色彩基调，强化地域特征。

[公共活动场所]

公共活动场所是供人们日常社会生活的室外公共空间，包括重要的公园绿地、广场、街道空间、滨水空间、临山空间等。

[公共活动通道]

城市设计应组织慢行系统、游览线路等，连接公共活动场所并形成系统通道。

[城市天际线]

城市天际线是指以天空为背景的建筑群体以及其他环境要素所构成的城市轮廓线。城市设计应根据观景点及视线通廊，确定重要的天际线，并提出相关控制要求。

[高度控制]

高度控制是指根据城市景观的要求，考虑城市地标、历史文化街区、临山滨水等重要因素，对城市重要地区进行建筑高度控制引导。

2. 区段城市设计要素

[轴线]

轴线是将各个重要景点串联起来，能够体现区段景观风貌特色的线性连续空间。城市设计应对轴线控制范围内的空间布局、建筑风貌等提出控制与引导要求。

[节点]

节点是能够体现区段景观风貌特色的块状空间，城市设计应根据场所的特色对节点的景观元素等进行控制引导。

[标志性建筑]

标志性建筑是指区段中位置显要、形象突出、公共性强的建（构）筑物，城市设计应突出标志性建筑的可识别性。

[界面]

界面是指城市沿街、滨水或临山建（构）筑物的复合界面。界面的营造应保持视觉连续，富于节奏变化和层次感。

[公园绿地]

公园绿地指向公众开放，以游憩为主要功能，兼具生态、美化、防灾等作用的绿地。

[广场]

广场是以游憩、纪念、集会和避险等功能为主的城市公共活动场地。

[街道空间]

街道空间是指由街道一侧或两侧围合的空间，由连续的建筑物、绿化景观和设施等构成。

[滨水空间]

滨水空间是指城市中与江河、湖泊毗邻的特定空间地段，城市设计应对滨水空间界面、滨水岸线类型等提出控制引导要求。

[临山空间]

临山空间是指城市中与山体毗邻的特定空间地段。城市设计应对重要的山体、山脊线等提出控制引导要求。

[建筑退线]

建筑退线指建筑物外侧垂直投影线距离道路红线或规划用地红线的距离，是对道路沿线建筑物可建设边界范围的控制。

[建筑贴线]

城市设计应对建筑贴线提出控制引导要求，控制建筑界面的连续性和完整性。

[建筑群体组合]

建筑群体组合是指从功能、美学等原则出发，把若干栋单体建筑组织成有序、协调的整体形象。城市设计应在群体建筑造型处理上，运用各种形式美的规律，按照一定的设计意图，创造出完整统一的外部空间组合形式。

[建筑风格]

建筑风格应结合街区特色、历史文脉、地形地貌来确定，以利于体现城市的文化特征和地域特色。

[建筑体量]

城市设计应处理好建筑体量大小与周边环境的关系，保证城市空间的协调和景观质量。

[建筑立面]

城市设计中应明确建筑立面在街道空间中的角色，提出相应的立面控制要求，维护城市空间景观的统一性和整体性。

[建筑色彩]

城市设计应根据建筑功能特点选择相应的主体色调，注重与片区内整体环境相协调，营造和谐统一的城市形象。

［建筑屋顶形式］

建筑屋顶形式指建筑屋顶的外部形象，是建筑的第五立面，建筑屋顶包括平屋顶和坡屋顶两种类型，应根据建筑的使用功能、城市天际线、景观环境进行选择。

［地面铺装］

地面铺装的材料、色彩、拼装图案等应有助于体现空间的功能特点，并与空间中其他要素协调，鼓励使用透水性铺装材料。

［广告标牌］

广告标牌主要包括广告牌、霓虹灯、电子显示屏等，城市设计应明确广告标牌的位置与类型，提出对广告标牌的形式、尺度、色彩、材质、照明等方面的要求。

［导向标识］

导向标识主要包括路名牌、地名牌、地区导向牌、出入口指示牌等，城市设计应对导向标识的形式、尺度、色彩、材质等提出控制引导要求。

［交通设施］

交通设施主要包括公交车站、轨道站、人行天桥、人行地道、交通标志标线、防护设施等。城市设计应该依据使用功能确定交通设施的外在形式等。

［市政设施］

市政设施指为保障城市正常运行而修建的市政管线及相关设施。城市设计应在严格遵守相关法定规划对市政设施要求的基础上，依据场地和建筑物特点确定市政设施的外在形式。

［无障碍设施］

无障碍设施主要包括盲道、坡道、扶手、机械升降装置、盲文、声音提示、零高差设计等。

4.6 "荆楚派"建筑风格设计引导

4.6.1 公共建筑

1. 建筑风格

公共建筑的设计中，可借鉴楚地建筑中的高台、深屋檐、大坡式屋顶等独特的建筑形式和元素，传达出热烈而不失沉稳的荆楚文化气度和内涵。

2. 建筑体量

公共建筑可借鉴"一台一殿""多台成组""多组成群"的高台建筑布局格式，营造"层台累榭"的荆楚特色空间效果。

3. 建筑色彩

宜以灰、白色彩为基调，根据建筑的实际功能和需要，运用红、黄、黑形成强烈对比。

4. 建筑屋顶形式

大体量大跨度建筑，可借鉴或者化用荆楚建筑的大坡式屋顶、屋面曲度不大、屋角无翘起、"深出檐"等特点，营造刚健质朴的气势。

4.6.2 住宅建筑

1. 建筑风格

住宅建筑可活用和借鉴"合院""天井院"和"天斗院"等院落组织空间，运用传统的建筑材料和自然的色彩，借助山墙线条等丰富的细节，营造空透、灵秀、鲜明的建筑形象。

2. 建筑立面

根据室内空间形态，塑造阶梯型、山形（三角形）、拱形、组合型等灵活多样的山墙样式，通过立面材质、山墙线条、檐口处理、檐下构件、重点部位装饰等特征元素的刻画，凸显荆楚建筑风格特征。

3. 建筑色彩

住宅建筑以灰、白两色为基调，局部可用楚地传统建筑红、黄、黑特征色进行点缀，营造出淡雅、宁静、秀丽的荆楚韵味。

4. 建筑屋顶形式

建筑屋顶部分宜采用硬山顶为主，辅以悬山顶的形式，结合灵活多样的山墙样式，创造出丰富的造型效果。

4.6.3 小品建筑

1. 符号

借鉴荆楚传统建筑符号，丰富小品建筑形式，体现荆楚风格。

2. 色彩

除天然材质的色彩外，宜选取红、黄、黑三色中的一到两种颜色，凸显荆楚建筑风格特征。

附录 C 湖北省城市设计重点地区管控工作指引

（试行）

目　录

一、总　　则

1. 根据《湖北省城市设计管理办法（试行）》（鄂建设规〔2017〕1号），为完善城市设计法定体系和实施机制的建设，强化城市设计编制与管理之间的衔接，规范控制性详细规划阶段城市设计的管控方法、流程和内容等，特制定《湖北省城市设计重点地区管控工作指引》。

2. 本指引适用于城市、县的城市设计重点地区，一般地区可参照执行。

3. 城市设计管控应重视城市使用者活动行为的需求，引导城市公共空间重塑，加强建筑、景观、交通、市政等专项要素的整合，突出文化导向和内涵提升，并为高质量和有创造性的建筑单体设计留出充分的空间。

二、分级分区管控

4. 城市设计应实行分级分区管控。城市滨水地区、临山地区、历史文化风貌街区、重点功能区、重要干道沿线以及其他重要公共活动场所、城市新区、新城等，为城市重点地区，应实施针对性的城市设计严格或适度管控。

5. 城市重点地区由总体规划阶段城市设计或总体城市设计划定，具体边界可结合控制性详细规划阶段城市设计或区段城市设计进一步明确。

6. 城市设计适度管控的重点地区包括城市重要的新开发建设地区、更新改造地区，以及重要的街道等。管控要求应着重完善城市功能，激发城市活力，塑造整体、和谐、安全、舒适的城市空间环境，同时体现城市设计的开放性和城市开发的灵活性。

7. 城市设计严格管控的重点地区包括城市滨水地区、临山地区、历史文化地区等。管控要求应在上条基础上进一步增补、细化，体现对城市传统文化特色资源与特色自然景观资源的保护。

三、城市设计管控内容

8. 控制性详细规划阶段的城市设计、区段城市设计应以完整街区为规划对象，就研究范围内的空间结构与公共空间系统、景观系统、建筑群体和重要建筑单体、交通系统、环境设施等，提出系统性的城市设计管控要求，并将其落实到可实施地块上。

9. 城市设计图则应以规范的图示和文本，表达各项控制性、引导性管控要求，并纳入地块出让的规划设计条件，作为核发建设用地规划许可证、建设工程规划许可证以及规划核实的依据。

10. 重点地区的城市设计管控要求应包括以下内容：

①本地区空间特色及城市设计的目标定位；

②整体空间结构与公共空间系统：公共空间的规模、类型、结构、范围、可达性等要求；

③景观系统：视线通廊、景观地形塑造、植物配置、地面铺装、滨水岸线等设计要求；

④建筑群体及重要建筑单体：建筑密度分区，建筑空间布局，建筑底层空间与街道的联系，建筑高度分区、地标建筑、建筑体量和尺度，建筑退线，建筑界面连续性等的设计要求；

⑤交通系统：机动车出入口，公共停车的类型、规模，公交站点和轨道交通站点出入口，过街通道、空中连廊的位置，以及其他步行、非机动车的系统组织与设计要求；

⑥环境设施：主要信息和通信设施、休息设施、安全设施、无障碍设施、照明设施、雨水收集与利用设施等的设计要求。

11. 城市设计严格管控的重点地区，还应增补、细化对地下空间、公共空间、竖向绿化、慢行系统、生活性街道、建筑风格、色彩和材质、历史建筑保护利用、夜景照明、户外标牌、公共艺术等方面的城市设计管控要素。

12. 公共空间、视线通廊、慢行交通、重要街道的位置或规模设置，建筑高度分区、建筑体量、建筑退线、重要建筑界面，以及休息、安全、无障碍设施的设置等，宜作为城市设计控制性管控要求。控制性要求应在规划文本中以下划线明确表达。

四、城市设计管控维护

13. 市、县规划行政主管部门应当逐步建立城市设计数字化信息管理平台，集成城市设计的二维、三维管控要求，制定城市设计管控动态维护工作规则，并与行政区域内已有的控制性详细规划数字化信息管理平台相衔接。

14. 城市设计的实施评估应与控制性详细规划的实施评估工作同步开展。市、县规划行政主管部门应定期总结和评估规划管理中城市设计应用情况，组织更新和发布本地城市设计管控案例库，并逐步推动相关建设标准规范的修订。

注释及参考文献

注释

①洪亮平：《城市设计历程》，北京，中国建筑工业出版社，2002；洪亮平：《中国现代城市设计20年回望》，载《城市规划》，2008（05）；李进：《西方近现代城市设计政策演进》，华中科技大学，2008。

②董鉴泓：《中国城市建设史》，第3版，北京，中国建筑工业出版社，2004。

③香港特别行政区政府规划署：《香港城市设计指引》，1999；湖北省住房和城乡建设厅：《湖北省优秀城乡规划作品集（2013—2015）》，2016。

④陶文铸：《面向规划管理的城市设计体系建构》，华中科技大学，2010；高源：《美国城市设计导则探讨及对中国的启示》，载《城市规划》，2007（04）：48-52。

⑤陈楠、陈可石、姜雨奇：《英国城市设计准则解读及借鉴》，载《规划师》，2003（08）；陶文铸：《面向规划管理的城市设计体系建构》，华中科技大学，2010。

⑥吕斌：《国外城市设计制度与城市设计总体规划》，载《国外城市规划》，1998（04）。

⑦陈晓东：《城市设计与规划体系的整合运作——新加坡实践与借鉴》，载《规划师》，2010（02）；陈晓东：《耦合城市开发程序的新加坡城市设计控制体系》，载《规划师》，2013（02）。

⑧叶伟华、赵勇伟：《深圳融入法定图则的城市设计运作探索及启示》，载《城市规划》，2009（02）。

⑨周晓娟：《构建控规阶段城市设计有效实施的新平台——上海的实践探索》，《2011中国城市规划年会论文集》，2011:11。

⑩师武军：《城市设计"法定化"探讨——以天津为例》，中国城市设计网，2015,01。

⑪姚燕华、鲁洁、刘名瑞、吕萌丽、纪悦：《精细化管理背景下的广州市重点地区城市设计实践》，载《规划师》，2010（09）：35-40。

⑫庄宇：《城市设计的运作》，同济大学，2000。

⑬李琳琳：《我国现代城市规划与城市设计的编制比较及其实施控制》，东南大学，2006。

⑭陈飞、诸大建：《低碳城市研究的内涵模型与目标策略确定》，载《城市规划学刊》，2009（04）；刘志林、戴亦欣、董长贵、齐晔：《低碳城市理念与国际经验》，载《城市发展研究》，2009（06）。

⑮张昌娟、金广君：《论紧凑城市概念下城市设计的作为》，载《国际城市规划》，2009（06）；翟强：《城市街区混合功能开发规划研究》，华中科技大学，2010；周年兴、俞孔坚、黄震方：《绿道及其研究进展》，载《生态学报》，2006（09）。

⑯华翔：《应对气候变化的城市规划编制技术研究》，华中科技大学，2014；邓位、于一平：《英国弹性城市：实现防洪长期战略规划》，载《风景园林》，2016（01）；仇保兴：《海绵城市（LID）的内涵、途径与展望》，载《建设科技》，2015（01）。

⑰张力玮、程亮：《文脉视角下的城市空间营造策略——以佛山东平河一河两岸城市设计为例》，载《规划师》，2014（S4）。

⑱彭俊：《城市历史文化遗产整体性保护探讨——传统住宅更新策略调整》，武汉大学，2005。

⑲黄琦：《城市总体风貌规划框架研究——以株洲市为例》，清华大学，2014。

⑳赵燕菁：《存量规划：理论与实践》，载《北京规划建设》，2014（04）。

㉑叶丹、张京祥：《日常生活实践视角下的非正规空间生产研究——以宁波市孔浦街区为例》，载《人文地理》，2015（05）。

㉒张宇星：《趣城·社区微更新计划》，载《城市环境设计》，2015（09）。

参考文献

[1] 大不列颠百科全书.陈占祥,译.北京:中国大百科全书出版社,1997,第18卷:1053-1065.

[2] 邹德慈.当前英国城市设计的几点概念[J].国外城市规划,1990(4).

[3] E.N.培根.城市设计[M].黄富厢,朱琪,译.北京:中国建筑工业出版社,1989.

[4] Eliel Saarinen.The City——Its Growth,Its Decay, Its Future[M].New York:Reinhold Publishing Corporation, 1943.

[5] 中国大百科全书总编辑委员会.中国大百科全书(建筑、园林、城市规划卷)[M].北京:中国大百科全书出版社,1988:72.

[6] 吴良镛,毛其智.我国城市规划工作中的几个值得研究的问题[J].城市规划,1987(6):24.

[7] 吴良镛.历史文化名城的规划结构、旧城更新与城市设计[J].城市规划,1983(6):1-12.

[8] 王建国.城市设计[M].2版.南京:东南大学出版社,2004.8.

[9] 金广君.国外现代城市设计精选[M].哈尔滨:黑龙江科学技术出版社,1995.

[10] 全国城市规划执业制度管理委员会.城市规划原理[M].北京:中国建筑工业出版社,2006.

[11] 薛静,余翔.城市规划、城市设计和建筑设计的关系[J].天然气与石油,2010(02):59-62.

[12] 谢颖,王婧.城市设计与景观建筑的关系思考[J].四川建筑,2007(06):8-9.

[13] 梁容,于林金.城市规划、城市设计和建筑设计的关系[J].建材与装饰,2015,49:102-103.

[14] 许乙弘.Art Deco 的源与流[M].福建:东南大学出版社,2002.

[15] 徐建刚.城市规划信息技术开发及应用/新世纪中国城乡规划与建筑设计丛书[M].福建:东南大学出版社,2002.

[16] 金广君.图解城市设计[M].北京:中国建筑工业出版社,2010.

[17] 孙贺,陈沈.城市设计概论[M].北京:化学工业出版社,2012.

[18] David Gosling.Concept of Urban Design[M].Londen:ST Martin's Press,1984.

[19] 余柏椿."城市设计指引"的探索与实践——以湖北天门市城市设计指引为例[J].城市规划,2005(05):88-92.

[20] 中华人民共和国国务院.中共中央国务院关于进一步加强城市规划建设管理工作的若干意见[R].2016-02-06.

[21] 吴远翔,徐苏宁.当代中国城市设计的非正式制度探讨[J].规划师,2011,S1:149-152.

[22] 曹曙,孙晨菲.多维度视角下城市设计与法定规划的融合[A].城乡治理与规划改革——2014中国城市规划年会论文集(06城市设计与详细规划)[C].中国城市规划学会,2014:11.

[23] 中华人民共和国住房和城乡建设部令第35号.城市设计管理办法[R].2017-03-14.

[24] 卢济威.新时期城市设计的发展趋势[J].上海城市规划,2015(01):3-4.

[25] 王建国.21世纪初中国城市设计发展再探[J].城市规划学刊.2012(01).

[26] 陈飞,诸大建.低碳城市研究的内涵、模型与目标策略确定[J].城市规划学刊,2009(04).

[27] 刘志林,戴亦欣,董长贵,等.低碳城市理念与国际经验[J].城市发展研究,2009,16(06):1-7,12.

[28] 张昌娟,金广君.论紧凑城市概念下城市设计的作为[J].国际城市规划,2009(06):108-117.

[29] 翟强.城市街区混合功能开发规划研究[D].武汉:华中科技大学,2010.

[30] 李聪颖.城市慢行交通规划方法研究[D].西安:长安大学,2011.

[31] 周年兴,俞孔坚,黄震方.绿道及其研究进展[J].生态学报,2006(09):3108-3116.

[32] 赵志庆,武中阳,丁庆福.国外雨洪管理体系对海绵城市建设的借鉴研究[C].2016中国城市规划年会论文集,2016.

[33] 金云峰,周聪惠.绿道规划理论实践及其在我国城市规划整合中的对策研究[J].现代城市研究,2012(03):4-12.

[34] 郭永龙,武强.绿色社区的理念及其创建[J].环境保护,

2002（09）：37-38.

[35] Marjorie van Roon.Low impact urban design and development:Catchment-based structure planning to optimise ecological outcomes[J].Urban Water Journal,2011.

[36] 华翔.应对气候变化的城市规划编制技术研究 [D].武汉：华中科技大学，2014.

[37] 邓位，于一平.英国弹性城市：实现防洪长期战略规划 [J].风景园林，2016（01）.

[38] 仇保兴.海绵城市 (LID) 的内涵、途径与展望 [J].建筑科技，2015（01）：11-18.

[39] 彭俊.城市历史文化遗产整体性保护探讨——传统住宅更新策略调整 [D].武汉：武汉大学，2005.

[40] 张愈芳.武昌区核心区城市建筑风貌规划要点研究 [D].武汉：武汉理工大学，2012.

[41] 黄琦.城市总体风貌规划框架研究—以株洲市为例 [D].北京：清华大学，2014.

[42] 赵燕菁.存量规划：理论与实践 [J].北京规划建设,2014（04）:153-156.

[43] 陈沧杰，王承华，宋金萍.存量型城市设计路径探索：宏大场景 VS 平民叙事——以南京市鼓楼区河西片区城市设计为例 [J].规划师,2013（05）:29-35.

[44] 邹兵.增量规划、存量规划与政策规划 [J].城市规划,2013（02）:35-37，55.

[45] 王大为.基于新城片区品质升级的存量型城市设计策略初探 [D].南京：南京大学,2014.

[46] 邹兵.增量规划向存量规划转型：理论解析与实践应对 [J].城市规划学刊,2015（05）:12-19.

[47] 张杰，吕杰.从大尺度城市设计到"日常生活空间" [J].城市规划,2003（09）:40-45.

[48] 叶丹，张京祥.日常生活实践视角下的非正规空间生产研究——以宁波市孔浦街区为例 [J].人文地理,2015（05）:57-64.

[49] 米歇尔·德塞都.日常生活实践 [M].方琳琳，译.南京：南京大学出版社,2009.

[50] 陈晓虹.日常生活视角下旧城复兴设计策略研究 [D].广州：华南理工大学,2014.

[51] 马宏，应孔晋.社区空间微更新 上海城市有机更新背景下社区营造路径的探索 [J].时代建筑,2016（04）:10-17.

[52] 张宇星.趣城·社区微更新计划 [J].城市环境设计,2015（09）:166.

[53] 汪原.零度化与日常都市主义策略 [J].新建筑,2009,06:26-29.

[54] 侯晓蕾，郭巍.关注旧城公共空间·城市微空间再生 [J].北京规划建设,2016（01）:57-63.

后记　湖北省推进城市设计工作大事记

1.2014 年 12 月 16 日，全国城市规划建设工作会议在杭州召开。张高丽副总理传达了习近平总书记和李克强总理关于城市规划建设工作的重要讲话和批示指示精神，习总书记指出要"让我们的城市建筑更好的体现地域特征、民族特色和时代风貌"。李克强总理提出要"切实增强规划的前瞻性、权威性，真正发挥对城市建设的指导作用"。张高丽副总理明确要求"要强化城市设计对建筑设计、塑造城市风貌的约束和指导"，"抓紧研究把城市设计作为一项制度在全国范围推开"。

2.2015 年 2 月 9 日，省长王国生主持召开省政府第 55 次常务会议，听取省住建厅党组书记、厅长尹维真关于全国城市规划建设工作座谈会精神及我省贯彻意见的汇报。会议强调，要按照国家会议要求"有效遏制建筑乱象和提高城市建筑整体水平"，"要传承文化，使城市发展更好地体现地域特征、民族特色和时代风貌"。

3.2015 年 2 月 12 日，省住建厅组织召开全省住房城乡建设工作会议，部署安排 2015 年全省住建工作。尹厅长提出"要加强城市设计，按照中央要求，加紧研究制定湖北省城市设计导则和工作指引，强化城市设计对建筑设计、城市风貌的约束指导，不断提升城市品质，体现地域特征、民族特色和时代风貌"。

4.2015 年 2 月 13 日，省住建厅组织召开全省城市规划建设工作座谈会。曹广晶副省长出席会议并作重要讲话。尹厅长通报了全国城市规划建设工作会议精神，提出"制订城市设计导则和工作指引，从城市总体层面、到重点区域、重点地段和重要建筑的设计，都要提出相关的设计要求"。曹广晶副省长强调"要做好城市设计的文章"，"要制订我省（城市设计）工作导则，指导我省城市建设工作，解决我省城市建设风貌问题"。

5.2015 年 3 月 6 日，厅党组书记、厅长尹维真召集厅党组成员、总规划师童纯跃、厅城乡规划处处长洪盛良部署全省加强城市设计工作。提出湖北省要先行先试，突出湖北特色，建立科学、可操作性强的城市设计制度，为全国城市设计工作提供示范。

6.2015 年 3 月 11 日，根据尹厅长、童总要求，厅城乡规划处组织召开城市设计工作座谈会，讨论湖北省加强城市设计工作方案。邀请华中科技大学、省城乡规划中心、省城市规划设计研究院，武汉市、宜昌市、襄阳市、孝昌县规划局有关同志参会。会议成立了湖北省加强城市设计工作专班，讨论了各责任单位的任务分工。

7.2015 年 3 月 24 日，厅城乡规划处组织召开全省城乡规划工作座谈会暨城市设计研讨会，全省各市、州、县规划局负责同志参加了会议。会议邀请华中科技大学洪亮平教授做了城市设计基础知识专题讲座。童纯跃总规划师、规划处对城市设计工作做了总体部署。

8. 2015 年 4 月 8 日—13 日，厅城乡规划处组织城市设计工作专班人员召开数次工作会议。会议研究了《湖北省城市设计管理暂行办法》和《城市设计技术指引（试行）》的整体框架和主要概念、各责任单位的分解工作方案、全省加强城市设计工作专家顾问团队名单，并部署了全省城市设计工作调研。专班人员集中学习讨论了 4 月 9 日收到的住建部《城市设计管理办法（征求意见稿）》。

9. 2015 年 4 月 14 日—4 月 16 日，按照《关于开展全省城市设计专项调研工作的通知》（鄂建办〔2015〕50 号）要求，全省城市设计工作专班分为三组，赴十堰市、襄阳市、枣阳市、宜昌市、五峰县、咸宁市、嘉鱼县、恩施州开展城市设计调研工作。

10. 2015 年 4 月 27 日，省住建厅印发《湖北省加强城市设计工作方案》（鄂建文〔2015〕38 号）。

11. 2015 年 4 月 28 日，厅城乡规划处组织召开城市设计已编项目专家咨询会，就前期遴选的 9 个优秀城市设计成果征求专家意见。

12. 2015 年 4 月 30 日，厅城乡规划处组织召开全省城市设计试点工作会议。工作专班主要成员及武汉市、十堰市、襄阳市等 15 个参与试点的市（县）规划局、住建局参加会议。洪盛良处长向与会人员介绍了全省城市设计工作的背景和城市设计试点工作主要内容。童纯跃总规划师对城市设计试点工作进行部署安排。要求各地尽快上报城市设计试点项目，并开展前期准备工作。

13. 2015 年 5 月 15 日、5 月 26 日，厅城乡规划处组织召开两次全省城市设计试点工作会议。15 个试点城市分别汇报了城市设计试点项目情况及工作方案。省城乡规划中心和省规划院分别介绍《湖北省城市设计管理暂行办法》和《湖北省城市设计技术指引》起草的主要内容，征求地方规划主管部门意见。童总对下阶段城市设计各项工作进行安排部署。

14. 2015 年 6 月 12 日、6 月 26 日，厅城乡规划处两次召开《湖北省城市设计管理暂行办法》和《湖北省城市设计技术指引（试行）》草案的专家咨询会，与会专家对两个规范性文件的草案进行讨论，并提出修改意见。

15. 2015 年 6 月 29 日，厅城乡规划处对城市设计工作进行梳理，形成《关于全省城市设计工作推进情况的汇报》、《湖北省城市设计管理暂行办法》（草案）、《湖北省城市设计技术指引（试行）》（草案）、《湖北省重点地区城市设计管控工作指引》（草案）、《湖北省城市设计工作调研报告》（初稿）等初步成果，报厅领导审阅。

16. 2016 年 8 月 29 日，厅城乡规划处主持召开了湖北省城市设计相关管理和技术文件专家论证会，对《湖北省城市设计管理暂行办法》《湖北省城市设计技术指引（试行）》和《湖北省重点地区城市设计管控工作指引》三个规范性文件的草案、相关编制说明进行了评议，三个文件通过专家评审。

17. 2017年2月13日，省住建厅下发《关于组织申报住建部城市设计试点城市的通知》（鄂建办〔2017〕27号），并向各市州城乡规划主管部门转发《住房城乡建设部办公厅关于组织申报城市设计试点城市的通知》（建办规函〔2016〕1022号），组织全省城市设计试点积极申报住建部城市设计试点城市。

18. 2017年3月15日，省住建厅正式印发《湖北省城市设计管理办法（试行）》（鄂建设规〔2017〕1号）。

19. 2017年4月5日至4月8日，厅城乡规划处组织两个考察组赴各城市设计试点申报城市现场考察，最终确定了武汉、襄阳、荆州、荆门、潜江、仙桃、枣阳、秭归、远安9个市县为试点城市申报市县。

20. 2017年4月19日，省住建厅正式印发《湖北省城市设计技术指引（试行）》和《湖北省城市设计重点地区管控工作指引（试行）》（鄂建文〔2017〕28号）。

21. 2017年4月21日，厅城乡规划处召开了全省城市设计试点工作会议暨申报住建部城市设计试点城市答辩会，邀请专家共同听取了9个市县的城市设计试点工作情况汇报，审议了试点申报文件。经过认真讨论并报童纯跃总规划师，推荐武汉市、襄阳市、荆州市和远安县为我省申报住建部城市设计试点城市。

22. 2017年7月12日，住建部下发《关于将上海等37个城市列为第二批城市设计试点城市的通知》（建规〔2017〕148号），武汉、襄阳、荆州、远安4个市县被列为全国城市设计试点城市。

23. 2017年9月5日，厅城乡规划处召开城市设计试点工作座谈会，听取武汉、襄阳、荆州、远安被住建部列为全国城市设计试点城市的工作基本思路、具体方案以及主要项目情况，并邀请专家发言和部署下一步工作。